计 算 机 科 学 丛 书

原书第7版

形式语言 与自动机导论

[美] 彼得·林茨（Peter Linz）
苏珊·H. 罗杰（Susan H. Rodger） 著

王春宇 袁永峰 译

An Introduction to Formal Languages and Automata
Seventh Edition

机械工业出版社
CHINA MACHINE PRESS

图书在版编目（CIP）数据

形式语言与自动机导论：原书第 7 版 /（美）彼得·
林茨（Peter Linz），（美）苏珊·H.罗杰
(Susan H. Rodger) 著；王春宇，袁永峰译. -- 北京：
机械工业出版社，2024.9. --（计算机科学丛书）.
ISBN 978-7-111-76752-7

Ⅰ．TP301

中国国家版本馆CIP数据核字第20246AS891号

机械工业出版社（北京市百万庄大街 22 号　邮政编码　100037）
策划编辑：曲　熠　　　　　　　　责任编辑：曲　熠
责任校对：马荣华　张雨霏　景　飞　责任印制：任维东
天津嘉恒印务有限公司印刷
2025 年 2 月第 1 版第 1 次印刷
185mm×260mm · 30.5 印张 · 642 千字
标准书号：ISBN 978-7-111-76752-7
定价：129.00 元

电话服务　　　　　　　　　　　　网络服务

客服电话：010-88361066　　　　机 工 官 网：www.cmpbook.com
　　　　　010-88379833　　　　机 工 官 博：weibo.com/cmp1952
　　　　　010-68326294　　　　金 　书 　网：www.golden-book.com
封底无防伪标均为盗版　　　　机工教育服务网：www.cmpedu.com

译者序

An Introduction to Formal Languages and Automata, Seventh Edition

计算理论是全面、系统地研究计算知识的独立学科，涵盖计算机科学的核心概念和原理，主要包括形式语言与自动机理论、可计算性理论和计算复杂性理论等内容。形式语言与自动机理论是计算理论的基础，提供了理解和分析计算科学的基本框架。学习和研究这些内容可以帮助我们理解计算的本质和限制，增强形式化能力与推理能力，这些能力在计算机相关学科及领域的工作和研究中是不可或缺的。形式语言与自动机理论中所涉及的方法与模型在计算机科学中有广泛的应用，这些模型使计算机能够处理和理解各种复杂的语言，是程序设计语言与编译器设计的重要组成部分。此外，自动机理论是控制理论、神经网络、并行系统等众多学科的重要工具。它为信息技术的各个应用领域提供理论模型和设计算法，其研究直接关系到计算机软件和硬件的发展。自动机可以用于解决许多计算机科学中的问题，如自然语言处理和人工智能等。

本书是理论计算机科学方面的经典教材之一，由美国加利福尼亚大学戴维斯分校 Peter Linz 教授编写，主要介绍形式语言、自动机理论、可计算性和一些相关的问题。本书强调定义和定理的准确性与严谨性，但在形式化证明中又非常注重符合直觉的理解，在构造性证明中尤其如此，这使得本书非常适合作为教材和学习的参考资料。书中有丰富的例题和大量练习题，书后还给出了部分练习题的解答，这非常有利于学生通过练习加深理解。本书新增了"入门练习题"，这些新的练习题非常简单，仅需要对概念有所理解就可以解决，对于初学者非常有帮助。此外，本书还增加了应用部分，其中讨论了编译器构造的一些重要问题。

在本书的翻译过程中，译者参考了孙家骕教授翻译的第 3 版的内容，部分专有名词的翻译与该版本保持一致，在此特别感谢孙家骕教授。本书的理论部分由王春宇完成，应用部分由袁永峰完成。由于水平有限且工作量较大，书中可能存在许多不足之处，在此敬请读者批评指正，欢迎将意见与建议发送至邮箱 chunyu@hit.edu.cn。在此，特别感谢机械工业出版社的支持与信任。

王春宇

2024 年 6 月

前 言

本书是为形式语言、自动机、可计算性等相关方向的入门课程而设计的。这些主题构成了所谓计算理论的主要部分。关于这些主题的课程现在是计算机科学课程体系的标准内容，并且通常在课程体系的早期就开始讲授。因此，本书的读者是计算机科学或计算机工程专业大二和大三的学生。

学习本书内容前，需要首先了解一些高级程序设计语言（通常是 C、C++、Python 或 Java）并熟悉数据结构和算法的基础知识。含有集合论、函数、关系、逻辑和数学推理原理的离散数学课程是必不可少的，这门课程是计算机科学入门课程的一部分。

学习计算理论有几个目的，最重要的是让学生熟悉计算机科学的基础和原理，了解对后续课程有用的内容，以及加强学生严格的形式化数学证明的能力。我撰写本教材选用的内容有利于前两个目的，而且我认为它同样有利于第三个目的。为了清楚地表达想法并让学生深入了解学习内容，本书强调直觉动机并用例子进行说明。我更喜欢那些容易理解的论点，而不是那些简洁优雅但概念困难的论点。我准确地陈述了定义和定理，并给出了证明的动机，但通常省略了常规和乏味的细节。出于教学原因，我相信这是可取的。许多证明是归纳法或反证法的乏味应用，区别仅在于针对特定问题时有所不同。详细叙述这些论证过程不仅没有必要，而且会干扰全书的节奏。因此，有相当一部分证明是简短的，坚持完整性的人可能会认为缺少细节。但这不是缺点，数学技能不是阅读他人证明的副产品，而是来自对问题本质的思考，发现适合阐明观点的想法，然后精确地付诸实施。后者当然只能通过学习来实现，本教材给这种实践提供了非常合适的起点。

计算机科学专业的学生有时可能认为计算理论课程过于抽象且没有实际意义。要说服他们不这样想，就需要利用他们的特殊兴趣和特别优势，例如在处理难解问题时的韧性和创造力。正因如此，我强调以解决问题的方式来学习。

"以解决问题的方式"的意思是学生主要通过问题型示例来学习课程内容，这些示例揭示了概念背后的动机，以及它们与定理和定义的联系。同时，这些例子也有困难的一面，学生需要为此找到解决方法。在这种方式中，练习是学习过程的重要部分。每章中的练习题旨在说明和突出学习内容，并提高不同层次学生解决问题的能力。一些练习题相当简单，可用在课堂讨论中，让学生求解一两步。其他练习题则非常困难，即使对最优秀的学生也具有挑战性。精心选取的练习题可以成为非常有效的教学工具。无须要求学生解决所有问题，而应该选用那些支持课程目标和教师观点的问题。计算机科学课程在各大学中不尽相同，有些大学强调理论，而另一些几乎完全面向实际应用。我相信本书可以服务于这两种极端情况中的任何一种，前提是根据学生的知识背景和学习兴趣精心选择练习题。同时，教师需要告知学生他们所期望的抽象程度，尤其是证明题。当我说"证明"或"论证"时，我的意思是学生应该考虑如何构建证明，然后给出明确的论证过程。这种证明的正式程度需要由教师决定，并且应该在课程的早期向学生指明。

　　本书的内容适合一个学期的课程，可以讲授大部分内容，尽管有必要明确一些重点。在我的课堂上，我通常会简化证明过程，只给出使结果合理的必要步骤，然后让学生自己阅读其余部分。不过总的来说，要想后面不出现可能的困难，也没有多少内容可以被完全跳过。部分标有星号的章节是可以略过的，不会对学习后续内容有影响。然而，大部分内容是必不可少的，应当涵盖在内。

　　附录 B 简要介绍了 JFLAP，这是一种交互式工具软件，可从 www.jflap.org 免费获得，对本书内容的学习和教学都有很大帮助。它有助于理解概念，并在实际构建练习解决方案时节省大量时间。我强烈建议将 JFLAP 纳入课程。

　　本书有两项重要新增。一是大量新的练习题，收集在章节末尾的"入门练习题"下，以区别于已有的练习题。这些新练习题大多非常简单，只需要对概念有所理解。它们的目的是作为过渡到更困难练习题的桥梁。教师可以决定哪些学生需要完成这些新练习题。第 6 版的第 1～14 章加上新的练习题，重组为本书的理论部分。

　　二是应用部分中新增了大量的内容，讨论关于编译器构造的一些重要问题。这些新内容可以回答学生常问的问题，例如"这个理论如何应用于计算机科学的大部分实际问题"或"为什么必须要知道这些抽象的东西"。我们希望本书已经对这些问题给出了满意的回答。

　　如何将这些内容整合到现有课程中？教学时间较为紧张的教师可以将应用部分留给有兴趣的学生作为推荐阅读内容。但是这些内容对许多学生来说很重要并且很有吸引力，所以建议尝试在课堂上讲授。理论部分介绍了计算理论的几个主要方面，但也并非所有内容都必不可少。不仅是加星号的章节，后面的很多章节都可以略讲或完全不讲，而不会影响连贯性。这样可能会为应用部分腾出一周左右的时间。这种教学安排可以使许多学生受益：对于那些未学过编译课程的人，将对编译器设计的相关内容有所了解；对于学过的人来说，则将对稍后详细介绍的内容有初步了解。

Peter Linz

Susan H. Rodger

目　录 |

An Introduction to Formal Languages and Automata, Seventh Edition

理论部分

第1章

An Introduction to Formal Languages and Automata, Seventh Edition

计算理论概论

本章概要

本章内容主要是为后续章节做准备。在 1.1 节中,我们回顾有限数学的一些主要思想,并规范本书中的符号使用习惯。证明技术特别重要,尤其是归纳法和反证法。

在 1.2 节中,我们将初步介绍本书的核心思想:自动机、语言、文法的定义,以及它们之间的关系。在后续章节中,将扩展这些思想并研究许多不同类型的自动机和文法。

在 1.3 节中,我们将通过一些简单的例子,说明这些概念在计算机科学中扮演的角色,特别是在编程语言、数字化设计和文本处理方面。我们不会在本书中详细讨论这些问题,因为在许多其他计算机课程中都有这些概念的应用。

本书的主题是计算理论,包括几个专题:自动机理论、形式语言和文法、可计算性,以及复杂性。这些专题共同构成了计算机科学的理论基础。粗略地说,我们可以将自动机、文法和可计算性看作原则上关于计算机可以做什么的研究,而复杂性则是关于实际上计算机可以做什么的研究。在本书中,我们几乎只关注第一项内容。我们将研究各种自动机,了解它们与语言和文法的关系,并研究数字计算机可以做什么和不能做什么。虽然这个理论有很多用途,但它本质上是抽象的和数学的。

计算机科学是一门实践学科。从事这方面工作的人往往明显偏爱既有用又实际的问题,而不是理论推断。对于主要关注真实世界中困难应用的计算机科学专业的学生来说,情况确实如此。理论问题只在有助于找到好用的解决方法时才会引起他们的兴趣。这种态度是恰当的,因为如果没有应用,没人会对计算机产生兴趣。但鉴于这种实践导向,人们可能会问:"为什么要学习理论?"

第一,理论提供了帮助我们理解学科一般本质的概念和原则。计算机科学领域包括范围广泛的专题,从机器设计到程序设计。在现实世界中,计算机的使用涉及大量专业细节,必须了解这些细节才能成功应用计算机。这使得计算机科学成为一门非常多样化和广泛的学科。但是,尽管存在这种多样性,仍有一些共同的基本原则。为了研究这些基本原则,我们构建了计算机和计算的抽象模型。这些模型体现了硬件和软件共同的重要特征,与我们在使用计算机时遇到的很多特殊且复杂的结构是本质相关的。即使这些模型因过于简单而无法直接应用于现实世界,我们在研究这些模型时所获得的知识也为处理具体应用问题奠定了基础。当然，这种方法并不是计算机科学所独有的，构建模型是任何科学学科的基本要素之一，而一门学科的实用性往往取决于其简单而强大的理论和定律。

第二，可能不是很明显，我们将要阐述的思想有一些直接且重要的应用。数字设计、程序设计语言和编译器这些领域是最明显的例子，但还有许多其他的研究领域。我们所研究的这些概念贯穿了计算机科学的大部分领域，从操作系统到模式识别。

第三，我们想说服读者的是，这些主题像智力题一样有趣，它们提供了许多具有挑战性的、谜题一样的问题，它们有可能会让你彻夜不眠。本质上，就是去解决问题。

在本书中，我们将研究那些能够表现所有计算机及其共同特征的模型，我们也研究这些模型的应用。为了对计算机硬件进行建模，引入了自动机（automaton，复数形式为 automata）的概念。自动机是一种装置，它具备数字计算机不可缺少的那些结构特征。它可以接受输入，产生输出，可能还有一些临时存储，并且在输入转换为输出的过程中做出决策。形式语言（formal language）是程序设计语言一般特征的抽象。形式语言由一组符号和一些形成规则组成，通过这些规则可以将符号组成句子实体。形式语言就是符合形成规则的所有句子的集合。尽管我们在这里学习的形式语言比程序设计语言简单，但它们具有许多相同的基本特征。我们可以从形式语言中学到很多关于程序设计语言的知识。最后，通过对术语算法（algorithm）的精确定义，把机械计算的概念形式化，并研究适合（或不适合）使用这种机械计算方式来解决的问题类型。在我们的研究过程中，将展示这些抽象内容间的密切联系，并研究可以从中获得的一些结论。

在第 1 章中，我们会宽泛地了解这些基本思想，为之后的内容奠定基础。在 1.1 节中，我们将回顾必要的数学基础知识。虽然直觉通常会指引我们去探索，但是所得出的结论是基于严格论证的。尽管要求并不广泛，但还是要涉及一些数学机制。读者需要掌握集合论、函数和关系的基本结论和相关术语。尽管还会经常用到树结构和图结构，但只需知道带标记有向图的定义即可。也许最严格的要求就是能够理解证明的步骤，以及理解什么是正确的数学推理，这包括熟悉演绎法、归纳法和反证法的基本证明技术。我们假定读者具备这些必要的背景知识。1.1 节中会复习其中的一些基础知识，用于建立后续讨论所需的符号表示基础。

在 1.2 节中，我们首先关注语言、文法和自动机的核心概念，这些概念将以多种特定形式贯穿本书。在 1.3 节中，给出了这些基本概念的简单应用，以说明这些概念在计算机科学中具有广泛用途。这两节内容将以直观而非严格的方式呈现。稍后，我们会使这些内容更加精确，但当前的目标仍是清楚理解这些概念。

1.1　数学预备知识和符号表示

1.1.1　集合

集合（set）是元素的汇总，除了成员关系外没有任何其他结构。为了表示 x 是集合 S 的一个元素，将其记为 $x \in S$。而 x 不在 S 中则记为 $x \notin S$。可以通过用大括号括起对其中元素的一些描述来指定集合，例如，整数 0，1，2 的集合可以记为：

$$S = \{0, 1, 2\}$$

当集合含义清楚时，也可以用省略号表示其中的元素。例如，$\{a, b, \cdots, z\}$ 可以表示所有英文小写字母的集合，$\{2, 4, 6, \cdots\}$ 可以表示所有偶数正整数集合。而当需要明确时，使用显式的符号表示，那么为偶数的正整数集合可以记为：

$$S = \{i : i > 0, \ i \text{ 是偶数}\} \tag{1.1}$$

读作 "S 是由所有大于零的偶数 i 组成的集合"，当然也有 i 是整数的意思。

常用的集合运算包括并（union, $\cup$）、交（intersection, $\cap$）和差（difference, $-$），定义如下：

$$S_1 \cup S_2 = \{x : x \in S_1 \text{ 或 } x \in S_2\}$$

$$S_1 \cap S_2 = \{x : x \in S_1 \text{ 且 } x \in S_2\}$$

$$S_1 - S_2 = \{x : x \in S_1 \text{ 且 } x \notin S_2\}$$

另一个基本运算是补（complementation）。集合 S 的补集记为 $\overline{S}$，由所有不在 S 中的元素组成。为了使之有意义，我们需要知道所有可能元素的全集（universal set）U 是什么。如果指定了 U，则

$$\overline{S} = \{x : x \in U, x \notin S\}$$

没有元素的集合称为空集（emtpy set 或 null set），记为 $\varnothing$。从集合的定义可知：

$$S \cup \varnothing = S - \varnothing = S$$

$$S \cap \varnothing = \varnothing$$

$$\overline{\varnothing} = U$$

$$\overline{\overline{S}} = S$$

下面两个会多次使用的有用的恒等式称为德摩根定律（DeMorgan's law）：

$$\overline{S_1 \cup S_2} = \overline{S_1} \cap \overline{S_2} \tag{1.2}$$

$$\overline{S_1 \cap S_2} = \overline{S_1} \cup \overline{S_2} \tag{1.3}$$

如果集合 S_1 的每个元素也是 S 的元素，则称 S_1 是 S 的子集（subset），记为

$$S_1 \subseteq S$$

如果 $S_1 \subseteq S$，但 S 包含不在 S_1 中的元素，那么称 S_1 是 S 的真子集（proper subset），记为

$$S_1 \subset S$$

如果 S_1 和 S_2 没有共同的元素，即 $S_1 \cap S_2 = \varnothing$，则称它们不相交（disjoint）。

　　如果集合包含有限数量的元素，则称该集合为有穷的（或有限的），否则称它为无穷的（或无限的）。有穷集合的大小是其中元素的个数，记为 $|S|$。

　　一个给定的集合通常有很多子集。由给定集合 S 的全部子集构成的集合称为 S 的幂集（powerset），记为 2^S。注意，这个 2^S 是集合的集合。

例 1.1　如果 S 是集合 $\{a, b, c\}$，那么它的幂集是

$$2^S = \{\varnothing, \{a\}, \{b\}, \{c\}, \{a,b\}, \{a,c\}, \{b,c\}, \{a,b,c\}\}$$

这里 $|S| = 3$ 且 $|2^S| = 8$。这是个一般性质的个例，即如果 S 是有穷集，那么

$$|2^S| = 2^{|S|}$$

　　在许多例子中，一个集合中的元素是其他集合元素的有序序列，那么称这个集合是其他集合的笛卡儿积（Cartesian product）。两个集合的笛卡儿积就是有序对的集合，记为

$$S = S_1 \times S_2 = \{(x, y) : x \in S_1, y \in S_2\}$$

例 1.2　设 $S_1 = \{2, 4\}$ 且 $S_2 = \{2, 3, 5, 6\}$。那么

$$S_1 \times S_2 = \{(2,2), (2,3), (2,5), (2,6), (4,2), (4,3), (4,5), (4,6)\}$$

请注意，有序对的书写顺序很重要。有序对 $(4, 2)$ 属于集合 $S_1 \times S_2$，但是 $(2, 4)$ 不属于。

　　这种表示显然可以扩展到两个以上集合的笛卡儿积，一般来说

$$S_1 \times S_2 \times \cdots \times S_n = \{(x_1, x_2, \cdots, x_n) : x_i \in S_i\}$$

　　一个集合可以通过将其分为多个子集的方式来划分。假设 $S_1, S_2, \cdots, S_n$ 是给定集合 S 的子集且满足以下条件：

　　1. 子集 $S_1, S_2, \cdots, S_n$ 互不相交。
　　2. $S_1 \cup S_2 \cup \cdots \cup S_n = S$。
　　3. 任意 S_i 都不是空集。

则称 $S_1, S_2, \cdots, S_n$ 是集合 S 的一个划分（partition）。

1.1.2　函数和关系

　　函数（function）是将一个集合中的元素赋给另一个集合中唯一元素的一种规则。如果用 f 表示一个函数，那么第一个集合称为 f 的定义域（domain），第二个集合是它的值域

（range）。我们用

$$f : S_1 \to S_2$$

表示 f 的定义域是 S_1 的子集，f 的值域是 S_2 的子集。如果 f 的定义域是 S_1 本身，则称 f 是 S_1 上的全函数（total function），否则称为部分函数（partial function）。

在很多应用中，函数的定义域和值域都是正整数集。此外，我们通常只在函数参数非常大时，才对这些函数的行为感兴趣。在这种情况下，只理解增长率可能就足够了，并且可以使用普通的数量级符号表示。设函数 $f(n)$ 和 $g(n)$ 的定义域都是正整数的子集。如果存在一个正常数 c 使所有足够大的 n 都满足

$$f(n) \leqslant c|g(n)|$$

则称 g 是 f 的最大阶（order at most），记为

$$f(n) = O(g(n))$$

如果

$$f(n) \geqslant c|g(n)|$$

则称 g 是 f 的最小阶（order at least），记为

$$f(n) = \Omega(g(n))$$

最后，如果存在常数 c_1 和 c_2，满足

$$c_1|g(n)| \leqslant |f(n)| \leqslant c_2|g(n)|$$

则称 f 和 g 的阶等价（same order of magnitude），记为

$$f(n) = \Theta(g(n))$$

在这种数量级表示中，我们忽略了乘法常数和随着 n 增加而变得可以忽略不计的低阶项。

例 1.3 设

$$f(n) = 2n^2 + 3n$$
$$g(n) = n^3$$
$$h(n) = 10n^2 + 100$$

那么

$$f(n) = O(g(n))$$
$$g(n) = \Omega(h(n))$$

$$f(n) = \Theta(h(n))$$

在数量级表示中，不应将符号 = 视为相等，数量级表达式不能像普通表达式一样处理。例如

$$O(n) + O(n) = 2O(n)$$

这样的运算是没意义的，而且会导致错误结论。但是如果使用得当，涉及数量级表示的论证是有效的，我们将在后续章节中讨论。

有些函数被表示为有序对集合

$$\{(x_1, y_1), (x_2, y_2), \cdots\}$$

其中 x_i 是函数定义域中的元素，y_i 是值域内的对应值。作为这种定义函数的集合，每个作为有序对中前一个元素的 x_i 只可以出现一次。如果不满足，则该集合称为关系（relation）。关系的概念比函数更加通用：在一个函数中，定义域中的每个元素在值域中都仅有一个关联元素；而在一个关系中，可以在值域内有多个这样的元素。

等价关系（equivalence）是关系的一种，它就是通常的等同（同一）概念的推广。表示有序对 (x, y) 是等价关系时，记为

$$x \equiv y$$

如果一个关系是等价关系，需要满足三条性质：

- 自反性

$$\text{对于所有 } x, \text{ 有 } x \equiv x$$

- 对称性

$$\text{如果 } x \equiv y, \text{ 那么 } y \equiv x$$

- 传递性

$$\text{如果 } x \equiv y \text{ 且 } y \equiv z, \text{ 那么 } x \equiv z$$

例 1.4 在非负整数集合上，我们可以定义关系

$$x \equiv y$$

当且仅当

$$x \bmod 3 = y \bmod 3$$

那么有 $2 \equiv 5$，$12 \equiv 0$ 和 $0 \equiv 36$。显然它是等价关系，因为满足自反性、对称性和传递性。

如果集合 S 上定义了等价关系，那么用这个等价关系可将 S 划分为等价类。每个等价类包含所有且仅有等价元素。

1.1.3   图和树

图（graph）是由两个有穷集组成的，即顶点（vertex）集 $V = \{v_1, v_2, \cdots, v_n\}$ 和边（edge）集 $E = \{e_1, e_2, \cdots, e_m\}$。图中的每条边都是来自 V 的一对顶点，例如

$$e_i = (v_j, v_k)$$

是一条从顶点 v_j 到 v_k 的边。我们称边 e_i 是顶点 v_j 的出边和顶点 v_k 的入边。这样的结构实际上是一个有向图（digraph），因为将方向（从 v_j 到 v_k）关联到每条边上。图还可以被标记，表示图中元素的名称或关联信息，图的顶点和边都可以被标记。

图可以方便地通过图形实现可视化，用圆圈表示顶点，用带有箭头的连线表示连接顶点的边。图 1.1 所示的图具有顶点集 $\{v_1, v_2, v_3\}$ 和边集 $\{(v_1, v_3), (v_3, v_1), (v_3, v_2), (v_3, v_3)\}$。

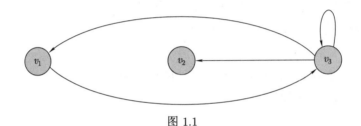

图 1.1

由边组成的序列 $(v_i, v_j), (v_j, v_k), \cdots, (v_m, v_n)$ 称为从 v_i 到 v_n 的通路（walk）。通路的长度是从初始顶点到最终顶点所经过的边的总数。没有重复边的通路被称为路径（path）。没有重复顶点的路径被称为简单路径。从顶点 v_i 到自身没有重复边的通路称为以顶点 v_i 为基（base）的环（cycle）。除了基以外没有重复顶点的环称为简单环。图 1.1 中，(v_1, v_3)，(v_3, v_2) 是从 v_1 到 v_2 的一条简单路径。边序列 $(v_1, v_3), (v_3, v_3), (v_3, v_1)$ 是一个环，但不是简单环。如果图的边上有标记，则可以讨论路径的标记。路径的标记就是沿着这个路径遍历时所经过的边的标记序列。最后，从顶点到自身的边称为回环（loop）。在图 1.1 中，顶点 v_3 上就有一个回环。

在某些情况下，我们会用到一种算法来查找两个给定顶点之间的所有简单路径（或基于给定顶点的所有简单环）。如果不考虑效率，可以使用下面这种显而易见的方法。从给定顶点开始（比如 v_i），列出所有的出边 $(v_i, v_k), (v_i, v_l), \cdots$。此时，会得到以 v_i 为起点的所有长度为 1 的路径。对于所有顶点 $v_k, v_l, \cdots$，列出所有的出边，只要它们不指向路径中已用到的任何顶点。这样，我们将得到从 v_i 开始所有长度为 2 的简单路径。以此类推，直到处理完所有的可能。因为顶点的数量是有限的，最终我们可以得到所有从 v_i 开始的简单路径，再从中选择在给定顶点结束的那些路径即可。

树是有向无环的一种特定类型的图，并且有一个称为根节点（root）的特殊顶点，从根节点到其他每个顶点都只有一条路径。这个定义意味着根节点没有入边，且有些顶点没

有出边。这些没有出边的顶点被称为树的叶节点（leaf）。如果从 v_i 到 v_j 有一条边，则称 v_i 是 v_j 的父节点（parent），而 v_j 是 v_i 的子结点（child）。从根节点到顶点的路径中边的数量称为该顶点的层数（level）。树的高度是所有顶点的最大层数。这些术语如图 1.2 所示。

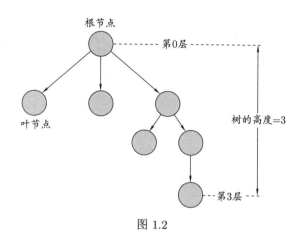

图 1.2

有时，我们想让树中同一层的顶点有序，在这种情况下，我们所讨论的树称为有序树（ordered tree）。

在大多数离散数学书籍中都可以找到有关图和树的更多详细内容。

1.1.4　证明方法

本书的一个重要目的是培养读者的证明能力。在数学论证中，我们使用演绎推理中已被广泛接受的规则，许多证明过程都是一系列这样的步骤。在这里我们有必要简单复习一下归纳法（proof by induction）和反证法（proof by contradiction）这两种频繁使用的特殊证明方法。

归纳法可以从几个具体实例的真实性推出更多命题的真实性。假设我们想证明命题序列 $P_1, P_2, \cdots$ 都成立。此外，假设以下条件也成立：

1. 对某个 $k \geqslant 1$，已知 $P_1, P_2, \cdots, P_k$ 都为真。
2. 对任何 $n \geqslant k$，当 $P_1, P_2, \cdots, P_n$ 都为真时，P_{n+1} 也一定为真。

那么，我们就能用归纳法来证明此序列中的每个命题都为真。

使用归纳法的证明过程为：由条件 1 可知前 k 个命题为真。然后由条件 2 可知命题 P_{k+1} 也必然为真。所以现在已知前 $k+1$ 个命题都为真，那么再由条件 2 可知命题 P_{k+2} 也为真，以此类推。模式是明确的，所以不用再重复这个问题。这一系列推理可以延伸到命题序列中的任何一个。所以，每个命题都为真。

初始命题 $P_1, P_2, \cdots, P_k$ 称为归纳基础（basis）。连接 P_n 和 P_{n+1} 的步骤称为归纳递推（inductive step）。归纳假设（inductive assumption）是假设 $P_1, P_2, \cdots, P_n$ 为真，使得归纳递推的证明更加容易。在正式的归纳证明中，我们会明确地使用这三部分。

例 1.5   二叉树是一种不存在父节点上有两个以上子节点的树结构。请证明高度为 n 的二叉树最多有 2^n 个叶节点。

证明   设 $l(n)$ 是高度为 n 的二叉树中最大的叶节点数，则我们希望证明 $l(n) \leqslant 2^n$。

归纳基础：因为一棵高度为 0 的树除了根节点之外没有其他顶点，也就是说，它最多只有一个叶节点，所以显然有 $l(0) = 1 = 2^0$。

归纳假设：

$$l(i) \leqslant 2^i, \text{ 对于 } i = 0, 1, \cdots, n \tag{1.4}$$

归纳递推：要从高度为 n 的一棵二叉树得到高度为 $n+1$ 的二叉树，在先前的每个叶节点上最多能再增加两个叶节点。所以，

$$l(n+1) = 2l(n)$$

现在，使用归纳假设，得到

$$l(n+1) \leqslant 2 \times 2^n = 2^{n+1}$$

因此，当命题对 n 为真时，会有对 $n+1$ 也为真。因为 n 可以是任何数字，所以该命题必然对所有 n 都为真。 ∎

在本书中，我们使用符号 ∎ 表示证明的结束。

归纳法证明可能不容易掌握，但对注意到归纳和程序设计中递归之间的紧密联系会有帮助。例如，函数 $f(n)$（其中 n 是任意正整数）的递归定义通常包括两部分。一部分是用 $f(n), f(n-1), \cdots, f(1)$ 定义 $f(n+1)$，这部分对应于归纳递推。另一部分是递归的"脱离"，通过 $f(1), f(2), \cdots, f(k)$ 的非递归定义来实现，这部分对应于归纳基础。与归纳法一样，仅需给出初始的几个值，再应用它的递归性质，就可以得出问题中所有实例的结果。

有时，要解决的问题在找到正确的方法之前看起来可能很困难。但以递归方式求解，通常会使事情变得简单。

例 1.6   一组两两相交的直线 $l_1, l_2, \cdots, l_n$ 可以将平面划分成多个分离的区域。一条直线会将平面分为两部分，两条直线会将平面分为四部分，三条直线会将平面分为七部分，以此类推。三条直线的情况很容易检查，但随着直线数量的增加，很难发现规律。我们尝试用递归法解决这个问题。

如图 1.3 所示，看一看向已有的 n 条直线中增加新直线 l_{n+1} 会发生什么。直线 l_1 左侧被分成两个新区域，l_2 左侧的区域也被分成两个，以此类推，直到最后一条。最后一条直线 l_n 的右侧区域也被分开了。所有 n 个交点的每一个都划分出一个新区域，最后还多出了一个额外区域。所以，如果令 $A(n)$ 表示由 n 条直线划分的区域

数，就有

$$A(n+1) = A(n) + n + 1, \; n = 1, 2, \cdots$$

其中 $A(1) = 2$。利用这个简单的递归，我们就可以计算出 $A(2) = 4$, $A(3) = 7$, $A(4) = 11$，以此类推。

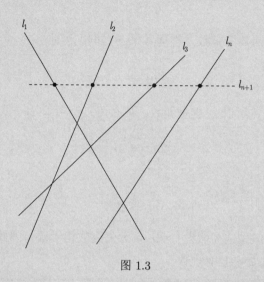

图 1.3

为了证明刚刚得到的 $A(n)$ 的公式，我们使用归纳法。如果我们推测

$$A(n) = \frac{n(n+1)}{2} + 1$$

那么有

$$A(n+1) = \frac{n(n+1)}{2} + 1 + n + 1$$
$$= \frac{(n+1)(n+2)}{2} + 1$$

这就证明了归纳递推。归纳基础的证明很容易，因此得证。

在这个例子中，鉴别归纳基础、归纳假设和归纳递推时，虽然有些不太正式，但都是必不可少的。为了避免在后面的讨论中过于正式，我们通常更喜欢例 1.6 的风格。但是，当感觉理解或构建证明比较困难的时候，还是要回到例 1.5 那种更明确的形式。

当其他方法都失效时，反证法通常是一种有效的强大方法。比如我们要证明某个命题 P 为真。那么，暂且假设 P 为假，看看这个假设会让我们得到什么样的结论。如果得出了已知错误的结论，则可以将结果归咎于最初的假设，并得出结论：P 必须为真。下面是一个经典而优雅的例子。

例 1.7   有理数可表示为没有公因数的两个整数 n 和 m 的比值。非有理数的实数称为无理数。请证明 $\sqrt{2}$ 是无理数。

正如所有的反证法证明一样，首先做出相反的假设。这里我们假设 $\sqrt{2}$ 是有理数，那么可以记为

$$\sqrt{2} = \frac{n}{m} \tag{1.5}$$

其中 n 和 m 是无公因数的整数。整理式 (1.5) 可以得到

$$2m^2 = n^2$$

因此，n^2 一定是偶数，所以 n 也是偶数，那么可以记 $n = 2k$ 或

$$2m^2 = 4k^2$$

即

$$m^2 = 2k^2$$

因此，m 也是偶数。但是这与假设 n 和 m 无公因数相矛盾。因此式 (1.5) 中的 n 和 m 不可能存在，即 $\sqrt{2}$ 不是有理数。

这个例子展示了反证法的本质。通过做出某种假设，得出与假设或某些已知事实的矛盾。如果论证过程的每一步在逻辑上都成立，就可以得到最初假设不成立的结论。

练习题

1. 若集合 $S_1 = \{2, 3, 5, 7\}$，$S_2 = \{2, 4, 5, 8, 9\}$，$U = \{1 : 10\}$，计算 $\overline{S_1} \cup S_2$。

2. 若集合 $S_1 = \{2, 3, 5, 7\}$ 且 $S_2 = \{2, 4, 5, 8, 9\}$，计算 $S_1 \times S_2$ 和 $S_2 \times S_1$。

3. 给定 $S = \{2, 5, 6, 8\}$ 和 $T = \{2, 4, 6, 8\}$，计算 $|S \cap T| + |S \cup T|$。

4. 两个集合 S 和 T 满足什么关系，能使 $|S \cup T| = |S| + |T|$ 成立？

5. 证明对所有集合 S 和 T，$S - T = S \cap \overline{T}$ 成立。

6. 对于式 (1.2) 和式 (1.3)，通过证明如果元素 x 在等式一侧的集合中，那么它必然在另一侧的集合中，来证明德摩根定律。

7. 证明如果 $S_1 \subseteq S_2$，那么 $\overline{S_2} \subseteq \overline{S_1}$。

8. 证明 $S_1 = S_2$ 当且仅当 $S_1 \cup S_2 = S_1 \cap S_2$。

9. 对 S 的大小使用归纳法证明，如果 S 是有穷集，则 $|2^S| = 2^{|S|}$。

10. 证明如果 S_1 和 S_2 是有穷集且有 $|S_1| = n$ 和 $|S_2| = m$，那么

$$|S_1 \cup S_2| \leqslant n + m$$

11. 如果 S_1 和 S_2 是有穷集，证明 $|S_1 \times S_2| = |S_1||S_2|$。

12. 两个集合间的关系定义为若 $S_1 \equiv S_2$ 当且仅当 $|S_1| = |S_2|$，证明这是一个等价关系。

13. 有时我们以类似于求和符号 $\sum$ 的方式使用并集和交集符号，将几个集合的并集定义为

$$\bigcup_{p \in \{i,j,k,\cdots\}} S_p = S_i \cup S_j \cup S_k \cdots$$

使用这种表示法，一般的德摩根定律可以记为

$$\overline{\bigcup_{p \in P} S_p} = \bigcap_{p \in P} \overline{S_p}$$

和

$$\overline{\bigcap_{p \in P} S_p} = \bigcup_{p \in P} \overline{S_p}$$

请证明当 P 是有穷集时，这些等式成立。

14. 证明

$$S_1 \cup S_2 = \overline{\overline{S_1} \cap \overline{S_2}}$$

15. 证明 $S_1 = S_2$ 当且仅当

$$(S_1 \cap \overline{S_2}) \cup (\overline{S_1} \cap S_2) = \varnothing$$

16. 证明

$$S_1 \cup S_2 - (S_1 \cap \overline{S_2}) = S_2$$

17. 证明以下集合的分配律成立：

$$S_1 \cap (S_2 \cup S_3) = (S_1 \cap S_2) \cup (S_1 \cap S_3)$$

18. 证明

$$S_1 \times (S_2 \cup S_3) = (S_1 \times S_2) \cup (S_1 \times S_3)$$

19. 给出 S_1 和 S_2 的充分必要条件使以下等式成立：

$$S_1 = (S_1 \cup S_2) - S_2$$

20. 使用例 1.4 中定义的等价关系，将集合 $\{2,4,5,6,9,22,24,25,31,37\}$ 划分为等价类。

21. 证明如果 $f(n) = O(g(n))$ 且 $g(n) = O(f(n))$，则 $f(n) = \Theta(g(n))$。

22. 证明 $2^n = O(3^n)$，但是 $2^n \neq \Theta(3^n)$。

23. 证明以下数量级结果成立：

    (a) $n^2 + 5\log n = O(n^2)$

    (b) $3^n = O(n!)$

    (c) $n! = O(n^n)$

24. 证明 $(n^3 - 2n)/(n + 1) = \Theta(n^2)$。

25. 证明 $\dfrac{n^3}{\log{(n+1)}} = O(n^3)$, 但不等于 $O(n^2)$。

26. 以下论证错误在哪里? 如果 $x = O(n^4)$, $y = O(n^2)$, 那么 $x/y = O(n^2)$。

27. 以下论证错误在哪里? 如果 $x = \Theta(n^4)$, $y = \Theta(n^2)$, 那么 $x/y = \Theta(n^2)$。

28. 证明如果 $f(n) = O(g(n))$ 且 $g(n) = O(h(n))$, 那么 $f(n) = O(h(n))$。

29. 证明如果 $f(n) = O(n^2)$ 且 $g(n) = O(n^3)$, 那么

$$f(n) + g(n) = O(n^3)$$

且

$$f(n)g(n) = O(n^5)$$

同样, $g(n)/f(n) = O(n)$ 是否为真?

30. 假设有 $f(n) = 2n^2 + n$ 和 $g(n) = O(n^2)$。下面的论证错误在哪里?

$$f(n) = O(n^2) + O(n)$$

所以

$$f(n) - g(n) = O(n^2) + O(n) - O(n^2)$$

因此

$$f(n) - g(n) = O(n)$$

31. 证明如果 $f(n) = \Theta(\log_2 n)$, 那么 $f(n) = \Theta(\log_{10} n)$。

32. 画出一个顶点为 $\{v_1, v_2, v_3\}$ 且边为 $\{(v_1, v_1), (v_1, v_2), (v_2, v_3), (v_2, v_1), (v_3, v_1)\}$ 的图。列举以 v_1 为基的所有环。

33. 构造一个有 5 个顶点、10 条边且没有环的图。

34. 令 $G = (V, E)$ 为任意图。证明以下命题成立: 如果在 $v_i \in V$ 和 $v_j \in V$ 之间存在通路, 则这两个顶点间必然存在长度不超过 $|V| - 1$ 的简单路径。

35. 考虑任何两个顶点间最多有一条边的图。证明在这种情况下, 具有 n 个顶点的图最多有 n^2 条边。

36. 证明

$$\sum_{i=0}^{n} 2^i = 2^{n+1} - 1$$

37. 证明

$$\sum_{i=1}^{n} \frac{1}{i^2} \leqslant 2 - \frac{1}{n}$$

38. 证明对于所有 $n \geqslant 4$, 不等式 $2^n < n!$ 成立。

39. 斐波那契数列递归地定义为

$$f(n+2) = f(n+1) + f(n),\ n = 1, 2, \cdots$$

且 $f(1) = 1$, $f(2) = 1$。证明：

(a) $f(n) = O(2^n)$

(b) $f(n) = \Omega(1.5^n)$

40. 证明 $\sqrt{8}$ 不是有理数。

41. 证明 $2 - \sqrt{2}$ 是无理数。

42. 证明 $\sqrt{3}$ 是无理数。

43. 证明或反驳以下命题。

(a) 一个有理数与一个无理数的和一定是无理数。

(b) 两个正无理数的和一定是无理数。

(c) 一个非零有理数与一个无理数的积一定是无理数。

44. 证明每个正整数都可以表示为素数的乘积。

45. 证明所有素数的集合是无穷的。

46. 一个素数对是由差为 2 的两个素数组成的。有很多这样的素数对，例如 11 和 13、17 和 19。素数三元组是 $n \geqslant 2$, $n + 2$, $n + 4$ 都是素数的数。证明唯一的素数三元组是 $(3, 5, 7)$。

1.2　三个基本概念

本书的主题包含三个基本概念：语言（language）、文法（grammar）和自动机（automaton）。在学习过程中，我们将探索有关这些概念的许多结论以及它们之间的相互关系。首先，我们需要理解这些术语的含义。

1.2.1　语言

我们都熟悉自然语言的概念，例如英语和法语。即便如此，多数人可能很难准确说出"语言"这个词的含义。词典中非形式化地将这个词条定义为适合表达某些想法、事实或概念的系统，包括一系列符号和符号的处理规则。虽然这给出了什么是语言的直观概念，但不足以作为形式语言研究的定义。我们需要对这个词做出更精确的定义。

首先我们给定一个有穷的、非空的符号集合 Σ，称为字母表（alphabet）。用单个符号可以构成字符串（string），即字母表中符号的有限序列。例如，字母表为 $\Sigma = \{a, b\}$ 时，$abab$ 和 $aaabbba$ 都是 Σ 上的字符串。除了极少数例外，我们都用小写字母 $a, b, c, \cdots$ 表示 Σ 的元素，用 $u, v, w, \cdots$ 表示字符串的名称。例如，

$$w = abaaa$$

表示名字为 w 的字符串，且它的值为 $abaaa$。

两个字符串 w 和 v 的连接（concatenation）是在 w 的右端加上 v 的符号所得到的字符串。也就是说，如果

$$w = a_1 a_2 \cdots a_n$$

且

$$v = b_1 b_2 \cdots b_m$$

则 w 和 v 的连接，记为 wv，即

$$wv = a_1 a_2 \cdots a_n b_1 b_2 \cdots b_m$$

字符串的反转（reverse）是将其符号按逆序逐个列出得到的字符串。例如前面例子中字符串 w 的反转（记为 w^R）是

$$w^R = a_n \cdots a_2 a_1$$

字符串 w 的长度是其中符号的个数，用 $|w|$ 表示。我们会经常使用空串（empty string），这是一个根本没有符号的字符串，用 λ 表示。对所有的字符串 w，以下简单关系都成立：

$$|\lambda| = 0$$

$$\lambda w = w\lambda = w$$

字符串 w 中任意连续的符号构成的符号串，称为 w 的子串（substring）。如果

$$w = vu$$

则子串 v 和 u 分别称为 w 的前缀（prefix）和后缀（suffix）。例如，如果 $w = abbab$，那么 $\{\lambda, a, ab, abb, abba, abbab\}$ 是 w 所有前缀的集合，而 bab, ab, b 则是它的几个后缀。

字符串的简单属性（例如它们的长度）相当直观，可能不需要详细说明。例如，如果 u 和 v 是字符串，那么它们的连接的长度就是各个长度的和，即

$$|uv| = |u| + |v| \tag{1.6}$$

然而，尽管这个关系是显而易见的，但能够使其精确且能证明它仍是有意义的。其中用到的技巧在更复杂的情况下很有用。

例 1.8 证明式 (1.6) 对任何 u 和 v 都成立。为了证明这一点，首先需要字符串长度的定义。这里以递归方式给出定义：对于所有 $a \in \Sigma$ 和 Σ 上的任何字符串 w，有

$$|a| = 1$$

$$|wa| = |w| + 1$$

以下是字符串长度这个直观概念的形式定义：单个符号的长度为 1，若在其中增加一个

符号，则字符串长度加 1。有了这个形式定义，就可以通过归纳法来证明式 (1.6) 了。

由该定义可知，对所有任意长度的 u 和所有长度为 1 的 v，式 (1.6) 都成立，因此归纳基础得证。对于归纳假设，我们假设式 (1.6) 对所有任意长度的 u 和所有长度为 $1, 2, \cdots, n$ 的 v 都成立。再取长度为 $n+1$ 的任意 v，则可以将其记为 $v = wa$。那么

$$|v| = |w| + 1$$

$$|uv| = |uwa| = |uw| + 1$$

由归纳假设（这是适用的，因为 w 的长度为 n），有

$$|uw| = |u| + |w|$$

因此

$$|uv| = |u| + |w| + 1 = |u| + |v|$$

式 (1.6) 对所有任意长度的 u 和所有长度不超过 $n+1$ 的 v 都成立，给出了归纳递推并完成了证明。

如果 w 是字符串，那么 w^n 表示将 w 重复 n 次得到的字符串。作为一种特殊情况，为所有 w 定义

$$w^0 = \lambda$$

如果 Σ 是字母表，用 Σ^* 表示由零个或多个 Σ 中符号的连接而得到的字符串的集合。集合 Σ^* 总包含 λ。为了排除空串，我们定义

$$\Sigma^+ = \Sigma^* - \{\lambda\}$$

尽管 Σ 是有穷的，但 Σ^* 和 Σ^+ 总是无穷的，因为这些集合中的字符串长度没有限制。语言通常由 Σ^* 的子集来定义。语言 L 中的字符串称为 L 的句子。这个定义相当宽泛，字母表 Σ 中任何字符串的集合，都可以被视为一种语言。稍后我们将研究定义和描述特定语言的方法，赋予这个相当宽泛的概念一些结构。不过，目前先看几个具体的例子。

例 1.9　令 $\Sigma = \{a, b\}$，那么

$$\Sigma^* = \left\{ \lambda, a, b, aa, ab, ba, bb, aaa, aab, \cdots \right\}$$

集合

$$\{a, aa, aab\}$$

是 Σ 上的语言。因为包含有限个句子，所以称为有穷语言。集合

$$L = \left\{ a^n b^n : n \geqslant 0 \right\}$$

也是 Σ 上的语言. 字符串 $aabb$ 和 $aaaabbbb$ 属于这个语言 L，但字符串 abb 不属于 L。这个语言是无穷的。大多数令人感兴趣的语言都是无穷的。

由于语言也是集合，那么我们就有了两个语言并、交、差运算的定义。语言的补是相对于全集 Σ^* 而言的，即 L 的补为

$$\overline{L} = \Sigma^* - L$$

语言的反转是集合中全部字符串的反转构成的集合，即

$$L^R = \left\{ w^R : w \in L \right\}$$

两个语言 L_1 和 L_2 的连接，由 L_1 中任意元素与 L_2 中任意元素连接得到的字符串构成，即

$$L_1 L_2 = \left\{ xy : x \in L_1, y \in L_2 \right\}$$

对任意语言 L，我们定义 L^n 为 L 与它自己连接 n 次得到的集合，特别地，有

$$L^0 = \left\{ \lambda \right\}$$

和

$$L^1 = L$$

最后，我们将语言的星闭包（star-closure）定义为

$$L^* = L^0 \cup L^1 \cup L^2 \cdots$$

将语言的正闭包（positive closure）定义为

$$L^+ = L^1 \cup L^2 \cdots$$

例 1.10 如果

$$L = \left\{ a^n b^n : n \geqslant 0 \right\}$$

那么

$$L^2 = \left\{ a^n b^n a^m b^m : n \geqslant 0, m \geqslant 0 \right\}$$

注意其中的 n 和 m 并不相关，字符串 $aabbaaabbb$ 属于 L^2。

L 的反转可以很容易地表示为

$$L^R = \left\{ b^n a^n : n \geqslant 0 \right\}$$

但是以这种方式表示 $\overline{L}$ 和 L^* 就很困难。只需尝试几次你就会理解使用集合表示复杂语言的局限性。

1.2.2 文法

要从数学上研究语言，我们需要一种描述语言的机制。日常语言不够精确而且存在歧义，所以自然语言中那种非形式化的表述往往是不够的。例 1.9 和例 1.10 中使用的集合表示更合适，但也存在局限性。随着学习的推进，我们将会了解几种用于不同环境的语言定义机制。这里先介绍一个常见且功能强大的工具——文法。

英语的语法[一]可以告诉我们一个特定句子的结构是不是正确的。英语语法的一个典型规则是"句子可以由名词短语和谓词组成"。我们可以将这一语法简洁地记为

$$\langle 句子 \rangle \rightarrow \langle 名词短语 \rangle \langle 谓词 \rangle$$

而且其含义不言而喻。这当然还不足以处理实际的句子。还要给新引入的结构 ⟨名词短语⟩和 ⟨谓词⟩ 提供定义。我们可以按以下方法进行定义：

$$\langle 名词短语 \rangle \rightarrow \langle 冠词 \rangle \langle 名词 \rangle$$

$$\langle 谓语 \rangle \rightarrow \langle 动词 \rangle$$

然后再将实际单词 "a" 和 "the" 与 ⟨冠词⟩ 相关联，"boy" 和 "dog" 与 ⟨名词⟩ 相关联，"runs"和 "walks" 与 ⟨动词⟩ 相关联，那么文法可以告诉我们 "a boy runs" 和 "the dog walks"这两个句子的结构是正确的。如果能给出一个完整的语法，那么理论上，每个恰当的句子都可以这样解释。

这个例子展示了如何用一些简单概念定义一个普遍概念。从顶层概念开始（即这里的⟨句子⟩），逐步简化为语言中不可简化的构建块。对这些想法进行推广将得到形式文法的概念。

定义 1.1 文法 G 定义为四元组

$$G = (V, T, S, P)$$

其中 V 是变元（variable）的有穷集，T 是终结符（terminal symbol）的有穷集，$S \in V$ 是个特殊的符号，称为开始（start）变元，P 是产生式（production）的有穷集。
如果没有特殊指出，集合 V 和 T 是不相交且非空的集合。

产生式规则是文法的核心，它们明确规定了文法如何将一个字符串转换为另一个，并因此定义了与文法相关联的语言。在我们的讨论中，将假设所有产生式规则都具有以下形式

$$x \rightarrow y$$

〇 本书中的语法和文法都指 grammar，对于英语等自然语言称为语法，但在计算理论领域中一般译为文法。——译者注

其中 x 在集合 $(V \cup T)^+$ 中，y 在 $(V \cup T)^*$ 中。产生式的应用方式为：当给定形如

$$w = uxv$$

的字符串 w 时，我们称产生式 $x \to y$ 可应用于这个字符串，我们可以将 x 替换为 y 以得到一个新的字符串

$$z = uyz$$

这个过程记为

$$w \Rightarrow z$$

我们称 w 推导（derive，或派生）出 z，或 z 派生自 w。通过以任意顺序应用文法的产生式，可以推导出一系列字符串。产生式可以在任何适用的时候使用，并且可以根据需要反复使用。如果有

$$w_1 \Rightarrow w_2 \Rightarrow \cdots \Rightarrow w_n$$

则称 w_1 推导出 w_n，记为

$$w_1 \overset{*}{\Rightarrow} w_n$$

符号 $*$ 表示从 w_1 推导出 w_n 的步骤数未指明（可能是零步、一步或多步）。通过以不同的顺序应用产生式规则，给定的文法通常可以推导出许多字符串。所有以终结符构成的字符串集合，就是由语法定义或生成的语言。

定义 1.2 设文法 $G = (V, T, S, P)$，那么集合

$$L(G) = \left\{ w \in T^* : S \overset{*}{\Rightarrow} w \right\}$$

称为文法 G 生成的语言。

如果 $w \in L(G)$，则序列

$$S \Rightarrow w_1 \Rightarrow w_2 \Rightarrow \cdots \Rightarrow w_n \Rightarrow w$$

是句子 w 的推导（derivation）。包含变元和终结符的字符串 $S, w_1, w_2, \cdots, w_n$，都称为这个推导的句型（sentential form）。

例 1.11 考虑文法

$$G = (\{S\}, \{a, b\}, S, P)$$

其中 P 由下式给出：

$$S \to aSb$$

$$S \to \lambda$$

那么有

$$S \Rightarrow aSb \Rightarrow aaSbb \Rightarrow aabb$$

则可以记为

$$S \overset{*}{\Rightarrow} aabb$$

字符串 $aabb$ 是文法 G 生成的句子，而 $aaSbb$ 是个句型。

　　文法 G 完全定义了 $L(G)$，但要从文法中得到非常明确的语言描述可能并不容易。然而，在这道例题中，答案是相当明确的。不难推测并证明

$$L(G) = \{a^n b^n : n \geqslant 0\}$$

如果能观察到规则 $S \to aSb$ 其实是递归的，那么用归纳法去证明就很容易。首先证明所有的句型都有如下形式：

$$w_i = a^i S b^i \tag{1.7}$$

假设式 (1.7) 对所有长度不超过 $2i+1$ 的句型 w_i 成立。要得到另一个句型（不是句子），只能应用产生式 $S \to aSb$，也就是

$$a^i S b^i \Rightarrow a^{i+1} S b^{i+1}$$

因此，每个长度为 $2i+3$ 的句型也具有式 (1.7) 的形式。当 $i=1$ 时，式 (1.7) 显然成立，通过归纳法可知它对所有 i 都成立。最后，为了得到一个句子，必须应用产生式 $S \to \lambda$，我们可以看到

$$S \overset{*}{\Rightarrow} a^n S b^n \Rightarrow a^n b^n$$

代表了所有可能的推导。因此，G 只能导出形式为 $a^n b^n$ 的字符串。

　　我们还必须证明所有这种形式的字符串都可以由该文法推导出来。这很简单，只需根据需要多次应用 $S \to aSb$，最后再应用 $S \to \lambda$ 即可。

例 1.12　请寻找能产生如下语言 L 的文法：

$$L = \{a^n b^{n+1} : n \geqslant 0\}$$

前一个例子的思路可以用在这里，只需额外多生成一个 b。这可以通过产生式 $S \to Ab$ 完成，并选择其他产生式，以便 A 可以生成前一个例子中的语言。以此方式推理，我们得到文法 $G = (\{S, A\}, \{a, b\}, S, P)$，产生式为

$$S \to Ab$$

$$A \to aAb$$

$$A \to \lambda$$

请读者自己推导几个句子来检查正确与否。

上述例子都相当简单，因此严格的论证似乎是多余的。但是，通常来说，要找到由文法所定义语言的非形式化描述或直观特征并不容易。为了证明给定的语言确实是由特定的文法 G 生成的，必须能够证明：每个 $w \in L$ 都可以使用 G 由 S 推导出来，以及这样推导出的每个字符串都在 L 中。

例 1.13 给定 $\Sigma = \{a, b\}$，令 $n_a(w)$ 和 $n_b(w)$ 分别表示字符串 w 中 a 和 b 的个数。产生式为

$$S \to SS$$
$$S \to \lambda$$
$$S \to aSb$$
$$S \to bSa$$

的文法 G 生成的语言为

$$L = \{w : n_a(w) = n_b(w)\}$$

但是这种声明并不明显，我们需要提供令人信服的证明。

首先，很明显 G 的每个句型都有相等数量的 a 和 b，因为仅有的会产生 a 的产生式（即 $S \to aSb$ 和 $S \to bSa$），也同时产生 b。因此，$L(G)$ 的每个成员都会在 L 中。而证明 L 中的每个字符串都可以由 G 推导出来是有点困难的。

通过考察 $w \in L$ 可能存在的形式，我们粗略地审视这个问题。如果 w 以字符 a 开头，以字符 b 结尾，那么它的形式是

$$w = aw_1b$$

其中 w_1 也属于 L。如果 S 确实能推导出 L 中的字符串，那么可以认为这种情况的推导开始于

$$S \Rightarrow aSb$$

如果 w 以 b 开头并以 a 结尾，则可以使用类似的证明。但这并不能包括所有情况，因为 L 中字符串开头和结尾的符号可以是相同的。举个例子，比如 $aabbba$，可以发现它是两个较短的字符串 $aabb$ 和 ba 的连接，它们都属于 L。这个事实总成立吗？为了证明确实如此，我们可以这样做：从字符串的左端开始计分，对字符 a 加 1 分，对 b 减 1 分。如果字符串 w 开始和结尾的字符都是 a，那么在最左端字符之后的计分

是 +1，在最右端字符之前的计分是 −1。因此，字符串的计分必然在中间某处经过了零，这表明该字符串一定具有如下形式：

$$w = w_1 w_2$$

其中 w_1 和 w_2 都属于 L。这种情况可以用产生式 $S \to SS$ 来解决。

一旦我们直观地理解了这个论证，更严格的证明就已经准备好了。这里再次使用归纳法。假设所有 $w \in L$ 且 $|w| \leqslant 2n$ 都可以由 G 推导得到。取长度为 $2n+2$ 的任意 $w \in L$。如果 $w = a w_1 b$，则 w_1 属于 L，并且 $|w_1| = 2n$。因此，根据归纳假设，

$$S \overset{*}{\Rightarrow} w_1$$

那么就有

$$S \Rightarrow aSb \overset{*}{\Rightarrow} a w_1 b = w$$

成立，w 可由 G 推导出来。显然，当 $w = b w_1 a$ 时，可以用同样的方法证明。

如果 w 不是这种形式的，也就是说，开始和结尾符号相同，那么由计分可知必有 $w = w_1 w_2$ 的形式，其中 w_1 和 w_2 都在 L 中并且长度都小于或等于 $2n$。因此

$$S \Rightarrow SS \overset{*}{\Rightarrow} w_1 S \overset{*}{\Rightarrow} w_1 w_2 = w$$

也成立。

当 $n = 1$ 时，归纳假设显然成立，即归纳基础成立，所以命题对所有 n 都成立，从而得证。

一般来说，同一个语言对应多种生成它的文法。尽管这些文法是不一样的，但它们在某种意义上是等价的。如果文法 G_1 和 G_2 生成的语言相同，即

$$L(G_1) = L(G_2)$$

则称它们是等价的。

正如我们即将看到的，判断两个文法是否等价并不容易。

例 1.14　已知文法 $G_1 = (\{A, S\}, \{a, b\}, S, P_1)$，其中 P_1 的产生式集为

$$S \to aAb \mid \lambda$$

$$A \to aAb \mid \lambda$$

这里我们使用了一个方便的简写记号，具有相同左部的几个产生式写在同一行上，右部用符号 | 分隔。比如 $S \to aAb \mid \lambda$ 表示的是 $S \to aAb$ 和 $S \to \lambda$ 两个产生式。

这个文法等价于例 1.11 中的文法 G。等价性的证明很容易，只需证明

$$L(G_1) = \left\{ a^n b^n : n \geqslant 0 \right\}$$

我们把它留作练习。

1.2.3 自动机

自动机是数字计算机的抽象模型。因此，每个自动机都具有必不可少的一些特征。它们都有读取输入的装置。一般假定输入都来自某个给定字母表上的字符串，字符串写在输入文件中，自动机可以读取但不能修改。输入文件被分成单元格，每个单元格可以包含一个字符。自动机的输入装置从左到右读取输入文件，一次读取一个符号。通过文件尾的结束符，输入装置还可以检测输入字符串的结尾。自动机可以产生某种形式的输出。它可能包括一个临时存储设备。这个临时存储设备由数量无限的单元格组成，每个单元格都能保存字母表中的一个符号（不一定与输入字母表相同）。自动机可以读取和更改存储单元的内容。最后，自动机有一个控制单元，它可以处于有限数量的内部状态中的某个状态，并且可以按照事先定义好的方式改变状态。图 1.4 显示了一般自动机的示意图。

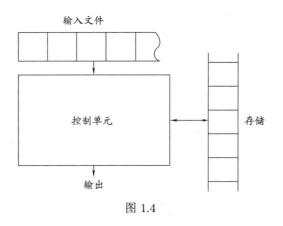

图 1.4

自动机被设定在离散的时间框架下运行。在任何给定时间点上，控制单元都处于某个内部状态，输入装置正在扫描输入文件上的一个特定符号。控制单元在下一时间点的内部状态由状态跳转（next-state）或转移函数（transition function）决定。此转移函数根据当前状态、当前输入符号和在临时存储中的当前信息来决定下一个状态。在从一个时间点过渡到下一个时间点期间，自动机可能会产生输出或更改临时存储中的信息。术语格局（configuration）用于指代控制单元、输入文件和临时存储的特定状态。自动机从一个格局到下一个格局的转换称为迁移（move）。

这种通用的模型涵盖了我们将在本书中讨论的所有自动机。有穷状态控制在各种具体自动机之间是通用的，但是产生输出的方式和临时存储的性质会有所不同。正如我们将看

到的，临时存储的性质决定了不同类型自动机的能力。

对于后续的讨论，有必要区分确定型自动机（deterministic automata）和非确定型自动机（nondeterministic automata）。确定型自动机的每一步迁移都是由当前格局唯一确定的。如果知道内部状态、输入和临时存储的内容，我们就可以准确地预测自动机的未来行为。在非确定型自动机中，情况并非如此。在每一时刻，一个非确定型自动机可能有几种可能的迁移，所以我们只能预测可能的迁移的集合。各类自动机在确定型和非确定型之间的关系，对我们的研究有重要作用。

输出响应仅限于简单的"是"或"否"的自动机称为接受器（accepter）。对于输入的字符串，接受器要么接受该字符串，要么拒绝它。一种更通用的自动机能够生成符号串作为输出，称为转换器（transducer）。

练习题

1. 当 $w = aabbab$ 时，在 $ww^R w$ 中有几个 aab 子串？

2. 对 n 使用归纳法，证明对所有字符串 u 和所有 n，有 $|u^n| = n|u|$。

3. 本书中以非形式化方式给出了字符串的反转，可以更精确地递归定义为：对任何 $a \in \Sigma, w \in \Sigma^*$，

$$a^R = a$$

$$(wa)^R = aw^R$$

使用这个定义，证明对任何 $u, v \in \Sigma^+$ 有下式成立：

$$(uv)^R = v^R u^R$$

4. 证明 $(w^R)^R = w$ 对所有 $w \in \Sigma$ 成立。

5. 令 $L = \{ab, aa, baa\}$，字符串 $abaabaaabaa, aaaabaaaa, baaaaabaaaab, baaaaabaa$ 中哪些属于 L^*？哪些属于 L^4？

6. 令 $\Sigma = \{a, b\}$ 和 $L = \{aa, bb\}$，使用集合表示描述 $\overline{L}$。

7. 令 L 是任何非空字母表上的语言。证明 L 和 $\overline{L}$ 不可能都是有穷语言。

8. 是否存在语言满足 $\overline{L^*} = (\overline{L})^*$？

9. 证明对任何语言 L_1 和 L_2，下式成立：

$$(L_1 L_2)^R = L_2^R L_1^R$$

10. 证明 $(L^*)^* = L^*$ 对所有语言成立。

11. 证明或反驳如下命题：

    (a) 对所有语言 L_1 和 L_2 有 $(L_1 \cup L_2)^R = L_1^R \cup L_2^R$。

    (b) 对所有语言 L 有 $(L^R)^* = (L^*)^R$。

12. 请给出语言 $L - \{a^n : n \text{ 是偶数}\}$ 的文法。

13. 请给出语言 $L = \{a^n : n$ 是偶数且 $n \geqslant 3\}$ 的文法。

14. 对于 $\Sigma = \{a, b\}$，请给出如下集合的文法：

(a) 只有两个 a 的所有字符串。

(b) 至少两个 a 的所有字符串。

(c) 不超过三个 a 的所有字符串。

(d) 至少三个 a 的所有字符串。

(e) 以 a 开始，以 b 结束的所有字符串。

(f) 含有偶数个 b 的所有字符串。

在每种情况下，给出令人信服的论证，证明你给出的文法确实生成了指定的语言。

15. 简单描述如下文法生成的语言：

$$S \to aaA$$

$$A \to bS$$

$$S \to \lambda$$

16. 有如下产生式的文法生成什么语言？

$$S \to Aa$$

$$A \to B$$

$$B \to Aa$$

17. 令 $\Sigma = \{a, b\}$，为下面的每个语言设计相应的文法。

(a) $L_1 = \{a^n b^m : n \geqslant 0, m < n\}$

(b) $L_2 = \{a^{3n} b^{2n} : n \geqslant 2\}$

(c) $L_3 = \{a^{n+3} b^n : n \geqslant 2\}$

(d) $L_4 = \{a^n b^{n-2} : n \geqslant 3\}$

(e) $L_1 L_2$

(f) $L_1 \cup L_2$

(g) L_1^3

(h) L_1^*

(i) $L_1 - \overline{L_4}$

18. 在 $\Sigma = \{a\}$ 上为如下语言设计相应的文法：

(a) $L = \{w : |w| \mod 3 > 0\}$

(b) $L = \{w : |w| \mod 3 = 2\}$

(c) $L = \{w : |w| \mod 5 = 0\}$

19. 给出能产生如下语言的文法：

$$L = \{ww^R : w \in \{a, b\}^+\}$$

为你的答案给出一个完整的理由。

20. 给出如下文法生成语言的三个字符串：

$$S \to aSb \mid bSa \mid a$$

21. 请将例 1.14 中的论证补充完整，证明 $L(G_1)$ 实际上生成了给定的语言。

22. 文法 $G = (\{S\}, \{a, b\}, S, P)$ 的产生式为：

$$S \to SS \mid SSS \mid aSb \mid bSa \mid \lambda$$

请证明该文法与例 1.13 中的文法等价。

23. 证明文法

$$S \to aSb \mid ab \mid \lambda$$

与

$$S \to aaSbb \mid aSb \mid ab \mid \lambda$$

等价。

24. 证明文法

$$S \to aSb \mid bSa \mid SS \mid a$$

与

$$S \to aSb \mid bSa \mid a$$

不等价。

1.3　应用 *

尽管我们强调形式语言和自动机的抽象与数学性质，但事实证明，这些概念在计算机科学中有着广泛的应用，并且实际上是连接许多专业领域的共同主题。在本节中，我们将提供一些简单的示例，让读者相信这些研究不仅是抽象的集合，还会帮助我们理解许多重要的实际问题。

形式语言和文法广泛用于程序设计语言。我们在编程过程中，或多或少对使用的程序设计语言有一些直观的理解。但有时，在使用不熟悉的功能时，我们可能需要参考该语言的准确描述，如多数程序设计书籍中的语法说明。如果我们想编写一个编译器，或者想推断某个程序的正确性，几乎每一步都需要有语言的准确描述。在程序设计语言的精确定义方法中，文法可能是使用最广泛的一种。

定义经典语言（如 Pascal 或 C 语言）的文法内容很长。让我们从大一点的语言中取较小的一部分，作为使用文法定义语言的一个例了。

例 1.15　C 语言中变量标识符的规则如下：

　　1. 标识符是由字母、数字和下划线组成的序列。

　　2. 标识符必须以字母或下划线开头。

　　3. 标识符允许大写和小写字母。

从形式上来说，这些规则可以用文法来描述。

$$\langle id \rangle \rightarrow \langle letter \rangle \langle rest \rangle \mid \langle undrscr \rangle \langle rest \rangle$$

$$\langle rest \rangle \rightarrow \langle letter \rangle \langle rest \rangle \mid \langle digit \rangle \langle rest \rangle \mid \langle undrscr \rangle \langle rest \rangle \mid \lambda$$

$$\langle letter \rangle \rightarrow a \mid b \mid \cdots \mid z \mid A \mid B \mid \cdots \mid Z$$

$$\langle digit \rangle \rightarrow 0 \mid 1 \mid \cdots \mid 9$$

$$\langle undrscr \rangle \rightarrow \_$$

在这个文法中，变元是 $\langle id \rangle$、$\langle letter \rangle$、$\langle digit \rangle$、$\langle undrscr \rangle$ 和 $\langle rest \rangle$。字母、数字和下划线是终结符。字符串 $a0$ 的推导过程为

$$\langle id \rangle \Rightarrow \langle letter \rangle \langle rest \rangle$$

$$\Rightarrow a \langle rest \rangle$$

$$\Rightarrow a \langle digit \rangle \langle rest \rangle$$

$$\Rightarrow a0 \langle rest \rangle$$

$$\Rightarrow a0$$

　　使用文法来定义程序设计语言很常见，也很有用。但也有一些很方便的替代方案。例如，可以用接受器来描述语言，取所有被接受的字符串作为语言。要想精确地讨论这个问题，我们首先要给出一个更正式的自动机定义。稍后我们会给出，现在先以直观的方式继续讨论。

　　自动机可以用图表示，其中用顶点表示内部状态，用边表示转移。边上的标记显示了在转移时发生的事件（在输入和输出方面）。例如，图 1.5 表示在输入符号 a 时会从状态 1 转移到状态 2。有了这种直观的图示，让我们来看一看描述 C 语言标识符的另一种方式。

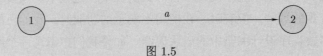

图 1.5

例 1.16 图 1.6 是一个接受所有合法 C 语言标识符的自动机。有必要解释一下，这里假设自动机最初处于状态 1，我们通常用一个指向该状态且没有起点的箭头来表示。同样，从左到右读取要检查的字符串，每次一个字符。当第一个字符是字母或下划线时，自动机进入状态 2，字符串的其余部分无关紧要。因此，状态 2 代表接受器的"是"状态。相反，如果第一个符号是数字，自动机将进入状态 3，即"否"状态，并保持在那里。在这里，我们假设输入符号只有字母、数字或下划线。

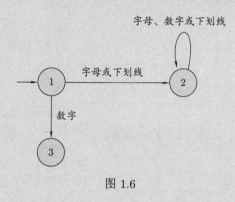

图 1.6

在将一种语言转换为另一种语言的编译器和其他翻译器广泛使用了这些例子中涉及的思想。程序设计语言可由文法精确定义，如例 1.15 所示，在判断某段代码是否满足一种程序设计语言的要求时，文法和自动机都起到了十分重要的作用。前面的例子给出了关于如何做到这一点的第一个提示，随后的例子会继续扩展这一观察结果。

在附录 A 中将简要地讨论转换器，下面的例子可作为一个预览。

例 1.17 二进制加法器是任何通用计算机中都存在的一部分。这种加法器输入两个表示数字的位串（二进制符号串），输出它们的加法和。为简单起见，我们假设它只处理正整数，并且使用

$$x = a_0 a_1 \cdots a_n$$

表示整数值

$$v(x) = \sum_{i=0}^{n} a_i 2^i$$

这也是通常的整数二进制表示的反转。

串行加法器从左侧开始一位一位地处理两个数字 $x = a_0 a_1 \cdots a_n$ 和 $y = b_0 b_1 \cdots b_n$。每次按位加都会产生一个数字来表示和，也为高位产生一个数字来表示进位。二进制加法表（图 1.7）总结了这个过程。

图 1.8 给出了我们刚开始学习计算机时看到的那种框图。它告诉我们加法器是个盒子，它接受两个位并输出加和位和一个可能的进位。它描述了加法器能做什么，

但没有关于内部原理的说明。用自动机（这里是转换器）可以明确它的原理。

a_i \ b_i	0	1
0	0 无进位	1 无进位
1	1 无进位	0 有进位

图 1.7

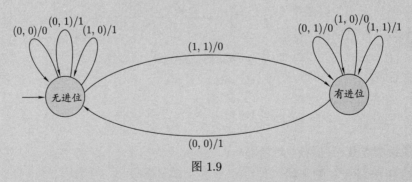

图 1.8

转换器的输入是位对 (a_i, b_i)，输出是加和位 d_i。我们仍然使用图来表示自动机，那么图的边可标记为 $(a_i, b_i)/d_i$。自动机通过"有进位"和"无进位"两个内部状态记住从这一步到下一步的进位。最初，转换器处于"无进位"状态，并保持在这个状态，直到遇到位对 $(1,1)$，这时将产生一个进位，并使自动机进入"有进位"状态。然后在读取下一个位对时处理进位。图 1.9 给出了串行加法器的完整图示。举几个例子并在图中完成运算，你就会确认它是正确的。

图 1.9

正如这个例子所示，在描述电路的高级功能与采用晶体管、逻辑门和触发器的逻辑实现之间，自动机起到了桥梁的作用。自动机清楚地描述了判断逻辑，而它又足够形式化，可用于精确的数学推理。出于这个原因，数字设计十分依赖自动机理论的概念。

练习题

1. 虽然我们对于密码通常没有什么限制，但一般也不是完全自由的。假设在某个系统中，密码可以是任意长度的，但必须至少包含 $a \sim z$ 中的一个字母和 $0 \sim 9$ 中的一个数字。构造一个能够产生这种合法密码集合的文法。

2. 假设在某个程序设计语言中，对数字有如下限制：
   (a) 数字可以是有符号的或无符号的。
   (b) 数值字段由两个非空部分组成，用小数点分隔。
   (c) 存在一个可选的指数字段。如果存在，该字段必须包含字母 e，后跟带有符号的两位数整数。
   设计这样的数字的文法。

3. 给出 C 语言整数集合的文法。

4. 设计 C 语言整数的接受器。

5. 给出一个能生成 C 语言中所有实数常量的文法。

6. 假设某种程序设计语言的标识符只允许以字母开头，包含至少一个但不超过三个数字，并且可以有任意多个字母。为这种标识符的集合给出相应的文法和接受器。

7. 修改示例 1.15 中的文法，使标识符满足以下规则：
   (a) 按 C 语言规则，但下划线不能是最左边的符号。
   (b) 按 C 语言规则，但最多可以有一个下划线。
   (c) 按 C 语言规则，但下划线后面不能跟数字。

8. 罗马数字系统的数字由字母 {M,D,C,L,X,V,I} 中的字符串表示。请设计一个接受器，仅接受形式正确的罗马数字。为简单起见，用"加法"的等价表示替代"减法"规则，比如表示数字 9 的 IX 用 VIIII 来代替。

9. 我们假设自动机在离散时间框架下工作，这对后续讨论影响不大。但是，在数字系统设计中，时间元素具有相当重要的意义。为了同步来自计算机不同部分的信号，需要延迟电路。单位延迟转换器简单地将输入（连续的符号流）延后一个时间单位。具体来说，如果传感器在 t 时刻输入符号 a，那么将在 $t+1$ 时刻输出该符号。在 $t=0$ 时刻，传感器无任何输出。用由 $a_1 a_2 \cdots$ 到 $\lambda a_1 a_2 \cdots$ 的转换来表示。
   画个图来说明当 $\Sigma = \{a, b\}$ 时，这样的单位延迟转换器如何设计。

10. n-单位延迟转换器是指在 n 个时间单位后重现输入的转换器。也就是说，输入的 $a_1 a_2 \cdots$ 被转换为 $\lambda^n a_1 a_2 \cdots$，转换器在前 n 个时间单位中不产生输出。
    (a) 在 $\Sigma = \{a, b\}$ 上构造一个双单元延迟转换器。
    (b) 证明 n-单位延迟转换器必然至少有 $|\Sigma|^n$ 个状态。

11. 二进制字符串的二进制补码表示一个正整数，是通过先对每一位求补，再对最低位加一来形成的。请设计一个转换器将二进制串转换为它们的二进制补码，如例 1.17 所示，低位位于字符串的左侧。

12. 设计一个转换器将二进制字符串转换为八进制。例如，二进制串 001101110 应产生输出 156。

13. 假设输入二进制串为 $a_1 a_2 \cdots$，设计一个转换器来计算每个三位子串的奇偶校验。具体地，转换器应产生输出

$$\pi_1 = \pi_2 = 0$$

$$\pi_i = (a_{i-2} + a_{i-1} + a_i) \bmod 2, \ i = 3, 4, \cdots$$

例如，输入 110111 应该产生输出 000001。

14. 设计一个转换器，接受二进制串 $a_1 a_2 \cdots$，并计算每组三个连续位的二进制值模五。具体地，转换器应输出 $m_1, m_2, m_3, \cdots$，其中

$$m_1 = m_2 = 0$$

$$m_i = (4a_i + 2a_{i-1} + a_{i-2}) \bmod 5, \ i = 3, 4, \cdots$$

15. 数字计算机通常使用二进制字符串编码所有信息，例如众所周知的 ASCII 码系统。本题中，考虑从字母表 $\{a, b, c, d\}$ 到 $\{0, 1\}$ 的编码方式，其定义为 $a \to 00, b \to 01, c \to 10, d \to 11$。构造一个转换器，将用 $\{0, 1\}$ 表示的字符串解码为原字符串。例如，输入 010011 应产生输出 *bad*。

16. 令 x 和 y 为两个正二进制数，设计一个输出为 $\max(x, y)$ 的转换器。

有穷自动机

本章概要

在本章中，我们首先研究第一种简单的自动机——有穷状态接受器。我们称它为有穷的，是因为它只包含有穷个内部状态，没有其他存储方式。我们称它为接受器，是因为它只能接受或者拒绝所处理的字符串，因此也可以将其视为一种简单的模式识别机器。

本章从确定的有穷状态接受器（DFA）开始。形容词"确定的"表示这种自动机的运转在任何时刻都有且仅有一种选项。我们使用 DFA 来定义一种称为正则语言的特定语言类型，从而建立了自动机和语言之间的第一个联系，这是后续讨论中反复出现的主题。接下来，介绍非确定的有穷状态接受器（NFA）。在某些情况下，NFA 的运转可以有多个选项，因此看上去它工作时可以有选择。在确定的世界中，或者至少在计算机的确定的世界中，非确定性的作用是什么？虽然有时我们说 NFA 可以做出最佳选择，但这仅是为了口头上的方便而已。形象地描述不确定性的更好方法，是认为 NFA 探索了所有的可能（例如通过搜索和回溯）且在分析完所有可能之前不做出决策。引入不确定性的主要原因是它简化了许多问题的解决方法。

如果两个接受器接受相同的语言，我们则说它们是等价的。其实也可以说 NFA 类是等价于 DFA 类的，因为对每个 NFA，都可以找到一个与其等价的 DFA。不同类型结构之间的等价性是本书中另一个反复出现的主题。

对于任何给定的正则语言，都有许多等价的 DFA，因此找到一个最小的 DFA（即内部状态数量最少的 DFA）具有实际意义。在 2.4 节中讲述了这种构造方法。

2.1 确定的有穷接受器

我们在第 1 章中介绍的有关计算的基本概念（特别是自动机的部分）相对简略且不够正式。在这一点上，对于什么是自动机以及如何用图来表示它，我们只有大概的了解。接下来的讨论必须足够准确，要给出自动机的正式的定义，并得出更加严格的结论。我们从有穷接受器开始，这是第 1 章所讨论的一般情况自动机的简单特例。这一类自动机的特点是没有临时存储。由于无法改变输入文件，有穷自动机在计算过程中所能"记住"事物的能力受到严格限制。通过将控制单元置于特定状态，可以在其中存储有限数量的信息。但是由于这种状态的数量是有限的，因此有穷自动机只能处理信息存储严格有界的情况。例 1.16 中的自动机就是一个具体的有穷接受器。

我们详细研究的第一种自动机是有穷接受器，它们的操作是确定性的。我们从确定性接受器的精确正式定义开始。

图 1.6 和图 1.9 表示两个简单的自动机，它们具有一些共同特征：

- 两者都有有穷个内部状态。
- 两者都处理由一系列符号组成的输入字符串。
- 两者都依赖当前状态和当前输入符号来决定从一个状态跳转到另一个状态。
- 两者都产生一些输出，但形式略有不同。图 1.6 中的自动机只接受或拒绝输入，图 1.9 中的自动机会输出字符串。

另外请注意，两个自动机在每一步的转移都有明确的定义。所有这些特征都包含在以下定义中。

2.1.1 确定的接受器和转移图

定义 2.1 确定的有穷接受器（Deterministic Finite Accepter，DFA）定义为五元组

$$M = (Q, \Sigma, \delta, q_0, F)$$

其中，Q 是有穷内部状态（internal state）集，Σ 是有穷符号集，称为输入字母表（input alphabet），$\delta : Q \times \Sigma \to Q$ 是一个全函数，称为转移函数（transition function），$q_0 \in Q$ 是初始状态（initial state），$F \subseteq Q$ 是最终状态（final state）集（也称为接受状态集）。

确定的有穷接受器按以下方式运行：在初始时刻，它处于初始状态 q_0，其输入机制指向输入字符串中最左的符号。自动机每次迁移时，输入机制都会向右前进一个位置，因此每次迁移都会消耗一个输入符号。当到达字符串末尾时，如果自动机处于其终结状态之一，则接受该字符串，否则拒绝该串。输入机制只能从左向右移动，并且每一步只能读取一个符号。从一种内部状态到另一种内部状态的转换由转移函数 δ 控制。例如，如果有

$$\delta(q_0, a) = q_1$$

那么当 DFA 处于状态 q_0 且当前输入符号为 a 时，DFA 会跳转到 q_1 状态。

在讨论自动机时，有必要使用一个清晰直观的图示来显示其运转。为了可视化并表示有穷自动机，我们使用状态转移图（transition graph），其中的顶点代表状态，边代表转移。顶点上标记了状态名，而边上标记了当前的输入符号。例如，如果 q_0 和 q_1 是某个 DFA M 的内部状态，那么 M 的转移图上存在分别标记为 q_0 和 q_1 的两个顶点。边 (q_0, q_1) 上标记

了 a 表示转移 $\delta(q_0, a) = q_1$。初始状态将由无起点且无标记的箭头表示。终结状态顶点用双圆圈表示。

更正式地，如果 $M = (Q, \Sigma, \delta, q_0, F)$ 是确定的有穷接受器，则其转移图 G_M 刚好有 $|Q|$ 个顶点，每个顶点都标有不同的 $q_i \in Q$。对于每个转移规则 $\delta(q_i, a) = q_j$，图上都有一条标记为 a 边 (q_i, q_j)。状态 q_0 对应的顶点称为初始顶点（initial vertex），而与状态 $q_f \in F$ 对应的顶点称为最终顶点（final vertice）。从 DFA 的定义 $(Q, \Sigma, \delta, q_0, F)$ 到转移图的转换方法是显而易见的，反之亦然。

例 2.1　图 2.1 中表示 DFA

$$M = (\{q_0, q_1, q_2\}, \{0, 1\}, \delta, q_0, \{q_1\})$$

其中 δ 由下式给出：

$$\delta(q_0, 0) = q_0, \quad \delta(q_0, 1) = q_1$$

$$\delta(q_1, 0) = q_0, \quad \delta(q_1, 1) = q_2$$

$$\delta(q_2, 0) = q_2, \quad \delta(q_2, 1) = q_1$$

这个 DFA 接受字符串 01。从状态 q_0 开始，首先读取符号 0。查看图中的边，看到这个自动机会保持在状态 q_0。接下来读取符号 1，自动机进入状态 q_1。此时到达了字符串的末尾，同时又处于终结状态 q_1。因此，字符串 01 被接受。这个 DFA 不接受字符串 00，因为在读取两个连续的 0 后，它将处于状态 q_0。通过类似的推理，可以看到这个自动机会接受字符串 101、0111 和 11001，但不接受 100 或 1100。

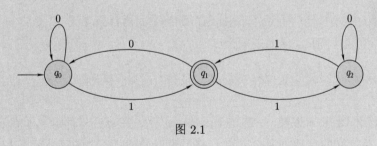

图 2.1

为了方便起见，我们引入扩展的转移函数 $\delta^* : Q \times \Sigma^* \to Q$。$\delta^*$ 的第二个参数是一个字符串，而不是单个符号，它的值给出了自动机在读取该字符串后所处的状态。例如，如果

$$\delta(q_0, a) = q_1$$

且

$$\delta(q_1, b) = q_2$$

则

$$\delta^*(q_0, ab) = q_2$$

形式上, 对所有 $q \in Q, w \in \Sigma^*, a \in \Sigma$, 我们可以递归地定义 δ^* 为

$$\delta^*(q, \lambda) = q \tag{2.1}$$

$$\delta^*(q, wa) = \delta(\delta^*(q, w), a) \tag{2.2}$$

为了知道为什么这么做是恰当的, 可以将这些定义应用到上面的简单例子中。首先, 我们利用式 (2.2) 得到

$$\delta^*(q_0, ab) = \delta(\delta^*(q_0, a), b) \tag{2.3}$$

但是

$$\delta^*(q_0, a) = \delta(\delta^*(q_0, \lambda), a)$$

$$= \delta(q_0, a)$$

$$= q_1$$

代入式 (2.3) 后, 得到了我们所期望的

$$\delta^*(q_0, ab) = \delta(q_1, b) = q_2$$

2.1.2　语言和 DFA 的语言

现在已经有了有关接受器的精确定义, 所以我们可以形式化地定义其关联的语言了。这种关联十分明显: 语言就是自动机所接受的全部字符串的集合。

> **定义 2.2**　由 DFA $M = (Q, \Sigma, \delta, q_0, F)$ 所接受的语言定义为 Σ 上被 M 接受的全部字符串的集合, 形式化地表示为
>
> $$L(M) = \{w \in \Sigma^* : \delta^*(q_0, w) \in F\}$$

请注意, 我们要求 δ 以及 δ^* 都是全函数。也就是在每一步都定义了唯一的一个迁移, 因此我们可以称这样的自动机为确定的。DFA 可以处理 Σ^* 中的每个字符串, 接受或不接受它。不接受意味着 DFA 停止在非终结状态, 因此

$$\overline{L(M)} = \{w \in \Sigma^* : \delta^*(q_0, w) \notin F\}$$

> **例 2.2**　请分析图 2.2 中的 DFA。
>
> 在图 2.2 中, 我们允许在一条边上使用两个标记。这种多重标记的边实际上是两个或多个转移的简写: 只要输入符号与任何边上的标记匹配就可以进行转移。
>
> 图 2.2 的自动机保持在初始状态 q_0, 直到遇见第一个 b。如果这也是输入的最后

一个符号，则接受该字符串。否则，DFA 进入状态 q_2，且永远无法离开。状态 q_2 称为陷阱状态（trap state）。我们从图中可以清楚地看到，自动机会接受那些在任意数量的 a 后跟着一个 b 的全部字符串，并拒绝所有其他字符串。用集合来表示，该自动机所接受的语言为

$$L = \left\{ a^n b : n \geqslant 0 \right\}$$

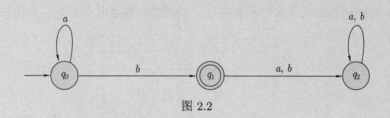

图 2.2

上述示例展示了状态转移图在处理有穷自动机时有多么方便。尽管所有的论证过程都可以使用式 (2.1) 和式 (2.2) 中的转移函数来严格进行，但它们会让人很难理解。我们在讨论时，会尽可能用更直观的转移图表示。为此，当然要确保不被这些表示所误导，并且基于图的论证与使用 δ 函数的形式一样有效。下面的一些预备知识能确保这一点。

定理 2.1　假设存在一个确定的有穷接受器 $M = (Q, \Sigma, \delta, q_0, F)$，设与其相关联的状态转移图为 G_M。那么对于每个 $q_i, q_j \in Q$ 和 $w \in \Sigma^+$，$\delta^*(q_i, w) = q_j$ 当且仅当 G_M 中存在从 q_i 到 q_j 且标记为 w 的通路。

证明　如果从例 2.1 的简单情况来看，这个命题显然成立。通过对 w 长度的归纳，可以严格地证明。假设该命题对所有长度不超过 n 的字符串 v（$|v| \leq n$）都成立。那么对于长度为 $n+1$ 的任何字符串 w，可以表示为

$$w = va$$

不妨设 $\delta^*(q_i, v) = q_k$。由于 $|v| = n$，图 G_M 中一定存在从 q_i 到 q_k 的标记为 v 的通路。但是如果 $\delta^*(q_i, w) = q_j$，那么 M 必然存在转移 $\delta(q_k, a) = q_j$，那么由图的构造，G_M 中有标记为 a 的边 (q_k, q_j)。因此，图 G_M 中顶点 q_i 和 q_j 之间存在标记为 $va = w$ 的通路。而对于 $n = 1$ 时显然正确，所以可以通过归纳证明，对于每个 $w \in \Sigma^+$，

$$\delta^*(q_i, w) = q_j \tag{2.4}$$

意味着 G_M 中存在从 q_i 到 q_j 的标记为 w 的通路。

这个论证过程可以很直观地反过来，证明图中路径的存在意味着式 (2.4) 成立，从而完成证明。　∎

这个定理的结果在直觉上如此明显, 似乎没必要去形式化证明。但我们这么做的原因有两个: 首先, 这是有关自动机归纳证明中简单又经典的例子; 其次, 后续论证中会反复用到该结论。因此将其作为定理来陈述和证明, 可以让我们对使用转移图来证明更加自信。例子和证明中, 用图的方式会比用 δ^* 性质的方式更清楚。

尽管用状态转移图可视化自动机很方便, 其他的表示方法也是有用的。例如, 可以将函数 δ 表示为状态转移表的形式。图 2.3 中的表格等价于图 2.2。这里的行标签是自动机的当前状态, 而列标签表示当前的输入符号, 表项的内容则定义了下一个状态。

	a	b
q_0	q_0	q_1
q_1	q_2	q_2
q_2	q_2	q_2

图 2.3

从例 2.2 中可以清晰看到, 很容易将 DFA 实现为计算机程序。例如, 实现为一个简单的查找表或一系列 if 语句。当然, 最佳的实现或表示方式要根据具体应用而定。在我们将给出的很多论证中, 会更多地使用状态转移图这种非常方便的方式。

为非形式化定义的语言构造自动机时, 我们用与高级语言编程类似的推理方式。但是 DFA 几乎没有很强大的能力, 因此对这类自动机的编程是枯燥的, 有时候在概念上也是复杂的。

例 2.3 设计一个确定的有穷接受器, 使其能够识别 $\Sigma = \{a, b\}$ 上以前缀 ab 开头的全部字符串集合。

字符串的前两个字符是仅有的条件, 如果能读入它们, 就不再需要其他判断。不过, 在给出决策前, 自动机要处理完整个字符串。因此, 可以用带有四个状态的自动机来处理: 一个初始状态、两个状态识别 ab 并结束于陷阱终态, 以及另一个非最终状态的陷阱状态。如果第一个字符是 a, 第二个字符是 b, 则自动机会进入并停留在陷阱终态, 因为其余输入已经无关紧要。另一方面, 如果第一个字符不是 a 或第二个字符不是 b, 则自动机进入非最终状态的陷阱状态。这个简单的解决方案如图 2.4 所示。

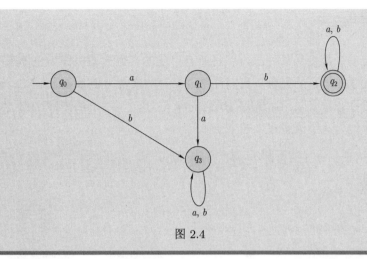

图 2.4

例 2.4 给出一个 DFA,使其接受 {0,1} 上的所有字符串,但含有子串 001 的除外。

在判断子串 001 是否已经出现的过程中,不但要知道当前的输入符号,还要记住在它之前否有一个或两个 0。我们可以让自动机置于有相应标记的特定状态。就像程序设计时的变量名一样,状态名也是任意的,因此选择好记的状态名。例如,刚刚读入两个 0 的状态可以标记状态名为 00。

如果字符串以 001 开头,必然要拒绝它。这意味着存在从初始状态到某个非最终状态且标记为 001 的路径。为了方便,标记此非最终状态为 001。此状态必然是陷阱状态,因为后面的符号不用再考虑了。最后,所有其他状态,都是最终状态即可。

这就给出了解的基本结构,但还需要增加子串 001 在输入串中间时的处理规则,要通过定义 Q 和 δ 让自动机做出正确决策。在这种情况下,当读入一个字符后,需要记住左侧的部分内容,例如,前面两个字符是不是 00。当状态名是相关联的符号时,就很容易看出它应该如何转移。例如,

$$\delta(00, 0) = 00$$

因为这种情况仅会发生在出现了三个连续 0 的时候。我们只需关心最后两个字符,所以用 DFA 的 00 状态来记住它。完整的解如图 2.5 所示。从这个例子中,我们可以看到好记的状态名有利于跟踪解的线索。通过检查几个字符串(如 100100 和 1010100)可以理解该解确实是正确的。

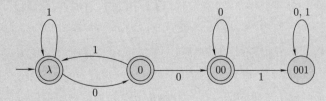

图 2.5

2.1.3 正则语言

每个有穷自动机都接受某种语言。将所有可能的有穷自动机作为整体来考虑，我们可以得到它们所关联的语言的集合。我们称这种语言的集合为语系（family）。确定的有穷接受器所接受的语系非常有限。随着我们研究的深入，这个语系的结构和性质会逐渐清晰。此刻，我们先简单地为这个语系起个名字。

> **定义 2.3** 语言 L 称为正则语言（regular language），当且仅当存在某个有穷接受器 M，使得
> $$L = L(M)$$

> **例 2.5** 请证明语言
> $$L = \{awa : w \in \{a, b\}^*\}$$
> 是正则的。
>
> 　　为了证明该语言或任何其他语言是正则的，我们所要做的就是找到一个接受该语言的 DFA。这个 DFA 的构造与例 2.3 类似，但稍微复杂一些。这个 DFA 必须检查字符串是否以 a 开头和结尾，中间的字符不重要。因为没有明确的方法来判断字符串的结尾，导致解决方案十分复杂。我们让 DFA 只要遇到了第二个 a 就立即进入最终状态，就可以解决这个困难。如果这不是字符串的结尾，并且读入了另一个 b，它将使 DFA 离开该最终状态。如此继续扫描输入，每个 a 都让自动机回到该最终状态。完整的解如图 2.6 所示。同样，检查几个例子看看这为什么正确。在 1～2 次尝试之后，就可以很容易理解，DFA 接受某字符串当且仅当它是以 a 开头并结尾的。因为我们已经构造出接受这个语言的 DFA，则可以断言这个语言是正则的。
>
>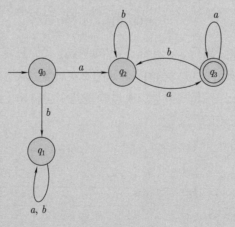
>
> 图 2.6

例 2.6 设例 2.5 中的语言为 L，请证明 L^2 是正则的。我们还是通过构造该语言的 DFA 来证明它是正则的。语言 L^2 可以显式表示为

$$L^2 = \{aw_1aaw_2a : w_1, w_2 \in \{a, b\}^*\}$$

那么，我们需要的 DFA 要能识别相同形式（不一定相同值）的两个连续字符串。可以从图 2.6 开始，但需要修改顶点 q_3。这个状态不能再是最终状态了，因为此时必须开始查找第二个 awa 形式的子字符串。为了识别第二个子字符串，将第一部分的状态（用新状态名）复制一份，并将 q_3 作为第二部分的起点。

因为整个字符串中任何出现 aa 的地方都可以用来拆分，所以我们让第一次出现的两个连续的 a 触发自动机进入第二部分，这只需通过 $\delta(q_3, a) = q_4$ 来实现。完整的解如图 2.7 所示。这个 DFA 会接受 L^2，因此它是正则的。

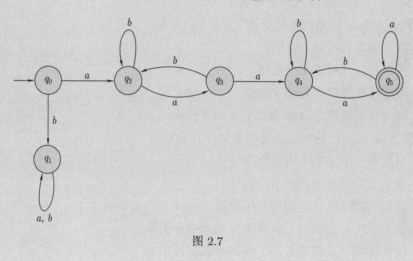

图 2.7

最后这个例子表明，如果语言 L 是正则的，那么 $L^2, L^3, \cdots$ 这些语言也都是正则的。稍后我们会看到确实如此。

入门练习题

1. 给出语言 $L = \{a, b\}^+$ 的 DFA。

2. 例 2.3 中，如果用 q_3 代替 q_2 作为最终状态，会接受什么语言？

3. 修改图 2.6 中的 DFA，使它接受 $L = \{awb\}$。

4. 修改图 2.6 中的 DFA，使它接受 $L = \{bwa\}$。

5. 若 DFA $M = (\{q_0, q_1, q_2\}, \{a\}, \delta, q_0, \{q_2\})$，其中 δ 定义为

$$\delta(q_0, a) = q_1 \quad \delta(q_1, a) = q_2$$

$$\delta(q_2, a) = q_2$$

(a) 画出 M 的转移图。

(b) 该 DFA 接受的语言 $L = \{a^n\}$ 是否满足条件 (i) $n \geqslant 1$, (ii) $n \geqslant 2$, (iii) $n > 2$?

6. 如果 $\Sigma = \{a, b\}$，画出习题 5 中 DFA 的转移图，然后计算 $\delta^*(aaba)$。

7. 假设在习题 5 中，字母表 $\Sigma = \{a, b\}$，$\delta(q_2, a) = q_2$ 替换为 $\delta(q_2, b) = q_0$。

(a) 给出这个新 DFA 接受语言的直观描述。

(b) 使用集合表示这个语言。

8. 请证明语言 $L = \{aba^{2n}ba : n \geqslant 1\}$ 是正则的。

练习题

1. 字符串 0001, 01101, 00001101 中的哪个能被图 2.1 中的 DFA 接受？

2. 将图 2.5 中的图翻译为 δ-表示法。

3. 如果 $\Sigma = \{a, b\}$，请构造接受如下集合的 DFA。

(a) 所有偶数长度的字符串。

(b) 所有长度超过 5 的字符串。

(c) 所有含有偶数个 a 的字符串。

(d) 所有含有偶数个 a 和奇数个 b 的字符串。

4. 如果 $\Sigma = \{a, b\}$，请构造接受如下集合的 DFA。

(a) 只含有一个 a 的所有字符串。

(b) 至少含有两个 a 的所有字符串。

(c) 含有不超过两个 a 的所有字符串。

(d) 含有至少一个 b 且只有两个 a 的所有字符串。

(e) 仅含有两个 a 且超过三个 b 的所有字符串。

5. 请给出如下语言的 DFA。

(a) $L = \{ab^4wb^2 : w \in \{a, b\}^*\}$。

(b) $L = \{ab^na^m : n \geqslant 3, m \geqslant 2\}$。

(c) $L = \{w_1abbw_2 : w_1 \in \{a, b\}^*, w_2 \in \{a, b\}^*\}$。

(d) $L = \{ba^n : n \geqslant 1, n \neq 4\}$。

6. 当 $\Sigma = \{a, b\}$ 时，请给出 $L = \{w_1aw_2 : |w_1| \geqslant 3, |w_2| \leqslant 4\}$ 的 DFA。

7. 请给出如下 $\Sigma = \{a, b\}$ 上语言的 DFA。

(a) $L = \{w : |w| \mod 3 \neq 0\}$。

(b) $L = \{w : |w| \mod 5 = 0\}$。

(c) $L = \{w : n_a(w) \mod 3 < 1\}$。

(d) $L = \{w : n_a(w) \mod 3 < n_b(w) \mod 3\}$。

(e) $L = \{w : (n_a(w) - n_b(w)) \mod 3 = 0\}$。

(f) $L = \{w : (n_a(w) + 2n_b(w)) \mod 3 < 1\}$。

      (g) $L = \{w : |w| \mod 3 = 0, |w| \neq 5\}$。

8. 字符串的游程 (run) 是字符相同且长度至少为 2 的极长 (尽可能长) 子串。例如, 字符串 $abbbaab$ 包含一个长度为 3 的 b 游程和一个长度为 2 的 a 游程。请给出如下 $\{a, b\}$ 上的语言的 DFA。

      (a) $L = \{w : w$ 不含长度小于 3 的游程$\}$。

      (b) $L = \{w :$ 每个 a 游程的长度为 2 或 3$\}$。

      (c) $L = \{w :$ 最多有两个长度为 3 的 a 游程$\}$。

      (d) $L = \{w :$ 只有两个长度为 3 的 a 游程$\}$。

9. 修改图 2.6 使 q_3 为非接受状态且 q_0, q_1, q_2 为接受状态, 证明得到的 DFA 接受 $\overline{L}$。

10. 将上题的思想一般化。具体地讲, 证明如果有两个 DFA $M = (Q, \Sigma, \delta, q_0, F)$ 和 $\widehat{M} = (Q, \Sigma, \delta, q_0, Q - F)$, 则有 $\overline{L(M)} = L(\widehat{M})$。

11. 考虑在 $\{0, 1\}$ 上满足如下要求的字符串集合。对每一个都构造其 DFA。

      (a) 每个 00 紧跟着一个 1。例如, 字符串 101, 0010, 0010011001 都在这个语言中, 但是 0001 和 00100 都不在。

      (b) 所有包含子串 000 但不含 0000 的字符串。

      (c) 最左字符与最右字符不同的字符串。

      (d) 每个四字符子串中, 都有至少两个 0。例如, 001110 和 011001 都属于这个语言, 但是 10010 不属于, 因为其中一个子串 0010 含有三个 0。

      (e) 所有长度为 5 或从右侧数第 3 个字符与最左侧字符不同的字符串。

      (f) 所有最右两个字符与最左两个字符完全一样的字符串。

      (g) 所有长度为 4 或更长的字符串, 最左两个字符相同但是与最右那个字符不同。

12. 构造接受 $\{0, 1\}$ 上的字符串的 DFA, 当且仅当该字符串作为整数二进制表示时, 它的值与 5 同模。例如, 接受 0101 和 1111, 因为它们分别表示整数 5 和 15。

13. 证明语言 $L = \{vwv : v, w \in \{a, b\}^*, |v| = 3\}$ 是正则的。

14. 证明 $L = \{a^n : n \geqslant 3\}$ 是正则的。

15. 证明语言 $L = \{a^n : n \geqslant 0, n \neq 3\}$ 是正则的。

16. 证明语言 $L = \{a^n : n$ 要么是 3 的倍数, 要么是 5 的倍数$\}$ 是正则的。

17. 证明语言 $L = \{a^n : n$ 是 3 的倍数, 但不是 5 的倍数$\}$ 是正则的。

18. 证明 C 语言中的所有实数都是正则的。

19. 证明如果 L 是正则的, 那么 $L - \{\lambda\}$ 也是。

20. 如果 L 是正则的, 证明对所有 $a \in \Sigma$, 都有 $L \cup \{aa\}$ 也是正则的。

21. 使用式 (2.1) 和式 (2.2), 证明对于所有 $w, v \in \Sigma^*$ 都有

$$\delta^*(q, wv) = \delta^*(\delta^*(q, w), v)$$

22. 设图 2.2 中自动机接受的语言是 L, 找出接受 L^3 的自动机。

23. 设图 2.2 中自动机接受的语言是 L, 找出接受语言 $L^2 - L$ 的自动机。

24. 设例 2.5 中的语言为 L, 证明 L^* 是正则的。

25. 设 G_M 是某个 DFA M 的转移图, 请证明以下命题。

    (a) 如果 $L(M)$ 是无穷的, 则 G_M 至少有一个环, 而且从初始状态到该环上某顶点存在一条路径, 同时从该环上某顶点到某个接受状态也存在一条路径。

    (b) 如果 $L(M)$ 是有穷的, 则不存在这样的环。

26. 定义运算 truncate, 它删除任何字符串最右的字符. 例如, truncate($aaaba$) 得到 $aaab$。该运算可以扩展到语言

$$\text{truncate}(L) = \{\text{truncate}(w) : w \in L\}$$

    当给定正则语言的 DFA 时, 请给出如何构造 truncate(L) 的 DFA。并证明如果 L 是不含 λ 的正则语言, 那么 truncate(L) 也是正则的。

27. 虽然给定的 DFA 接受的语言是唯一的, 但通常有许多 DFA 接受同一个语言。找到一个恰好有六个状态的 DFA, 它接受与图 2.4 中的 DFA 相同的语言。

28. 你能找到有三个状态的 DFA 并接受图 2.4 中 DFA 的语言吗? 如果不能, 是否能给出令人信服的论据证明不存在这样的 DFA?

2.2 非确定的有穷接受器

如果检查我们目前为止看到的这些自动机, 就会注意到一个共同特征：为每个状态和每个输入符号定义的转移是唯一的。在形式化定义中, 这表明 δ 是个全函数。这就是为什么称这些自动机是确定的。现在我们使情况复杂一些, 让自动机的某些转移可以有不止一个选项。我们称这种自动机为非确定的。

乍一看, 非确定性是种不寻常的想法。计算机是确定的机器, 使用可选的特点似乎不太合适。然而, 我们将会发现, 不确定性是一个有用的概念。

2.2.1 非确定的接受器的定义

非确定性意味着自动机要选择它的迁移。不再是在每种情况下都只有一个迁移, 我们允许有一组可能的迁移。形式上是通过转换函数的定义来实现的, 让它的值域是一个可能的状态集。

> **定义 2.4** 非确定的有穷接受器（Nondeterministic Finite Accepter, NFA）定义为五元组
>
> $$M = (Q, \Sigma, \delta, q_0, F)$$
>
> 其中 Q, Σ, q_0, F 与确定的有穷接受器中的定义相同, 但
>
> $$\delta : Q \times (\Sigma \cup \{\lambda\}) \to 2^Q$$

请注意，该定义与 DFA 定义之间存在三个主要差异。在非确定接受器中，δ 的取值范围在幂集 2^Q 中，因此它的值不是 Q 的单个元素，而是它的子集。该子集定义了该转移可到达的所有可能状态的集合。例如，如果当前状态是 q_1，读取了符号 a，并且有

$$\delta(q_1, a) = \{q_0, q_2\}$$

那么 q_0 或 q_2 都可以是 NFA 的下一个状态。此外，我们允许 λ 作为 δ 的第二个参数。这意味着 NFA 可以在不消耗输入符号的情况下进行转移。虽然我们仍然假设输入机制只能向右移动，但它可能在某些转移中是静止的。最后，在 NFA 中，集合 $\delta(q_i, a)$ 还可能为空集，意思是该情况的转移未定义。

与 DFA 一样，非确定的接受器可以用转移图表示。顶点由 Q 确定，图中有标记为 a 的边 (q_i, q_j)，当且仅当 $\delta(q_i, a)$ 包含 q_j。需要注意，由于 a 可以是空字符串，所以可能有些边的标记为 λ。

一个字符串被 NFA 接受，条件是扫描到该字符串结尾时存在一个可能的转移序列使自动机处于某种最终状态。仅当不存在到达最终状态的转移序列时，字符串被拒绝（即不接受）。因此，非确定性可以被看作一种"直觉"能力，可以用来在每个状态上选择最佳转移（就好像 NFA 想要接受任何字符串）。

例 2.7 考虑图 2.8 的状态转移图，这是个非确定的接受器，因为离开 q_0 有两个标记为 a 的转移。

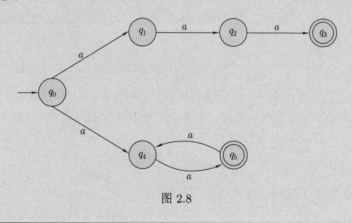

图 2.8

例 2.8 图 2.9 的自动机是非确定的，因为有源自同一个顶点相同标签的多条边，还有一个 λ-转移（也称为空转移）。图中的某些转移（如 $\delta(q_2, 0)$）未给出。我们将这种看作转移到空集，即 $\delta(q_2, 0) = \varnothing$。这个自动机接受字符串 λ、1010 和 101010，但不接受 110 和 10100。请注意，对于 10 会有两种可能的通路，一种通往 q_0，另一种通往 q_2。虽然 q_2 不是最终状态，但该字符串会被接受，因为存在一条到最终状态的通路。

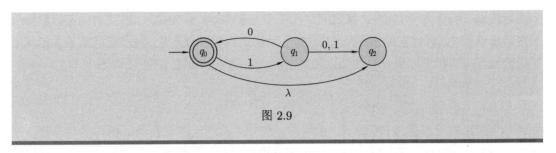

图 2.9

同样，可以扩展转换函数，使其第二个参数是字符串。对扩展的转换函数 δ^* 的要求是，如果有

$$\delta^*(q_i, w) = Q_j$$

那么 Q_j 是自动机从状态 q_i 读入字符串 w 后所有可能当前状态的集合。我们可以用类似式 (2.1) 和式 (2.2) 中 δ^* 的递归方式来定义，但启发性并不强。利用状态转移图可以得到更容易理解的定义。

> **定义 2.5**　对于 NFA，定义扩展的转移函数使得 $\delta^*(q_i, w)$ 包含 q_j，当且仅当在状态转移图中从 q_i 到 q_j 存在标记为 w 的通路。这对所有 $q_i, q_j \in Q$，$w \in \Sigma^*$ 都成立。

例 2.9　图 2.10 表示的 NFA，有几个 λ-转移和一些未定义的转移，例如 $\delta(q_2, a)$。

假设我们想找到 $\delta^*(q_1, a)$ 和 $\delta^*(q_2, \lambda)$。首先有一条从 q_1 到自身的标记为 a 的通路，它使用了两次 λ-转移。通过使用两次 λ-边，可以看到还有能到达 q_0 和 q_2 的 λ-转移通路。因此

$$\delta^*(q_1, a) = \{q_0, q_1, q_2\}$$

由于 q_2 和 q_0 之间有一条 λ-边，我们可以立即得到 $\delta^*(q_2, \lambda)$ 包含 q_0。此外，由于任何状态无须迁移就可以到达自身，也不会消耗输入字符，因此 $\delta^*(q_2, \lambda)$ 也包含 q_2。因此

$$\delta^*(q_2, \lambda) = \{q_0, q_2\}$$

通过使用足够多的 λ-转移，你还可以试试看

$$\delta^*(q_2, aa) = \{q_0, q_1, q_2\}$$

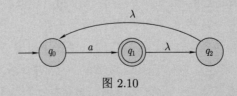

图 2.10

使用带标记通路定义的 δ^* 有些不够正式，因此稍微仔细地考虑一下会有帮助。定义

2.5 是恰当的, 因为在任何顶点 v_i 和 v_j 之间, 标记为 w 的通路要么存在要么不存在, 这表明 δ^* 是完全定义的。可能有点难以理解的是, 用这个定义总是可以找到 $\delta^*(q_i, w)$。

在 1.1 节中, 我们曾描述过在两个顶点之间查找所有简单路径的算法。如例 2.9 所述, 因为带标记的通路并不总是简单路径, 这里不能直接使用该算法。但可以修改这个简单路径算法, 去掉顶点和边不能重复的限制。新算法将能够产生长度为 1, 2, 3, ⋯ 所有的通路。

然而, 还有一个困难。当给定 w 时, 标记为 w 的通路可以有多长? 这并非是显而易见的。在例 2.9 中, q_1 和 q_2 之间标记为 a 的通路长度为 4。造成这种问题的原因是 λ-转移, 它延长了通路但对标记没贡献。可以用如下约束条件避免该问题: 如果在两个顶点 v_i 和 v_j 之间有任何标记为 w 的通路, 则必有长度不超过 $\Lambda + (1 + \Lambda)|w|$ 标记为 w 的通路, 其中 Λ 是图中 λ-边的数量。其论据是: 虽然 λ-边可能会重复, 但总有一个路径, 其中每个重复的 λ-边都被标有非空符号的边分隔开。否则, 如果通路包含标记为 λ 的环, 则可以在不更改通路标签的情况下将其替换为简单路径。我们将这一观点的形式化证明留作练习。

以此为基础, 我们就有了计算 $\delta^*(q_i, w)$ 的方法。求源于 q_i 的所有最长为 $\Lambda + (1 + \Lambda)|w|$ 的通路, 再从中选择那些标记为 w 的通路。所选通路的终止顶点都是集合 $\delta^*(q_i, w)$ 中的元素。

正如前文所述, 可以像确定性那样以递归的方式定义 δ^*。不幸的是, 这样做会不够清楚, 使用这种方式定义的扩展转移函数的证明会很难理解。我们更愿意使用定义 2.5 中这种更直观且易于处理的替代方案。

与 DFA 一样, 使用扩展转移函数来形式化定义 NFA 接受的语言。

定义 2.6 由 NFA $M = (Q, \Sigma, \delta, q_0, F)$ 接受的语言 L 定义为在上述意义上接受的所有字符串的集合。形式为,

$$L(M) = \{ w \in \Sigma^* : \delta^*(q_0, w) \cap F \neq \varnothing \}$$

换句话说, 该语言由所有字符串 w 组成, 对每个这样的字符串, 转移图中都有一条从初始顶点到最终顶点且标记为 w 的通路。

例 2.10 图 2.9 中的自动机接受的语言是什么? 从图中很容易看出, NFA 会停止在最终状态的方法是输入的是字符串 10 的重复或空字符串。因此, 自动机接受语言为 $L = \{ (10)^n : n \geqslant 0 \}$。

当这个自动机输入字符串 $w = 110$ 时会发生什么? 再读取前缀 11 之后, 自动机会发现自己处于 q_2 状态, 而其转移 $\delta(q_2, 0)$ 未定义。我们将这种情况称为死局 (dead configuration), 可以设想此时自动机会停下来且无法继续运转。但要注意这个设想不太精确, 还容易产生误解。但是, 可以精确地认为

$$\delta^*(q_0, 110) = \varnothing$$

因此，对 $w = 110$ 的处理无法达到任何最终状态，所以不接受该字符串。

2.2.2 为什么需要非确定性?

在利用非确定性机器推理时，对直觉概念的使用要小心谨慎。直觉很容易让我们陷入迷途，必须用精确的论证来证明相应的结论。不确定性是个较难的概念。数字计算机完全是确定的，它们在任何时候的状态都可以根据输入和初始状态得到唯一确定。那么一个很自然的问题就是，为什么要研究非确定性的机器? 我们尝试对真实系统进行建模，那为什么要引入这些非机械属性作为选项? 我们可以从不同的方面回答这个问题。

许多确定性算法要求在某个阶段做出选择，典型的例子是游戏的程序。通常我们并不知道最优的步骤，但可以使用带回溯的穷举搜索来找到。当几个选项都可以时，我们就选择其中一个继续，直到弄清楚它是不是最好的。如果不是，退回到最后一个决策点并探索其他选项。但能做出最佳选择的非确定性算法无须回溯就可以解决问题，但确定性算法要通过一些额外的工作来模拟不确定性。出于这个原因，非确定性机器可以作为搜索和回溯算法的模型。

非确定性有时益于更容易地解决问题。例如图 2.8 中的 NFA, 很明显需要做出选择。一个选项会接受 a^3 字符串，另一个选项接受全部含偶数个 a 的字符串。该 NFA 接受的语言是 $\{a^3\} \cup \{a^{2n} : n \geqslant 1\}$。尽管可以构造该语言的 DFA, 但是使用非确定性更自然。该语言是两个截然不同集合的并，非确定性让我们在一开始就可以决定想要哪种情况。确定性的解与语言的定义间的关联性并不明显，所以也更难构造。随着本书内容的展开，将看到更有说服力的例子来显示非确定性的用处。

以相同方式，非确定性是简洁描述一些复杂语言的有效机制。请注意，文法的定义中也存在非确定性。例如在

$$S \to aSb \mid \lambda$$

中，可以随时选择第一个或第二个产生式。这样，仅使用这两个产生式就可以表示许多不同的字符串。

最后，引入非确定性还有一个技术原因。正如我们将看到的，一些理论上的结果在 NFA 上比 DFA 上更容易构造。下一个主要结论也表明，这两种类型的自动机之间没有本质区别。因此，允许非确定性通常会简化形式论证，而不影响结论的普遍性。

入门练习题

1. 对例 2.8 中的 NFA, 给出 $\delta^*(q_0, 10)$ 和 $\delta^*(q_0, 10) \cap \delta^*(q_0, 11)$。
2. 在被例 2.8 的 NFA 拒绝的字符串中, 给出两个长度为 5 的不同字符串。

3. 存在如下转移的 $M = (\{q_0, q_1\}, \{0, 1\}, \delta, q_0, \{q_0\})$ 所接受的语言是什么?

$$\delta(q_0, 0) = \{q_0\} \quad \delta(q_0, 1) = \{q_1\}$$

$$\delta(q_1, 1) = \{q_0\}$$

4. 由如下转移定义的 NFA:

$$\delta(q_0, a) = \{q_1\} \quad \delta(q_1, a) = \{q_1\}$$

$$\delta(q_1, b) = \{q_2\} \quad \delta(q_2, \lambda) = \{q_0\}$$

且 q_0 既是初始状态也是最终状态。

(a) 画出转移图。

(b) 找到一条从 q_0 到 q_2 长度为 4 的通路。

(c) 找到两个长度为 7 且标签不同的通路。

(d) 计算 $\delta^*(q_0, aabaaa)$。

(e) 计算 $\delta^*(q_0, aab)$。

5. 给出练习 4 中 NFA 所接受的语言。请先用文字描述该语言,然后使用本书中的符号精确定义它。提示:如果对此有困难,请从删除 $\delta(q_2, \lambda) = \{q_0\}$ 转移后这个更简单的自动机开始。

6. 修改例 2.7 中的 NFA,使其可以接受语言 $\{a^n : n \geqslant 3\} \cup \{a^n : n \text{ 是奇数}\}$。

7. 为语言 $L = \{a^n : n \geqslant 3\} \cup \{aba^n : n \geqslant 1\}$ 设计 NFA。

8. 为语言 $L = \{a^n : n \text{ 是奇数}\} \cup \{abb^n : n \geqslant 0\}$ 设计 NFA。

练习题

1. 构造 NFA 接受 C 语言中所有整数数字,并解释为什么你的构造是 NFA。

2. 证明上一节中的观点,如果在转移图中有标记为 w 的通路,则必有标记为 w 的通路且长度不超过 $\Lambda + (1 + \Lambda)|w|$。

3. 给出一个 DFA 接受图 2.8 中 NFA 所接受的语言。

4. 给出一个 DFA 接受图 2.8 中 NFA 所接受的语言的补。

5. 在图 2.9 中,找出 $\delta^*(q_0, 1011)$ 和 $\delta^*(q_1, 01)$。

6. 在图 2.10 中,找出 $\delta^*(q_0, a)$ 和 $\delta^*(q_1, \lambda)$。

7. 对图 2.9 中的 NFA,找出 $\delta^*(q_0, 1010)$ 和 $\delta^*(q_1, 00)$。

8. 为集合 $\{abab^n : n \geqslant 0\} \cup \{aba^n : n \geqslant 0\}$ 设计不超过五个状态的 NFA。

9. 设计有三个状态的 NFA,接受集合 $\{ab, abc\}^*$。

10. 练习 9 的 NFA 是否可以有更少的状态数?

11. (a) 设计有三个状态的 NFA,接受语言

$$L = \{a^n : n \geqslant 1\} \cup \{b^m a^k : m \geqslant 0, k \geqslant 0\}$$

(b) 你认为接受本题 (a) 中语言的 NFA 可以少于三个状态吗?

12. 设计四个状态的 NFA 接受 $L = \{a^n : n \geqslant 0\} \cup \{b^n a : n \geqslant 1\}$。

13. 在字符串 00, 01001, 10010, 000, 0000 中, 哪些可以被如下 NFA 接受?

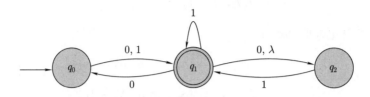

14. 例 2.10 中的 NFA 所接受的语言的补是什么?

15. 设 L 是图 2.8 中 NFA 所接受的语言, 请给出接受 $L \cup \{a^5\}$ 的 NFA。

16. 为 L^* 找到一个 NFA, 其中 L 是练习 15 中的语言。

17. 给出接受 $\{a\}^*$ 的 NFA, 使其在删除一条边（并无其他修改）后得到的自动机接受 $\{a\}$。

18. 习题 17 可以用 DFA 解决吗? 如果可以, 请给出解决方案; 如果不能, 请给出令人信服的证据。

19. 考虑如下修改的定义 2.6。具有多个初始状态的 NFA 定义为五元组

$$M = (Q, \Sigma, \delta, Q_0, F),$$

其中 $Q_0 \subseteq Q$ 是一组可能的初始状态。这样的自动机所接受语言可定义为

$$L(M) = \{w : \delta^*(q_0, w) \text{ 包含 } q_f, \text{ 其中 } q_0 \in Q_0, q_f \in F\}$$

请证明对于每个具有多个初始状态的 NFA，都存在一个具有接受相同语言的单个初始状态的 NFA。

20. 假设在习题 19 中我们增加限制 $Q_0 \cap F = \varnothing$, 是否会影响结论?

21. 使用定义 2.5 证明, 对于任意 NFA

$$\delta^*(q, wv) = \bigcup_{p \in \delta^*(q, w)} \delta^*(p, v)$$

对所有 $q \in Q$ 和所有 $w, v \in \Sigma^*$ 都成立。

22. 一个 NFA, 其中没有 λ-转移, 并且对于所有 $q \in Q$ 和所有 $a \in \Sigma$, $\delta(q, a)$ 最多包含一个元素, 有时称为不完全 DFA。这是合理的, 因为这些条件不会导致出现可选项。

对于 $\Sigma = \{a, b\}$, 将下面的不完全 DFA 转换为标准 DFA。

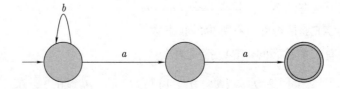

23. 令 L 是某个字母表 Σ 上的正则语言，令 $\Sigma_1 \subset \Sigma$ 是一个较小的字母表。考虑 L 的子集 L_1，其元素由 Σ_1 中符号组成，即

$$L_1 = L \cap \Sigma_1^*$$

证明 L_1 也是正则的。

2.3 确定与非确定的有穷接受器的等价性

此时的一个基本问题是，DFA 和 NFA 在哪些意义上不相同？显然，它们的定义有所不同，但这并不意味着它们之间有任何本质上的区别。为了探讨这个问题，我们引入了自动机之间等价性的概念。

> **定义 2.7** 两个有穷接受器 M_1 和 M_2 如果满足
>
> $$L(M_1) = L(M_2)$$
>
> 即接受的语言相同，则称它们是等价的。

正如前文所述，对一个给定的语言往往存在多个接受器，因此任何 DFA 和 NFA 都会有很多等价的接受器。

> **例 2.11** 如图 2.11 所示的 DFA 等价于图 2.9 的 NFA，因为都接受语言 $\{(10)^n : n \geqslant 0\}$。
>
>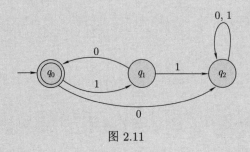
>
> 图 2.11

当我们比较不同类型的自动机时，总难免思考一种类型的自动机是否会比另一种更强大。"更强大"是指一种自动机可以实现另一种自动机无法完成的事情。我们来看看有关有穷接受器的这个问题。由于 DFA 本质上是一种受限制的 NFA，很显然任何被 DFA 接受的语言会被某个 NFA 接受。但反过来就不那么显而易见了。我们增加了不确定性，因此至少可以设想存在某个 NFA 接受的语言，而我们在原则上找不到一个 DFA。但事实并非如此。DFA 类和 NFA 类同样强大：被 NFA 接受的每个语言，都存在一个 DFA 能够接受该语言。

　　这个结论并不是显而易见的，所以需要证明。与本书中多数论证类似，该证明也使用了构造法。意思是，实际上我们提供了一种将任何 NFA 转换为等价 DFA 的构造方法。构造法并不难理解，而且一旦思路清晰，它也是严谨论证的基础。构造的基本原理如下，在 NFA 读取字符串 w 后，可能并不知道它将处于什么状态，但它必然会处于某个可能的状态集，比如 $\{q_i, q_j, \cdots, q_k\}$。等价 DFA 在读入相同字符串后必然处于某个确定的状态。怎样才能使这两种情况对应起来？答案是使用一种好的技巧：用状态集去标记 DFA 的状态名，这样在读取 w 之后，等价 DFA 将处于标记为 $\{q_i, q_j, \cdots, q_k\}$ 的单个状态。因为 $|Q|$ 个元素的状态集一共有 $2^{|Q|}$ 个子集，这刚好对应 DFA 能具有的有穷个状态的数量。

　　所谓构造的大部分工作，在于分析 NFA 的输入串与可能状态间的关系。在形式化描述前，我们先通过简单的例子了解一下过程。

例 2.12　请将图 2.12 中的 NFA 转换为等价的 DFA。该 NFA 开始于 q_0 状态，因此将 DFA 的初始状态标记为 $\{q_0\}$。读取 a 后，NFA 可能处于 q_1 状态，或利用 λ-转移进入 q_2 状态。因此相应地，这个 DFA 要构造一个标记为 $\{q_1, q_2\}$ 的状态和一个

$$\delta(\{q_0\}, a) = \{q_1, q_2\}$$

转移。当处于状态 q_0 且输入 b 时，NFA 没有定义转移，所以

$$\delta(\{q_0\}, b) = \varnothing$$

标记为 $\varnothing$ 的状态表示 NFA 中不可能的迁移，所以不接受该字符串。因此，DFA 中的这个状态必然是个非最终的陷阱状态。

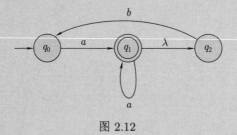

图 2.12

　　我们现在已经将状态 $\{q_1, q_2\}$ 引入该 DFA 中，因此需要找到离开该状态的转移。请记住，DFA 的这个状态对应于 NFA 的两个状态，因此我们必须回来参考 NFA。如果 NFA 处于状态 q_1 并读入 a，它可以转到 q_1。而且 NFA 还有从 q_1 到 q_2 的 λ-转移。但是对于相同输入，处于状态 q_2 的 NFA 则没有定义转移。因此，

$$\delta(\{q_1, q_2\}, a) = \{q_1, q_2\}$$

同样，

$$\delta(\{q_1, q_2\}, b) = \{q_0\}$$

此时，每个状态的所有转移都已定义。如图 2.13 所示，我们构造出一个 DFA，它等价于开始时的 NFA。图 2.12 中的 NFA 接受的任何字符串 w，其 $\delta^*(q_0, w)$ 都会包含 q_1。为了使相应的 DFA 接受每个这样的 w，状态名中有 q_1 的每个状态都要置为最终状态。

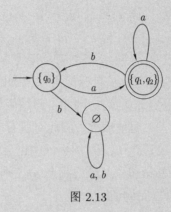

图 2.13

定理 2.2　设非确定的有穷接受器 $M_N = (Q_N, \Sigma, \delta_N, q_0, F_N)$ 接受的语言是 L，那么存在确定的有穷接受器 $M_D = (Q_D, \Sigma, \delta_D, \{q_0\}, F_D)$，使得

$$L = L(M_D)$$

证明　当给定 M_N 时，我们用如下 NFA-to-DFA 过程来构造 M_D 的状态转移图 G_D。要理解构造，需要记住 G_D 必然具备的一些性质。每个顶点一定恰好有 $|\Sigma|$ 条出边，每个边都标有 Σ 的不同元素。在构造过程中，可能缺少某些边，但要持续该过程直到给出所有的边。

NFA-to-DFA 过程（NFA-to-DFA procedure）

1. 初始化图 G_D，其中只有顶点 $\{q_0\}$，并标记该顶点为初始顶点。

2. 重复以下步骤，直到不再缺少边。

　　取 G_D 中缺少某个出边 $a \in \Sigma$ 的顶点 $\{q_i, q_j, \cdots, q_k\}$，计算 $\delta_N^*(q_i, a)$，$\delta_N^*(q_j, a), \cdots, \delta_N^*(q_k, a)$。如果

$$\delta_N^*(q_i, a) \cup \delta_N^*(q_j, a) \cup \cdots \cup \delta_N^*(q_k, a) = \{q_l, q_m, \cdots, q_n\}$$

　　就向图 G_D 中添加标记为 $\{q_l, q_m, \cdots, q_n\}$ 的节点（如果不存在），添加从 $\{q_i, q_j, \cdots, q_k\}$ 到 $\{q_l, q_m, \cdots, q_n\}$ 标记为 a 的边。

3. 将图 G_D 中含有任何 $q_f \in F_N$ 的每个状态，设置为接受状态。

4. 如果 M_N 接受空串 λ，图 G_D 中的顶点 $\{q_0\}$ 也设置为最终状态。

很明显，这个过程总是会终止的。每次通过步骤 2 中的循环都会向 G_D 中添加一条边，但是 G_D 最多只有 $2^{|Q_N|}$ 条边，所以循环最终会停止。为了证明该构造给出的答案正确，我们使用对输入字符串长度的归纳法论证。

假设对于每个长度小于或等于 n 的 v，在 G_N 中存在从 q_0 到 q_i 标记为 v 的通路意味着在 G_D 中存在从 $\{q_0\}$ 到状态 $Q_i = \{\cdots, q_i, \cdots\}$ 标记为 v 的通路。那么对于任意 $w = va$，在 G_N 中存在标记为 w 且从 q_0 到 q_l 的通路。而从 q_0 到 q_i 必然有标记为 v 的通路，且从 q_i 到 q_l 必然有标记为 a 的边（或边序列）。根据归纳假设，在 G_D 中存在从 $\{q_0\}$ 到 Q_i 且标记为 v 的通路。但是由构造可知，从 Q_i 一定有一条到某状态且标记为 q_l 的边。因此，归纳假设也同样适用于所有长度为 $n+1$ 的字符串。而对于 $n=1$ 显然成立，因此对所有 n 也成立。其结果是，只要 $\delta_N^*(q_0, w)$ 包含某最终状态 q_f，$\delta_D^*(q_0, w)$ 的标记中也会包含它。再将这个论证反过来，说明只要 $\delta_D^*(q_0, w)$ 的标记包含某最终状态 q_f，那么 $\delta_N^*(q_0, w)$ 也必然包含这个最终状态，这样我们就可以完成证明。∎

尽管这个证明过程是正确的，但是为了简单起见，只列出了主要步骤。在本书的其余部分都会遵循类似的做法，证明只强调基本思想，省略其中的细节，如果需要您可以自己补充证明。

前面证明中的构造枯燥乏味，但却很重要。我们再举个例子来帮助理解证明中的每一步。

例 2.13　请将图 2.14 中的 NFA 转换为等价的确定自动机。

图 2.14

由于 $\delta_N(q_0, 0) = \{q_0, q_1\}$，所以我们在 G_D 中引入状态 $\{q_0, q_1\}$，并在 $\{q_0\}$ 和 $\{q_0, q_1\}$ 之间增加标记为 0 的边。以同样的方式，已知 $\delta_N(q_0, 1) = \{q_1\}$，则新增状态 $\{q_1\}$ 且在它与 $\{q_0\}$ 之间增加标记为 1 的边。

现在还漏掉了其中的一些的边，所以我们继续使用定理 2.2 中的构造方法。查看状态 $\{q_0, q_1\}$，发现没有标记为 0 的出边，因此我们计算

$$\delta_N^*(q_0, 0) \cup \delta_N^*(q_1, 0) = \{q_0, q_1, q_2\}$$

这就使我们得到了一个新状态 $\{q_0, q_1, q_2\}$ 和一个新的转移

$$\delta_D(\{q_0, q_1\}, 0) = \{q_0, q_1, q_2\}$$

然后，利用 $a = 1, i = 0, j = 1, k = 2$, 得到

$$\delta_N^*(q_0, 1) \cup \delta_N^*(q_1, 1) \cup \delta_N^*(q_2, 1) = \{q_1, q_2\}$$

因此，又得到另一个必要的新状态 $\{q_1, q_2\}$。此时，我们部分地构造了图 2.15 中的自动机。因为还有些漏掉的边，所以继续该构造过程直到得出如图 2.16 所示的完整的结果。

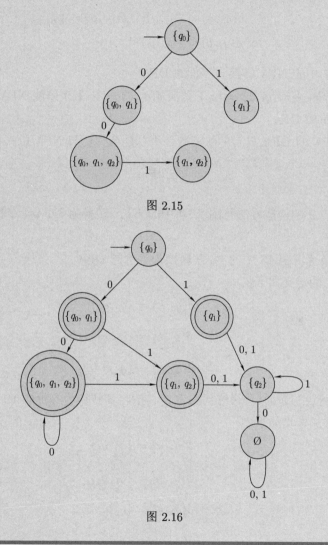

图 2.15

图 2.16

我们可以从定理 2.2 中得出的重要结论是，每个被 NFA 所接受的语言都是正则的。

入门练习题

1. 请将下图中的 NFA 转换为等价的 DFA。

2. 请将定义如下的 NFA 转换为等价的 DFA，其中初始状态为 q_0，最终状态为 q_3。

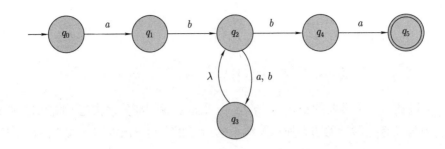

$$\delta(q_0, a) = \{q_1, q_2\} \quad \delta(q_1, a) = \{q_3\}$$
$$\delta(q_2, b) = \{q_1, q_3\}$$

3. 请将例 2.7 中的 NFA 转换为等价的 DFA。

4. 在例 2.13 中，用 $\delta(q_1, 1) = \{q_2\}$ 替换 $\delta(q_1, 1) = \{q_1\}$ 来修改 NFA 后，将新的 NFA 转换为等价的 DFA。

5. 等价于 NFA 的 DFA 具有的状态数是否总是至少要与 NFA 的一样？

练习题

1. 使用定理 2.2 的构造方法将图 2.10 中的 NFA 转换为 DFA。你能直接给出更直接的答案吗？

2. 请将 2.2 节练习题 13 中的 NFA 转换为等价的 DFA。

3. 已知 NFA 的定义如下：
$$\delta(q_0, a) = \{q_0, q_1\}$$
$$\delta(q_1, b) = \{q_1, q_2\}$$
$$\delta(q_2, a) = \{q_2\}$$

其中，初始状态为 q_0 且最终状态为 q_2，请将其转换为等价的 DFA。

4. 已知 NFA 的定义如下：
$$\delta(q_0, a) = \{q_0, q_1\}$$
$$\delta(q_1, b) = \{q_1, q_2\}$$
$$\delta(q_2, a) = \{q_2\}$$
$$\delta(q_0, \lambda) = \{q_2\}$$

其中，初始状态为 q_0 且最终状态为 q_2，请将其转换为等价的 DFA。

5. 已知 NFA 的定义如下：
$$\delta(q_0, a) = \{q_0, q_1\}$$
$$\delta(q_1, b) = \{q_1, q_2\}$$

$$\delta(q_2, a) = \{q_2\}$$

$$\delta(q_1, \lambda) = \{q_1, q_2\}$$

其中，初始状态为 q_0 且最终状态为 q_2，请将其转换为等价的 DFA。

6. 请补全定理 2.2 的证明过程。完整地证明如果状态名 $\delta_D^*(q_0, w)$ 中包括 q_f，那么 $\delta_N^*(q_0, w)$ 也包括 q_f。

7. 是否对于任意 NFA $M = (Q, \Sigma, \delta, q_0, F)$，$L(M)$ 的补等于集合 $\{w \in \Sigma^* : \delta^*(q_0, w) \cap F = \varnothing\}$ 都成立？如果成立，请给出证明；否则，请给出反例。

8. 是否对于任意 NFA $M = (Q, \Sigma, \delta, q_0, F)$，$L(M)$ 的补等于集合 $\{w \in \Sigma^* : \delta^*(q_0, w) \cap (Q - F) \neq \varnothing\}$ 都成立？如果成立，请给出证明；否则，请给出反例。

9. 证明对于每个有任意数量最终状态的 NFA 都存在一个等价的且仅有一个最终状态的 NFA。DFA 是否存在类似结论？

10. 请构造不带 λ-转移且仅有一个最终状态的 NFA 接受集合 $\{a\} \cup \{b^n : n \geqslant 2\}$。

11. 如果 L 是不包含 λ 的正则语言，请证明存在不带 λ-转移且仅有一个最终状态的 NFA 可以接受语言 L。

12. 请按 2.2 节练习题 18 中的 NFA 的类似方法，定义带有多个初始状态的 DFA。与其等价的且仅有一个初始状态的 DFA 是否总是存在？

13. 请证明所有有穷语言都是正则的。

14. 证明如果 L 是正则的，那么 L^R 也是正则的。

15. 请用简单的文字描述图 2.16 中 DFA 所接受的语言。根据这个描述构造一个等价的 DFA，使其状态数更少。

16. 设 L 是任意语言。定义 $even(w)$ 为抽取 w 中偶数位置的字符构成的字符串。也就是，如果

$$w = a_1 a_2 a_3 a_4 \cdots$$

那么

$$even(w) = a_2 a_4 \cdots$$

相应地定义语言

$$even(L) = \{even(w) : w \in L\}$$

请证明如果 L 是正则的，那么 $even(L)$ 也是正则的。

17. 对于一个已知的语言 L，将其中每个字符串最左边的一个字符都去掉后，所得到的新语言记为 $chopleft(L)$，具体地，

$$chopleft(L) = \{w : vw \in L, \text{其中} |v| = 1\}$$

请证明如果 L 是正则的，那么 $chopleft(L)$ 也是正则的。

18. 对于一个已知的语言 L，将其中每个字符串最右边的一个字符都去掉，所得到的新语言记为 $\text{chopright}(L)$，具体地，

$$\text{chopright}(L) = \{w : wv \in L,\ \text{其中 } |v| = 1\}$$

请证明如果 L 是正则的，那么 $\text{chopright}(L)$ 也是正则的。

2.4 减少有穷自动机中状态的化简 *

任何 DFA 都定义了唯一的一种语言，但反之却不成立。对于给定的语言，有许多接受它的 DFA。这类等价的自动机的状态数可能会有很大差异。就我们目前探讨的问题而言，哪种解都可以使人满意，但如果将这些解决方案应用到实际问题时，可能会产生性能上的差别。

例 2.14 输入几个测试字符串，我们很快就会发现图 2.17a 和图 2.17b 中描述的两个 DFA 是等价的。我们注意到图 2.17a 中一些明显非必要的特点。状态 q_5 在自动机中完全没有任何作用，因为从初始状态 q_0 永远不能到达它。这样的状态是不可达的，所以将其（连同与其相关的所有转换）删除不会影响自动机接受的语言。但即使去掉了 q_5，第一个自动机仍然存在多余的内容。在第一次迁移 $\delta(q_0, 0)$ 之后可达的一系列状态反映了第一次迁移 $\delta(q_0, 1)$ 之后可达的状态。第二个自动机合并了这两个选项。

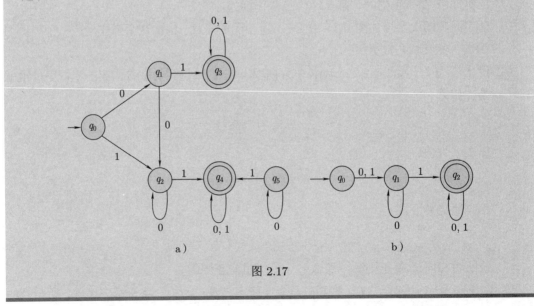

图 2.17

从严格的理论意义上来说，没有理由认为图 2.17b 中的自动机优于图 2.17a 中的自动机。然而，就简单性而言，显然第二种更为可取。用于计算目的的自动机表示，其空间需求正比于状态数量。为了提高存储效率，我们当然希望尽可能减少状态的数量。我们现在描述完成该任务的算法。

定义 2.8 DFA 中的两个状态 p 和 q，如果对于所有的 $w \in \Sigma^*$ 都有

$$\delta^*(p,w) \in F \text{ 意味着 } \delta^*(q,w) \in F$$

和

$$\delta^*(p,w) \notin F \text{ 意味着 } \delta^*(q,w) \notin F$$

成立，则称这两个状态是不可区分的（indistinguishable）。反之，如果存在某个 $w \in \Sigma^*$，使得

$$\delta^*(p,w) \in F \text{ 且 } \delta^*(q,w) \notin F$$

成立，则称两个状态 p 和 q 是由字符串 w 可区分的（distinguishable）。

显然，两个状态要么不可区分，要么可区分。不可区分性具有等价关系：如果 p 和 q 是不可区分的，而且 q 和 r 也是不可区分的，那么 p 和 r 也是不可区分的，因此这三个状态都是不可区分的。

减少 DFA 状态的一种化简方法是查找再合并不可区分的状态。我们首先介绍一种查找可区分状态对的方法。

标记过程（mark procedure）

1. 去掉所有不可达状态。可以通过列举 DFA 图中所有从初始状态开始的简单路径来实现，不在路径上的状态都是不可达的。
2. 考察虑所有状态对 (p,q)。如果有 $p \in F$ 且 $q \notin F$（或者反之），则标记 (p,q) 为可区分的。
3. 重复以下步骤，直到被标记的状态对不再增加。

   遍历所有的状态对 (p,q)，对每个 $a \in \Sigma$，计算 $\delta(p,a) = p_a$ 和 $\delta(q,a) = q_a$。如果 (p_a, q_a) 已被标记为可区分的，则将 (p,q) 标记为可区分的。

我们称此过程构成了标记所有可区分对的算法。

定理 2.3 将标记过程应用于任何 DFA $M = (Q, \Sigma, \delta, q_0, F)$，该过程会终止并标记所有可区分状态对。

证明 显然该过程一定会终止，因为只有有限数量的状态对可以标记。也很容易看出，如此标记的任何对的状态都是可区分的。唯一需要证明的是，该过程能找到所有的可区分对。

首先需要注意，两个状态 q_i 和 q_j 由长为 n 的字符串可区分，当且仅当对某个 $a \in \Sigma$ 有

$$\delta(q_i, a) = q_k \tag{2.5}$$

和

$$\delta(q_j, a) = q_l \tag{2.6}$$

成立，且两个状态 q_k 和 q_l 由长为 $n-1$ 的字符串可区分。我们首先以此证明在完成 n 次第 3 步的循环时，所有由长度不超过 n 的字符串可区分的状态对都已被标记出来。在第 2 步中，我们标记了所有由 λ 可区分的状态对，因此我们有了 $n=0$ 时的归纳基础。现在假设当 $i = 0, 1, \cdots, n-1$ 时命题正确。根据归纳假设，在第 n 次循环开始时，所有由长度不超过 $n-1$ 的字符串可区分的状态对都已标记出来。由式 (2.5) 和式 (2.6)，在这一轮循环结束时，会标记出所有由长度最大为 n 的字符串可区分的状态对。那么根据归纳，我们可以认为，对于任何 n，在第 n 次循环时，所有由长度为不超过 n 的字符串可区分的状态对都被标记出来。

为了证明该过程会标记所有可区分的状态对，假设循环在执行 n 次后终止。这意味着在执行第 n 次时没有标记出新的状态对。那么由式 (2.5) 和式 (2.6) 可知，不存在任何仅能由长度等于 n 却不能由小于 n 的串区分的状态对。但是，如果不存在仅能由长为 n 的串区分的状态对，那么就不存在仅能由长为 $n+1$ 的串区分的状态对，以此类推。所以，当循环终止时，所有可区分的对都已被标记。　■

可以利用状态的等价类划分来实现标记过程。每当发现两个状态是可区分的时，立即将它们分别放入各自的等价类中。

例 2.15　考虑图 2.18 中的自动机。

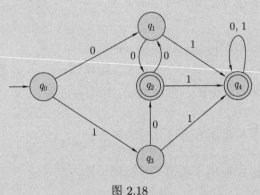

图 2.18

在第 2 步中，标记过程会将状态集划分为最终状态集 $\{q_0, q_1, q_3\}$ 和非最终状态集 $\{q_2, q_4\}$ 两个等价类。在下一步中，当我们计算

$$\delta(q_0, 0) = q_1$$

和

$$\delta(q_0, 0) = q_2$$

时，会识别出 q_0 和 q_1 是可区分的，所以我们将其分别归入不同的集合中。因此 $\{q_0, q_1, q_3\}$ 被划分为 $\{q_0\}$ 和 $\{q_1, q_3\}$。此外，由于 $\delta(q_2, 0) = q_1$ 和 $\delta(q_4, 0) = q_4$，等价类 $\{q_2, q_4\}$ 被划分为 $\{q_2\}$ 和 $\{q_4\}$。通过剩下的计算会发现不再需要进一步划分。

一旦找到了不可区分的类后，最小 DFA 的构造就简单了。

化简过程（reduce procedure）

给定 DFA $M = (Q, \Sigma, \delta, q_0, F)$，我们按如下方式构造简化的 DFA $\widehat{M} = (\widehat{Q}, \Sigma, \widehat{\delta}, \widehat{q_0}, \widehat{F})$。

1. 按上面描述的方法，使用前面描述的标记过程得到全部的等价类，如 $\{q_i, q_j, \cdots, q_k\}$。
2. 对每个不可区分的等价类集 $\{q_i, q_j, \cdots, q_k\}$，在 $\widehat{M}$ 中构造名为 $ij \cdots k$ 的状态。
3. 对 M 中每个形如

$$\delta(q_r, a) = q_p$$

的转移，找到 q_r 和 q_p 分别所属的等价类集。如果有 $q_r \in \{q_i, q_j, \cdots, q_k\}$ 且 $q_p \in \{q_l, q_m, \cdots, q_n\}$，则构造一条 $\widehat{\delta}$ 转移规则

$$\widehat{\delta}(ij \cdots k, a) = lm \cdots n$$

4. 初始状态 $\widehat{q_0}$ 是 $\widehat{M}$ 的状态中标签上带有 0 的状态。
5. 集合 $\widehat{F}$ 由所有标签中带有 i 且 $q_i \in F$ 的状态组成。

例 2.16　继续例 2.15，我们首先创建如图 2.19 中的状态。因为，例如由

$$\delta(q_1, 0) = q_2$$

可得从状态 13 到状态 2 且标记为 0 的边。同理，可知其他转移，最后得到如图 2.19 的简化后的 DFA。

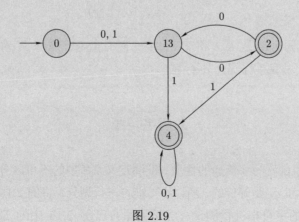

图 2.19

定理 2.4 对给定任何 DFA M 使用化简过程会得到另一个 DFA $\widehat{M}$，满足

$$L(M) = L(\widehat{M})$$

而且，$\widehat{M}$ 在同样接受 $L(M)$ 的 DFA 中，状态数是最少的。

证明 证明分为两个部分。第一部分证明用化简过程创建的 DFA 等价于原来的 DFA。这相对容易，我们可以用证明 DFA 与 NFA 等价时类似的归纳法。只需证明 $\delta^*(q_i, w) = q_j$ 当且仅当 $\widehat{\delta}^*(q_i, w)$ 的标签为 $\cdots j \cdots$ 这样的形式，我们将其留作练习。

第二部分证明 $\widehat{M}$ 最小要更难一些。假设 $\widehat{M}$ 有状态 $\{p_0, p_1, p_2, \cdots, p_m\}$，其中 p_0 是初始状态。假设存在等价的 DFA M_1，具有转移函数 δ_1 和初始状态 q_0，等价于 $\widehat{M}$ 但状态数更少。由于 $\widehat{M}$ 中没有不可达的状态，因此一定有存在不同的字符串 $w_1, w_2, \cdots, w_m$ 满足

$$\widehat{\delta}^*(p_0, w_k) = p_i, \quad i = 1, 2, \cdots, m$$

但是因为 M_1 的状态数比 $\widehat{M}$ 少，因此一定存在至少两个字符串，不妨设为 w_k 和 w_l，使得

$$\delta_1^*(q_0, w_k) = \delta_1^*(q_0, w_l)$$

由于 p_k 和 p_l 是可区分的，则必然存在某个字符串 x，使得 $\widehat{\delta}^*(p_0, w_k x) = \widehat{\delta}^*(p_k, x)$ 是最终状态，且 $\widehat{\delta}^*(q_0, w_l x) = \widehat{\delta}^*(p_l, x)$ 是非最终状态（反之亦然）。换句话说，$\widehat{M}$ 接受 $w_k x$ 但不接受 $w_l x$。但是，请注意到

$$
\begin{aligned}
\delta_1^*(q_0, w_k x) &= \delta_1^*(\delta_1^*(q_0, w_k), x) \\
&= \delta_1^*(\delta_1^*(q_0, w_l), x) \\
&= \delta_1^*(q_0, w_l x)
\end{aligned}
$$

因此，M_1 要么同时接受 $w_k x$ 和 $w_l x$，要么同时拒绝，这与 $\widehat{M}$ 和 M_1 等价的假设相矛盾。这个矛盾证明了 M_1 不存在。∎

入门练习题

1. 通过对称的、自反的和传递的性质，证明定义 2.8 中的不可区分性是一种等价关系。

2. 通过证明 q_1 和 q_3 是等价的，所以不可能再进行划分，将例 2.15 中的证明补充完整。

3. 通过用不同的字符串进行测试，尝试说服自己例 2.15 中的 DFA 和例 2.16 中的 DFA 是等价的。

4. 证明例 2.13 中构造的 DFA 不是最小的, 因为名为 $\{q_2\}$ 的状态和名为 $\varnothing$ 的状态是
   等价的。

练习题

1. 已知 DFA 的初始状态为 q_0, 最终状态为 q_2, 且

$$\delta(q_0, a) = q_2 \quad \delta(q_0, b) = q_2$$

$$\delta(q_1, a) = q_2 \quad \delta(q_1, b) = q_2$$

$$\delta(q_2, a) = q_3 \quad \delta(q_2, b) = q_3$$

$$\delta(q_3, a) = q_3 \quad \delta(q_3, b) = q_1$$

请给出最小的等价 DFA。

2. 最小化图 2.16 中 DFA 的最终状态数。

3. 请给出下列语言的最小的 DFA。对其中的每种情况, 证明结果是最小的。

   (a) $L = \{a^n b^m : n \geqslant 2, m \geqslant 1\}$

   (b) $L = \{a^n b : n \geqslant 1\} \cup \{b^n a : n \geqslant 1\}$

   (c) $L = \{a^n : n \geqslant 0, n \neq 2\}$

   (d) $L = \{a^n : n \neq 3 \text{ and } n \neq 4\}$

   (e) $L = \{a^n : n \mod 3 = 1\} \cup \{a^n : n \mod 5 = 1\}$

4. 证明由化简过程产生的自动机是确定的。

5. 证明如果 L 是非空语言使得 L 中任何 w 的长度都至少为 n, 那么任何接受 L 的
   DFA 必存在至少 $n+1$ 个状态。

6. 证明或反驳如下猜想。如果 $M = (Q, \Sigma, \delta, q_0, F)$ 是正则语言 L 的一个最小化 DFA,
   那么 $\widehat{M} = (Q, \Sigma, \delta, q_0, Q - F)$ 是 $\overline{L}$ 的最小的 DFA。

7. 证明不可区分性是等价关系, 但是可区分性却不是。

8. 给出定理 2.4 第一部分的详细证明, 即 $\widehat{M}$ 与原 DFA 等价。

9. 证明如下命题: 如果状态 q_a 和 q_b 是不可区分的, 并且 q_a 和 q_c 是可区分的, 那么
   q_b 和 q_c 一定是可区分的。

正则语言和正则文法

本章概要

在本章中，我们研究另外两种描述正则语言的方法：正则表达式和正则文法。

正则表达式的形式会让人联想到熟悉的算术表达式，因为表示形式简单，所以很容易用于某些应用。但它们的表达能力有限，而且没有简单的办法能将其扩展到稍后我们会遇到的更复杂的语言。此外，正则文法只是许多不同类型文法的一种特殊情况。

本章目的是探讨这三种描述正则语言模式的等价性本质。在本章的定理中，给出了从一种形式转换为另一种的构造方法。它们的关系如图 3.19 所示。

由于正则语言的每种表示都可以完全转换为任何其他形式，所以在任何时候，我们只选择最合适的表示方法即可。牢记这一点通常可以简化你的工作。

根据我们的定义，一个语言如果存在有穷接受器能够接受它，那么这个语言就是正则的。因此，每个正则语言都可以用一个 DFA 或 NFA 来描述。这种描述可能很有用，例如，有时我们想通过判断某个串是否属于特定语言来展示一种逻辑。但在许多情况下，我们需要更简洁的方式来描述正则语言。在本章中，我们研究正则语言的其他表示。这些表示有重要的实际应用，例题和练习题中会涉及一些具体的应用问题。

3.1　正则表达式

一种描述正则语言的方法是使用正则表达式（regular expression）。这种方法使用由某个字母表 Σ 中的字符、圆括号以及运算符 $+$、$\cdot$ 和 $*$ 组成的符号串来表示。最简单的情况是语言 $\{a\}$，这个语言用正则表达式 a 来表示。而稍微复杂点的语言（如 $\{a, b, c\}$），使用符号 $+$ 表示并集，它的正则表达式是 $a + b + c$。类似地，用符号 $\cdot$ 表示连接，符号 $*$ 表示星闭包。那么正则表达式 $(a + (b \cdot c))^*$ 则表示语言 $\{a\} \cup \{bc\}$ 的星闭包，即语言 $\{\lambda, a, bc, aa, abc, bca, bcbc, aaa, aabc, \cdots\}$。

3.1.1　正则表达式的形式定义

我们对一些基本构成成分反复应用特定的递归规则来构造正则表达式，这种方式类似于算术表达式的构造。

定义 3.1 设 Σ 是给定的字母表，则

1. $\varnothing$，λ 和 $a \in \Sigma$ 都是正则表达式。这些称为基本正则表达式（primitive regular expression）。
2. 如果 r_1 和 r_2 是正则表达式，那么 $r_1 + r_2$，$r_1 \cdot r_2$，r_1^* 和 (r_1) 也是正则表达式。
3. 当且仅当把规则 2 有限次地应用于基本正则表达式所得到的字符串，才是正则表达式。

例 3.1 如果 $\Sigma = \{a, b, c\}$，那么字符串

$$(a + b \cdot c)^* \cdot (c + \varnothing)$$

是正则表达式，因为它是按上面的规则构造的。例如，取 $r_1 = c$ 和 $r_2 = \varnothing$，那么 $c + \varnothing$ 和 $(c + \varnothing)$ 都是正则表达式。重复这个过程，最终会构造出整个表达式。但是，$(a + b +)$ 不是正则表达式，因为它无法由基本的正则表达式构造出来。

3.1.2 正则表达式所关联的语言

正则表达式可以用来描述一些简单的语言。如果 r 是一个正则表达式，则使用 $L(r)$ 表示与 r 相关联的语言。

定义 3.2 任何正则表达式 r 所表示的语言 $L(r)$，由如下规则定义。

1. $\varnothing$ 是表示空集的正则表达式。
2. λ 是表示 $\{\lambda\}$ 的正则表达式。
3. 对于任何 $a \in \Sigma$，a 是表示 $\{a\}$ 的正则表达式。

如果 r_1 和 r_2 是正则表达式，那么

4. $L(r_1 + r_2) = L(r_1) \cup L(r_2)$
5. $L(r_1 \cdot r_2) = L(r_1)L(r_2)$
6. $L((r_1)) = L(r_1)$
7. $L(r_1^*) = (L(r_1))^*$

定义中最后四条规则递归地将 $L(r)$ 简化到基本的成分，而前三条规则刚好是这个递归的终止条件。为了厘清正则表达式所表示的语言，我们反复地应用这些规则就可以。

例 3.2 使用集合形式表示语言 $L(a^* \cdot (a + b))$。

$$L(a^* \cdot (a + b)) = L(a^*)L((a + b))$$

$$= (L(a))^*(L(a) \cup L(b))$$

$$= \{\lambda, a, aa, aaa, \cdots\}\{a, b\}$$

$$= \{a, aa, aaa, \cdots, b, ab, aab, \cdots\}$$

定义 3.2 中的规则 4~7 存在一个问题。如果给定 r_1 和 r_2，它们可以准确地定义语言，但是把一个复杂的表达式拆分成几个部分时，不同的拆分方法可能会造成歧义。例如，正则表达式 $a \cdot b + c$。我们可以把它看作由 $r_1 = a \cdot b$ 和 $r_2 = c$ 组成的。这时可以得到 $L(a \cdot b + c) = \{ab, c\}$。但是根据定义 3.2，将其拆分为 $r_1 = a$ 和 $r_2 = b + c$ 也符合要求，那么则可以得到 $L(a \cdot b + c) = \{ab, ac\}$。为了避免这种情况，我们可以要求定义中的所有表达式都用括号括起来，但这样得到的结果又过于复杂。于是，我们使用数学和程序设计语言中类似的规定，建立一套运算优先级规则，其中星闭包运算优先于连接运算，连接运算优先于并集运算。此外，连接运算的符号可以省略，因此可以将 $r_1 \cdot r_2$ 写为 $r_1 r_2$。

通过以下例题，我们很快就可以清楚一个具体的正则表达式所表示的语言了。

例 3.3 已知 $\Sigma = \{a, b\}$，表达式

$$r = (a + b)^*(a + bb)$$

是正则表达式。它表示语言

$$L(r) = \{a, bb, aa, abb, ba, bbb, \cdots\}$$

我们可以通过拆分 r 的不同部分来理解。第一部分 $(a + b)^*$ 表示任何由 a 和 b 构成的字符串。第二部分 $(a + bb)$ 表示要么是一个 a 要么是两个连续的 b。于是，$L(r)$ 表示 $\{a, b\}$ 上所有以 a 结尾或者以 bb 结尾的字符串。

例 3.4 表达式

$$r = (aa)^*(bb)^*b$$

表示所有偶数个 a 跟着奇数个 b 的字符串集合，即

$$L(r) = \left\{ a^{2n}b^{2m+1} : n \geqslant 0, m \geqslant 0 \right\}$$

然而，从非形式化描述或集合形式得到一个正则表达式，往往会更难一些。

例 3.5 已知 $\Sigma = \{0,1\}$，给出正则表达式 r，使得

$$L(r) = \{w \in \Sigma^* : w \text{ 中至少有一对连续的 } 0\}$$

通过如下的推理可以得出答案：$L(r)$ 中的每个字符串一定包含 00，但是在 00 之前和之后的内容完全是任意的。$\{0,1\}$ 上的任意字符串可以表示为 $(0+1)^*$。将这些放在一起，可以得出结果为

$$r = (0+1)^*00(0+1)^*$$

例 3.6 为如下语言构造正则表达式

$$L = \{w \in \{0,1\}^* : w \text{ 不含连续的零}\}$$

尽管这看起来与例 3.5 是类似的，但构造起来却更困难。通过观察可以发现一个有帮助的现象是，无论何时出现 0，它后面都必须紧跟一个 1。这个子串的前面和后面还可以有任意数量的 1。这表明结果会是形如 $1\cdots101\cdots1$ 的字符串的重复，那么就可以用正则表达式 $(1^*011^*)^*$ 表示。然而，结果还不完整，因为以 0 结尾或全部是 1 的字符串未被包括在内。在处理完这些特殊情况后，我们可以得到答案为

$$r = (1^*011^*)^*(0+\lambda) + 1^*(0+\lambda)$$

如果以稍微不同的方式推断，可能会得出另一种结果。如果将 L 视为字符串 1 和 01 的重复，可能会得到更短的表达式

$$r = (1+01)^*(0+\lambda)$$

虽然这两个表达式看起来不同，但都是正确的，因为它们都表示了相同的语言。通常，任何给定的（正则）语言都可以有无限种正则表达式。

请注意该语言是例 3.5 中语言的补。然而，正则表达式却不是很相似，而且不能清楚地显示出这两种语言间的紧密关系。

最后一个例子用到了正则表达式等价的概念。如果两个正则表达式表示相同的语言，我们就称它们是等价的。人们可以推导出大量简化正则表达式的规则（请参阅本节的练习题 22），但因为我们几乎不需要进行这种处理，所以不再详细展开。

入门练习题

1. 请给出传统十进制表示法中所有正整数集合的正则表达式。
2. 请给出 $L = \{a^n, n \geqslant 2\} \cup \{b^n, n \geqslant 1\}$ 的正则表达式。

3. 请给出例 2.7 中的语言的正则表达式。

4. 列出 $L((aa + bb)^*)$ 中所有长度为 4 的字符串。

5. $L((aa + bb)^*)$ 中有多少个长度为 8 的字符串？

6. $aabbbbaa, abbbba, aaabbbaaaa$ 中哪个字符串在 $L((aa + b)^*)$ 中？

7. $L((aa + b)^*)$ 是否与语言 $L((b + aa)^*)$ 相同？

8. 正则表达式 $r_1 = (0 + 1)^*$ 和 $r_2 = 0^* + 1^*$ 是否等价？

9. 请在 $L((0 + 1)^*)$ 中找到一个不在 $L(0^* + 1^*)$ 中的字符串。

10. 证明 $L(r_1 + r_2) = L(r_2 + r_1)$ 对所有正则表达式 r_1 和 r_2 成立。再通过举例说明对所有正则表达式 $L(r_1 r_2)$ 与 $L(r_2 r_1)$ 不相等。

11. 如何判断 $L(r)$ 中是否包括空串？

练习题

1. 给出语言 $L((a + bb)^*)$ 中长度为 5 的全部字符串。

2. 给出语言 $L((ab + b)^* b(a + ab)^*)$ 中长度小于 4 的全部字符串。

3. 给出接受语言 $L(aa^*(ab + b))$ 的 NFA。

4. 给出接受语言 $L(aa^*(a + b))$ 的 NFA。

5. 表达式 $((0 + 1)(0 + 1)^*)^* 00(0 + 1)^*$ 是否可以表示例 3.5 中的语言？

6. 证明 $r = (1 + 01)^*(0 + 1^*)$ 也可以表示例 3.6 中的语言。请再给出两个其他的等价表达式。

7. 请给出集合 $L = \{a^n b^m : n \geqslant 3, m \text{ 是奇数}\}$ 的正则表达式。

8. 请给出集合 $L = \{a^n b^m : (n + m) \text{ 是奇数}\}$ 的正则表达式。

9. 给出如下语言的正则表达式。

    (a) $L_1 = \{a^n b^m : n \geqslant 3, m \leqslant 4\}$

    (b) $L_2 = \{a^n b^m : n < 4, m \leqslant 4\}$

    (c) L_1 的补

    (d) L_2 的补

10. 表达式 $(\varnothing^*)^*$ 和 $a\varnothing$ 分别表示什么语言？

11. 请给出语言 $L((aa)^* b(aa)^* + a(aa)^* ba(aa)^*)$ 的一个简单的文字描述。

12. 当 L 是习题 2 中的语言，请给出 L^R 的正则表达式。

13. 请给出 $L = \{a^n b^m : n \geqslant 2, m \geqslant 1, nm \geqslant 3\}$ 的正则表达式。

14. 为 $L = \{ab^n w : n \geqslant 4, w \in \{a, b\}^+\}$ 找到一个正则表达式。

15. 为例 3.4 中语言的补找到一个正则表达式。

16. 为 $L = \{vwv : v, w \in \{a, b\}^*, |v| = 2\}$ 找到一个正则表达式。

17. 为 $L = \{vwv : v, w \in \{a, b\}^*, |v| \leqslant 4\}$ 找到一个正则表达式。

18. 为如下语言找到一个正则表达式。

$$L = \{w \in \{0, 1\}^* : w \text{ 仅有一对连续的 } 0\}$$

19. 请给出在 $\Sigma = \{a, b, c\}$ 上如下语言的正则表达式。
    (a) 只含有两个 a 的全部字符串。
    (b) 不超过三个 a 的全部字符串。
    (c) Σ 中字符每个都至少出现一次的全部字符串。

20. 请写出在 $\{0, 1\}$ 上如下语言的正则表达式。
    (a) 所有以 10 结尾的字符串。
    (b) 所有不以 10 结尾的字符串。
    (c) 所有含有奇数个 0 的字符串。

21. 请写出在 $\{a, b\}$ 上如下语言的正则表达式。
    (a) $L = \{w : |w| \bmod 3 \neq 0\}$
    (b) $L = \{w : n_a(w) \bmod 3 = 0\}$
    (c) $L = \{w : n_a(w) \bmod 5 > 0\}$

22. 请判断如下有关正则表达式 r_1 和 r_2 的式子是否正确。符号 $\equiv$ 表示两个正则表达式在表示语言相同的意义上是等价的。
    (a) $(r_1^*)^* \equiv r_1^*$
    (b) $r_1^*(r_1 + r_2)^* \equiv (r_1 + r_2)^*$
    (c) $(r_1 + r_2)^* \equiv (r_1^* r_2^*)^*$
    (d) $(r_1 r_2)^* \equiv r_1^* r_2^*$

23. 请给出将任何正则表达式 r 转换为 $\hat{r}$ 的一般方法，使得 $(L(r))^R = L(\hat{r})$。

24. 请严格证明例 3.6 中的表达式确实表示所指定的语言。

25. 当正则表达式 r 不涉及 λ 或 $\varnothing$ 时，请给出语言 $L(r)$ 为无穷的充分必要条件。

26. 形式语言可以用来描述各种二维图形。在字母表 $\Sigma = \{u, d, r, l\}$ 上定义链码语言，其字母表中的这些符号分别代表上、下、左和右方向上单位长度的线段。请举出这种表示的例子，例如 $urdl$，它表示了一个边为单位长度的正方形。请画出由表达式 $(rd)^*$、$(urddru)^*$ 和 $(ruldr)^*$ 所表示的图形。

27. 在习题 26 中，使该图形在起点和终点相同的意义上是闭合轮廓的充分条件是什么？这些条件也是必要的吗？

28. 请给出一个正则表达式，表示所有整数二进制串的值大于或等于 40。

29. 请给出一个所有二进制串的正则表达式，以 1 开始，当看作二进制整数时，其值不在 10～30 之间。

3.2　正则表达式和正则语言的联系

从术语的字面上可以看出，正则表达式与正则语言的联系是紧密的。两个概念本质上是相同的，每个正则语言都存在一个正则表达式的表示，每个正则表达式也都表示一个正则语言。我们分别证明这两部分。

3.2.1　正则表达式表示正则语言

我们首先证明如果 r 是一个正则表达式，那么 $L(r)$ 是一个正则语言。根据我们给出的定义，如果一个语言可以被某个 DFA 接受，那么它是正则语言。由于 NFA 和 DFA 等价，如果一个语言能够被某个 NFA 接受，那么它也是正则的。我们首先证明，对任何正则表达式 r，都可以构造出一个接受 $L(r)$ 的 NFA。这个构造方法依赖于 $L(r)$ 的递归定义。我们首先构造定义 3.2 中对应于 1~3 部分的简单自动机，然后给出如何组合它们并构造对应于 4、5 和 7 部分的更复杂的自动机。

> **定理 3.1**　设 r 为正则表达式。那么，一定存在接受 $L(r)$ 的非确定的有穷接受器。因此，$L(r)$ 是正则语言。
>
> **证明**　我们首先构造接受基本正则表达式 $\varnothing, \lambda$ 和 $a \in \Sigma$ 所表示语言的自动机。它们如图 3.1 所示。现在假设我们有自动机 $M(r_1)$ 和 $M(r_2)$，它们分别接受正则表达式 r_1 和 r_2 所表示的语言。我们不需要显式构造这些自动机，只通过如图 3.2 所示的示意图来表示它们。在这个示意图中，左边的顶点代表初始状态，右边的顶点代表最终状态。在 2.3 节的练习 7 中，我们证明过对每个 NFA 都存在具有唯一最终状态的等价 NFA。因此，这里我们可以假设只有一个最终状态。我们用这种方式表示作为组分的自动机 $M(r_1)$ 和 $M(r_2)$，然后为正则表达式 $r_1 + r_2$、$r_1 r_2$ 和 r_1^* 构造相应的自动机。构造过程如图 3.3~图 3.5 所示。正如图中所画出的，组分自动机的初始状态和最终状态都被新的初始状态和最终状态所取代。通过串联这样的构造步骤，我们可以为任意复杂的正则表达式构造自动机。

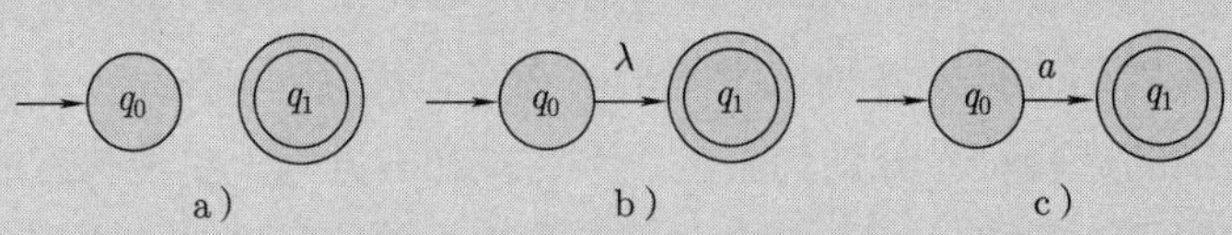

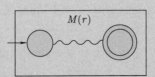

图 3.1　a）接受 $\varnothing$ 的 NFA。b）接受 $\{\lambda\}$ 的 NFA。c）接受 $\{a\}$ 的 NFA

图 3.2　接受 $L(r)$ 的 NFA 的示意图

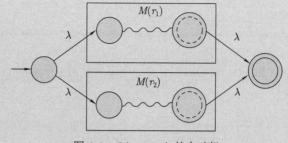

图 3.3 $L(r_1 + r_2)$ 的自动机

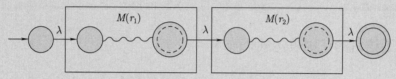

图 3.4 $L(r_1 r_2)$ 的自动机

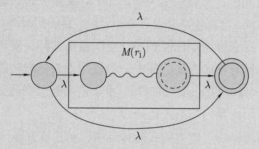

图 3.5 $L(r_1^*)$ 的自动机

从图 3.3~ 图 3.5 的解释中，可以理解这种构造是有效的。为了严格地论证，我们给出从组分的状态和转移中得到被构造自动机状态和转移的形式化方法。然后通过对特定表达式中运算符数量进行归纳，来证明该构造产生的自动机接受该表达式表示的语言。这一点我们不再详细讨论，因为这个结论显然总是正确的。 ■

例 3.7 找出接受 $L(r)$ 的 NFA，其中

$$r = (a + bb)^*(ba^* + \lambda)$$

图 3.6 给出了 $(a + bb)$ 和 $(ba^* + \lambda)$ 的自动机，它们直接根据第一性原理构造。使用定理 3.1 中的构造将它们组合在一起，就得到了图 3.7 中的解决方案。

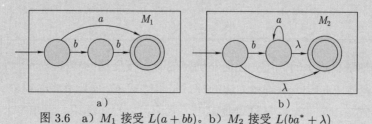

图 3.6 a) M_1 接受 $L(a + bb)$。b) M_2 接受 $L(ba^* + \lambda)$

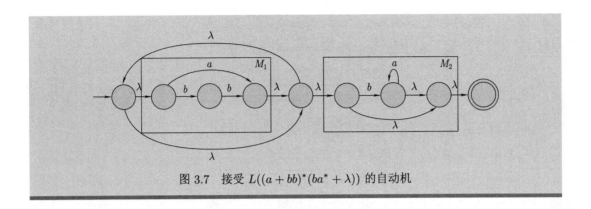

图 3.7   接受 $L((a+bb)^*(ba^*+\lambda))$ 的自动机

3.2.2   正则语言的正则表达式

定理 3.1 的逆命题直觉上是合理的，对于每一个正则语言，都应该存在一个相应的正则表达式。因为任何正则语言都有一个关联的 NFA 及相应的状态转移图，我们需要做的就是找到一个正则表达式，它能够产生从初始状态 q_0 到任何最终状态路径上的标签。这看起来并不困难，但由于存在可以以任何顺序任意次遍历的环，就产生了必须小心处理的簿记问题。要解决这个问题有很多方法，其中一个较为直观的方法需要使用所谓的 **广义转移图**（Generalized Transition Graph，GTG）。由于这个概念在此处的应用有限，而且在后续的讨论中不会用到，因此我们非形式地处理它。

广义转移图是一种边标有正则表达式的转移图，在其他方面，它与通常的转移图相同。从初始状态到最终状态的任何路径的标签是几个正则表达式的连接，因此仍然是正则表达式。这样的正则表达式表示的字符串是广义转移图所接受语言的子集，所有以这种方式生成的子集的并集就是完整的语言。

例 3.8   图 3.8 表示了一个广义转移图。从图中可以清楚地看到，它接受的语言是 $L(a^*+a^*(a+b)c^*)$。边 (q_0,q_0) 上标有 a 的环可以生成任意数量的 a，也就是说，它表示 $L(a^*)$。我们可以在不改变该图所接受语言的条件下，将这条边标记为 a^*。

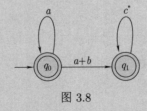

图 3.8

如果恰当地解释边上的标记，任何非确定的有穷接受器的转移图都可以看作广义转移图。标有单个符号 a 的边，可解释为边的标记是表达式 a，而标有多个符号 $a, b, \cdots$ 的边，可解释为表达式 $a+b+\cdots$。从这个观察中，我们可以得出结论：对于每个正则语言，都存在一个接受它的广义转移图。反之，每个被广义转移图所接受的语言都是正则的。因为广义转移图中每个路径的标签都是一个正则表达式，这似乎也是定理 3.1 的直接结果。然而，论证中有些微妙的地方，我们不再深入探讨，其中的细节请读者参考 4.3 节的练习 25。

对于广义转移图来说，等价性是根据接受的语言来定义的，接下来讨论的目的是生成一系列越来越简单的广义转移图。在此过程中，我们会发现使用完全广义转移图更方便。这里的完全广义转移图是指包含所有边的转移图。如果将一个 NFA 转换为广义转移图后缺失了某些边，那就把它们补上并标记为 ∅。具有 $|V|$ 个顶点的完全广义转移图刚好有 $|V|^2$ 条边。

例 3.9 图 3.9a 中的广义转移图不是完全的。图 3.9b 展示了如何将其补全。

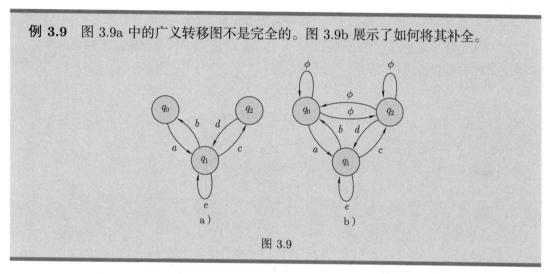

图 3.9

现在，假设我们有如图 3.10 所示的简单的两状态完全广义转移图。通过在脑海中追踪这个广义转移图，你可以确信正则表达式

$$r = r_1^* r_2 (r_4 + r_3 r_1^* r_2)^* \tag{3.1}$$

会覆盖所有可能的路径，因此是与该图关联的正确的正则表达式。

当一个广义转移图有多于两个状态时，可以通过每次去掉一个状态的方式来找到一个等价的图。在讲解通用方法之前，我们先用一个例子来说明。

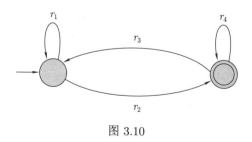

图 3.10

例 3.10 考虑图 3.11 中的完全广义转移图。要去掉状态 q_2，我们首先引入一些新

的边。

$$创建一条从 q_1 到 q_1 的边, 标记为 e + af^*b$$
$$创建一条从 q_1 到 q_3 的边, 标记为 h + af^*c$$
$$创建一条从 q_3 到 q_1 的边, 标记为 i + df^*b$$
$$创建一条从 q_3 到 q_3 的边, 标记为 g + df^*c$$

完成这些操作后，我们去掉状态 q_2 及所有与其关联的边。这给出了图 3.12 中的广义转移图。你可以通过观察正则表达式 af^*c 和 e^*ab 是如何生成的，来检查两个广义转移图的等价性。

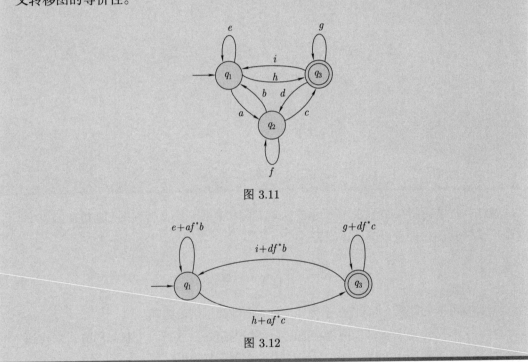

图 3.11

图 3.12

对于任意的广义转移图，我们每次去掉一个状态，直到只剩下两个状态。然后我们应用式 (3.1) 得到最终的正则表达式。这往往是个冗长的过程，但如下面的过程所示，它是直接的。

NFA-to-REX 过程（NFA-to-REX procedure）

1. 开始于 NFA，它具有状态 $q_0, q_1, \cdots, q_n$，且有一个与初始状态不同的单一最终状态。
2. 将 NFA 转换为完全广义转移图。令 r_{ij} 表示边 q_i 到 q_j 的标签。
3. 如果广义转移图只有两个状态，初始状态为 q_i 且最终状态为 q_j，则与其关联的正则表达式为：

$$r = r_{ii}^* r_{ij} (r_{jj} + r_{ji} r_{ii}^* r_{ij})^* \tag{3.2}$$

4. 如果广义转移图有三个状态,初始状态为 q_i、最终状态为 q_j 而第三个状态为 q_k,则引入新边且标记为:

$$r_{pq} + r_{pk}r_{kk}^*r_{kq} \tag{3.3}$$

其中 $p = i, j$, $q = i, j$。完成后,删除顶点 q_k 及与其关联的边。

5. 如果广义转移图有四个或更多的状态,选择要删除的状态 q_k。然后对所有状态对 (q_i, q_j) 应用规则 4,其中 $i \neq k$, $j \neq k$。在每个步骤中,只要可能,则应用如下化简规则:

$$r + \varnothing = r$$
$$r\varnothing = \varnothing$$
$$\varnothing^* = \lambda$$

完成后,删除状态 q_k。

6. 重复步骤 3~5,直到获得正确的正则表达式。

例 3.11 给出如下语言 L 的正则表达式:

$$L = \{w \in \{a,b\}^* : n_a(w) \text{ 是偶数且 } n_b(w) \text{ 是奇数}\}$$

尝试直接从这个描述中构造一个正则表达式会产生各种困难。另一方面,如果有效地标记顶点,那么找到一个 NFA 就很容易。我们用 EE 来表示偶数个 a 和 b,用 OE 表示奇数个 a 和偶数个 b,以此类推。这样很容易得到一个解,再经转换,会产生如图 3.13 的完全广义转移图。

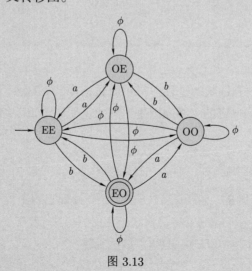

图 3.13

现在应用 NFA-to-REX 过程将其转换为正则表达式。应用式 (3.3) 可以去掉状态 OE。而由 EE 回到自己的边被标记为：

$$r_{EE} = \varnothing + a\varnothing^* a$$

$$= aa$$

继续进行下去，直到得到图 3.14 中的广义转移图。接下来，删除状态 OO，得到图 3.15。最后，从式 (3.2) 可以得到正确的正则表达式。

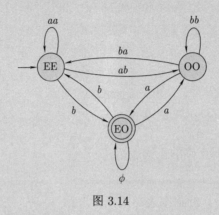

图 3.14

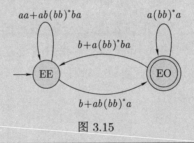

图 3.15

　　将 NFA 转换为正则表达式的过程是机械而且枯燥的。这会得到复杂且实际用途不大的正则表达式。介绍这个过程的主要原因是，它为证明一个重要结果提供了思路。

定理 3.2　设 L 是正则语言。那么存在正则表达式 r，满足 $L = L(r)$。

证明　如果 L 是正则的，那么存在一个 NFA 接受它。不失一般性地，假设这个 NFA 具有与初始状态不同的单一最终状态。我们将这个 NFA 转换为一个完全的广义转移图，并对其应用 NFA-to-REX 过程，最终会得到所要的正则表达式 r。
　　虽然去展示每步生成的广义转移图都是等价的，会让结果看上去更合理，但这个技术问题我们留给读者作为练习。　■

3.2.3　描述简单模式的正则表达式

在例 1.15 和 2.1 节的练习 18 中，我们探讨了有穷接受器与程序设计语言中一些较简单的构成部分（如标识符、整数和实数）之间的关系。有穷自动机与正则表达式之间的关系意味着我们还可以用正则表达式来描述这些特性。这很容易理解，例如，在许多程序设计语言中，整数常量集由正则表达式

$$sdd^*$$

来定义，其中 s 表示正负号，可能的值来自 $\{+, -, \lambda\}$，d 表示 $0 \sim 9$ 的数字。整数常量是所谓"模式"的简单例子，"模式"这个术语指的是具有一些共同属性的一组对象。模式匹配是指为给定对象指派某几个类别之一。通常，成功进行模式匹配的关键是找到一种有效描述模式的方法。这是计算机科学中一个复杂且广泛的领域，我们在这里只能简要地提及。以下示例是一个简化但仍具有启发性的示例，展示了迄今为止我们讨论的这些想法在模式匹配中的应用。

> **例 3.12**　模式匹配的一个应用出现在文本编辑中。所有文本编辑器都支持扫描文件并查找给定的字符串。大多数编辑器都扩展了该功能，允许以模式来搜索。例如，在 UNIX 操作系统的 vi 编辑器中，使用命令/aba*c/寻找文件中以 ab 开头，后接任意数量 a，然后再接一个 c 的字符串。从这个例子中可以看出，模式匹配编辑器需要用到正则表达式。
>
> 在这种应用中，一个具有挑战性的任务是编写高效的程序来识别字符串模式。在文件中搜索给定字符串的出现是非常简单的程序设计练习，但在这里情况更复杂。我们必须处理无限数量的任意复杂的模式，而且，这些模式不是事先固定的，而是在运行时创建的。模式描述是输入的一部分，因此识别过程必须是灵活的。为了解决这个问题，通常使用自动机理论的思想。
>
> 如果模式由正则表达式指定，模式识别程序可以使用定理 3.1 中的构造将其转换为等价的 NFA。然后使用定理 2.2 将其转换为 DFA。那么以转移表的形式表示的这个 DFA，实际上就是模式匹配算法。程序员所要做的就是提供一个使用转移表的驱动程序框架。通过这种方式，就可以在运行时自动处理大量定义的模式。
>
> 程序的效率也是必须要考虑的。使用定理 2.1 和定理 3.1 从正则表达式构造的有穷自动机往往会产生许多状态的自动机。如果考虑存储空间的问题，2.4 节中描述的状态缩减方法则会有所帮助。

入门练习题

定理 3.1 中的转换算法以及 NFA-to-REX 过程总是有效的，但往往会产生不必要的复杂答案。在简单的情况下，我们可以更直接地得到答案，弄清楚基础语言是什么，并从这个角度出发。在本节中，请使用这种方法。

1. 为语言 $\{a^{2n+1} : n \geqslant 0\}$ 找到一个正则表达式。

2. 为语言 $\{a^{2n} : n \geqslant 2\}$ 找到一个正则表达式。

3. 为如下 DFA 所接受的语言找到一个正则表达式，该 DFA 的初始状态为 q_0、最终状态为 q_1 且转移函数为

$$\delta(q_0, a) = q_1 \quad \delta(q_0, b) = q_1$$
$$\delta(q_1, a) = q_1$$

4. 为如下 DFA 所接受的语言找到一个正则表达式，该 DFA 初始状态为 q_0、最终状态为 q_2 且转移函数为

$$\delta(q_0, a) = q_0 \quad \delta(q_0, b) = q_1$$
$$\delta(q_1, a) = q_1 \quad \delta(q_1, b) = q_2$$
$$\delta(q_2, a) = q_2$$

5. 为语言 $L((aa + b)(aa + b)^*)$ 构造 NFA。

6. 设计语言 $L(a^* + bbb^*)$ 的 NFA。

7. 设计语言 $L((a^* + bb^*)a^*)$ 的 NFA。

8. 正则表达式 $r = (a^*ba^*)^*$ 是否表示含有任意数量 a 和至少一个 b 的字符串所组成的语言？

9. 请证明 $L(a(ba)^*) = L((ab)^*a)$。

练习题

1. 使用定理 3.1 中的构造方法，给出接受语言 $L(a^*a + ab)$ 的自动机。

2. 使用定理 3.1 中的构造方法，给出接受语言 $L((aab)^*ab)$ 的自动机。

3. 使用定理 3.1 中的构造方法，给出接受语言 $L(ab^*aa + bba^*ab)$ 的自动机。

4. 给出接受练习 3 中语言的补的 NFA。

5. 给出接受语言 $L((a + b)^*b(a + bb)^*)$ 的 NFA。

6. 设计接受如下语言的 DFA。

   (a) $L(aa^* + aba^*b^*)$

   (b) $L(ab(a + ab)^*(a + aa))$

   (c) $L((abab)^* + (aaa^* + b)^*)$

   (d) $L(((aa)^*b)^*)$

   (e) $L((aa)^* + abb)$

7. 设计接受如下语言的 DFA。

   (a) $L = L(ab^*a^*) \cup L((ab)^*ba)$

   (b) $L = L(ab^*a^*) \cap L((b)^*ab)$

8. 给出接受语言 $L((abb)^*) \cup L(a^*bb^*)$ 的最小化 DFA。

9. 给出接受语言 $L(a^*bb) \cup L(ab^*ba)$ 的最小化 DFA。

10. 考虑如下广义转移图。

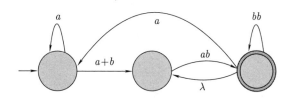

    (a) 给出只有两个状态的等价广义转移图。

    (b) 这个图接受的语言是什么?

11. 如下广义转移图所接受的语言是什么?

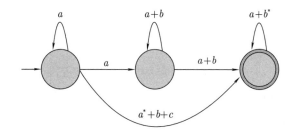

12. 给出由如下自动机所接受语言的正则表达式。

    (a)

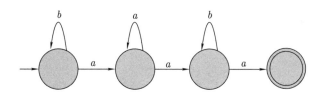

    (b)

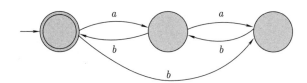

    (c)

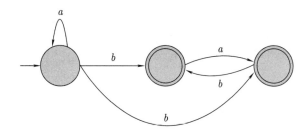

13. 重做例 3.11，这次首先删除状态 OO。

14. 请说出图 3.14 中所有的标记是如何得到的。

15. 请为如下 $\{a, b\}$ 上的语言给出正则表达式。

    (a) $L = \{w : n_a(w)$ 与 $n_b(w)$ 都是奇数$\}$

    (b) $L = \{w : (n_a(w) - n_b(w)) \bmod 3 = 2\}$

    (c) $L = \{w : (n_a(w) - n_b(w)) \bmod 3 = 0\}$

    (d) $L = \{w : 2n_a(w) + 3n_b(w)$ 是偶数$\}$

16. 证明由图 3.11 和图 3.12 所示的转换过程，得到等价的广义转移图。

17. 写出表示 C 语言所有实数的正则表达式。

18. 使用定理 3.1 的构造方法，给出语言 $L(a\varnothing)$ 和 $L(\varnothing)$ 的 NFA。结果是否与这些语言的定义一致？

3.3 正则文法

描述正则语言的第三种方法是通过特定的文法。文法是另一种描述语言的常用方式。每当通过自动机或其他方式定义一个语言族时，我们都想知道与该语言族所关联的文法类型。首先，我们来看一下生成正则语言的文法。

3.3.1 左线性文法和右线性文法

定义 3.3 文法 $G = (V, T, S, P)$ 称为右线性的（right-linear），如果其全部产生式都形如

$$A \to xB$$
$$A \to x$$

其中 $A, B \in V$ 且 $x \in T^*$。如果全部产生式都形如

$$A \to Bx,$$
$$A \to x,$$

则称为左线性的（left-linear）。当仅为右线性或左线性文法之一时，称为正则文法（regular grammar）。

请注意，在正则文法中，最多只有一个变元出现在任何产生式的右部。此外，该变元必须始终是任何产生式右部最右或最左的符号。

例 **3.13**　文法 $G_1 = (\{S\}, \{a, b\}, S, P_1)$ 中，给定的 P_1 为

$$S \rightarrow abS \mid a$$

它是右线性的。文法 $G_2 = (\{S, S_1, S_2\}, \{a, b\}, S, P_2)$，其产生式

$$S \rightarrow S_1 ab$$
$$S_1 \rightarrow S_1 ab \mid S_2$$
$$S_2 \rightarrow a$$

为左线性的。G_1 和 G_2 都是正则文法。

序列

$$S \Rightarrow abS \Rightarrow ababS \Rightarrow ababa$$

是 G_1 中的一个推导。单从这个例子就很容易推测 $L(G_1)$ 是正则表达式 $r = (ab)^*a$ 所表示的语言。以类似方式，我们可以发现 $L(G_2)$ 刚好是正则语言 $L(aab(ab)^*)$。

例 **3.14**　文法 $G = (\{S, A, B\}, \{a, b\}, S, P)$ 的产生式为

$$S \rightarrow A$$
$$A \rightarrow aB \mid \lambda$$
$$B \rightarrow Ab$$

该文法不是正则的。尽管每个产生式都是右线性或左线性形式的，但文法本身既不是右线性的也不是左线性的，因此不是正则文法。这个文法是线性文法（linear grammar）的一个示例。线性文法是指在任何产生式的右部最多只出现一个变元，但不限制该变元的位置。显然，正则文法总是线性的，但并非所有线性文法都是正则的。

我们接下来的目标是展示正则文法与正则语言之间的关联，每个正则语言都存在一个正则文法。因此，正则文法是讨论正则语言的另一种方式。

3.3.2　右线性文法生成正则语言

首先，我们证明由右线性文法生成的语言总是正则的。为此，我们构造模拟右线性文法推导过程的 NFA。请注意，右线性文法的句型具有特定的形式，其中恰好有一个变元，而且总是出现在最右边的那个符号。现在假设在推导过程中，通过使用产生式 $D \rightarrow dE$ 得到的一步为

$$ab \cdots cD \Rightarrow ab \cdots cdE$$

相应的 NFA 可以在遇到符号 d 时从状态 D 转换到状态 E。在这个方案中，自动机的状态对应句型中的变元，而已处理的字符串部分与该句型的终结符前缀相同。这个简单的想法是以下定理的基础。

定理 3.3　如果文法 $G = (V, T, S, P)$ 是右线性文法，那么 $L(G)$ 是正则语言。

证明　假定 $V = \{V_0, V_1, \cdots\}$ 且 $S = V_0$，产生式的形式为 $V_0 \to v_1 V_i, V_i \to v_2 V_j, \cdots$ 或 $V_n \to v_l, \cdots$，如果 w 是 $L(G)$ 中的字符串，那么因为产生式的形式可以得出

$$
\begin{aligned}
V_0 &\Rightarrow v_1 V_i \\
&\Rightarrow v_1 v_2 V_j \\
&\overset{*}{\Rightarrow} v_1 v_2 \cdots v_k V_n \\
&\Rightarrow v_1 v_2 \cdots v_k v_l = w
\end{aligned}
\tag{3.4}
$$

被构造的自动机通过依次消耗这些 v 来重现该推导。自动机的初始状态标记为 V_0，对于每个变元 V_i，都有一个标记为 V_i 的非最终状态。对于每个产生式

$$
V_i \to a_1 a_2 \cdots a_m V_j
$$

为自动机构造连接 V_i 和 V_j 的转移，即定义

$$
\delta^*(V_i, a_1 a_2 \cdots a_m) = V_j
$$

对于每个产生式

$$
V_i \to a_1 a_2 \cdots a_m
$$

自动机中对应的转移为

$$
\delta^*(V_i, a_1 a_2 \cdots a_m) = V_f
$$

其中 V_f 是最终状态。此过程中需要的那些中间状态无关紧要，可以给定任意的标签，总体方案如图 3.16 所示。完整的自动机则是由这样的一些单独的部分组装而成的。

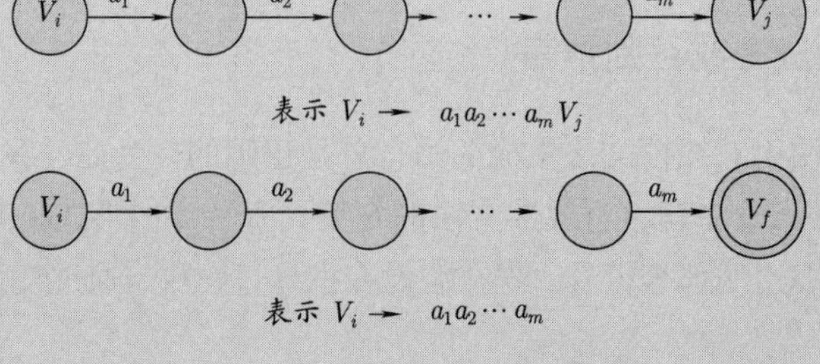

表示 $V_i \to a_1 a_2 \cdots a_m V_j$

表示 $V_i \to a_1 a_2 \cdots a_m$

图 3.16

假设现在 $w \in L(G)$，因此满足式 (3.4)。根据构造，在 NFA 中从 V_0 到 V_i 的路径标记为 v_1，从 V_i 到 V_j 的路径标记为 v_2，以此类推，因此显然有

$$V_f \in \delta^*(V_0, w)$$

即 w 被 M 接受。

相反地，假设 w 被 M 接受。由 M 的构造方式可知，为了接受 w，自动机必须使用标有 $v_1, v_2, \cdots$ 的路径，经过一系列状态 $V_0, V_i, \cdots$ 到 V_f。因此，w 必须具有如下形式：

$$w = v_1 v_2 \cdots v_k v_l$$

且推导

$$V_0 \Rightarrow v_1 V_i \Rightarrow v_1 v_2 V_j \overset{*}{\Rightarrow} v_1 v_2 \cdots v_k V_k \Rightarrow v_1 v_2 \cdots v_k v_l$$

是可能的。因此 w 属于 $L(G)$，定理得证。∎

例 3.15 构造一个有穷自动机，使其接受由如下文法生成的语言：

$$V_0 \to a V_1$$
$$V_1 \to a b V_0 \mid b$$

其中 V_0 是开始变元。我们从顶点 V_0，V_1 和 V_f 开始构建转移图。第一个产生式规则在 V_0 和 V_1 之间创建了标记为 a 的边。对于第二条规则，我们需要引入一个额外的顶点，以便在 V_1 和 V_0 之间构造标记为 ab 的路径。最后，我们需要在 V_1 和 V_f 之间增加标记为 b 的边，从而得到如图 3.17 所示的自动机。由文法生成且被自动机接受的语言是正则语言 $L((aab)^*ab)$。

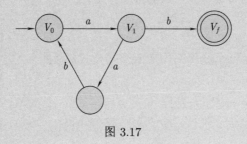

图 3.17

3.3.3 正则语言的右线性文法

为了证明每个正则语言都可以由某个右线性文法生成，我们从该语言的 DFA 开始，并反向进行定理 3.3 中所示的构造方法。现在，DFA 的状态作为文法的变元，构成转移的符号作为产生式中的终结符。

定理 3.4 如果 L 是字母表 Σ 上的正则语言，那么存在右线性文法 $G = (V, \Sigma, S, P)$ 满足 $L = L(G)$。

证明 令 $M = (Q, \Sigma, \delta, q_0, F)$ 是接受语言 L 的 DFA，并假设 $Q = \{q_0, q_1, \cdots, q_n\}$ 且 $\Sigma = \{a_1, a_2, \cdots, a_m\}$。如下构造右线性文法 $G = (V, \Sigma, S, P)$：

$$V = \{q_0, q_1, \cdots, q_n\}$$

且 $S = q_0$。对 M 中的每个转移

$$\delta(q_i, a_j) = q_k$$

在 P 中增加产生式

$$q_i \rightarrow a_j q_k \tag{3.5}$$

此外，如果 q_k 在 F 中，我们在 P 中再增加产生式

$$q_k \rightarrow \lambda \tag{3.6}$$

我们首先证明如此定义的文法 G 可以生成 L 中的每个字符串。考虑形如

$$w = a_i a_j \cdots a_k a_l$$

的字符串 $w \in L$，M 为了接受该串，必然要经过如下迁移：

$$\delta(q_0, a_i) = q_p$$
$$\delta(q_p, a_j) = q_r$$
$$\vdots$$
$$\delta(q_s, a_k) = q_t$$
$$\delta(q_t, a_l) = q_f \in F$$

由构造方法，文法对每个迁移都构造一个产生式。因此，可以在文法 G 中得到推导

$$q_0 \Rightarrow a_i q_p \Rightarrow a_i a_j q_r \overset{*}{\Rightarrow} a_i a_j \cdots a_k q_k$$
$$\Rightarrow a_i a_j \cdots a_k a_l q_f \Rightarrow a_i a_j \cdots a_k a_l \tag{3.7}$$

即 $w \in L(G)$。

相反地，如果 $w \in L(G)$，那么推导过程一定形如式 (3.7)。但这意味着

$$\delta^*(q_0, a_i a_j \cdots a_k a_l) = q_f$$

由此完成了证明。 ■

值得注意的是，为了构造文法，定理 3.4 中限制 M 为确定的有穷自动机是没必要的。在进行细微修改后，该构造也同样可应用于非确定的有穷自动机。

例 3.16 为语言 $L(aab^*a)$ 构建一个右线性文法。图 3.18 中给出了 NFA 的转移函数及文法中相应的产生式。该结果是简单地按定理 3.4 的构造方法得到的。使用构造的文法，字符串 $aaba$ 可以由如下推导得到：

$$q_0 \Rightarrow aq_1 \Rightarrow aaq_2 \Rightarrow aabq_2 \Rightarrow aabaq_f \Rightarrow aaba$$

$\delta(q_0, a) = \{q_1\}$	$q_0 \rightarrow aq_1$
$\delta(q_1, a) = \{q_2\}$	$q_1 \rightarrow aq_2$
$\delta(q_2, b) = \{q_2\}$	$q_2 \rightarrow bq_2$
$\delta(q_2, a) = \{q_f\}$	$q_2 \rightarrow aq_f$
$q_f \in F$	$q_f \rightarrow \lambda$

图 3.18

3.3.4 正则语言和正则文法的等价性

前两个定理确立了正则语言与右线性文法之间的联系。人们可以在正则语言与左线性文法之间建立类似的联系，从而证明正则文法与正则语言之间完全等价。

定理 3.5 语言 L 是正则的当且仅当存在左线性文法 G，满足 $L = L(G)$。

证明 我们仅概述主要思想。给定任何产生式形如

$$A \rightarrow Bv$$

或

$$A \rightarrow v$$

的左线性文法，我们可以通过将产生式分别替换为

$$A \rightarrow v^R B$$

或

$$A \rightarrow v^R$$

来创建右线性文法 $\widehat{G}$。通过几个例子，很快就可以发现 $L(G) = (L(\widehat{G}))^R$。接下来，我们使用 2.3 节的练习 14，它告诉我们任何正则语言的反转也是正则的。由于 $\widehat{G}$ 是右线性的，那么 $L(\widehat{G})$ 是正则的。这也意味着 $(L(\widehat{G}))^R$ 和 $L(G)$ 也是正则的。∎

将定理 3.4 和定理 3.5 放在一起，就可以得到正则语言和正则文法的等价性。

定理 3.6　一个语言 L 是正则的，当且仅当存在一个正则文法 G，使得 $L = L(G)$。

证明　现在我们有了几种描述正则语言的方法：DFA、NFA、正则表达式和正则文法。尽管在某些情况下，使用其中的某一种作为描述方法可能更适合，但它们有同样的能力。每种方法都能完整且无歧义地定义正则语言。如图 3.19 所示，本章中的四个定理建立了这些概念之间的联系。∎

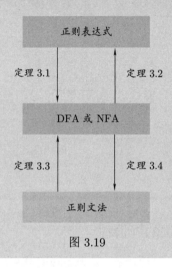

图 3.19

入门练习题

1. 请为例 2.7 中的语言给出正则文法。

2. 请给出 $L(a^*ba^*)$ 的正则文法。

3. 为例 3.15 给定文法增加规则 $V_0 \to bb$，然后将其转换为 NFA。

4. 请给出 $L(a^* + bb^*)$ 的正则文法。

5. 请给出 $L((a^* + bb^*)^*)$ 的正则文法。

6. 请给出由产生式为 $S \to aaS \mid a \mid b$ 的正则文法所产生语言的正则表达式。

7. 本书没有给出将正则文法直接转换为正则表达式的构造方法。那么如何利用现有的方法实现这个转换呢？

练习题

1. 构造一个 DFA 接受如下文法产生的语言：

$$S \to abA$$

$$A \to baB$$

$$B \to aA \mid bb$$

2. 构造一个 DFA 接受如下文法产生的语言：

$$S \to abS \mid A$$

$$A \to baB$$

$$B \to aA \mid bb$$

3. 设计能够产生语言 $L(aa^*(ab + a)^*)$ 的正则文法。

4. 为练习 1 中的语言构造左线性文法。

5. 为如下语言构造右线性和左线性文法

$$L = \left\{ a^n b^m : n \geqslant 3, m \geqslant 2 \right\}$$

6. 为语言 $L((aaab^*ab)^*)$ 构造右线性文法。

7. 给出 $\Sigma = \{a, b\}$ 上含有不超过两个 a 的全部字符串所组成语言的正则文法。

8. 请证明定理 3.5 中的 $L(\widehat{G}) = (L(G))^R$。

9. 提出一种构造方法，能够直接从 NFA 得到左线性文法。

10. 使用前一个练习中所提出的构造方法，为下面的 NFA 构建一个左线性文法。

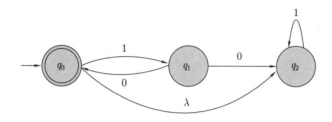

11. 请给出语言 $L((aaab^*ba)^*)$ 的左线性文法。

12. 请给出语言 $L = \left\{ a^n b^m : n + m \text{ 是奇数} \right\}$ 的正则文法。

13. 请给出能产生如下语言的正则文法：

$$L = \left\{ w \in \{a, b\}^* : n_a(w) + 3n_b(w) \text{ 是奇数} \right\}$$

14. 请给出如下在 $\{a, b\}$ 上的语言的正则文法。

(a) $L = \left\{ w : n_a(w) \text{ 是偶数}, n_b(w) \geqslant 4 \right\}$

(b) $L = \left\{ w : n_a(w) \text{ 和 } n_b(w) \text{ 都是偶数} \right\}$

(c) $L = \left\{ w : n_a(w) - n_b(w) \bmod 3 = 1 \right\}$

(d) $L = \left\{ w : n_a(w) - n_b(w) \bmod 3 \neq 1 \right\}$

(e) $L = \left\{ w : n_a(w) - n_b(w) \bmod 3 \neq 0 \right\}$

(f) $L = \left\{ w : |n_a(w) - n_b(w)| \text{ 是奇数} \right\}$

15. 证明对于每一个不包含 λ 的正则语言，都存在一个右线性文法，其产生式都限制为以下形式：

$$A \to aB$$

或

$$A \to a$$

其中 $A, B \in V$，且 $a \in T$。

16. 证明对于任何正则文法 G，如果 $L(G) \neq \varnothing$，那么 G 必然至少有一个产生式形式为

$$A \to x$$

其中 $A \in V$ 且 $x \in T^*$。

17. 给出生成 C 语言中所有实数的集合的正则文法。

18. 设 $G_1 = (V_1, \Sigma, S_1, P_1)$ 是右线性文法，$G_2 = (V_2, \Sigma, S_2, P_2)$ 是左线性文法，并假设 V_1 和 V_2 不相交。考虑线性文法 $G = (\{S\} \cup V_1 \cup V_2, \Sigma, S, P)$，其中 S 不在 $V_1 \cup V_2$ 中，且 $P = \{S \to S_1 \mid S_2\} \cup P_1 \cup P_2$。证明 $L(G)$ 是正则的。

正则语言的性质

本章概要

现在我们来看一看所有正则语言都具有什么样的性质、当正则语言组合在一起时会发生什么（例如，两个正则语言的并集或交集），以及如何判断一个语言是不是正则的。泵引理（pumping lemma）就是用来证明那些尽管很简单但不是正则的语言。这为研究更复杂的语言类奠定了基础。

我们已经给出了正则语言的定义，并研究了表示它们的几种方式，并且通过几个例子了解了它们用处。现在我们提出一个问题，即正则语言究竟有多普遍。是不是每个形式语言都是正则的呢？也许任何集合都可以被某个有穷自动机接受，尽管它可能非常复杂。然而我们很快就会发现，这个猜测的答案是否定的。但要理解为什么会这样，我们必须更深入地研究正则语言的本质，了解整个语言族具有哪些性质。

首先要提出的问题是，如果我们对正则语言执行一些运算，它会发生什么。这里的运算是指简单的集合运算（如连接），以及那些会使语言中的每个字符串都有一定变化的运算，如 2.1 节的练习 26。这样得到的语言是否仍然是正则的？我们称这些为封闭性（closure）问题。尽管封闭性主要用于理论研究，但这对我们区分将遇到的各语言族是有帮助的。

第二类问题涉及如何判断语言族的某些性质。例如，能否判断一个语言是不是有穷的？正如我们将看到的，这类问题对于正则语言来说很容易回答，但对于其他语言族来说就不那么容易了。

最后，我们考虑最重要的一个问题：如何判断给定的语言是不是正则的。如果一个语言实际上是正则的，那我们总是可以通过给出 DFA、正则表达式或正则文法来证明。但如果不是，则需要另一种方法。证明一个语言不是正则的，一种方法是研究正则语言的一般性质，即所有正则语言都具有的性质。如果我们知道某个这样的性质，而且可以证明候选语言不具有这个性质，那么就可以判断这个语言不是正则的。

在本章中，我们将研究正则语言的各种性质。这些性质告诉我们正则语言能做什么和不能做什么。稍后，当我们用这些问题考察其他语言族时，这些性质的相似性和差异性可用于对比各种语言族。

4.1　正则语言的封闭性

考虑以下问题：给定两个正则语言 L_1 和 L_2，它们的并集是不是正则的？针对具体的语言，答案可能很显然，但这里我们要强调的是该问题的普遍性。对于所有的正则语言 L_1 和 L_2，这是否成立？实际上答案是肯定的，我们通过证明正则语言族在并集运算下是封闭的（closed）来表述这一事实。我们可以对语言上其他类型的运算提出类似的问题，这使我们要从普遍意义上去研究语言的封闭性。

各语言族在不同运算下的封闭性有理论研究的意义。乍一看，我们可能并不清楚这些性质的实际意义。尽管某些性质的实际意义不大，但很多结论是十分有用的。封闭性使我们深入了解语言族的普遍性本质，从而有助于我们解决许多实际问题。在本章后面将介绍这类实例（定理 4.7 和例 4.13）。

4.1.1　简单集合运算的封闭性

我们首先观察在普通的集合运算上（如并运算和交运算），正则语言的封闭性是什么样的。

定理 4.1　如果 L_1 和 L_2 都是正则语言，那么 $L_1 \cup L_2$, $L_1 \cap L_2$, $L_1 L_2$, $\overline{L_1}$ 和 L_1^* 也都是正则的。我们称正则语言族在并、交、连接、补和星闭包运算下保持封闭。

证明　如果 L_1 和 L_2 是正则的，那么存在正则表达式 r_1 和 r_2 满足 $L_1 = L(r_1)$ 和 $L_2 = L(r_2)$。由正则表达式的定义，$r_1 + r_2$, $r_1 r_2$ 和 r_1^* 分别是表示语言 $L_1 \cup L_2$, $L_1 L_2$ 和 L_1^* 的正则表达式。因此，在并、交和星闭包运算下的封闭性是显然的。

为了证明补运算的封闭性，设 $M = (Q, \Sigma, \delta, q_0, F)$ 是接受 L_1 的 DFA。那么有 DFA

$$\widehat{M} = (Q, \Sigma, \delta, q_0, Q - F)$$

接受语言 $\overline{L_1}$。这相当简单，我们已在 2.1 节的练习 10 中提到过该结果。注意，在 DFA 的定义中，我们假定 δ^* 是全函数，因此 $\delta^*(q_0, w)$ 对所有 $w \in \Sigma$ 都有定义。因此，要么 $\delta^*(q_0, w)$ 是一个最终状态，则有 $w \in L$；要么 $\delta^*(q_0, w) \in Q - F$，即 $w \in \overline{L}$。

证明交运算的封闭性需要完成稍微多一点的工作。设 DFA $M_1 = (Q, \Sigma, \delta_1, q_0, F_1)$ 和 $M_2 = (P, \Sigma, \delta_2, p_0, F_2)$ 有 $L_1 = L(M_1)$ 和 $L_2 = L(M_2)$。构造合并 M_1 和 M_2 的 DFA $\widehat{M} = (\widehat{Q}, \Sigma, \widehat{\delta}, (q_0, p_0), \widehat{F})$，其状态集 $\widehat{Q} = Q \times P$ 包括状态对 (q_i, p_j)，每当 M_1 处于 q_i 且 M_2 处于 p_j 状态时，其转移函数就会让 $\widehat{M}$ 处于状态 (q_i, p_j)。这是通过每当有

$$\delta_1(q_i, a) = q_k$$

且

$$\delta_2(p_j, a) = p_l$$

时，都执行

$$\widehat{\delta}((q_i, p_j), a) = (q_k, p_l)$$

达到的。$\widehat{F}$ 定义为所有满足 $q_i \in F_1$ 且 $p_j \in F_2$ 的状态对 (q_i, p_j) 的集合。然后，只需简单地证明 $w \in L_1 \cap L_2$ 当且仅当 w 被 $\widehat{M}$ 接受。因此，$L_1 \cap L_2$ 是正则的。■

交运算封闭性的证明是构造法证明的典型示例。它不仅得到了想要的结论，而且还明确给出了如何构造识别两个正则语言交集的有穷接受器。构造性证明贯穿本书始终，它们很重要，能够使我们深入理解这些结论，并可以用作研究实际算法的起点。如同其他很多时候一样，此处也有简单但非构造性（或至少不那么明显）的论证。对于交运算的封闭性，我们从式 (1.3) 的德摩根定律开始，对两边求补。那么对于任何语言 L_1 和 L_2，有

$$L_1 \cap L_2 = \overline{\overline{L_1} \cup \overline{L_2}}$$

此时，如果 L_1 和 L_2 都是正则的，那么根据补运算的封闭性，有 $\overline{L_1}$ 和 $\overline{L_2}$ 也是正则的。接着，使用并运算的封闭性，得到 $\overline{L_1} \cup \overline{L_2}$ 是正则的。再次使用补运算的封闭性，我们得到

$$\overline{\overline{L_1} \cup \overline{L_2}} = L_1 \cap L_2$$

也是正则的。

以下例子是相同思想的一个变形。

例 4.1　证明正则语言族在差运算下是封闭的。也就是说，我们要证明如果 L_1 和 L_2 是正则的，那么 $L_1 - L_2$ 也必然是正则的。

从集合差运算的定义可以立即得到所需恒等式，即

$$L_1 - L_2 = L_1 \cap \overline{L_2}$$

L_2 是正则的意味着 $\overline{L_2}$ 也是正则的。然后，由于正则语言在交运算下封闭，我们知道 $L_1 \cap \overline{L_2}$ 也是正则的，于是完成了证明。

根据这些基本命题，可以推导出一些其他的封闭性。

定理 4.2　正则语言族在反转运算下封闭。

证明　该定理的证明是 2.3 节的一道练习题，这里给出一些细节。假设 L 是正则语言，我们构造一个只有一个最终状态的 NFA 接受该语言。根据 2.3 节的练习题 9，这总是可能的。在该 NFA 的转移图中，我们将初始顶点改为最终顶点，将最终顶点改为初始顶点，并把所有边的方向反转过来。可以很直观地证明，修改后的 NFA 接受 w^R，当且仅当原来的 NFA 接受 w。因此，修改后的 NFA 接受 L^R，从而证明了反转运算的封闭性。■

4.1.2　其他运算的封闭性

除了语言的标准运算外，还可以定义语言的其他运算，并研究这些运算的封闭性。有许多这样的结果，我们只选取两个典型的例子，其他的例子见本节结尾的练习题。

定义 4.1　假设 Σ 和 Γ 都是字母表。那么函数

$$h : \Sigma \to \Gamma^*$$

称为同态（homomorphism）。换句话说，同态就是将一个字符替换为一个字符串。显然，函数 h 的定义域可以扩展到字符串上，即如果

$$w = a_1 a_2 \cdots a_n$$

那么

$$h(w) = h(a_1)h(a_2)\cdots h(a_n)$$

如果 L 是 Σ 上的语言，那么它的同态像（homomorphism image）定义为

$$h(L) = \big\{ h(w) : w \in L \big\}$$

例 4.2　已知 $\Sigma = \{a, b\}$ 和 $\Gamma = \{a, b, c\}$，且 h 定义为

$$h(a) = ab$$
$$h(b) = bbc$$

那么 $h(aba) = abbbcab$。$L = \{aa, aba\}$ 的同态像是语言 $h(L) = \{abab, abbbcab\}$。

如果我们有表示语言 L 的正则表达式 r，那么对 r 中每个 Σ 的符号简单地应用同态，就可以得到表示 $h(L)$ 的正则表达式。

例 4.3　已知 $\Sigma = \{a, b\}$ 和 $\Gamma = \{b, c, d\}$，定义 h 为

$$h(a) = dbcc$$
$$h(b) = bdc$$

如果 L 可以由正则表达式

$$r = (a + b^*)(aa)^*$$

表示，那么

$$r_1 = (dbcc + (bdc)^*)(dbccdbcc)^*$$

则表示正则语言 $h(L)$。

从这个例子中，我们显然可以得出正则语言在同态运算下封闭的普遍性结论。

定理 4.3　设 h 是一个同态。如果 L 是正则语言，那么它的同态像 $h(L)$ 也是正则的。因此，正则语言族在任意同态下都是封闭的。

证明　设 L 是由某个正则表达式 r 表示的正则语言。通过将 r 中的每个符号 $a \in \Sigma$ 替换为 $h(a)$，可以得到 $h(r)$。根据正则表达式的定义，可以得出这样得到的表达式仍然是一个正则表达式。很容易看出，得到的表达式表示 $h(L)$。我们需要证明的是，对于每个 $w \in L(r)$，相应的 $h(w)$ 都属于 $L(h(r))$。相反地，对于 $L(h(r))$ 中的每个 v，都存在一个属于 L 的 w，使得 $v = h(w)$。其中的细节留作练习，因此可以宣称 $h(L)$ 是正则的。∎

定义 4.2　设 L_1 和 L_2 是同一个字母表上的语言，那么 L_1 和 L_2 的右商（right quotient）定义为

$$L_1/L_2 = \{x : xy \in L_1 \text{ 对某个 } y \in L_2\} \tag{4.1}$$

为了形成 L_1 和 L_2 的右商，取 L_1 中所有后缀在 L_2 中的字符串。对于每个这样的字符串，去掉这个后缀之后，得到的字符串属于 L_1/L_2。

例 4.4　如果

$$L_1 = \{a^n b^m : n \geqslant 1, m \geqslant 0\} \cup \{ba\}$$

且

$$L_2 = \{b^m : m \geqslant 1\}$$

那么

$$L_1/L_2 = \{a^n b^m : n \geqslant 1, m \geqslant 0\}$$

L_2 中的字符串由一个或多个 b 组成。因此，将 L_1 中以至少一个 b 结尾的那些字符串，去掉一个或多个 b，就可以得到答案。

注意这里 L_1、L_2 和 L_1/L_2 都是正则的。这意味着任意两个正则语言的右商也是正则的。在下一个定理中，将通过 L_1 和 L_2 的 DFA 构造 L_1/L_2 的 DFA 来证明。在给出构造方法的完整描述之前，我们先看看它如何应用于这个例子。如图 4.1 所示，从 L_1 的 DFA $M_1 = (Q, \Sigma, \delta, q_0, F)$ 开始。由于 L_1/L_2 的自动机必须接受 L_1 中的字符串的任意前缀，我们尝试修改 M_1 使其接受存在 y 满足式 (4.1) 的 x。困难在于确定是否存在某个 $y \in L_2$ 使得 $xy \in L_1$。为了解决这个困难，要确定从每个 $q \in Q$

是否存在一条到达最终状态标记为 v 的路径，使得 $v \in L_2$。如果存在，那么任何满足 $\delta(q_0, x) = q$ 的 x 都属于 L_1/L_2。我们相应地修改自动机，使 q 是最终状态。

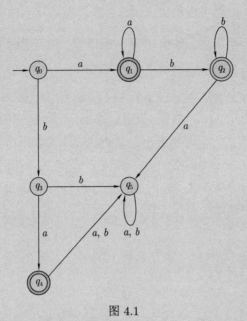

图 4.1

应用到这个例子中，我们逐个检查状态 q_0, q_1, q_2, q_3, q_4 和 q_5，观察是否存在标记为 bb^* 到 q_1, q_2 或 q_4 的路径。我们发现 q_1 和 q_2 满足条件，而 q_0, q_3, q_4 不满足。最终得到接受 L_1/L_2 的自动机如图 4.2 所示。检查一下，确保构造有效。下一个定理推广了这个思想。

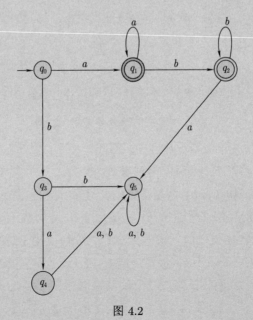

图 4.2

定理 4.4 如果 L_1 和 L_2 都是正则语言，那么 L_1/L_2 也是正则的。我们称正则语言族对正则语言的右商是封闭的。

证明 设 $L_1 = L(M)$，其中 $M = (Q, \Sigma, \delta, q_0, F)$ 是 DFA，我们按如下条件构造另一个 DFA $\widehat{M} = (Q, \Sigma, \delta, q_0, \widehat{F})$。对每个 $q_i \in Q$，判断是否存在 $y \in L_2$，使得

$$\delta^*(q_i, y) = q_f \in F$$

这个是否存在的判断可以通过考察另一个 DFA $M_i = (Q, \Sigma, \delta, q_i, F)$ 来进行，而该自动机 M_i 将 M 的初始状态替换为 q_i。现在检查是否存在某个 y 既在 $L(M_i)$ 中，也在 L_2 中。为此，可以使用定理 4.1 中两个正则语言交集的构造方法，构造 $L_2 \cap L(M_i)$ 的转移图。如果初始状态和最终状态之间存在任何路径，则 $L_2 \cap L(M_i)$ 不为空。在这种情况下，将 q_i 添加到 $\widehat{F}$ 中。对于每个 $q_i \in Q$ 重复该过程，从而可以确定 $\widehat{F}$，最终可以构造 $\widehat{M}$。

为了证明 $L(\widehat{M}) = L_1/L_2$，假设 x 是 L_1/L_2 中的任何元素。那么，一定存在某个 $y \in L_2$ 使得 $xy \in L_1$。这意味着

$$\delta^*(q_0, xy) \in F$$

因此一定存在某个 $q \in Q$ 使得

$$\delta^*(q_0, x) = q$$

且

$$\delta^*(q, y) \in F$$

因此，由构造可知，$q \in \widehat{F}$，而且因为 $\delta^*(q_0, x) \in \widehat{F}$，所以有 $\widehat{M}$ 接受 x。

反过来，对于任何被 $\widehat{M}$ 接受的 x，我们都有

$$\delta^*(q_0, x) = q \in \widehat{F}$$

但同样由于构造，这意味着存在一个 $y \in L_2$，使得 $\delta^*(q, y) \in F$。因此，xy 属于 L_1，且 x 属于 L_1/L_2。因此，我们得出结论：

$$L(\widehat{M}) = L_1/L_2$$

并由此得出 L_1/L_2 是正则的。∎

例 4.5 已知

$$L_1 = L(a^*baa^*)$$
$$L_2 = L(ab^*)$$

请给出 L_1/L_2。

我们首先找到接受 L_1 的 DFA。这很容易，图 4.3 已经给出了一个解。这个例子很简单，我们可以跳过构造过程。从图 4.3 的转移图中可以得出：

$$L(M_0) \cap L_2 = \varnothing$$
$$L(M_1) \cap L_2 = \{a\} \neq \varnothing$$
$$L(M_2) \cap L_2 = \{a\} \neq \varnothing$$
$$L(M_3) \cap L_2 = \varnothing$$

因此，可以确定接受 L_1/L_2 的自动机。结果如图 4.4 所示。这个自动机接受由正则表达式 $a^*b + a^*baa^*$ 表示的语言，这个正则表达式可以简化为 a^*ba^*。因此，$L_1/L_2 = L(a^*ba^*)$。

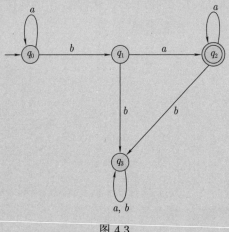

图 4.3

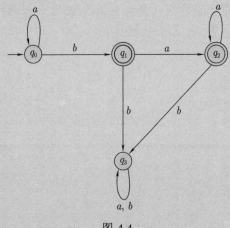

图 4.4

入门练习题

1. 设两个正则文法分别为 $G_1:\ S_1 \to aS_1 \mid a$ 和 $G_2:\ S_2 \to bS_2a \mid a$。
   (a) 请给出 $L(G_1) \cup L(G_2)$ 的正则文法。
   (b) 请给出 $L(G_1)L(G_2)$ 的正则文法。
   (c) 请给出 $L(G_2)^R$ 的正则文法。

2. 如果已知 $\Sigma = \{a, b\}$ 和 $L = L(aa^*)$,请给出 $\overline{L}$ 的正则表达式。

3. 假定存在非正则的语言,请证明以下命题错误:如果 $L_1 \cup L_2$ 是正则的,那么 L_1 和 L_2 必然是正则的。

4. 已知 $L = L(abb + aab^*)$,请为 L 找到一个具有单一最终状态的 NFA,然后使用定理 4.2 中的构造方法对其进行修改。检查所得到的结果,并确定其接受的语言为 L^R。

5. 下图中的 DFA 接受 $L = \{a\}$。如果我们按照定理 4.1 的证明中建议的构造方法,交换最终状态和非最终状态,我们会得到一个接受 $\{\lambda\}$ 的 DFA,但这不是 L 的补集。L 相对全集 $\{a\}^*$ 的补集是 $\{\lambda\} \cup \{a^n, n \geqslant 2\}$。错误在哪里?你能解决吗?

练习题

1. 已知 $\Sigma = \{a, b\}$,请给出如下语言的补的正则表达式。
   (a) $L = L(aa^*bb^*)$
   (b) $L = L(a^*b^*)^*$

2. 设 $L_1 = L(ab^*aa)$,$L_2 = L(a^*bba^*)$,请给出 $(L_1 \cup L_2)^*L_2$ 的正则表达式。

3. 请给出如何从语言 L 的 DFA 构造 $\overline{L}^*$ 的有穷自动机。

4. 请证明一个语言族如果在并和补运算下封闭,那么一定在交运算下也封闭。

5. 请给出定理 4.1 中交运算下封闭的构造法证明的细节。

6. 按定理 4.1 给出的构造方法给出接受如下语言的 NFA。
   (a) $L((ab)^*a^*) \cap L(baa^*)$
   (b) $L(ab^*a^*) \cap L(a^*b^*a)$

7. 在例 4.1 中,我们证明了正则语言在差运算下封闭,但证明不是构造性的。请按定理 4.1 中对交运算的证明,给出该结论的构造性证明。

8. 定理 4.3 中,请证明 $h(r)$ 是正则表达式。然后证明 $h(r)$ 表示的语言是 $h(L)$。

9. 证明正则语言族在有穷并运算和有穷交运算下封闭,即如果语言 $L_1, L_2, \cdots, L_n$ 都是正则语言,那么

$$L_U = \bigcup_{i = \{1,2,\cdots,n\}} L_i$$

和

$$L_I = \bigcap_{i=\{1,2,\cdots,n\}} L_i$$

也是正则的。

10. 两个集合 S_1 和 S_2 的对称差（symmetric difference）定义为

$$S_1 \ominus S_2 = \{w : w \in S_1 \text{ 或 } w \in S_2, \text{ 但 } x \text{ 不同时在 } S_1 \text{ 和 } S_2 \text{ 中}\}$$

请证明正则语言族在对称差运算下封闭。

11. 两个语言的 nor 运算定义为

$$\text{nor}(L_1, L_2) = \{w : w \notin L_1 \text{ 且 } w \notin L_2\}$$

请证明正则语言的族在 nor 运算下封闭。

12. 两个语言的补或 nor 运算定义为

$$\text{cor}(L_1, L_2) = \{w : w \in \overline{L_1} \text{ 或 } w \in \overline{L_2}\}$$

请证明正则语言族在 cor 运算下封闭。

13. 对所有的正则语言和所有的同态，以下哪些成立？
    (a) $h(L_1 \cup L_2) = h(L_1) \cup h(L_2)$
    (b) $h(L_1 \cap L_2) = h(L_1) \cap h(L_2)$
    (c) $h(L_1 L_2) = h(L_1) h(L_2)$

14. 已知 $L_1 = L(a^* baa^*)$ 和 $L_2 = (aba^*)$，请给出 L_1 / L_2。

15. 请证明对所有的 L_1 和 L_2，$L_1 = L_1 L_2 / L_2$ 不成立。

16. 假设已知 $L_1 \cup L_2$ 是正则的，且 L_1 是有穷的，能否由此推出 L_2 是正则的。

17. 如果 L 是正则语言，请证明 $L_1 = \{uv : u \in L, |v| = 2\}$ 也是正则的。

18. 如果 L 是正则语言，请证明语言 $\{uv : u \in L, v \in L^R\}$ 也是正则语言。

19. 语言 L_1 相对于 L_1 的左商（left quotient）定义为

$$L_2 / L_1 = \{y : x \in L_2, xy \in L_1\}$$

请证明正则语言族与正则语言在左商上是封闭的。

20. 如果命题"如果 L_1 是正则的且 $L_1 \cup L_2$ 也是正则的，那么 L_2 一定是正则的"对所有 L_1 和 L_2 成立，那么请证明所有语言都是正则语言。

21. 语言的 tail 运算定义为字符串所有后缀的集合，即

$$\text{tail}(L) = \{y : 存在某个 x \in \Sigma^*, 使得 xy \in L\}$$

请证明如果 L 是正则的，那么 $\text{tail}(L)$ 也是正则的。

22. 语言的 head 运算定义为字符串所有前缀的集合，即

$$\text{head}(L) = \big\{x : \text{存在某个} \ y \in \varSigma^*, \text{使得} \ xy \in L\big\}$$

请证明正则语言族在该运算下封闭。

23. 定义字符串上的 third 运算为

$$\text{third}(a_1 a_2 a_3 a_4 a_5 a_6 \cdots) = a_3 a_6 \cdots$$

并扩展该运算到语言上。请证明正则语言族在该运算下封闭。

24. 为字符串 $a_1 a_2 \cdots a_n$ 定义 shift 运算为

$$\text{shift}(a_1 a_2 \cdots a_n) = a_2 \cdots a_n a_1$$

基于此，定义语言上的该运算为

$$\text{shift}(L) = \big\{v : \text{存在} \ w \in L \ \text{满足} \ v = \text{shift}(w)\big\}$$

请证明正则性在 shift 运算下是封闭的。

25. 定义

$$\text{exchange}(a_1 a_2 \cdots a_{n-1} a_n) = a_n a_2 \cdots a_{n-1} a_1$$

和

$$\text{exchange}(L) = \big\{v : \text{存在} \ w \in L \ \text{满足} \ v = \text{exchange}(w)\big\}$$

请证明正则语言族在 exchange 运算下封闭。

26. 定义语言 L 的 min 运算为

$$\text{min}(L) = \big\{w \in L : \text{不存在} \ u \in L, v \in \varSigma^+ \ \text{满足} \ w = uv\big\}$$

27. 设 G_1 和 G_2 是两个正则文法。如何从这两个文法给出如下语言的文法？

(a) $L(G_1) \cup L(G_2)$

(b) $L(G_1)L(G_2)$

(c) $L(G_1)^*$

4.2　正则语言的基本问题

现在我们来面对一个非常基本的问题：当给定语言 L 和字符串 w 时，能否确定 w 是否属于 L？这称为成员资格（membership）问题，解决这一问题的方法称为成员资格算法[⊖]。对于那些无法找到有效成员资格算法的语言，我们能做的非常有限。在后续的讨论中我们将关注成员资格算法的存在性及其内在本质，但这个问题通常很难。然而，对于正则语言来说，这个问题很容易。

⊖　稍后我们将明确"算法"这个术语的含义。目前，请将其视为可以编写为计算机程序的方法。

首先考虑，当提到"给定语言 …"时究竟是什么意思。在很多命题中，这一点必须是明确的。我们已使用过几种方式描述正则语言：非正式的语言描述、集合表示法、有穷自动机、正则表达式和正则文法。只有后三者才是定义足够明确、适用于定理中描述正则语言的方式。因此，称一个正则语言是以标准表示（standard representation）给定的，当且仅当它是由有穷自动机、正则表达式或正则文法描述的。

定理 4.5 给定某 Σ 上任何正则语言 L 的标准表示和字符串 $w \in \Sigma^*$，存在判断 w 是否属于 L 的算法。

证明 将该语言用 DFA 表示，然后测试 w，观察是否被该自动机接受即可。 ∎

其他重要的问题包括一个语言是有穷的还是无穷的、两个语言是否相同，以及某个语言是不是另一个的子集。至少对于正则语言而言，这几个问题都容易回答。

定理 4.6 存在一种算法来确定以标准表示给出的正则语言是空的、有穷的还是无穷的。

证明 如果将该语言表示为 DFA 的状态转移图，那么答案是显然的。如果从初始状态到任何最终状态存在一条简单路径，那么这个语言是非空的。

为了判断该语言是否无穷，首先寻找可以构成环的所有顶点。这些顶点中的任何一个，如果处于某个从初始状态到最终状态的路径上，那么该语言就是无穷的；否则，就是有穷的。 ∎

两个语言的等价性也是一个重要的实际问题。通常同一个程序设计语言存在多个定义，我们需要知道尽管它们的表现形式不同，但是否表示相同的语言。这通常是一个难题，即使对于正则语言来说，这个命题也并不是显而易见的。逐个句子的比对方法显然是行不通的，因为这只适用于有穷的语言。同样，通过观察正则表达式、文法或 DFA 直接得出结论也并不容易。一个优雅的解决方法是使用已有的封闭性。

定理 4.7 对使用标准表示给定的两个语言 L_1 和 L_2，存在算法判断 $L_1 = L_2$ 是否成立。

证明 使用 L_1 和 L_2 定义语言

$$L_3 = (L_1 \cap \overline{L_2}) \cup (\overline{L_1} \cap L_2)$$

由封闭性可知，L_3 是正则的，我们可以构造出接受 L_3 的 DFA。一旦有了 M，就可以使用定理 4.6 中的算法确定 L_3 是否为空。根据 1.1 节的练习题 15 可知，$L_3 = \varnothing$ 当且仅当 $L_1 = L_2$。 ∎

尽管这些结论显而易见且不足为奇，但它们仍然具有根本性意义。对于正则语言来说，定理 4.5~ 定理 4.7 中提出的问题都可以轻松地解决，但当我们去处理其他语言族时，并不总是这么容易。后面我们还会遇到类似的问题，可以预料的是，问题会越来越难解决，甚至根本无法解决。

入门练习题

1. 请解释为什么给定正则表达式 r 时，很容易看出 $L(r)$ 是否为空。
2. 请解释为什么给定正则表达式 r 时，很容易看出 $L(r)$ 是否有穷。
3. 请举例说明为什么给定两个正则表达式 r_1 和 r_2，很难确定 $L(r_1) = L(r_2)$ 是否成立。

练习题

对于本节中的所有练习题，请假定这些正则语言是以标准表示给出的。

1. 给定正则语言 L 和一个字符串 $w \in L$，请给出如何确定 $w^R \in L$。
2. 请给出一个算法，用来判断一个正则语言 L 是否含有任何满足 $w^R \in L$ 的字符串 w。
3. 一个语言 L 如果满足 $L = L^R$，则称为回文（palindrome）语言。给出一个判断给定正则语言是不是回文语言的算法。
4. 证明对于给定的任何 w 和任何正则语言 L_1 和 L_2，存在算法判断 $w \in L_1 - L_2$ 是否成立。
5. 证明对于任何正则语言 L_1 和 L_2，存在算法判断 $L_1 \subseteq L_2$ 是否成立。
6. 证明对于任何正则语言 L_1 和 L_2，存在算法判断 L_1 是不是 L_2 的真子集。
7. 证明对于任何正则语言 L，存在算法判断 $\lambda \in L$ 是否成立。
8. 证明对于任何正则语言 L，存在算法判断 $L \in \Sigma^*$ 是否成立。
9. 对于任何给定的三个正则语言 L、L_1 和 L_2，给出判断 $L = L_1 L_2$ 是否成立的算法。
10. 对于任何给定的正则语言 L，给出判断 $L = L^*$ 是否成立的算法。
11. 设 L 是定义在 Σ 上的正则语言，$\widehat{w}$ 是 Σ^* 中的任意字符串。给出一个算法，判断 L 是否包含某个字符串 w，满足 $\widehat{w}$ 是它的子串，即 $w = u\widehat{w}v$，其中 $u, v \in \Sigma^*$ 且 $|uv| > 0$。
12. 运算 tail(L) 定义为

$$\mathrm{tail}(L) = \big\{ v : uv \in L,\ u, v \in \Sigma^* \big\}$$

证明对于任何给定的正则语言 L，存在判断 $L = \mathrm{tail}(L)$ 是否成立的算法。
13. 设 L 是 $\Sigma = \{a, b\}$ 上的任何正则语言。证明存在判断 L 是否包含任何偶数长度字符串的算法。
14. 证明对于任何正则语言 L，存在判断 $|L| \geqslant 5$ 的算法。
15. 请找到一个算法，用来判断一个正则语言是否含有有限个偶数长度的字符串。

16. 请描述一个算法，当给定正则文法 G 时，可以用来判断 $L(G) = \Sigma^*$ 是否成立。
17. 给定两个正则文法 G_1 和 G_2，请给出判断 $L(G_1) \cup L(G_2) = \Sigma^*$ 的方法。
18. 请给出判断两个正则文法是否等价的算法。
19. 请给出判断两个正则表达式是否等价的算法。

4.3　识别非正则语言

正如我们所举的大多数例子，正则语言可以是无穷的。然而，正则语言关联于有限存储自动机这一事实，给正则语言的结构施加了一定的限制。如果要保持正则性，必须遵守某些局促的限制。直觉告诉我们，一个语言如果是正则的，在其字符串处理过程的任何阶段，都只能记住有限的信息。这固然是正确的，但在有效地使用它之前有必要先准确地证明。我们可以通过几种方式来完成这个任务。

4.3.1　鸽巢原理的使用

"鸽巢原理"这个术语被数学家用来表示如下简单现象。如果我们将 n 个物品放入 m 个盒子（鸽巢）中，且 $n > m$，那么至少有一个盒子里装了多于一个的物品。这个事实如此明显，但令人惊讶的是，基于这个事实，我们可以得出很多深刻的结论。

例 4.6　语言 $L = \{a^n b^n : n \geqslant 0\}$ 是正则的吗？答案是否定的，我们通过反证法来证明。

假设 L 是正则的，那么存在接受该语言的 DFA $M = (Q, \{a, b\}, \delta, q_0, F)$。现在考察 $\delta^*(q_0, a^i)$，其中 $i = 1, 2, 3, \cdots$。因为有无限多个数 i，但 M 只有有限个状态，由鸽巢原理可知，必然存在某个状态（假设为 q），在 $n \neq m$ 时满足

$$\delta^*(q_0, a^n) = q$$

和

$$\delta^*(q_0, a^m) = q$$

但是由于 M 接受 $a^n b^n$，一定有

$$\delta^*(q, b^n) = q_f \in F$$

因此可以得出

$$\delta^*(q_0, a^m b^n) = \delta^*(\delta^*(q_0, a^m), b^n)$$
$$= \delta^*(q, b^n)$$
$$= q_f$$

这与 M 接受 $a^m b^n$ 仅当 $n = m$ 的假设矛盾，由此可以得出 L 非正则的结论。

在上面的论证中，鸽巢原理刚好以一种明确的方式准确阐述了有穷自动机所谓存储有限的含义。为了接受所有的 $a^n b^n$，自动机要区分所有的前缀 a^n 和 a^m。但是因为只有有限个内部状态，因此会有一些 n 和 m 无法区分。

为了能在多种情况下使用这个结论，我们将其整理为具有普遍意义的定理。其形式有多种，我们只给出其中可能最著名的一个。

关于正则语言的状态转移图，我们有以下的理解：

- 如果转移图没有环，那么语言是有穷的，因此是正则的。
- 如果转移图有标记非空的环，那么该语言是无穷的；反之，每个无穷的正则语言的 DFA 都有这样的环。
- 如果存在环，这个环可以被跳过或重复任意次。因此，如果环的标记是 v，且字符串 $w_1 v w_2$ 属于该语言，那么字符串 $w_1 w_2$、$w_1 v v w_2$、$w_1 v v v w_2$ 等也必须属于该语言。
- 我们不知道这个环在 DFA 的哪个位置，但是如果 DFA 有 m 个状态，那么在读取 m 个符号时，必须会进入该环。

如果一个语言 L 中，只要至少有一个不具备该性质的字符串 w，那么 L 不可能是正则的。将这个观察形式化为一个定理，即泵引理 (pumping lemma)。

4.3.2 泵引理

以下结论是鸽巢原理的另一种形式，一般称为正则语言的泵引理。这个证明基于以下的观察：在具有 n 个顶点的转移图中，任何长度为 n 或更长的路径一定会重复经过某个顶点，即形成一个环。

> **定理 4.8** 设 L 是一个无穷的正则语言。那么存在正整数 m，使得对于任何满足 $|w| \geqslant m$ 的 $w \in L$，w 可以被分解为
>
> $$w = xyz$$
>
> 其中
>
> $$|xy| \leqslant m$$
>
> 且
>
> $$|y| \geqslant 1$$
>
> 并对所有 $i = 0, 1, 2, \cdots$，满足
>
> $$w_i = xy^i z \tag{4.2}$$
>
> 也属于 L。
>
> 换句话说，在 L 中每个足够长的字符串都可以被分成三部分，这样任意数量的重复中间部分可以产生属于 L 的另一个字符串。我们称字符串中间的这部分被"抽吸"了，因此这个结论被称为泵引理。

证明　如果 L 是正则的，存在一个识别它的 DFA。设这个 DFA 状态的标记分别为 $q_0, q_1, q_2, \cdots, q_n$。那么取 L 中满足 $|w| \geqslant m = n + 1$ 的一个字符串 w。因为假定 L 是无穷的，所以总可以找到这样的字符串。考察这个自动机处理 w 时所经过的这组状态，比如

$$q_0, q_i, q_j, \cdots, q_f$$

因为这个序列正好有 $|w| + 1$ 项，有至少一个的重复状态，而且这个重复一定发生在前 n 次迁移时。因此，这个序列形如

$$q_0, q_i, q_j, \cdots, q_r, \cdots, q_r, \cdots, q_f$$

这意味着存在 w 的子串 x, y 和 z 满足

$$\delta^*(q_0, x) = q_r$$
$$\delta^*(q_r, y) = q_r$$
$$\delta^*(q_r, z) = q_f$$

其中 $|xy| \leqslant n + 1 = m$ 且 $|y| \geqslant 1$。于是，立即有

$$\delta^*(q_0, xz) = q_f$$

以及

$$\delta^*(q_0, xy^2z) = q_f$$
$$\delta^*(q_0, xy^3z) = q_f$$

以此类推，就完成了该定理的证明。　∎

我们给出了无穷语言的泵引理。尽管有穷语言总是正则的，但它们不能被抽吸，因为会自动地抽出无穷集合。该定理确实适用于有穷语言，但是没有什么意义。因为泵引理中的 m 大于最长的字符串，因此不存在可以被抽吸的字符串。

与例 4.6 中的鸽巢原理类似，泵引理可以用来证明某些语言不是正则的。证明的过程只能使用反证法。正如我们前面提到的，泵引理不能用来证明一个语言是正则的。即使我们可以证明（通常这非常困难）任何被抽吸的字符串必然在原语言中，定理 4.8 的陈述中也没有可以得出这个语言是正则的依据。

例 4.7　使用泵引理证明 $L = \left\{ a^n b^n : n \geqslant 0 \right\}$ 不是正则的。假设 L 是正则的，那么一定满足泵引理。我们不知道 m 的值，但不论是多少，我们总可以取 $n = m$。因此

组成子字符串 y 的一定全是 a。假设 $|y| = k$，那么由式 (4.2) 利用 $i = 0$ 得到的字符串

$$w_0 = a^{m-k}b^m$$

显然并不属于 L。这与泵引理矛盾，因此，假设不成立，L 不是正则的。

在应用泵引理时，我们必须牢记定理的内容。虽然我们知道一定存在 m 以及如何分解为 xyz，但并不知道它们都是什么。我们不能仅仅因为某些特定的 m 值或 xyz 违反了泵引理，就声称产生了矛盾。另一方面，泵引理对于每个 $w \in L$ 和每个 i 都成立。因此，即使只有一个 w 或 i 违反了泵引理，那么这个语言也不可能是正则的。

正确的证明过程可以看作我们与对手之间的一个比赛。我们的目标是通过建立泵引理的矛盾来赢得比赛，而对手则试图阻止我们。比赛中共有四个步骤：

1. 对手选定了 m。
2. 给定 m，我们从 L 中选取长度大于或等于 m 的一个字符串 w。我们可以自由地选择任何 w，只要 $w \in L$ 且 $|w| \geqslant m$。
3. 对手选择 xyz 的分解，条件是 $|xy| \leqslant m, |y| \geqslant 1$。我们必须假设对手会选择使我们最难赢得比赛的方式。
4. 我们试图以式 (4.2) 中的方式选择 i，并以此抽吸不属于 L 的字符串 w_i。如果能做到这一点，我们就赢得了比赛。

这种无论对手如何选择我们都能取胜的策略，等同于证明了该语言不是正则的。在此过程中，第 2 步至关重要。虽然不能强迫对手选择 w 的特定分解，但我们可以通过 w 的选择，使对手在第 3 步中受到很大限制，并由 x、y 和 z 的分解使我们能在下一步推出违反泵引理的结论。

例 4.8 证明

$$L = \left\{ ww^R : w \in \Sigma^* \right\}$$

不是正则的。

不论对手在第 1 步中选择什么样的 m，我们都能选择如图 4.5 所示的 w。那么在条件 $|xy| \leqslant m$ 下，对手在第 3 步时对 y 的选择限制为全部只能由 a 组成。第 4 步中，我们使用 $i = 0$。如此得到的字符串，左边部分 a 的数量会少于右边，所以不可能是 ww^R 形式的。因此，L 不是正则的。

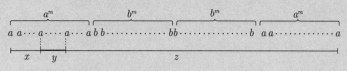

图 4.5

请注意，如果我们选择的 w 太短，那么对手可以选择一个含有偶数个 b 的 y。这样，我们在最后一步就不可能推出违反泵引理的结论了。如果我们选择了 L 中只含有 a 的字符串，比如

$$w = a^{2m}$$

那么我们也会失败。为了击败我们，对手只需选择

$$y = aa$$

此时，对所有的 i，w_i 都在 L 中。这样我们就输了。

为了应用泵引理，我们不能假定对手会犯错。例如，当我们选择 $w = a^{2m}$ 时，如果对手选择了

$$y = a$$

那么 w_0 是一个奇数长的字符串，所以不属于 L。但是，任何假设对手如此通融的论证都是错误的。

例 4.9 已知 $\Sigma = \{a,b\}$，语言

$$L = \{w \in \Sigma^* : n_a(w) < n_b(w)\}$$

是非正则的。

假设已给定了 m，因为我们有选择 w 的自由，因此选择 $w = a^m b^{m+1}$。此时，因为 $|xy|$ 不能大于 m，对手只能选出一个只含有 a 的 y，即

$$y = a^k, \ 1 \leqslant k \leqslant m$$

我们现在使用 $i = 2$ 抽吸字符串。得到的字符串

$$w_2 = a^{m+k} b^{m+1}$$

不属于 L。因此，违反了泵引理，L 是非正则的。

例 4.10 语言

$$L = \{(ab)^n a^k : n > k, k \geqslant 0\}$$

是非正则的。

给定 m，我们选择属于 L 的字符串

$$w = (ab)^{m+1} a^m$$

因为限制条件 $|xy| \leqslant m$，那么 x 和 y 一定在 ab 组成的部分中。而 x 的选择不影响证明，因此我们来考察 y 的选取。如果对手选择 $y = a$，那么我们利用 $i = 0$ 得到不属于 $L((ab)^*a^*)$ 的字符串。如果对手选择 $y = ab$，我们可以再利用 $i = 0$，得到不在 L 中的字符串 $(ab)^m a^m$。以同样方式，我们可以处理对手做的任何选择，从而证明了我们的观点。

例 4.11 证明

$$L = \left\{ a^n : n \text{是一个完全平方数} \right\}$$

是非正则的。

给定对手选择的 m，我们取

$$w = a^{m^2}$$

如果分解为 $w = xyz$，那么显然

$$y = a^k$$

其中 $1 \leqslant k \leqslant m$。在这种情况下

$$w_0 = a^{m^2 - k}$$

但 $m^2 - k > (m-1)^2$，所以 w_0 不可能属于 L。因此，这个语言是非正则的。

在有些情况下，封闭性可以将给定问题与我们已分类的问题联系起来。这可能比直接应用泵引理更简单一些。

例 4.12 证明语言

$$L = \left\{ a^n b^k c^{n+k} : n \geqslant 0, k \geqslant 0 \right\}$$

是非正则的。

直接使用泵引理并不困难，但使用同态的封闭性更容易。令

$$h(a) = a, \ h(b) = a, \ h(c) = c$$

则有

$$h(L) = \left\{ a^{n+k} c^{n+k} : n + k \geqslant 0 \right\}$$
$$= \left\{ a^i c^i : i \geqslant 0 \right\}$$

我们知道这个语言是非正则的，所以 L 不可能是正则的。

例 4.13 证明语言

$$L = \left\{ a^n b^l : n \neq l \right\}$$

是非正则的。

这里，直接应用泵引理需要智慧的技巧。选择 $n = l+1$ 或 $n = l+2$ 的字符串是行不通的，因为对手总是可以选择一个分解方式，使我们无法抽吸语言之外的字符串（即使 a 和 b 的数量相等）。我们需要更有创意，比如取 $n = m!$ 和 $l = (m+1)!$。如果对手现在选择长度为 $k < m$ 的 y（必然由全部 a 组成），那么我们抽吸 i 次得到一个包含 $m! + (i-1)k$ 个 a 的字符串。选择 i，使得

$$m! + (i-1)k = (m+1)!$$

我们就可以得到泵引理的矛盾。这总是可能的，因为 $k \leqslant m$，可以让

$$i = 1 + \frac{mm!}{k}$$

那么右边是整数，我们就成功地推出与泵引理的矛盾。

然而，这个问题有个更优雅的解决方法。假设 L 是正则的，那么根据定理 4.1，$\overline{L}$ 和语言

$$L_1 = \overline{L} \cap L(a^* b^*)$$

也都是正则的。但我们已经知道 $L_1 = \left\{ a^n b^n : n \geqslant 0 \right\}$ 是非正则的，因此，L 是非正则的。

泵引理较难理解，在应用它时容易出错。以下是一些常见的陷阱，请注意避免。

一个错误是尝试使用泵引理来证明一个语言是正则的。即使可以证明语言 L 中没有字符串可以被抽吸，也不能得出 L 是正则的结论。泵引理只能用来证明一个语言是非正则的。

另一个错误是从不属于 L 的字符串开始（通常是无意识地）。例如，假设我们试图证明

$$L = \left\{ a^n : n \text{是素数} \right\} \tag{4.3}$$

是非正则的。以 "给定 m，令 $w = a^m \cdots$" 开始的证明是错误的，因为 m 不一定是素数。为了避免这个陷阱，证明的开始要类似于 "给定 m，令 $w = a^M$，其中 M 是大于 m 的素数"。

最后，最常见的错误也许是对分解 xyz 做一些假设。对于分解，我们唯一能强调的就是来自泵引理的陈述，即 y 非空串且 $|xy| \leqslant m$。也就是说，y 必须在字符串左起的 m 个字符内。其他企图都会使论证无效。试图证明式 (4.3) 的语言是非正则的一个典型错误，是认为 $y = a^k$，其中 k 是奇数。那么 $w = xz$ 当然是偶数长度的字符串，因此不在 L 中。但是对 k 的假设是不允许的，证明是错误的。

但即使掌握了泵引理的技术难题，也可能仍然很难看清如何使用它。泵引理就像有着复杂规则的比赛。掌握规则是必要的，但仅凭这一点还不足以赢得一场比赛。还需要一个

好的策略来赢得胜利。在这本书中的一些更困难的案例中，如果你可以正确使用泵引理，那是值得祝贺的。

入门练习题

1. 如何对正则语言使用泵引理证明 $L = \{a^n b^m : n > 1, m > 1\}$ 是正则的？

2. 考虑以下试图证明语言 $L = \{a^n b^n : n \geq 0\}$ 不是正则的论证：取字符串 $a^m b^m$，选择 $y = a$ 作为被抽吸的子串。当 $i = 2$ 时，我们得到抽出的字符串 $a^{m+1} b^m$，这不在 L 中，因此根据泵引理，L 不是正则的。这个论证哪里出了问题？

3. 如何将建议的博弈策略应用到语言 $L = \{a^n b^n : n \geq 0\}$ 的分析中？请展示你的每个动作、对手的动作，以及每一步的选择和限制。确保针对对手的所有选择给出一个成功的反击。

练习题

1. 证明语言

$$L = \{a^n b^k c^n : n \geq 0, k \geq 0\}$$

是非正则的。

2. 证明语言

$$L = \{a^n b^k c^n : n \geq 0, k \geq n\}$$

是非正则的。

3. 证明语言

$$L = \{a^n b^k c^n d^k : n \geq 0, k > n\}$$

是非正则的。

4. 证明语言

$$L = \{w : n_a(w) = n_b(w)\}$$

是非正则的。L^* 是正则的吗？

5. 证明以下语言是非正则的。

   (a) $L = \{a^n b^l a^k : k \leq n + l\}$

   (b) $L = \{a^n b^l a^k : k \neq n + l\}$

   (c) $L = \{a^n b^l a^k : n = l \text{ 或 } l \neq k\}$

   (d) $L = \{a^n b^l : n \geq l\}$

   (e) $L = \{w : n_a(w) \neq n_b(w)\}$

   (f) $L = \{ww : w \in \{a, b\}^*\}$

   (g) $L = \{w^R w w^R : w \in \{a, b\}^*\}$

6. 确定如下在 $\Sigma = \{a\}$ 上的语言是不是正则的。

(a) $L = \{a^n : n \geqslant 2$ 且是一个素数$\}$

(b) $L = \{a^n : n$ 不是素数$\}$

(c) $L = \{a^n : n = k^3,$ 其中 $k \geqslant 0\}$

(d) $L = \{a^n : n = 2^k,$ 其中 $k \geqslant 0\}$

(e) $L = \{a^n : n$ 是两个素数的乘积$\}$

(f) $L = \{a^n : n$ 要么是素数, 要么是两个或多个素数的乘积$\}$

(g) L^*, 其中 L 是 (a) 中的语言

7. 确定如下语言是不是正则的。

(a) $L = \{a^n b^n : n \geqslant 1\} \cup \{a^n b^m : n \geqslant 1, m \geqslant 1\}$

(b) $L = \{a^n b^n : n \geqslant 1\} \cup \{a^n b^{n+2} : n \geqslant 1\}$

8. 证明语言

$$L = \{a^n b^n : n \geqslant 0\} \cup \{a^n b^{n+1} : n \geqslant 0\} \cup \{a^n b^{n+2} : n \geqslant 0\}$$

是非正则的。

9. 证明语言

$$L = \{a^n b^{n+k} : n \geqslant 0, k \geqslant 1\} \cup \{a^{n+k} b^n : n \geqslant 0, k \geqslant 3\}$$

是非正则的。

10. 语言 $L = \{w \in \{a, b, c\}^* : |w| = 3n_a(w)\}$ 是不是正则的?

11. 考虑语言

$$L = \{a^n : n$$ 不是完全平方数$$\}$$

(a) 通过直接使用泵引理, 证明该语言是非正则的。

(b) 利用正则语言的封闭性证明该语言是非正则的。

12. 证明语言

$$L = \{a^{n!} : n \geqslant 1\}$$

是非正则的。

13. 通过直接使用泵引理, 证明例 4.12 中的结论。

14. 证明如下版本的泵引理。如果 L 是正则的, 那么存在一个 m, 对于每个长度大于 m 的 $w \in L$, 可以分解为

$$w = xyz$$

其中 $|yz| \leqslant m$ 且 $|y| \geqslant 1$, 满足对于任何 i, $xy^i z$ 都属于 L。

15. 证明如下泵引理的一般化推广, 定理 4.8 以及练习 14 都是该推广的特例。

如果 L 是正则的, 那么存在 m, 使得对于任意足够长的 $w \in L$ 及其任意分解 $w = u_1 v u_2$, 其中 $u_1, u_2 \in \Sigma^*$, $|v| \geqslant m$ 都成立。中间字符串 v 可以写为 $v = xyz$, 其中 $|xy| \leqslant m$, $|y| \geqslant 1$, 使得对所有 $i = 0, 1, 2, \cdots$, 都有 $u_1 xy^i z u_2 \in L$ 成立。

16. 证明语言

$$L = \{a^n b^k : n > k\} \cup \{a^n b^k : n \neq k - 1\}$$

是非正则的。

17. 证明或反驳命题：如果 L_1 和 L_2 都是非正则语言，那么 $L_1 \cup L_2$ 也是非正则的。

18. 考虑如下语言，判断每个语言是不是正则的，并证明你的结论。

    (a) $L = \{a^n b^l a^k : n + l + k > 5\}$

    (b) $L = \{a^n b^l a^k : n > 5, l > 3, k \leq l\}$

    (c) $L = \{a^n b^l : n/l \text{ 是整数}\}$

    (d) $L = \{a^n b^l : n + l \text{ 是素数}\}$

    (e) $L = \{a^n b^l : n \leq l \leq 2n\}$

    (f) $L = \{a^n b^l : n \geq 100, l \leq 100\}$

    (g) $L = \{a^n b^l : |n - l| = 2\}$

19. 如下语言是不是正则的？

$$\{w_1 c w_2 : w_1, w_2 \in \{a, b\}^*, \ w_1 \neq w_2\}$$

20. 令 L_1 和 L_2 都是正则语言。语言

$$L = \{w : w \in L_1, w^R \in L_2\}$$

是不是正则的？

21. 直接将鸽巢原理应用到例 4.8 中的语言中。

22. 如下语言是不是正则的？

    (a) $L = \{u w w^R v : u, v, w \in \{a, b\}^+\}$

    (b) $L = \{u w w^R v : u, v, w \in \{a, b\}^+, |u| \geq |v|\}$

23. 如下语言是不是正则的？

$$L = \{w w^R v : v, w \in \{a, b\}^+\}$$

24. 设 P 是一个无穷可数集，将每个 $p \in P$ 关联到一个语言 L_p。包含每个 L_p 的最小集为无穷集 P 上的并集，表示为 $\cup_{p \in P} L_p$。请举例证明正则语言族在无穷并集下不封闭。

25. 考虑 3.2 节中的论证，即与任何广义转移图关联的语言是正则的。关联转移图的语言为

$$L = \bigcup_{p \in P} L(r_p)$$

其中 P 是图中所有路径的集合，r_p 是与路径 p 相关联的表达式。路径集合通常是无限的，因此根据练习 24，L 是正则的结论并非显然。请证明在这种情况下，由于 P 的特殊性质，无穷并集才是正则的。

26. 正则语言族在无穷交集的运算下封闭吗?

27. 假设已知 $L_1 \cup L_2$ 和 L_1 是正则的, 能否推出 L_2 也是正则的?

28. 在 3.1 节练习题 26 的链码语言中, 设 L 是描述矩形的所有 $w \in \{u, r, l, d\}^*$ 的集合。证明 L 是非正则语言。

29. 令 $L = \{a^n b^m : n \geqslant 100, m \leqslant 50\}$。

    (a) 能否用泵引理证明 L 是正则的?

    (b) 能否用泵引理证明 L 是非正则的? 请解释你的答案。

30. 证明由文法 $S \to aSS \mid b$ 产生的语言是非正则的。

上下文无关语言

本章概要

在发现了正则语言的局限性之后，我们开始使用一种新型的文法——上下文无关文法——以及相关联的上下文无关语言，来研究更复杂的语言。虽然上下文无关文法仍然相当简单，但它们可以处理一些已知的非正则语言。这告诉我们，正则语言族是上下文无关语言族的真子集。

我们会遇到两个重要的概念：成员资格问题和语法解析。此处的成员资格问题（给定文法 G 和字符串 w，判断 w 是否属于 $L(G)$）要比正则语言的情况复杂得多。语法解析也是如此，不但涉及成员关系，还包括寻找能得出 w 的具体推导。这些问题在本章中只做简要讨论，但会在后续章节中进行更深入的研究。在这里，我们只使用暴力解析。暴力解析非常通用，也就是说，无论文法的形式如何，它都可用，但由于效率太低而几乎没人使用。而它的存在有理论上的重要意义，因为由它可知，对于上下文无关语言的解析，原则上总是可行的。之后，我们将研究更高效的成员关系和解析算法。

在上一章中，我们发现并非所有语言都是正则的。因为正则语言在描述某些简单模式方面已经非常有效，我们不需要费力寻找非正则语言的例子。这些限制与程序设计语言的内在关联，在我们重新解释一些例子的时候会变得显而易见。如果在 $L = \{a^n b^n : n \geq 0\}$ 中，我们将 a 替换为左括号，将 b 替换为右括号，那么诸如 (()) 和 ((())) 的括号字符串属于 L，而 () 则不属于。因此，该语言描述了出现于程序设计语言中的一种简单嵌套结构，表明程序设计语言需要某些正则语言不具有的性质。为了涵盖这种性质和其他更复杂的性质，我们需要扩大语言族。这促使我们考虑上下文无关的（context-free）语言和文法。

本章开始于上下文无关文法和语言的定义，然后使用一些简单的例子来解释这个定义。接下来，我们考虑重要的成员关系问题，特别地，我们研究如何判断一个给定的字符串是否可以从给定的文法推导出来。研究自然语言时，我们都很熟悉解析（parsing）过程的解释，即如何从语法推导出句子。解析是描述句子结构的一种方法。在我们需要理解语义时（例如把一种语言翻译成另一种语言），解析是非常重要的。在计算机科学领域，解析与解释器、编译器和其他翻译程序都相关。

上下文无关语言可能是形式语言理论中最重要的部分，因为它适用于编程语言。实际的程序设计语言具有许多特点，可以优雅地通过上下文无关语言进行描述。形式语言理论告诉我们, 上下文无关语言在程序设计语言的设计和高效编译器的构建方面有重要的应用。我们将在 5.3 节简要介绍这一点。

5.1　上下文无关文法

正则文法中的产生式受到两方面的限制: 左部必须是单独的一个变元, 而右部具有特定的形式。为了创建更强大的文法, 我们必须放宽这些限制。我们保留对左部的限制, 但允许右部为任意形式, 就得到了上下文无关文法。

> **定义 5.1**　文法 $G = (V, T, S, P)$ 称为上下文无关的 (context-free), 如果 P 中产生式的形式都为
>
> $$A \rightarrow x$$
>
> 其中 $A \in V$ 且 $x \in (V \cup T)^*$。
>
> 语言 L 称为上下文无关语言, 当且仅当存在一个上下文无关文法 G, 满足 $L = L(G)$。

每个正则文法都是上下文无关的, 所以正则语言也是上下文无关语言。但是, 我们从简单的例子 (如 $\{a^n b^n\}$) 可以知道存在非正则的语言。我们在例 1.11 中已经给出该语言可以由上下文无关文法生成, 因此我们得出正则语言族是上下文无关语言族的真子集。

之所以称为上下文无关文法, 是因为在句型中可以随时替换产生式左部的变元, 而不依赖句型中的其他符号 (即所谓的上下文)。这个特点正是来自产生式左部只有单个变元的限制。

5.1.1　上下文无关文法示例

> **例 5.1**　文法 $G = (\{S\}, \{a, b\}, S, P)$ 的产生式为
>
> $$S \rightarrow aSa$$
> $$S \rightarrow bSb$$
> $$S \rightarrow \lambda$$
>
> G 是上下文无关的。该文法的一个典型的推导为
>
> $$S \Rightarrow aSa \Rightarrow aaSaa \Rightarrow aabSbaa \Rightarrow aabbaa$$
>
> 由此, 以及类似的推导, 显然可以得出
>
> $$L(G) = \{ww^R : w \in \{a, b\}^*\}$$
>
> 这个语言是上下文无关的, 又如例 4.8 所示, 它是非正则的。

例 5.2 产生式为

$$S \to abB$$

$$A \to aaBb$$

$$B \to bbAa$$

$$A \to \lambda$$

的文法 G 是上下文无关的。我们将

$$L(G) = \{ab(bbaa)^n bba(ba)^n : n \geqslant 0\}$$

的证明留给读者。

以上两个例子的文法不仅是上下文无关的，而且是线性的。正则的和线性的文法显然是上下文无关的，但一个上下文无关文法不一定是线性的。

例 5.3 语言

$$L = \{a^n b^m : n \neq m\}$$

是上下文无关的。

为了证明这一点，我们需要给出该语言的上下文无关文法。$n = m$ 时的情况已经在例 1.11 中解决过，可以基于这个结果来证明。先看 $n > m$ 的情况，我们先产生相等数量的 a 和 b 的字符串，然后在左侧再增加一些 a。可以用文法

$$S \to AS_1$$

$$S_1 \to aS_1 b \mid \lambda$$

$$A \to aA \mid a$$

来实现。再使用同样的方法得到 $n < m$ 的情况，那么得到文法

$$S \to AS_1 \mid S_1 B$$

$$S_1 \to aS_1 b \mid \lambda$$

$$A \to aA \mid a$$

$$B \to bB \mid b$$

该文法是上下文无关的，因此，L 是上下文无关语言。然而，该文法并不是线性文法。

这里给出这种特定的文法形式，目的是方便解释，还有许多与之等价的上下文无关文法。实际上，对于这个语言，存在简单的线性文法。本节的练习题 28 要求你对此设计一个线性文法。

例 5.4 考虑具有如下产生式的文法：

$$S \to aSb \mid SS \mid \lambda$$

这也是一个上下文无关但非线性的文法。字符串 $abaabb$，$aababb$ 和 $ababab$ 都属于 $L(G)$。不难猜测并证明

$$L(G) = \{w \in \{a, b\}^* : n_a(w) = n_b(w) \text{且对 } w \text{ 的任何前缀 } v \text{ 有 } n_a(v) \geqslant n_b(v)\}$$

$$(5.1)$$

如果分别用左括号和右括号替换 a 和 b，我们可以清楚地看到它与程序设计语言之间的联系。语言 L 包括诸如（()）和（)()() 这类字符串，实际上这就是程序设计语言中所有正确嵌套的括号结构的集合。同样也存在许多与该文法等价的文法，但是与例 5.3 不同的是，判断是否存在线性文法并不容易。需要等到第 8 章中，我们才能回答这个问题。

5.1.2　最左推导和最右推导

在一个非线性的文法中，推导中的句型可能含有多个变元。在这种情况下，我们可以选择变元的替换顺序。以文法 $G = (\{A, B, S\}, \{a, b\}, S, P)$ 为例，产生式为

    1. $S \to AB$

    2. $A \to aaA$

    3. $A \to \lambda$

    4. $B \to Bb$

    5. $B \to \lambda$

这个文法生成语言 $L = \{a^{2n} b^m : n \geqslant 0, m \geqslant 0\}$。尝试进行几次推导，你就会明白这一点。

现在考虑如下两个推导：

$$S \overset{1}{\Rightarrow} AB \overset{2}{\Rightarrow} aaAB \overset{3}{\Rightarrow} aaB \overset{4}{\Rightarrow} aaBb \overset{5}{\Rightarrow} aab$$

和

$$S \overset{1}{\Rightarrow} AB \overset{4}{\Rightarrow} ABb \overset{2}{\Rightarrow} aaABb \overset{3}{\Rightarrow} aaAb \overset{3}{\Rightarrow} aab$$

为了表示推导中使用的是哪个产生式，我们给产生式编号并在推导符号 $\Rightarrow$ 上进行标记。由此可以看出，两个推导不但得到的句子相同，使用的产生式也是一样的。它们的不同只在产生式的使用顺序上。为了去掉这些不相关的因素，我们经常要求按固定的顺序替换变元。

定义 5.2 如果推导的每一步都替换句型最左边的变元，那么称为**最左**（leftmost）推导。如果推导的每一步都替换句型最右边的变元，那么称为**最右**（rightmost）推导。

例 5.5 考虑有如下产生式的文法：

$$S \to aAB$$

$$A \to bBb$$

$$B \to A \mid \lambda$$

那么

$$S \Rightarrow aAB \Rightarrow abBbB \Rightarrow abAbB \Rightarrow abbBbbB \Rightarrow abbbbB \Rightarrow abbbb$$

是字符串 $abbbb$ 的最左推导。该字符串的最右推导为

$$S \Rightarrow aAB \Rightarrow aA \Rightarrow abBb \Rightarrow abAb \Rightarrow abbBbb \Rightarrow abbbb$$

5.1.3 推导树

不受产生式使用顺序影响的用来表示推导的第二种方法是推导树（derivation tree）或解析树（parse tree）。推导树是一个有序树，其节点标记为产生式左部的符号，节点的子节点表示该产生式右部的符号。例如，一个推导树中产生式

$$A \to abABc$$

对应的部分如图 5.1 所示。在推导树中，用产生式左部变元标记的节点，其子节点由该产生式右部符号标记的子节点组成。推导树开始于标记为开始符号的根节点，结束于标记为终结符号的那些叶节点，它显示了每个变元在推导中是如何被替换的。以下定义明确了这个概念。

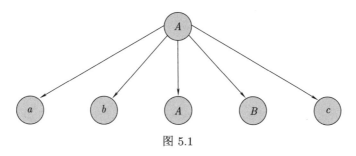

图 5.1

定义 5.3 设 $G = (V, T, S, P)$ 是一个上下文无关文法。当且仅当满足以下性质时，一棵有序树称为 G 的一个推导树。

1. 根节点的标记为 S。
2. 每个叶节点的标记属于 $T \cup \{\lambda\}$。
3. 每个中间节点（非叶节点）的标记属于 V。
4. 如果节点的标记为 $A \in V$，它的子节点（从左到右）分别为 $a_1, a_2, \cdots, a_n$，那么 P 中一定存在如下形式的产生式：

$$A \to a_1 a_2 \cdots a_n$$

5. 标记为 λ 的节点没有兄弟节点，也就是说，一个节点如果有 λ 子节点，则没有其他子节点。

如果一棵树满足性质 3、4 和 5，不满足性质 1，但是将性质 2 替换为：

  2a. 每个叶节点都有一个属于 $V \cup T \cup \{\lambda\}$ 的标记。

那么这棵树称为部分推导树（partial derivation tree）。

从左到右依次取得树中叶节点的符号，忽略在此期间的 λ，得到的字符串称为树的产物（yield）。这里赋予术语"从左到右"一个精确的含义，即产物是以深度优先方式遍历树时遇到的终结符组成的字符串，这个遍历的顺序总是从最左边优先选择未遍历的分支。

例 5.6　考虑有如下产生式的文法：

$$S \to aAB$$

$$A \to bBb$$

$$B \to A \mid \lambda$$

图 5.2 是 G 中的一个部分推导树，而图 5.3 中则是一个推导树。前一个树的产物（即符号串 $abBbB$）是 G 的一个句型。后一个树的产物（即 $abbbb$）是 $L(G)$ 中的一个句子。

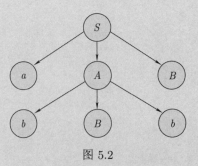

图 5.2

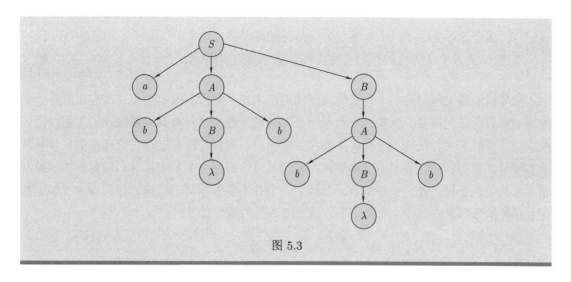

图 5.3

5.1.4　句型和推导树的关系

推导树为推导提供了非常明确且容易理解的描述。就像有穷自动机的转换图一样，这种明确性在进行论证时非常有帮助。首先，我们需要建立推导和推导树之间的联系。

> **定理 5.1**　设 $G = (V, T, S, P)$ 是上下文无关文法。对于每个 $w \in L(G)$，G 中都存在一个产物为 w 的推导树。反之，任何推导树的产物都属于 $L(G)$。如果 t_G 是 G 中任意一个根节点标记为 S 的部分推导树，那么 t_G 的产物是 G 的一个句型。

> **证明**　我们首先证明，$L(G)$ 的每个句型都存在一个相应的部分推导树。我们通过对推导的步骤数进行归纳来证明。作为归纳基础，我们注意到，对每个通过一步推导得到的句型，以上结论都成立。因为 $S \Rightarrow u$ 意味着存在产生式 $S \rightarrow u$，根据定义 5.3 可以立即得到这个结论。
>
> 假设每个 n 步推导得到的句型，都存在一个相应的部分推导树。现在，任何需要在 $n + 1$ 步推导得到的 w，一定有
>
> $$S \overset{*}{\Rightarrow} xAy, \; x, y \in (V \cup T)^*, \; A \in V$$
>
> 是通过 n 步推导得到的，而且满足
>
> $$xAy \Rightarrow xa_1a_2 \cdots a_m y = w, \; a_i \in V \cup T$$
>
> 因为根据归纳假设，存在一个具有产物为 xAy 的部分推导树，并且因为文法中一定有产生式 $A \rightarrow a_1a_2 \cdots a_m$，通过展开标记为 A 的叶节点，我们可以得到产物为 $xa_1a_2 \cdots a_m y = w$ 的部分推导树。根据归纳，我们可以宣称该结论对所有句型都成立。
>
> 类似地，我们可以证明每个部分推导树都表示了某个句型。我们将这个证明留作练习。

> 由于推导树也是一个叶节点为终结符的部分推导树，所以 $L(G)$ 中的每个句子都是 G 的某个推导树的产物，而且每个推导树的产物都属于 $L(G)$。   ■

推导树能够表示得到一个句子时所使用的产生式，但没有给出产生式的应用顺序。推导树能够表示任何推导，反映出这个顺序是无关紧要的，这一观察结果填补了先前讨论中的空白。根据定义，任何 $w \in L(G)$ 都存在推导，但我们并没有宣称它也存在最左推导或最右推导。然而，一旦有了一个推导树，我们总可以得到一个最左推导，即总是扩展最左变元来构建这个树。补充一些细节，会得到一个并不令人惊讶的结论：任何 $w \in L(G)$ 都存在最左推导和最右推导（有关细节，请参考本节的练习题 27）。

入门练习题

1. 给出如下文法产生的三个不同的字符串：

$$S \to aSSS$$

$$S \to a$$

2. 给出如下文法产生的语言：

$$S \to aSaa$$

$$S \to a$$

3. 使用例 5.4 中的文法，给出 $aabbab$ 的最左推导。
4. 使用例 5.4 中的文法，给出 $aabbab$ 的最右推导。
5. 使用例 5.4 中的文法，给出 $aabbab$ 的推导树。
6. 使用文法

$$S \to aAB$$

$$A \to aA \mid \lambda$$

$$B \to bB \mid \lambda$$

给出 $w = aabb$ 的推导。

7. 使用文法

$$S \to aSAB \mid aa$$

$$A \to B$$

$$B \to bbB \mid bb$$

给出 $w = aaabbbb$ 的推导树。

练习题

1. 构造如下语言的上下文无关文法。

    (a) $L = \{a^n b^n : n$ 是偶数$\}$

    (b) $L = \{a^n b^n : n$ 是奇数$\}$

    (c) $L = \{a^n b^n : n$ 是 3 的倍数$\}$

    (d) $L = \{a^n b^n : n$ 不是 3 的倍数$\}$

2. 使用例 5.1 中的文法，给出 $w = aaabbaaa$ 的推导树。

3. 为例 5.1 中的推导过程画一个相应的推导树。

4. 使用例 5.2 中文法，给出 $w = abbbaabbaba$ 的一个推导树。

5. 完成例 5.2 中的论证，证明给定的语言可以通过这个文法产生。

6. 证明例 5.2 中的文法的确能产生式 (5.1) 所描述的语言。

7. 例 5.2 中的语言是不是正则的?

8. 通过证明每个根节点标记为 S 的部分推导树，其产物都是 G 的一个句型，完成定理 5.1 的证明。

9. 请为如下语言构造上下文无关文法（其中 $n \geqslant 0, m \geqslant 0$）。

    (a) $L = \{a^n b^m : n \leqslant m + 3\}$

    (b) $L = \{a^n b^m : n = m - 1\}$

    (c) $L = \{a^n b^m : n \neq 2m\}$

    (d) $L = \{a^n b^m : 2n \leqslant m \leqslant 3n\}$

    (e) $L = \{w \in \{a, b\}^* : n_a(w) \neq n_b(w)\}$

    (f) $L = \{w \in \{a, b\}^* : n_a(v) \geqslant n_b(v),$ 其中 v是 w的任意前缀$\}$

    (g) $L = \{w \in \{a, b\}^* : n_a(w) = 2n_b(w) + 1\}$。

    (h) $L = \{w \in \{a, b\}^* : n_a(w) = n_b(w) + 2\}$。

10. 如下文法产生的语言是什么?

$$S \to aSB \mid bSA$$

$$S \to \lambda$$

$$A \to a$$

$$B \to b$$

11. 如下文法产生的语言是什么?

$$S \to aaSbb \mid SS$$

$$S \to \lambda$$

12. 请为如下语言构造上下文无关文法（其中 $n \geqslant 0, m \geqslant 0$）。

(a) $L = \{a^n b^m c^k : n = m \text{ 或 } m \leqslant k\}$。

(b) $L = \{a^n b^m c^k : n = m \text{ 或 } m \neq k\}$。

(c) $L = \{a^n b^m c^k : k = n + m\}$

(d) $L = \{a^n b^m c^k : k = |n - m|\}$

(e) $L = \{a^n b^m c^k : k = n + 2m\}$

(f) $L = \{a^n b^m c^k : k \neq n + m\}$

13. 请为如下语言构造上下文无关文法。

$$L = \{w \in \{a, b, c\}^* : n_a(w) + n_b(w) \neq n_c(w)\}$$

14. 请证明 $L = \{w \in \{a, b, c\}^* : |w| = 3n_a(w)\}$ 是上下文无关语言。

15. 请为 $\Sigma = \{a, b\}$ 上的语言

$$L = \{a^n w w^R b^n : w \in \Sigma^*,\ n \geqslant 1\}$$

设计上下文无关文法。

16. 设 $L = \{a^n b^n : n \geqslant 0\}$。

(a) 证明 L^2 是上下文无关的。

(b) 证明对于每个 $k > 1$，L^k 都是上下文无关的。

(c) 证明 $\overline{L}$ 和 L^* 是上下文无关的。

17. 设 L_1 是练习题 12(a) 中的语言，L_2 是练习题 12(d) 中的语言。证明 $L_1 \cup L_2$ 是上下文无关的。

18. 证明下面的语言是上下文无关的。

$$L = \{uvwv^R : u, v, w \in \{a, b\}^+,\ |u| = |w| = 2\}$$

19. 证明例 5.1 中语言的补是上下文无关的。

20. 证明练习题 12(c) 中语言的补是上下文无关的。

21. 证明 $\Sigma = \{a, b, c\}$ 上的语言 $L = \{w_1 c w_2 : w_1, w_2 \in \{a, b\}^+,\ w_1 \neq w_2^R\}$ 是上下文无关的。

22. 给出如下文法中字符串 $aabbbb$ 的推导树。

$$S \to AB \mid \lambda$$

$$A \to aB$$

$$B \to Sb$$

请用文字描述该文法所生成的语言。

23. 考虑有如下产生式的文法：

$$S \to aaB$$

$$A \to bBb \mid \lambda$$

$$B \to Aa$$

证明 $aabbabba$ 不属于该文法生成的语言

24. 定义包括两种括号 () 和 [ ] 的正确嵌套的括号结构。直观地说，([ ])、([[ ]])[()] 都是正确的嵌套结构，而 ([)] 或 ((]] 则不是。使用你的定义，设计一个可以生成所有正确嵌套括号结构的上下文无关文法。

25. 请为字母表 $\{a, b\}$ 上所有正则表达式的集合设计一个上下文无关文法。

26. 请设计一个上下文无关文法，它能生成 $T = \{a, b\}$ 且 $V = \{S, A, B\}$ 上下文无关文法的所有产生式。

27. 证明如果 G 是上下文无关文法，那么每个 $w \in L(G)$ 都存在最左推导和最右推导。请给出根据推导树进行这种推导的算法。

28. 为例 5.3 中的语言设计一个线性文法。

29. 设上下文无关文法 $G = (V, T, S, P)$ 中，每个产生式都形如 $A \to v$，其中 $|v| = k > 1$。证明任何 $w \in L(G)$ 的推导树的高度 h 都满足

$$\log_k |w| \leqslant h \leqslant \frac{(|w| - 1)}{k - 1}$$

5.2　解析和歧义性

到目前为止，我们主要关注文法在生成方面的性质。给定一个文法 G，我们研究了可以用 G 生成的字符串的集合。在实际应用中，我们同样要关注文法分析方面的性质：给定一个由终结符组成的字符串 w，我们想知道 w 是否属于 $L(G)$。如果属于，我们可能想要得到 w 的推导过程。成员资格判定算法可以告诉我们 w 是否属于 $L(G)$。术语解析（parsing）描述了寻找 $w \in L(G)$ 的推导中所使用的一系列产生式的过程。

5.2.1　解析和成员资格

给定属于 $L(G)$ 的一个字符串 w，我们可以用显而易见的方式来解析：系统地构建所有可能的（例如，最左）推导，观察能否与 w 匹配。具体地，在第一轮中，我们首先查看所有形式为

$$S \to x$$

的产生式，找到所有从 S 一步就可以推导出来的 x。如果这些都无法匹配 w，则进入下一轮，将所有可以应用的产生式都应用于每个 x 最左边的变元上。这样就能得到一组句型，其中一些可能会推导出 w。在每个后续轮次当中，总是选定所有最左侧变元，并应用所有可以应用的产生式。可能有些句型因永远不会推导出 w 而被排除，但通常情况下，在每一轮都会得到一组可能的句型。在第一轮之后，我们得到了可以通过应用单个产生式得到的

句型，第二轮之后，我们得到了可以在两步内得到的句型，以此类推。如果 $w \in L(G)$，那么必然存在有限长的最左推导。因此，这种方法最终会给出 w 的最左推导。

在下文中，我们将这种方法称为穷举搜索解析（exhaustive search parsing）或暴力解析（brute force parsing）。这种方式是自上而下的解析（top-down parsing），可以将其视为从根节点向下构建推导树。

例 5.7 已知文法

$$S \to SS \mid aSb \mid bSa \mid \lambda$$

和字符串 $w = aabb$。第一轮，我们得到

$$1.\ S \Rightarrow SS$$
$$2.\ S \Rightarrow aSb$$
$$3.\ S \Rightarrow bSa$$
$$4.\ S \Rightarrow \lambda$$

显然最后的两项可以去掉，不用再考虑。第二轮得到的句型为：

$$S \Rightarrow SS \Rightarrow SSS$$
$$S \Rightarrow SS \Rightarrow aSbS$$
$$S \Rightarrow SS \Rightarrow bSaS$$
$$S \Rightarrow SS \Rightarrow S$$

这是将所有可能的产生式替换句型 1 最左变元得到的。类似地，从句型 2 可以得到

$$S \Rightarrow aSb \Rightarrow aSSb$$
$$S \Rightarrow aSb \Rightarrow aaSbb$$
$$S \Rightarrow aSb \Rightarrow abSab$$
$$S \Rightarrow aSb \Rightarrow ab$$

同样，其中的一些句型可以去掉。在下一轮中，我们得到了目标串的序列

$$S \Rightarrow aSb \Rightarrow aaSbb \Rightarrow aabb$$

因此，$aabb$ 属于该文法生成的语言。

穷举搜索解析存在严重的缺陷。最明显的是它很烦琐，不能应用在需要高效解析的地方。但即使效率是个次要问题，还有一个更加切中要点的缺陷。尽管该方法总能解析出 $w \in L(G)$，

但对于不在 $L(G)$ 中的字符串，它可能永远不会终止。在前面的示例中显然如此，对于 $w = abb$，该方法会不停地生成试验句型，除非我们设置了某种停下来的方法。

如果我们限制文法的形式，穷举搜索解析不会停止的问题相对容易解决。我们如果检查例 5.7 中的文法，会发现困难来自产生式 $S \rightarrow \lambda$，这个产生式可以使句型的长度变短，所以我们很难判断何时应该停止。如果没有这样的产生式，那么困难会少得多。实际上，我们需要消除两种类型的产生式，即形如 $A \rightarrow \lambda$ 和 $A \rightarrow B$ 的产生式。正如我们将在下一章中看到的，这种限制对文法的能力没有显著影响。

例 5.8 文法

$$S \rightarrow SS \mid aSb \mid bSa \mid ab \mid ba$$

满足上述需求。除了空串以外，它能生成例 5.7 中的语言。

对于任何 $w \in \{a, b\}^+$，穷举搜索解析方法总会停止在 $|w|$ 轮以内。这很明显，因为每一轮句型的长度至少增加一个符号。经过 $|w|$ 轮之后，我们要么生成一个解析，要么知道 $w \notin L(G)$。

这个例子中的思想可以推广并形成一个定理，适用于一般的上下文无关语言。

定理 5.2 设上下文无关文法 $G = (V, T, S, P)$ 不含形如

$$A \rightarrow \lambda$$

和

$$A \rightarrow B$$

的产生式，其中 $A, B \in V$。那么由穷举搜索解析方法可以得到一个算法，它可以处理任意 $w \in \Sigma^*$，要么得到 w 的解析，要么判断该字符串不能被解析。

证明 考虑每个句型的长度和终结符的数量。在每一步推导中，至少有一个会增加。由于句型的长度和终结符的数量都不会超过 $|w|$，因此推导的过程不会超过 $2|w|$ 轮，而此时我们要么成功得到了一个解析，要么文法不能生成 w。 ∎

尽管穷举搜索方法在理论上可以保证完成解析，但在实际使用中是有局限性的，因为由它生成的句型数量可能相当大。生成的句型数量因情况而异，我们无法给出精确的一般结果，但我们可以粗略地估计其上界。如果限制只用最左推导，那么在第一轮之后最多有 $|P|$ 个句型，第二轮之后最多有 $|P|^2$ 个句型，以此类推。在定理 5.2 的证明中，我们已知解析过程不会超过 $2|w|$ 轮，因此，句型的总数不可能超过

$$M = |P| + |P|^2 + \cdots + |P|^{2|w|}$$

$$= O(|P|^{2|w|+1}) \tag{5.2}$$

这表明穷举搜索解析的工作量可能随着字符串长度呈指数增长，使得该方法的代价过高。当然，式 (5.2) 仅给出了上界，通常句型数量要小得多。然而，实际观察表明，在大多数情况下，穷举搜索的解析效率是非常低的。

利用上下文无关文法构建高效的解析方法是一项复杂的工作，属于编译原理课程的内容，但我们会在第 15~17 章中探讨两种这样的方法。除了一些孤立的结论之外，我们不再深入讨论。

> **定理 5.3** 每个上下文无关文法都存在一个算法，对于任何 $w \in L(G)$，该算法可以在正比于 $|w|^3$ 的步骤内解析该字符串。

已知有几种方法可以实现这一目标，但它们都太复杂了，以至于不先证明一些额外的结论我们就无法描述它们。在 6.3 节中，我们将再次简要讨论这个问题。更多细节可以在 Harrison（1978）、Hopcroft 和 Ullman（1979）的文献中找到。不再深究的另一个原因是这些算法也不太令人满意。工作量随字符串长度的三次幂规模增长的解析器，虽然比指数级的算法更好，但效率仍然很低。基于这种方法的解析器，在解析中等长度的程序时需要大量时间。我们希望得到一个与字符串长度成正比增加的解析方法，这样的方法称为线性时间（linear time）解析算法。虽然还不知道任何上下文无关文法线性时间解析的一般方法，但对于受限（但重要）的特定情况，我们可以找到这样的算法。

> **定义 5.4** 上下文无关文法 $G = (V, T, S, P)$ 称为简单文法（simple grammar）或 s-文法（s-grammar），如果其产生式形式为
>
> $$A \to ax$$
>
> 其中 $A \in V$，$a \in T$，$x \in V^*$，并且任何 (A, a) 对在产生式中都只出现最多一次。

> **例 5.9** 文法
>
> $$S \to aS \mid bSS \mid c$$
>
> 是一个简单文法。文法
>
> $$S \to aS \mid bSS \mid aSS \mid c$$
>
> 则不是简单文法，因为 (S, a) 对出现在了两个产生式 $S \to aS$ 和 $S \to aSS$ 中。

尽管简单文法相当受限，但它们是有一定意义的。正如我们将在下一节中看到的，常见的程序设计语言的许多特性可以用简单文法来描述。

如果 G 是一个简单文法，那么 $L(G)$ 中的任何字符串 w 都可以在正比于 $|w|$ 步内完成解析。为了弄清楚这一点，考虑穷举搜索和字符串 $w = a_1 a_2 \cdots a_n$。由于最多只有一条

规则为左部是 S 且右部以 a_1 开头，所以推导必然开始于

$$S \Rightarrow a_1 A_1 A_2 \cdots A_m$$

接下来，我们会替换变元 A_1，但同样由于最多只有一个选择，必然得到

$$S \overset{*}{\Rightarrow} a_1 a_2 B_1 B_2 \cdots A_2 \cdots A_m$$

可以发现，每一步都产生一个终结符，因此整个过程一定会在 $|w|$ 步内完成。

5.2.2　文法和语言的歧义性

基于前面的证明，我们可以称，对于任何给定的 $w \in L(G)$，穷举搜索解析会生成 w 的一棵推导树。我们称"一棵"，而不是特指的"那棵"，原因是可能存在多个不同的推导树。这种情况称为歧义性（ambiguity）。

> **定义 5.5**　如果对于某个 $w \in L(G)$，至少存在两棵不同的推导树，那么称上下文无关文法 G 是歧义的（ambiguous）。也就是说，歧义性意味着存在两个或两个以上的最左或最右推导。

> **例 5.10**　例 5.4 中的文法的产生式为 $S \to aSb \mid SS \mid \lambda$，它是歧义的。因为句子 $aabb$ 有两个推导树，如图 5.4 所示。
>
>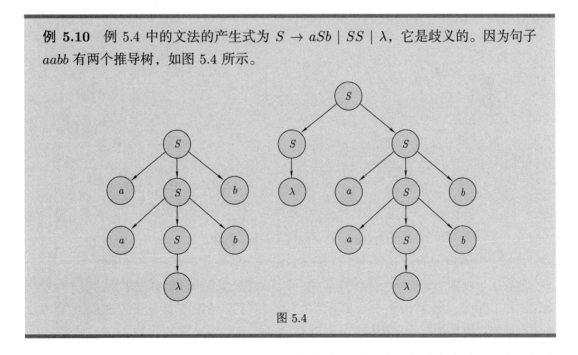
>
> 图 5.4

歧义性是自然语言的常见特征，自然语言能够容忍歧义并以各种方式处理。但在程序设计语言中，每条语句的解释应该只有一种，因此在可能的情况下应该消除歧义。通常，我们通过重写一个等价且无歧义的文法来实现这一目标。

例 5.11 已知文法 $G = (V, T, S, P)$，有

$$V = \{E, I\}$$
$$T = \{a, b, c, +, *, (,)\}$$

和产生式

$$E \rightarrow I$$
$$E \rightarrow E + E$$
$$E \rightarrow E * E$$
$$E \rightarrow (E)$$
$$I \rightarrow a \mid b \mid c$$

字符串 $(a+b)*c$ 和 $a*b+c$ 都属于 $L(G)$。很容易看出该文法生成类似 C 语言算术表达式的一个受限子集。该文法是歧义的，例如，字符串 $a+b*c$ 有两棵不同的推导树，如图 5.5 所示。

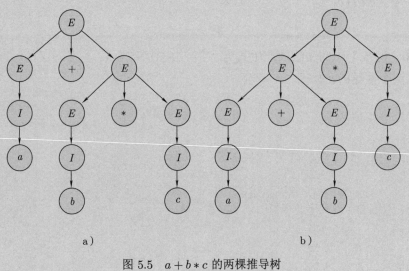

图 5.5　$a + b * c$ 的两棵推导树

　　解决这个歧义的方法是为操作符 $+$ 和 $*$ 定义优先级规则（就像程序设计的手册中所做的那样）。由于 $*$ 通常比 $+$ 具有更高的优先级，我们认为图 5.5a 是正确的解析，意思是在进行加法之前，要先对子表达式 $b*c$ 求值。然而，这种解决方案完全在文法的范围之外。最好重写这个文法，使其只存在一种解析。

例 **5.12** 引入新的变元重写例 5.11 的文法，取 V 为 $\{E, T, F, I\}$ 并替换产生式为

$$E \to T$$
$$T \to F$$
$$F \to I$$
$$E \to E + T$$
$$T \to T * F$$
$$F \to (E)$$
$$I \to a \mid b \mid c$$

句子 $a + b * c$ 的推导树如图 5.6 所示。对于这个字符串，没有其他可能的推导树，这个文法是无歧义的。这个文法也等价于例 5.11 中的文法。对于这个具体的实例，证明这些命题并不困难。但是一般来说，判断给定的上下文无关文法是否存在歧义，或者判断两个给定的上下文无关文法是否等价，这两个问题都非常难以回答。实际上，后面我们会证明，不存在解决这些问题的通用算法。

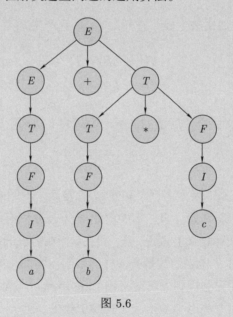

图 5.6

在前面的例子中，歧义是由文法本身产生的，所以寻找等价的无歧义文法可以消除歧义。然而，在某些情况下，这是不可能的，因为语言中就存在歧义。

定义 **5.6** 如果 L 是一个存在无歧义文法的上下文无关语言，那么称 L 为无歧义的。如果生成 L 的每个文法都是歧义的，那么称语言是固有歧义的（inherently ambiguous）。

展示一个语句的固有的歧义性是相当困难的。在这里，我们所能做的仅仅是给出一个具体的例子和一个可信的理由，来说明它是固有歧义的。

例 5.13 语言

$$L = \{a^n b^n c^m\} \cup \{a^n b^m c^m\}$$

中的 m 和 n 都是非负整数，它是一个固有歧义的上下文无关语言。

很容易证明 L 是上下文无关的。注意到

$$L = L_1 \cup L_2$$

其中 L_1 可以由

$$S_1 \to S_1 c \mid A$$
$$A \to aAb \mid \lambda$$

生成，而 L_2 可以由类似文法生成，它开始于 S_2 且产生式为

$$S_2 \to aS_2 \mid B$$
$$B \to bBc \mid \lambda$$

那么 L 可以由这两个文法合并后增加如下产生式的文法来生成：

$$S \to S_1 \mid S_2$$

这个文法是有歧义的，因为字符串 $a^n b^n c^n$ 存在两个不同的推导，一个从 $S \Rightarrow S_1$ 开始，另一个从 $S \Rightarrow S_2$ 开始。当然不能由此推出 L 是固有歧义的，因为可能存在无歧义的文法。但从某种意义上来说，L_1 和 L_2 存在需求的冲突，前者的限制是 a 和 b 的数量，而后者对 b 和 c 的数量有同样的限制。尝试几次后，你很快就会相信，不可能找到一组独立的限制规则以覆盖 $n = m$ 的情况。当然，严格证明这个结论需要一些技巧，一种证明方法由 Harrison（1978）给出。

入门练习题

1. 使用暴力搜索法证明字符串 $abbba$ 不属于以下文法生成的语言。

$$S \to aSb \mid bSa \mid ab \mid ba$$

2. 证明文法

$$S \to aSb \mid ab \mid \lambda$$

是歧义的。

3. 尽管前一个练习的文法是歧义的，但它生成的语言 $L = \{a^n b^n : n \geqslant 0\}$ 并非固有歧义的。通过给出 L 的一个无歧义文法来证明这一点。

4. 验证文法

$$S \to aA, \ A \to aAB, \ A \to b, \ B \to b$$

是简单文法。该文法生成的语言是什么？

练习题

1. 证明以下文法是一个简单文法。

$$S \to aS \mid bS \mid cA$$

$$A \to aA \mid bS$$

2. 证明每个简单文法都是无歧义的。

3. 给出语言 $L(aaa^*b + ab^*)$ 的一个简单文法。

4. 给出语言 $L = \{a^n b^n : n \geqslant 2\}$ 的一个简单文法。

5. 给出语言 $L = \{a^n b^{2n} : n \geqslant 2\}$ 的一个简单文法。

6. 给出语言 $L = \{a^n b^{+1} : n \geqslant 1\}$ 的一个简单文法。

7. 设 $G = (V, T, S, P)$ 是一个简单文法。使用 $|V|$ 和 $|T|$ 给出描述 $|P|$ 最大值的表达式。

8. 证明如下文法是歧义的。

$$S \to AB \mid aaaB$$

$$A \to a \mid Aa$$

$$B \to b$$

9. 构造一个等价于习题 8 中文法的无歧义文法。

10. 使用例 5.12 的文法，给出 $(a + b) * c + d$ 的推导树。

11. 使用例 5.12 的文法，给出 $a * b + ((c + d))$ 的推导树。

12. 使用例 5.12 的文法，给出 $(((a + b) * c)) + a + b$ 的推导树。

13. 证明正则语言不可能是固有歧义的。

14. 给出能够生成所有 $\Sigma = \{a, b\}$ 上正则表达式的集合的无歧义文法。

15. 正则文法是否有可能是歧义的？

16. 证明语言 $L = \{ww^R : w \in \{a, b\}^*\}$ 不是固有歧义的。

17. 证明以下文法是歧义的。

$$S \to aSbS \mid bSaS \mid \lambda$$

18. 证明例 5.4 中的文法是歧义的，但其表示的语言不是。

19. 证明例 1.13 中的文法是歧义的。

20. 证明例 5.5 中的文法是无歧义的。

21. 使用例 5.5 中的文法，使用穷举搜索法解析字符串 $abbbbbb$。一般来说，需要多少轮次来解析该语言中的任何字符串 w？

22. 字符串 $aabbababb$ 是否属于文法 $S \to aSS \mid b$ 生成的语言？

23. 证明例 1.14 中的文法是无歧义的。

24. 证明以下结论。设 $G = (V, T, S, P)$ 是上下文无关文法，其中每个 $A \in V$ 最多出现在一个产生式的左部，那么 G 是无歧义的。

25. 给出一个与例 5.5 等价的文法，使其满足定理 5.2 中的条件。

5.3 上下文无关文法和程序设计语言

形式语言理论最重要的应用之一是定义程序设计语言以及构建它们的解释器和编译器。这里的基本问题是要精确地定义程序设计语言，并以此定义为起点编写高效可靠的翻译程序。为了达到这个目标，正则语言和上下文无关语言都是重要的。我们已经看到，正则语言可以用于识别程序设计语言中出现的简单模式，但正如在本章引言中所讨论的那样，我们需要上下文无关语言来为更复杂的情况建模。

与大多数其他语言一样，我们可以通过语法来定义程序设计语言。在程序设计语言的设计中，传统上使用称为巴克斯范式（Backus-Naur Form，BNF）格式的文法来定义语法。这种形式本质上与我们前面所用的表示是相同的，但外观有所不同。在 BNF 中，变元用尖括号括起来表示，终结符不用特殊标记。BNF 也使用 | 等辅助符号。例如，例 5.12 中的文法用 BNF 表示为

$$\langle \text{expression} \rangle ::= \langle \text{term} \rangle \mid \langle \text{expression} \rangle + \langle \text{term} \rangle$$

$$\langle \text{term} \rangle ::= \langle \text{factor} \rangle \mid \langle \text{term} \rangle * \langle \text{factor} \rangle$$

以此类推。符号 + 和 * 是终结符。同样使用符号 | 用来表示"或"，但 BNF 中用 ::= 代替 →。为了使产生式的含义更清晰，程序设计语言 BNF 描述中的变元一般使用更具说明性的标识符名称。但除了这些以外，这两种表示法之间没有显著区别。

类似 C 语言的程序设计语言中的许多部分都可以通过上下文无关文法的受限形式来定义。例如，C 语言中的 while 语句可以定义为

$$\langle \text{while\_statement} \rangle ::= \text{while} \ \langle \text{expression} \rangle \ \langle \text{statement} \rangle$$

这里的 while 是终结符。所有其他项都是变元，需要进一步被定义。与定义 5.4 进行比较，可以发现它看起来像简单文法的产生式。左部的变元 $\langle \text{while\_statement} \rangle$ 总是与右部的终

结符 while 相关联。因此，这样的语句可以高效地解析。这里我们就可以明白为什么在程序设计语言中要使用关键字。关键字不仅为程序的读者提供了视觉结构，而且还使编译器的工作更加简单。

遗憾的是，在典型的程序设计语言中，并不是所有的特点都能用简单文法表达。上面的 ⟨expression⟩ 的规则就不是这种类型，因此解析过程变得不那么显而易见。于是出现的一个问题是：允许什么样的语法规则，使我们还可以高效地解析? 在编译器领域中，被广泛使用的是所谓的 LL 和 LR 文法。这些文法能够表达程序设计语言中某些比较不明显的特征，同时还允许在线性时间内进行解析。这并非易事，其中大部分超出了我们要探讨的范围。我们将在第 6 章简单地涉及这方面的问题，但我们的目的是认识到这样的文法存在并已被广泛研究。

与此相关的是歧义性问题变得更加重要了。程序设计语言的规范必须是无歧义的，否则一个程序在不同的编译器或不同的系统上运行时可能产生非常不同的结果。正如例 5.11 所示，简单的方法很容易在文法中引入歧义。为了避免这样的错误，我们必须能够识别并消除歧义。一个相关的问题是，一个语言是不是固有歧义的。为此，我们需要的是能够判断并消除上下文无关文法的歧义，以及判断上下文无关语言是否存在固有歧义的算法。不幸的是，这些任务非常困难，稍后会看到，在普遍意义上这些问题是不可解决的。

在程序设计语言中，可以通过上下文无关文法来建模的那些方面通常称为语法（syntax）。然而，通常情况下，在语法这个意义上正确的并不一定都是实际可接受的程序。对于 C 语言来说，BNF 定义通常允许如下结构：

$$\text{char } a, b, c;$$

后面跟着

$$c = 3.2;$$

而 C 语言的编译器不接受这种组合，因为它违反了字符变量不能赋以实数值。上下文无关文法无法表示不允许类型冲突的事实。这种规则属于程序设计语言的语义，因为关系到如何去解释具体结构的含义。

程序设计语言的语义（semantic）是个复杂的问题。不像程序设计语言规范中上下文无关文法那样优雅且简洁，一些语义特征最终可能会定义得不太好或具有歧义。因此，无论在程序设计语言领域，还是在形式语言理论中，寻找定义程序设计语言语义的有效方法仍然是被持续关注的问题。已经提出的几种解决方法没能被广泛接受，还不能像上下文无关语言在语法上那样成功地定义语义。

练习题

1. 假设在某种程序设计语言中，数字是根据以下规则构造的。

   (a) 一个可选的符号。

(b) 数值字段由两个非空部分组成, 用小数点分隔。

(c) 指数字段是可选的。如果有, 指数字段必须包含字母 e 和一个带符号的两位整数。

给出一个文法, 将这些要求形式化。

2. 请参阅关于 C 语言的书籍, 获取以下结构的形式定义。

   (a) 字面量

   (b) for 语句

   (c) if-else 语句

   (d) do 语句

   (e) 复合语句

   (f) return 语句

3. 给出无法用上下文无关文法描述的 C 语言特性的例子。

上下文无关文法的化简和范式

本章概要

在第 5 章中，我们讨论了上下文无关语言有关成员资格与解析的重要问题。虽然暴力解析总是可行的，但这种方法是非常低效的，因此并不实用。对于实际应用（如编译器）来说，我们需要更高效的解析方法。由于上下文无关文法中产生式的右部形式不受限制，寻找高效的解析方法变得困难，因此，我们研究是否可以在不降低文法能力的情况下限制产生式右部的形式。

首先，可以证明我们不需要去担心某些类型的产生式。特别地，如果上下文无关文法中有右部为 λ 的产生式，我们可以找到一个没有这种λ-产生式（λ-production）的等价文法。同样，我们可以去除那些右部只有单个变元的单元产生式，以及在字符串的推导中永远不会出现的无用产生式。

我们还讨论了范式，即那些形式受到严格限制但仍然具有普遍性的文法，因为任何上下文无关文法都有等价的范式形式的文法。可以定义许多种范式，在这里我们仅讨论两种最有用的：乔姆斯基范式和格雷巴赫范式。

在更深入地学习上下文无关语言之前，我们首先需要处理一些技术问题。上下文无关文法的定义对产生式的右部没有做任何限制。然而，这种形式上的完全自由并不总是必要的。事实上，在某些情况下，这反而是个不利的因素。在定理 5.2 中，我们看到了有限制文法的方便之处，消除 $A \to \lambda$ 和 $A \to B$ 形式的产生式使证明变得更容易。在许多情况下，对文法形式施加更严格的限制是有必要的。因此，我们应该研究文法的转换方法，即如何将任意的上下文无关文法转换为某种等价的受限形式。在本章中，我们将学习几种这样的转换方法和替换规则，在后续的章节中也会用到它们。

我们还要学习上下文无关文法的范式（normal form）。范式是一种受限但又具备足够表达能力的文法形式，任何文法都有等价的范式表示。我们介绍了两种最有用的范式，乔姆斯基范式（Chomsky normal form）和格雷巴赫范式（Greibach normal form）。这两种范式在实际应用和理论分析中都很有用。在 6.3 节中，乔姆斯基范式将被直接应用于解析问题。

由于本章的许多证明都是操纵性的，很难直观地洞察到，因此本章的内容有些枯燥。但就我们学习的目的而言，技术方面的内容相对不重要，这些内容可以随意阅读。但最终得到的各种结论是有意义的，在后续内容中会多次用到它们。

6.1 文法转换的方法

首先，就一般的文法和语言来说，总会存在的一个麻烦问题是：是否包含空串。在许多定理和证明中，空串扮演着相当特殊的角色，因此往往需要特别关注。我们更愿意完全将其排除在外，仅考虑不含 λ 的语言。从下面的讨论可以看到，这样做不失一般性。设 L 是任意的上下文无关语言，令 $G = (V, T, S, P)$ 是表示 $L - \{\lambda\}$ 的上下文无关文法。然后，通过向 V 中添加新的变元 S_0，并将 S_0 设为开始变元，然后向 P 中加入产生式

$$S_0 \to S \mid \lambda$$

所得到的文法生成的语言就是 L。因此，从语言 $L - \{\lambda\}$ 出发得到的任何非平凡结论，几乎一定适用于语言 L。此外，对于任何上下文无关文法 G，总是有办法得到一个文法 $\widehat{G}$ 使它满足 $L(\widehat{G}) = L(G) - \{\lambda\}$（请参考本节的练习题 15 和练习题 16）。因此，在实际应用中，是否包含 λ 在上下文无关语言之间没有区别。在本章后续的内容中，除非另有说明，我们讨论的都是不含 λ 的语言。

6.1.1 有用的代入规则

利用代入方法，有许多保证生成等价文法的规则。在这里，给出一个非常有用的化简文法的方法。我们不会精确地定义化简（simplification）这个术语，但仍将使用它。这里化简的意思是去掉某些不必要的产生式，但化简过程并不一定会使产生式的数量减少。

定理 6.1 设 $G = (V, T, S, P)$ 是一个上下文无关文法，P 中包含形如

$$A \to x_1 B x_2$$

的产生式。其中 A 和 B 是不同的变元，而且

$$B \to y_1 \mid y_2 \mid \cdots \mid y_n$$

是 P 中所有左部为 B 的产生式的集合。设 $\widehat{G} = (V, T, S, \widehat{P})$ 是经过如下代入得到的文法，其中 $\widehat{P}$ 是通过删除 P 中的产生式

$$A \to x_1 B x_2 \tag{6.1}$$

并增加一组产生式

$$A \to x_1 y_1 x_2 \mid x_1 y_2 x_2 \mid \cdots \mid x_1 y_n x_2$$

得到的。那么

$$L(\widehat{G}) = L(G)$$

证明 假设 $w \in L(G)$，所以有

$$S \overset{*}{\underset{G}{\Rightarrow}} w$$

其中推导符号 $\Rightarrow$ 的下角标用于区分发生在不同的文法中的推导。如果这个推导没有使用产生式 (6.1)，那么显然

$$S \overset{*}{\Rightarrow}_{\widehat{G}} w$$

如果使用了式 (6.1)，那么考虑推导中第一次用到式 (6.1) 时的情况。其中引入的变元 B 最终必然会被替换掉。如果我们让这个替换即刻发生，并不会影响结果 (参考本节练习题 20)。因此

$$S \overset{*}{\Rightarrow}_{G} u_1 A u_2 \Rightarrow_G u_1 x_1 B x_2 u_2 \Rightarrow_G u_1 x_1 y_j x_2 u_2$$

但是在文法 $\widehat{G}$ 中，我们可以得到

$$S \overset{*}{\Rightarrow}_{\widehat{G}} u_1 A u_2 \overset{*}{\Rightarrow}_{\widehat{G}} u_1 x_1 y_j x_2 u_2$$

因此我们使用 G 和 $\widehat{G}$ 都可以得到同样的句型。如果后来再次使用式 (6.1)，我们可重复这个过程。那么，对使用这个产生式的次数进行归纳，可以得到

$$S \overset{*}{\Rightarrow}_{\widehat{G}} w$$

因此，如果 $w \in L(G)$，那么 $w \in L(\widehat{G})$。

同样，可以证明，如果 $w \in L(\widehat{G})$，那么 $w \in L(G)$，从而完成证明。∎

定理 6.1 是一个简单又直观的代入规则：如果将产生式右部中的 B 替换为所有由 B 一步推导就可以得到的字符串，并用所得到的一组产生式来代替，那么产生式

$$A \rightarrow x_1 B x_2$$

可以从文法中消除。在这个结论中，需保证 A 和 B 是不同的变元。而 $A = B$ 的情况，在本节练习题 25 和练习题 26 中将部分地进行阐述。

例 6.1　考虑带有如下产生式的文法 $G = (\{A, B\}, \{a, b, c\}, A, P)$:

$$A \rightarrow a \mid aaA \mid abBc$$

$$B \rightarrow abbA \mid b$$

对变元 B 使用这个代入规则，可以得到文法 $\widehat{G}$ 的产生式为

$$A \rightarrow a \mid aaA \mid ababbAc \mid abbc$$

$$B \rightarrow abbA \mid b$$

新文法 $\widehat{G}$ 与文法 G 是等价的。字符串 $aaabbc$ 在 G 中的推导为

$$A \Rightarrow aaA \Rightarrow aaabBc \Rightarrow aaabbc$$

而在 $\widehat{G}$ 中，相应的推导为

$$A \Rightarrow aaA \Rightarrow aaabbc$$

注意，在这个例子中，变元 B 以及与其相关的产生式仍然在文法中，但不会再被用于任何推导。下面我们给出如何从文法中去掉这种无用的产生式的方法。

6.1.2　消除无用的产生式

我们总是希望去掉那些在任何推导中永远都不会用到的产生式。例如，在仅由如下产生式构成的文法中：

$$S \rightarrow aSb \mid \lambda \mid A$$

$$A \rightarrow aA$$

产生式 $S \rightarrow A$ 是无用的，因为从 A 不能推导出由终结符构成的字符串。尽管 A 可以出现在由 S 推导出的字符串中，但它最终无法生成句子。去除这个产生式，对语言没有任何影响，无论从何种定义上来说都是一种化简。

> **定义 6.1**　设 $G = (V, T, S, P)$ 是一个上下文无关文法。变元 $A \in V$ 是有用的（useful），当且仅当存在至少一个 $w \in L(G)$ 满足
>
> $$S \overset{*}{\Rightarrow} xAy \overset{*}{\Rightarrow} w \tag{6.2}$$
>
> 其中 $x, y \in (V \cup T)^*$。换言之，变元是有用的当且仅当它出现在至少一个的推导过程中；否则是无用的（useless）。含有任何无用变元的产生式也是无用的。

> **例 6.2**　一个变元无用的可能原因是，从它无法得到由终结符组成的字符串，上面讨论的就是这种情况。在下面的文法中，我们会看到使变元无用的另一个原因。该文法的开始符为 S，产生式为
>
> $$S \rightarrow A$$
>
> $$A \rightarrow aA \mid \lambda$$
>
> $$B \rightarrow bA$$
>
> 文法的变元 B 是无用的，因此产生式 $B \rightarrow bA$ 也是无用的。尽管 B 可以推导出由终结符组成的字符串，但我们无法得到 $S \overset{*}{\Rightarrow} xBy$。

这个例子说明了变元无用的两个原因：要么从文法的开始符无法到达它，要么它不能

推导出终结符组成的字符串。去除无用变元和产生式的过程就基于对这两种情况的识别。
在给出一般情形和相应的定理之前，我们先举另外一个例子。

例 6.3 消除文法 $G = (V, T, S, P)$ 中的无用符号和产生式，其中 $V = \{S, A, B, C\}$，
$T = \{a, b\}$，产生式 P 为

$$S \rightarrow aS \mid A \mid C$$
$$A \rightarrow a$$
$$B \rightarrow aa$$
$$C \rightarrow aCb$$

首先，我们先标识出可以得到终结符字符串的那些变元的集合。因为有 $A \rightarrow a$
和 $B \rightarrow aa$，变元 A 和 B 都属于该集合。因为 $S \Rightarrow A \Rightarrow a$，所以变元 S 也属于该
集合。但是对变元 C 则无法得到这个结论，因此 C 是无用的。通过删除变元 C 和
相关的产生式，可以得到文法 G_1，其中变元 $V = \{S, A, B\}$，终结符 $T = \{a\}$，产
生式为

$$S \rightarrow aS \mid A$$
$$A \rightarrow a$$
$$B \rightarrow aa$$

接下来，我们想要消除从开始符无法到达的变元。为此，我们可以为变元绘制一
个依赖关系图（dependency graph）。依赖关系图是可视化复杂关系的一种方法，在
许多问题中有广泛的应用。在上下文无关文法的依赖关系图中，变元作为顶点，当且
仅当存在形式为

$$C \rightarrow xDy$$

的产生式时，顶点 C 和 D 之间存在一条边。图 6.1 所示为 V_1 的依赖关系图，图中一
个变元是有用的，仅当存在一条从标记为 S 的顶点到标记为该变元顶点的路径。在
我们的例子中，图 6.1 表明变元 B 是无用的。去掉 B 以及受其影响的产生式和终结
符，我们得到最终的文法 $\widehat{G} = (\widehat{V}, \widehat{T}, S, \widehat{P})$，其中 $\widehat{V} = \{S, A\}$，$\widehat{T} = \{a\}$，产生式为

$$S \rightarrow aS \mid A$$
$$A \rightarrow a$$

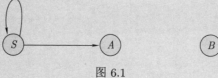

图 6.1

将这个过程形式化，就得到了一个一般性的构造方法以及相应的定理。

定理 6.2 设 $G = (V, T, S, P)$ 是一个上下文无关文法。那么存在一个等价的文法 $\widehat{G} = (\widehat{V}, \widehat{T}, S, \widehat{P})$，它不包含任何无用的变元或产生式。

证明 文法 $\widehat{G}$ 通过一个算法得到，这个算法包括两个部分。在第一部分中，构造了一个中间文法 $G_1 = (V_1, T_1, S, P_1)$，其中 V_1 仅包含满足以下条件的变元 A：

$$A \stackrel{*}{\Rightarrow} w \in T^*$$

算法中的步骤为：

1. 将 V_1 置为空集。

2. 重复以下步骤，直到 V_1 中不再增加新的变元为止。

　　对每个 $A \in V$，如果 P 中存在形如

$$A \rightarrow x_1 x_2 \cdots x_n, \quad 其中所有的 \ x_i \ 都属于 \ V_1 \cup T$$

　　的产生式，则将 A 加入 V_1 中。

3. 对于 P 中的每一个产生式，如果它的符号都在 $(V_1 \cup T)$ 中，那么将其加入 P_1 中。

显然，这个过程会终止。同样清楚的是，如果 $A \in V_1$，那么 $A \stackrel{*}{\Rightarrow} w \in T^*$ 是 G_1 中一个可能的推导。剩下的问题是，在程序终止之前是否能将所有这样的 A 都加入 V_1 中。为了说明这一点，可以考虑相应的 A 以及与该推导相关的部分推导树（如图 6.2 所示）。在第 k 层，只有终结符，所以 $k-1$ 层的每个变元 A_i 会在算法的第 2 步的第一轮加入 V_1 中。然后，$k-2$ 层的每个变元会在第 2 步的第二轮中加入 V_1 中。$k-3$ 层的所有变元会在第 2 步的第三轮中加入，以此类推。只要树中还有没加入 V_1 的变元，该算法就不会终止。因此，A 最终会加入 V_1 中。

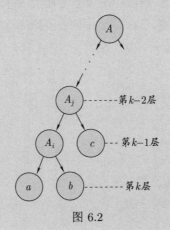

图 6.2

在构造算法的第二部分中，我们将从 G_1 中得到最终答案的文法 $\widehat{G}$。绘制 G_1 中变元的依赖关系图，从中找到所有无法从 S 到达的变元。删除这些变元以及与其相关的产生式，同时也删除没有出现在有用产生式中的终结符。得到的结果就是文法 $\widehat{G} = (\widehat{V}, \widehat{T}, S, \widehat{P})$。

根据构造的过程，$\widehat{G}$ 不会包含任何无用符号或产生式。此外，对于每个 $w \in L(G)$，都有推导

$$S \Rightarrow xAy \Rightarrow w$$

成立。而构造过程会保留 A 及其所有相关的产生式，我们有充分条件进行如下的推导

$$S \overset{*}{\underset{\widehat{G}}{\Rightarrow}} xAy \underset{\widehat{G}}{\Rightarrow} w$$

文法 $\widehat{G}$ 是通过删除 G 的产生式得到的，所以 $\widehat{P} \subseteq P$。因此，$L(\widehat{G}) \subseteq L(G)$ 成立。合并以上两部分结论，可以得出 G 和 $\widehat{G}$ 是等价的。 ∎

6.1.3 消除 λ–产生式

右部是空字符串的这一类产生式，有时我们并不需要。

定义 6.2 上下文无关文法中任何形如

$$A \to \lambda$$

的产生式，称为 λ–产生式（λ-production，或空产生式）。任何可以满足

$$A \overset{*}{\Rightarrow} \lambda \tag{6.3}$$

的变元 A，称为可空的（nullable）。

一个文法生成的语言即使不含 λ，它也可能包含 λ–产生式或可空变元。在这种情况下，这些 λ–产生式是可以消除的。

例 6.4 考虑开始符为 S 的文法

$$S \to aS_1 b$$

$$S_1 \to aS_1 b \mid \lambda$$

该文法生成的语言 $\{a^n b^n : n \geq 1\}$ 不包含 λ。可以通过添加一些新产生式来消除 λ–产生式 $S_1 \to \lambda$，这些新产生式是将 λ 代入右部 S_1 出现的位置得到的。这样得到

的文法为

$$S \to aS_1b \mid ab$$

$$S_1 \to aS_1b \mid ab$$

很容易证明新文法生成的语言与原文法是一样的。

对更一般的情况下λ–产生式的消除，就是通过类似但更复杂一点的方式来完成的。

定理 6.3 设 G 是任意 $L(G)$ 不包含 λ 的上下文无关文法。那么，存在一个不含 λ–产生式的等价文法 $\widehat{G}$。

证明 首先，通过以下步骤找到 G 中所有的可空变元集 V_N。

1. 对所有形如 $A \to \lambda$ 的产生式，将变元 A 放入 V_N 中。

2. 重复以下步骤，直到 V_N 中不再增加新的变元为止。

   对所有形如

   $$B \to A_1A_2 \cdots A_n$$

   的产生式，如果变元 $A_1, A_2, \cdots, A_n$ 都属于 V_N，则将 B 也加入 V_N 中。

一旦得到了集合 V_N，就可以构造产生式集 $\widehat{P}$ 了。为此，我们考察 P 中所有形如

$$A \to x_1x_2 \cdots x_m, \quad m \geqslant 1$$

的产生式，其中每个 $x_i \in V \cup T$。对于 P 中每个这样的产生式，将以所有可能组合用 λ 去替换那些可空变元所得到的产生式，连同该产生式自身，都加入 $\widehat{P}$ 中。例如，如果 x_i 和 x_j 都是可空变元，那么 $\widehat{P}$ 有一个产生式是将 x_i 替换为 λ 得到的、一个是将 x_j 替换为 λ 得到的，以及一个是将 x_i 和 x_j 都替换为 λ 得到的。但有一个例外：如果所有的 x_i 都是可空的，不要将产生式 $A \to \lambda$ 加入 $\widehat{P}$ 中。

文法 $\widehat{G}$ 与 G 的等价性证明是简单的，我们留给读者来完成。∎

例 6.5 构造与如下文法等价且不含 λ–产生式的上下文无关文法。

$$S \to ABaC$$

$$A \to BC$$

$$B \to b \mid \lambda$$

$$C \to D \mid \lambda$$

$$D \to d$$

根据定理 6.3 中的第 1 步,我们可以得到可空变元为 A, B 和 C。然后,由第 2 步的构造过程可以得到

$$S \to ABaC \mid BaC \mid AaC \mid ABa \mid aC \mid Aa \mid Ba \mid a$$
$$A \to B \mid C \mid BC$$
$$B \to b$$
$$C \to D$$
$$D \to d$$

6.1.4　消除单元产生式

从定理 5.2 中我们可以看到,左部和右部都是单个变元的产生式,有时是不需要的。

定义 6.3　在上下文无关文法中,任何形如

$$A \to B$$

的产生式,其中 $A, B \in V$,称为单元产生式(unit-production)。

为了消除单元产生式,我们使用定理 6.1 中讨论的代入规则。从如下定理的构造过程可以看出,很容易做到这一点。

定理 6.4　设 $G = (V, T, S, P)$ 是一个不含 λ-产生式的上下文无关文法,则存在一个不含单元产生式的文法 $\widehat{G} = (\widehat{V}, \widehat{T}, S, \widehat{P})$ 与 G 等价。

证明　显然,直接删掉文法中任何形如 $A \to A$ 的产生式,对文法不会有任何影响。我们只需要考虑 A 和 B 是不同变元的产生式 $A \to B$。乍一看,当 $x_1 = x_2 = \lambda$ 时,我们可以直接使用定理 6.1,将

$$A \to B$$

替换为

$$A \to y_1 \mid y_2 \mid \cdots \mid y_n$$

但这并不总是可行的,例如在

$$A \to B$$
$$B \to A$$

的特殊情况下，单元产生式并不会被消除。为了解决这一问题，对每个变元 A，我们找到所有满足

$$A \stackrel{*}{\Rightarrow} B \tag{6.4}$$

的变元 B。这可以利用依赖关系图来完成，当文法中存在产生式 $C \to D$ 时，在图中画一条边 (C, D)。那么只要图中存在由 A 到 B 的路径，就有式 (6.4) 成立。首先将 P 中的非单元产生式放入 $\widehat{P}$ 得到新文法 $\widehat{G}$。然后对所有满足式 (6.4) 的变元 A 和 B，将产生式

$$A \to y_1 \mid y_2 \mid \cdots \mid y_n$$

加入 $\widehat{P}$ 中，其中 $B \to y_1 \mid y_2 \mid \cdots \mid y_n$ 是 $\widehat{P}$ 中 B 为左部的所有产生式集。注意，由于 $B \to y_1 \mid y_2 \mid \cdots \mid y_n$ 是从 $\widehat{P}$ 中取的，其中任何 y_i 都不会是单个变元，因此最后这步中不会生成单元产生式。

这样得到的文法与原文法的等价性证明，可以使用与定理 6.1 相同的方法。■

例 6.6　消除以下文法中所有的单元产生式，

$$S \to Aa \mid B$$
$$B \to A \mid bb$$
$$A \to a \mid bc \mid B$$

由单元产生式中变元构造的依赖关系图如图 6.3 所示，从中我们可以得出 $S \stackrel{*}{\Rightarrow} A$、$S \stackrel{*}{\Rightarrow} B$、$B \stackrel{*}{\Rightarrow} A$ 和 $A \stackrel{*}{\Rightarrow} B$。因此，我们向原有非单元产生式

$$S \to Aa$$
$$A \to a \mid bc$$
$$B \to bb$$

中加入新的产生式

$$S \to a \mid bc \mid bb$$
$$A \to bb$$
$$B \to a \mid bc$$

得到等价的文法为

$$S \to a \mid bc \mid bb \mid Aa$$
$$A \to a \mid bb \mid bc$$

$$B \to a \mid bb \mid bc$$

注意，单元产生式的消除使得变元 B 以及与其相关的产生式都成为无用的。

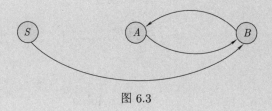

图 6.3

我们可以将所有这些结论整合在一起，以证明上下文无关文法可以摆脱无用产生式、λ-产生式和单元产生式。

定理 6.5　设 L 是不含 λ 的上下文无关语言，那么存在一个生成 L 的上下文无关文法，该文法不含任何的无用产生式、λ-产生式和单元产生式。

证明　定理 6.2~6.4 中给出的过程依次消除这些类型的产生式。唯一需要考虑的问题是，消除一种类型的产生式可能会引入另一种类型的产生式。例如，消除 λ-产生式的过程可能会创建新的单元产生式。另外，定理 6.4 要求文法中没有 λ-产生式。但是请注意，消除单元产生式不会引入 λ-产生式（见本节的练习题 18），消除无用产生式不会引入 λ-产生式或单位产生式（本节的练习题 19）。因此，我们可以按照如下顺序消除所有这些不受欢迎的产生式。

1. 消除 λ-产生式。
2. 消除单元产生式。
3. 消除无用产生式。

最后得到的结果中将不包含这些产生式，从而证明这个定理。　∎

入门练习题

1. 消除以下文法的 λ-产生式：

$$S \to aSSS$$

$$S \to a \mid \lambda$$

2. 消除以下文法的单元产生式：

$$S \to aS \mid A$$

$$A \to B$$

$$B \to bb$$

3. 证明文法

$$S \to aSABaa$$

$$A \to aAB$$

$$B \to bb$$

与文法

$$S \to aSAbbaa$$

$$A \to aAbb$$

等价。

练习题

1. 删除以下文法中的变元 B：

$$S \to aSB \mid bB$$

$$B \to aA \mid b$$

2. 证明文法

$$S \to abAB \mid ba$$

$$A \to aaa$$

$$B \to aA \mid bb$$

和

$$S \to abAaA \mid abAbb \mid ba$$

$$A \to aaa$$

是等价的。

3. 通过证明

$$S \overset{*}{\underset{\widehat{G}}{\Rightarrow}} w$$

意味着

$$S \overset{*}{\underset{G}{\Rightarrow}} w$$

将定理 6.1 的证明补充完整。

4. 在例 6.1 中，使用原始和修改后的两个文法，分别给出字符串 $ababbac$ 的推导树。

5. 在定理 6.1 中，为什么有必要假定 A 和 B 是不同的变元？

6. 消除以下文法的无用产生式：

$$S \to aS \mid AB \mid \lambda$$

$$A \to bA$$

$$B \to AA$$

该文法生成的语言是什么？

7. 消除以下文法的无用产生式：

$$S \to a \mid aA \mid B \mid C$$

$$A \to aB \mid \lambda$$

$$B \to Aa$$

$$C \to cCD$$

$$D \to ddd \mid Cd$$

8. 消除以下文法的 λ-产生式：

$$S \to aSSS$$

$$S \to bb \mid \lambda$$

9. 消除以下文法的 λ-产生式：

$$S \to AaB \mid aaB$$

$$A \to \lambda$$

$$B \to bbA \mid \lambda$$

10. 消除以下文法的单元产生式、无用产生式和 λ-产生式：

$$S \to aA \mid aBB$$

$$A \to aaA \mid \lambda$$

$$B \to bB \mid bbC$$

$$C \to B$$

11. 消除练习 7 中文法的单元产生式。

12. 将定理 6.3 的证明补充完整。

13. 将定理 6.4 的证明补充完整。

14. 使用定理 6.3 中的构造方法，将例 5.4 中文法的 λ-产生式删除。得到的文法所生成的语言是什么？

15. 考虑有如下产生式的文法 G：

$$S \to A \mid B$$

$$A \to \lambda$$

$$B \to aBb$$

$$B \to b$$

将定理 6.3 中的算法应用于文法 G，构造出文法 $\widehat{G}$。$L(G)$ 与 $L(\widehat{G})$ 的区别是什么？

16. 假设 G 是一个上下文无关文法且 $\lambda \in L(G)$。证明如果我们对文法 G 应用定理 6.3 中的构造方法，得到的文法 $\widehat{G}$ 满足 $L(\widehat{G}) = L(G) - \{\lambda\}$。

17. 请给出以下情况的一个例子：在消除 λ–产生式后引入了原来并不存在的单元产生式。

18. 设 G 是不含 λ–产生式的文法，但可能存在单元产生式。证明定理 6.4 的构造方法不会引入任何 λ–产生式。

19. 证明如果一个文法不含 λ–产生式也不含单元产生式，那么通过定理 6.2 的构造方法消除无用产生式后，不会引入这两种产生式。

20. 验证定理 6.1 证明中的一个命题：变元 B 只要出现就可以被替换。

21. 假设上下文无关文法 $G = (V, T, S, P)$ 中含有形为

$$A \to xy$$

的产生式，其中 $x, y \in (V \cup T)^+$。证明如果将该产生式替换为

$$A \to By$$

$$B \to x$$

其中 $B \notin V$，那么得到的文法与原来的文法等价。

22. 考虑定理 6.2 中给出的消除无用产生式的过程。将其中两部分的顺序反过来，首先消除无法从 S 到达的变元，然后再消除无法生成终结符串的变元。那么这个过程还可以正确地消除无用产生式吗？如果可以，请证明它。如果不可以，请给出一个反例。

23. 通过引入文法复杂性（complexity）的概念，我们有可能给出化简的准确定义。有多种实现方法，其中一种是通过所有产生式中字符的长度。例如，我们可以使用

$$\text{complexity}(G) = \Sigma_{A \to v \in P}\{1 + |v|\}$$

证明在这个定义下，无用符号的消除总会降低文法的复杂性。那么对消除λ–产生式和消除单元产生式，你能得出什么样的结论？

24. 对于给定的语言 L 的一个上下文无关文法 G，与其他任何能够生成 L 的文法 $\widehat{G}$，满足 $\text{complexity}(G) \leqslant \text{complexity}(\widehat{G})$，那么称 G 是最小的。举例说明通过消除无用符号所得到的文法不一定是最小的。

25. 证明以下结论。设 $G = (V, T, S, P)$ 是一个上下文无关文法，将产生式集按左部是相同的变元（比如 A）分为互不相交的两个子集

$$A \rightarrow Ax_1 \mid Ax_2 \mid \cdots \mid Ax_n$$

$$A \rightarrow y_1 \mid y_2 \mid \cdots \mid y_m$$

其中 x_i 和 y_i 都属于 $(V \cup T)^*$，但 A 不是任何 y_i 的前缀。考虑文法 $\widehat{G} = (V \cup \{Z\}, T, S, \widehat{P})$，其中 $Z \notin V$ 且 $\widehat{P}$ 是通过将以 A 为左部的所有产生式替换为

$$A \rightarrow y_i \mid y_iZ, \quad i = 1, 2, \cdots, m$$

$$Z \rightarrow x_i \mid x_iZ, \quad i = 1, 2, \cdots, n$$

得到的。那么有 $L(G) = L(\widehat{G})$。

26. 使用上一个练习题的结论重写文法

$$A \rightarrow Aa \mid aBc \mid \lambda$$

$$B \rightarrow Bb \mid bc$$

使其不再含有 $A \rightarrow Ax$ 或 $B \rightarrow Bx$ 形式的产生式。

27. 证明下面与练习题 25 类似的结论。将左部包含变元 A 的所有产生式集合分为互不相交的两个子集

$$A \rightarrow x_1A \mid x_2A \mid \cdots \mid x_nA$$

和

$$A \rightarrow y_1 \mid y_2 \mid \cdots \mid y_m$$

其中 A 不是任何 y_i 的前缀。证明将这些产生式替换为

$$A \rightarrow y_i \mid Zy_i, \quad i = 1, 2, \cdots, m$$

$$Z \rightarrow x_i \mid Zx_i, \quad i = 1, 2, \cdots, n$$

所得到的文法与原文法等价。

6.2　两种重要的范式

对于上下文无关文法，我们可以建立多种类型的范式，其中的一些范式形式，由于其应用广泛，已经被深入地研究。我们在这里简要介绍其中两种。

6.2.1   乔姆斯基范式

我们可能期待有一种范式形式，其产生式右部的符号数量受到严格限制。特别地，我们可以要求产生式右部字符串不能超过两个符号。这种形式的一个实例就是乔姆斯基范式。

定义 6.4   如果一个上下文无关文法的所有产生式都形如

$$A \to BC$$

或

$$A \to a$$

其中 A, B, C 都属于 V，且 a 属于 T。那么该文法属于乔姆斯基范式。

例 6.7   文法

$$S \to AS \mid a$$
$$A \to SA \mid b$$

属于乔姆斯基范式。而文法

$$S \to AS \mid AAS$$
$$A \to SA \mid aa$$

不属于。它的两个产生式 $S \to AAS$ 和 $A \to aa$ 都违背了定理 6.4 中要求的条件。

定理 6.6   对于任何满足 $\lambda \notin L(G)$ 的上下文无关文法 $G = (V, T, S, P)$，都存在一个属于乔姆斯基范式的等价上下文无关文法 $\widehat{G} = (\widehat{V}, \widehat{T}, S, \widehat{P})$。

证明   根据定理 6.5，我们可以不失一般性地假设文法 G 没有 λ-产生式和单元产生式。那么 $\widehat{G}$ 的构造可以通过两步来完成。

步骤 1：从文法 G 构造文法 $G_1 = (V_1, T, S, P_1)$。首先，对于 P 中所有形如

$$A \to x_1 x_2 \cdots x_n \tag{6.5}$$

的产生式，其中每个 x_i 是 V 或 T 中的一个符号。如果 $n = 1$，那么因为没有单元产生式，所以 x_i 只能为终结符。在此情况下，将该产生式放入 P_1。如果 $n \geq 2$，为每个 $a \in T$ 引入一个新的变元 B_a。对 P 中每个形如式 (6.5) 的产生式，将产生式

$$A \to C_1 C_2 \cdots C_n$$

放入 P_1, 其中

$$C_i = x_i, \quad \text{如果 } x_i \text{ 属于 } V$$

以及

$$C_i = B_a, \quad \text{如果 } x_i = a$$

对其中的每个 B_a, 我们还在 P_1 中加入产生式

$$B_a \to a$$

算法的这一步消除了右部长度大于 1 的产生式中所有的终结符, 并用新引入的变元来替换它们。完成这一步后, 我们得到的文法 G_1 中所有的产生式都形如

$$A \to a \tag{6.6}$$

或

$$A \to C_1 C_2 \cdots C_n \tag{6.7}$$

其中 $C_i \in V_1$。

根据定理 6.1 可以很容易得出结论

$$L(G_1) = L(G)$$

步骤 2: 在第 2 步中, 通过在必要的地方引入新的变元来减少右部的长度。首先将形如式 (6.6) 的所有产生式和形如式 (6.7) 但 $n = 2$ 的所有产生式放入 $\widehat{P}$ 中。对于 $n > 2$ 的情况, 我们引入新的变元 $D_1, D_2, \cdots$ 并将产生式

$$A \to C_1 D_1$$
$$D_1 \to C_2 D_2$$
$$\vdots$$
$$D_{n-2} \to C_{n-1} C_n$$

放入 $\widehat{P}$ 中。显然, 得到的文法 $\widehat{G}$ 是乔姆斯基范式。重复应用定理 6.1 可以得出 $L(G_1) = L(\widehat{G})$, 因此

$$L(\widehat{G}) = L(G)$$

这里的证明过程不够规范, 但可以很容易让它变得更加精确。我们将这个问题留给读者。 ∎

例 6.8 将有如下产生式的文法转换为乔姆斯基范式：

$$S \rightarrow ABa$$
$$A \rightarrow aab$$
$$B \rightarrow Ac$$

按定理 6.6 中构造方法所要求的条件，该文法不含 λ-产生式和单元产生式。在步骤 1 中，我们引入了新变元 B_a, B_b, B_c，并使用该算法得到了

$$S \rightarrow ABB_a$$
$$A \rightarrow B_aB_aB_b$$
$$B \rightarrow AB_c$$
$$B_a \rightarrow a$$
$$B_b \rightarrow b$$
$$B_c \rightarrow c$$

在步骤 2 中，为了使前两个产生式成为范式形式，我们引入了额外的变元。我们最终得到的结果为

$$S \rightarrow AD_1$$
$$D_1 \rightarrow BB_a$$
$$A \rightarrow B_aD_2$$
$$D_2 \rightarrow B_aB_b$$
$$B \rightarrow AB_c$$
$$B_a \rightarrow a$$
$$B_b \rightarrow b$$
$$B_c \rightarrow c$$

6.2.2 格雷巴赫范式

另一个有用的文法范式是格雷巴赫范式。这里我们不限制产生式右部的长度，而是限制终结符和变元可以出现的位置。验证格雷巴赫范式的证明过程稍微有一些复杂而且不是很明显。同样，从给定上下文无关文法到与其等价的格雷巴赫范式的构造过程也很枯燥。因此，我们这里只进行简要地介绍。尽管如此，格雷巴赫范式依然有很多理论与实践方面的结论。

> **定义 6.5**　如果一个上下文无关文法的所有产生式都形如
>
> $$A \to ax$$
>
> 其中 $a \in T$ 且 $x \in T^*$。那么该文法属于格雷巴赫范式。

如果我们将定义 6.5 与定义 5.4 相比较，可以看到 $A \to ax$ 的形式在格雷巴赫范式与简单文法中是相同的。但是在格雷巴赫范式中，并没有要求 (A, a) 只能出现最多一次。形式上，这一点额外的自由，使格雷巴赫范式获得了简单文法所没有的普遍性。

如果一个文法不是格雷巴赫范式，我们可以使用前面所讨论的一些技巧将该文法重写为该范式形式。这里给出两个简单的例子。

例 6.9　以下文法不是格雷巴赫范式：

$$S \to AB$$
$$A \to aA \mid bB \mid b$$
$$B \to b$$

但使用定理 6.1 的代入方法，我们可以立即得到等价的格雷巴赫范式文法

$$S \to aAB \mid bBB \mid bB$$
$$A \to aA \mid bB \mid b$$
$$B \to b$$

例 6.10　将以下文法转换为格雷巴赫范式：

$$S \to abSb \mid aa$$

这里我们使用与构造乔姆斯基范式类似的方法。我们引入新的变元 A 和 B，它们本质上分别与 a 和 b 是同义的。通过将产生式中的终结符替换为相关联的变元，可以得到属于格雷巴赫范式的等价文法

$$S \to aBSB \mid aA$$
$$A \to a$$
$$B \to b$$

通常来说，将给定文法转换为格雷巴赫范式并进行相应的证明并不容易。我们之所以

在这里要引入格雷巴赫范式，是因为它可以简化下一章中的一个重要结论的技术讨论。然而，从概念角度来看，格雷巴赫范式在我们的讨论中并没有起到更进一步的作用，所以这里我们仅引述以下一般结论而没有给出证明。

定理 6.7 对于任何满足 $\lambda \notin L(G)$ 的上下文无关文法 $G = (V, T, S, P)$，都存在一个属于格雷巴赫范式的等价上下文无关文法 $\widehat{G}$。

入门练习题

1. 将以下文法转换为乔姆斯基范式：

$$S \to aSb \mid ab$$

2. 将以下文法转换为格雷巴赫范式：

$$S \to aSb \mid ab \mid c$$

   并给出 $w = aaacbbb$ 在这个文法中的推导。

3. 将以下文法转换为格雷巴赫范式：

$$S \to AB$$
$$A \to a \mid aS$$
$$B \to b$$

练习题

1. 将文法 $S \to aSS \mid a \mid b$ 转换为乔姆斯基范式。
2. 将文法 $S \to aSb \mid Sab \mid ab$ 转换为乔姆斯基范式。
3. 将文法

$$S \to aSaaA \mid A, A \to abA \mid bb$$

   转换为乔姆斯基范式。
4. 将有以下产生式的文法转换为乔姆斯基范式：

$$S \to baAB$$
$$A \to bAB \mid \lambda$$
$$B \to BAa \mid A \mid \lambda$$

5. 将以下文法转换为乔姆斯基范式：

$$S \to AB \mid aB$$

$$A \to abb \mid \lambda$$

$$B \to bbA$$

6. 设 $G = (V, T, S, P)$ 是任意没有 λ-产生式或单元产生式的上下文无关文法，设 k 是 P 中产生式右部符号数量的最大值。请证明存在一个等价的乔姆斯基范式，其产生式的数量不会超过 $(k-1)|P| + |T|$。

7. 画出练习题 5 中文法的依赖关系图。

8. 如果一个语言存在线性文法（定义见例 3.14），则这个语言称为线性语言。设 L 是不包含 λ 的任意线性语言。证明存在满足 $L = L(G)$ 的文法 $G = (V, T, S, P)$，其所有产生式都是以下形式中的一种：

$$A \to aB$$

$$A \to Ba$$

$$A \to a$$

其中 $a \in T$，$A, B \in T$。

9. 证明对于每个上下文无关文法 $G = (V, T, S, P)$，都存在一个等价的文法，其产生式的形式为

$$A \to aBC$$

或

$$A \to \lambda$$

其中 $a \in \Sigma \cup \{\lambda\}$，$A, B, C \in V$。

10. 将以下文法转换为格雷巴赫范式：

$$S \to aSb \mid bSa \mid a \mid b \mid ab$$

11. 将以下文法转换为格雷巴赫范式：

$$S \to aSb \mid ab \mid bb$$

12. 将以下文法转换为格雷巴赫范式：

$$S \to ab \mid aS \mid aaS \mid aSS$$

13. 将以下文法转换为格雷巴赫范式：

$$S \to ABb \mid a \mid b$$

$$A \to aaA \mid B$$

$$B \to bAb$$

14. 每一个线性文法是否都可被转换为产生式形如 $A \to ax$，其中 $a \in T$ 且 $x \in V \cup \{\lambda\}$ 的形式？

15. 如果上下文无关文法的所有产生式都符合以下模式：

$$A \to aBC$$

$$A \to aB$$

$$A \to a$$

其中 $A, B, C \in V$ 且 $a \in T$，那么这样的文法称为二阶标准型（two-standard form）。请将文法 $G = (\{S, A, B, C\}, \{a, b\}, S, P)$ 转换为二阶标准型，其中给定 P 为：

$$S \to aSA$$

$$A \to bABC$$

$$B \to bb$$

$$C \to aBC$$

16. 证明二阶标准型的一般性，即对于任何 $\lambda \notin L(G)$ 的上下文无关文法 G，存在等价的二阶标准型文法。

6.3 上下文无关文法的成员资格判定算法*

在 5.2 节中我们指出，存在上下文无关文法成员资格与字符串解析的算法，该算法需要大约 $|w|^3$ 步来解析字符串 w，但没有详细说明。现在我们有条件来验证这一命题。这里我们描述的算法称为 CYK 算法，它是由其提出者 J. Cocke、D. H. Younger 和 T. Kasami 的名字进行命名的。该算法仅对乔姆斯基范式有效，它是通过将一个问题分解为一系列较小的问题来实现的，方法如下。假设 $G = (V, T, S, P)$ 是一个以乔姆斯基范式表示的文法。对于字符串

$$w = a_1 a_2 \cdots a_n$$

我们定义子串

$$w_{ij} = a_i \cdots a_j$$

以及 V 的子集

$$V_{ij} = \left\{ A \in V : A \overset{*}{\Rightarrow} w_{ij} \right\}$$

显然，当且仅当 $S \in V_{1n}$ 时，$w \in L(G)$。

要计算 V_{ij}，我们注意到当且仅当 G 包含产生式 $A \to a_i$ 时，有 $A \in V_{ii}$。因此，通过检查 w 和文法的产生式，可以计算所有 $1 \leqslant i \leqslant n$ 的 V_{ii}。接下来，注意到对于 $j > i$，A 可以推导出 w_{ij} 当且仅当存在产生式 $A \to BC$，其中对于某个 k（$i \leqslant k, k < j$），$B \overset{*}{\Rightarrow} w_{ik}$ 且 $C \overset{*}{\Rightarrow} w_{k+1,j}$。换句话说，

$$V_{ij} = \bigcup_{k \in \{i, i+1, \cdots, j-1\}} \{A : A \to BC, \text{其中 } B \in V_{ik}, C \in V_{k+1,j}\} \tag{6.8}$$

检查式 (6.8) 中的索引表明，如果我们按照以下顺序，可以计算出所有的 V_{ij}：

1. 计算 $V_{11}, V_{22}, \cdots, V_{nn}$。
2. 计算 $V_{12}, V_{23}, \cdots, V_{n-1,n}$。
3. 计算 $V_{13}, V_{24}, \cdots, V_{n-2,n}$。

以此类推。

例 6.11 确定字符串 $w = aabbb$ 是否属于由以下文法生成的语言：

$$S \to AB$$
$$A \to BB \mid a$$
$$B \to AB \mid b$$

首先注意到 $w_{11} = a$，所以 V_{11} 是所有可以直接推导出 a 的变元的集合，即 $V_{11} = \{A\}$。由于 $w_{22} = a$，我们也可以得到 $V_{22} = \{A\}$。同样，可以得到

$$V_{11} = \{A\}, \; V_{22} = \{A\}, \; V_{33} = \{B\}, \; V_{44} = \{B\}, \; V_{55} = \{B\}$$

现在使用式 (6.8) 可以得到

$$V_{12} = \{A : A \to BC, B \in V_{11}, C \in V_{22}\}$$

由于 $V_{11} = \{A\}$ 且 $V_{22} = \{A\}$，该集合包括右部为 AA 的那些产生式左部的变元。因为没有这样的变元，所以 V_{12} 为空。接下来，

$$V_{23} = \{A : A \to BC, B \in V_{22}, C \in V_{33}\}$$

因此需要的右部为 AB，我们得到 $V_{23} = \{S, B\}$。以此类推我们将得到

$$V_{12} = \varnothing, \; V_{23} = \{S, B\}, \; V_{34} = \{A\}, \; V_{45} = \{A\}$$
$$V_{13} = \{S, B\}, \; V_{24} = \{A\}, \; V_{35} = \{S, B\}$$
$$V_{14} = \{A\}, \; V_{25} = \{S, B\}$$
$$V_{15} = \{S, B\}$$

因此 $w \in L(G)$。

这里所描述的 CYK 算法可以用于确定由乔姆斯基范式生成语言的成员资格。通过增加一些对 V_{ij} 中元素如何推导的跟踪，可以将它转换为解析的方法。为了看出 CYK 成员资格算法需要 $O(n^3)$ 步，我们注意到只需计算 $n(n+1)/2$ 个 V_{ij} 的集合。而每个集合在式 (6.8) 中最多涉及 n 个项需要求值，因此结论成立。

练习题

1. 使用 CYK 算法确定字符串 abb、bbb、$aabba$ 和 $abbbb$ 是否属于由例 6.11 中文法生成的语言。
2. 使用例 6.11 中的文法，通过 CYK 算法给出字符串 aab 的解析。
3. 使用练习 2 中所使用的方法来证明可以将 CYK 算法转化为解析方法。
4. 使用 CYK 方法确定字符串 $w = aaabbbb$ 是否属于由文法 $S \to aSb \mid b$ 生成的语言。

下推自动机

本章概要

在讨论正则语言时，我们了解到有多种方法可以表示正则语言，包括有穷自动机、正则文法和正则表达式。在使用上下文无关文法定义了上下文无关语言之后，我们现在想知道，关于上下文无关语言是否也有其他选择。结果发现，虽然并没有像类似于正则表达式那样的表示方法，但是下推自动机是与上下文无关语言相关联的。

下推自动机本质上是使用栈作为存储的有穷自动机。由于栈在定义上可以具有无穷长度，因此可以克服有穷自动机因存储受限而产生的限制。

下推自动机在允许为非确定的条件下，与上下文无关文法是等价的。我们还可以定义确定的下推自动机，但与之相关联的语言族是上下文无关语言的真子集。

上下文无关文法便于描述上下文无关语言，在定义程序设计语言时使用的巴科斯范式（Backus-Naur Form, BNF）就说明了这一点。接下来的问题是，是否存在一类与上下文无关语言相关联的自动机。正如我们已经看到的，有穷自动机无法识别所有的上下文无关语言。直观地，我们理解这是因为有穷自动机的存储严格受限，而识别上下文无关语言时可能需要存储数量无穷的信息。例如，当扫描语言 $L = \{a^n b^n : n \geqslant 0\}$ 中的字符串时，我们不仅要检查在第一个 b 之前的所有 a，还要计算这些 a 的数量。由于 n 是无上界的，所以这种计数无法用有限的存储来实现。我们想要一台可以无限计数的机器。但是从另外一个例子（如 $\{ww^R\}$）中，我们又会发现，仅有无限计数的能力是不够的，还要能以逆序的方式存储并匹配符号序列。这表明我们可以尝试使用栈作为存储装置，允许以类似于栈的方式操作无限的存储。这样我们就得到了一类称为下推自动机（PDA）的机器。

在本章中，我们研究下推自动机与上下文无关语言之间的联系。我们首先证明如果允许下推自动机以非确定的方式工作，那么我们得到的自动机类型恰好能接受上下文无关语言族。但同时也会发现，这类自动机的确定版本与非确定版本不再等价。确定的下推自动机类定义了一个新的语言族，即确定的上下文无关语言，它是上下文无关语言的一个真子集。因为在程序设计语言的处理中，确定的上下文无关语言是一个重要的语言族，所以在本章结束之前，我们再简要介绍与确定的上下文无关语言相关联的文法。

7.1　非确定的下推自动机

图 7.1 中给出了下推自动机的示意图。控制单元的每步迁移都会从输入文件中读取一个符号，同时通过常规的栈操作更改栈的内容。它的每步迁移都是由当前输入符号和当前栈顶符号共同决定的。迁移的结果是控制单元的新状态以及栈顶符号的变化。

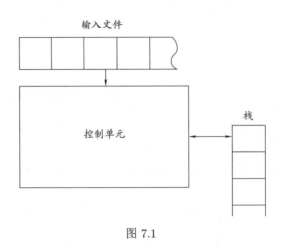

图 7.1

7.1.1　下推自动机的定义

将图中的直观表示形式化，我们就会得到关于下推自动机的一个准确定义。

> **定义 7.1**　非确定的下推接受器（NPDA）的定义为七元组：
>
> $$M = (Q, \Sigma, \Gamma, \delta, q_0, z, F)$$
>
> 其中
>
> Q 是控制单元的有穷内部状态集；
>
> Σ 是输入字母表；
>
> Γ 是有穷符号集，称为栈字母表（stack alphabet）；
>
> $\delta : Q \times (\Sigma \cup \{\lambda\}) \times \Gamma \to Q \times \Gamma^*$ 的一个有穷子集，称为转移函数；
>
> $q_0 \in Q$ 是控制单元的初始状态；
>
> $z \in \Gamma$ 是栈开始符号（stack start symbol）；
>
> $F \subseteq Q$ 是最终状态集。

转移函数 δ 的定义域和值域复杂的形式化表示值得进一步研究。δ 的参数是控制单元的当前状态、当前输入符号和当前的栈顶符号。其结果是二元组 (q, x) 的集合，其中 q 是控制单元的下一个状态，x 是一个字符串，它用来替换之前栈顶的单个符号。请注意，δ 的第二个参数可以是 λ，表示自动机的迁移可能不消耗输入字符，我们称之为 λ–转移。还要注意，δ 的定义要求它的迁移需要一个栈符号，如果栈为空，则不可能进行任何迁移。最后，

有必要要求 δ 的值域是一个有穷子集，因为 $Q \times \Gamma^*$ 是一个无穷集合，所以它存在有穷子集。尽管 NPDA 在迁移时可能有多个选择，但这些可能的选择必须限制在一个有穷集中。

例 7.1 假设某个 NPDA 的转移规则集包括

$$\delta(q_1, a, b) = \{(q_2, cd), (q_3, \lambda)\}$$

如果控制单元处于状态 q_1，从输入读入字符 a，并且栈顶是符号 b，那么可能会发生以下两种情况之一：控制单元进入状态 q_2，用符号串 cd 替换栈顶的符号 b；控制单元进入状态 q_3，栈顶的符号 b 被删除。在我们的表示法中，假定向栈中压入的符号串，是从右侧开始一个字符一个字符压入的。

例 7.2 考虑如下的 NPDA：

$$Q = \{q_0, q_1, q_2, q_3\}$$
$$\Sigma = \{a, b\}$$
$$\Gamma = \{0, 1\}$$
$$z = 0$$
$$F = \{q_3\}$$

其初始状态为 q_0，并且有

$$\delta(q_0, a, 0) = \{(q_1, 10), (q_3, \lambda)\}$$
$$\delta(q_0, \lambda, 0) = \{(q_3, \lambda)\}$$
$$\delta(q_1, a, 1) = \{(q_1, 11)\}$$
$$\delta(q_1, b, 1) = \{(q_2, \lambda)\}$$
$$\delta(q_2, b, 1) = \{(q_2, \lambda)\}$$
$$\delta(q_2, \lambda, 0) = \{(q_3, \lambda)\}$$

关于这个自动机的功能，我们能看出些什么呢？

首先要注意的是，并不是输入符号与栈符号的所有可能组合都被定义了相应的转移。例如，这里就没有给出 $\delta(q_0, b, 0)$ 的定义。这个情况的解释与非确定的有穷自动机的情况相同：对于那些没有给出定义的转移，它的值就是空集，在 NPDA 中表示为死格局。

这里的关键转移是

$$\delta(q_1, a, 1) = \{(q_1, 11)\}$$

表示在读取了字符 a 时向栈中添加了一个符号 1，以及

$$\delta(q_2, b, 1) = \{(q_2, \lambda)\}$$

表示在遇到字符 b 时删除符号 1。这两步计算了 a 的数量并将该计数与 b 的数量进行匹配。控制单元一直保持在状态 q_1，直到在它遇到第一个 b 时，会进入状态 q_2。这样保证了在最后一个 a 之前不会有 b 出现。通过对其余动作的分析，我们可以发现当且仅当输入字符串属于语言

$$L = \{a^n b^n : n \geqslant 0\} \cup \{a\}$$

时，NPDA 将以最终状态 q_3 结束。与有穷自动机类似，我们可以说这个 NPDA 接受了上述语言。当然，在给出这样的陈述之前，我们首先需要定义 NPDA 接受一个语言的具体含义。

我们还可以使用转移图来表示 NPDA。在 NPDA 的转移图中，有向边的标记包括三个内容：当前的输入符号、当前栈顶的符号，以及用于替换栈顶的栈符号串。

例 7.3　例 7.2 中的 NPDA 的转移图如图 7.2 所示。

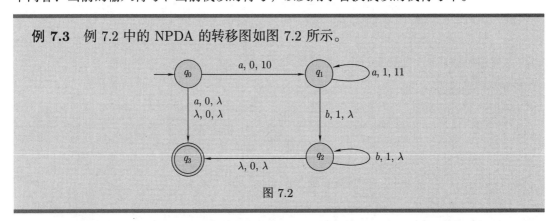

图 7.2

尽管转移图在描述 NPDA 时很方便，但使用它来进行论证却不太好用。我们需要跟踪的不仅是内部状态，还包括栈中的内容，这限制了转移图在形式推理中的实用性。取而代之，我们引入一种简洁的表示法，用于描述一个 NPDA 在处理字符串的过程中经历的连续格局。它所涉及的相关因素包括在某一时刻控制单元的当前状态、尚未被读取的那部分输入字符串，以及栈中当前的内容。这几个因素共同决定了 NPDA 继续运转下去时所有可能的走向。将这三个因素放在一起组成的三元组

$$(q, w, u)$$

其中 q 是控制单元的状态、w 是输入字符串中尚未被读入的部分、u 是栈的内容（最左边的符号在栈的顶部），称为下推自动机的瞬时描述（instantaneous description）。从一个瞬

时描述到另一个瞬时描述的迁移使用符号 ⊢ 来表示，因此

$$(q_1, aw, bx) \vdash (q_2, w, yx)$$

当且仅当

$$(q_2, y) \in \delta(q_1, a, b)$$

存在时才是可能的。步骤数为任意次的多步迁移，使用符号 $\vdash^*$ 来表示。迁移表达式

$$(q_1, w_1, x_1) \vdash^* (q_2, w_2, x_2)$$

表示自动机的格局在若干步内可能发生的变化$^{\ominus}$。

当有多个自动机需要考虑时，我们将使用 $\vdash_M$ 来强调这个迁移是由特定的自动机 M 执行的。

7.1.2　下推自动机接受的语言

定义 7.2　设 $M = (Q, \Sigma, \Gamma, \delta, q_0, z, F)$ 是一个非确定的下推自动机，那么 M 接受的语言是集合

$$L(M) = \{w \in \Sigma^* : (q_0, w, z) \vdash^*_M (p, \lambda, u), \ p \in F, \ u \in \Gamma^*\}$$

也就是说，M 接受的语言就是那些当扫描到结尾时能将 M 置于最终状态的所有字符串的集合。而栈中最终的内容 u 与这种接受形式的定义是无关的。

例 7.4　为如下语言构建一个非确定的下推自动机：

$$L = \{w \in \{a, b\}^* : n_a(w) = n_b(w)\}$$

如例 7.2 所示，要解决这个问题需要对 a 和 b 的数量进行计数，这很容易用栈来实现。这里我们甚至不用关心 a 和 b 的顺序问题。我们可以在读入一个 a 时在栈中插入一个符号（比如 0），来记录数量，然后在发现 b 时从栈中弹出一个计数符号。这种方法仅有的一个困难是，如果 w 的前缀中 b 的数量比 a 的多，在栈中我们将找不到可用的 0。当然这也很容易解决：可以使用一个负计数符号（比如 1），来记录稍后才能与 a 匹配的 b 的数量。完整的解决方案如图 7.3 的转移图所示。

在处理字符串 $baab$ 时，这个 NPDA 会执行如下的动作：

$$(q_0, baab, z) \vdash (q_0, aab, 1z) \vdash (q_0, ab, z)$$
$$\vdash (q_0, b, 0z) \vdash (q_0, \lambda, z) \vdash (q_f, \lambda, z)$$

因此，这个字符串会被接受。

$\ominus$　由于不确定性，这样的更改当然是不必要的。

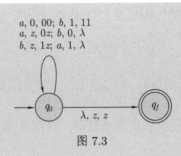

$a, 0, 00; b, 1, 11$
$a, z, 0z; b, 0, \lambda$
$b, z, 1z; a, 1, \lambda$

λ, z, z

图 7.3

例 7.5 构造一个 NPDA，使其接受语言

$$L = \{ww^R : w \in \{a, b\}^+\}$$

这里我们要利用这样一个事实：从栈中取出符号的顺序刚好与它们被压入栈中的顺序相反。在读入字符串的第一个部分时，我们将这些连续的符号压入栈中。对于第二部分，将当前输入的字符与栈顶进行比较，只要两者匹配就一直进行下去。由于从栈中取出符号的顺序与压入时相反，所以只有当输入的形式为 ww^R 时，才会实现完全匹配。

上述方式中，一个明显的困难是我们不并知道字符串的中间位置，也就是 w 结束并开始 w^R 的地方。但是自动机非确定的特性可以帮助我们解决这个问题。这个 NPDA 会正确地猜测出这个中间位置，并在这个位置切换状态。下面给出这个问题的解决方案。假设 $M = (Q, \Sigma, \Gamma, \delta, q_0, z, F)$，其中

$$Q = \{q_0, q_1, q_2\}$$
$$\Sigma = \{a, b\}$$
$$\Gamma = \{a, b, z\}$$
$$F = \{q_2\}$$

它的转移函数可以分为几个部分：在栈中压入 w 的一组迁移

$$\delta(q_0, a, a) = \{(q_0, aa)\}$$
$$\delta(q_0, b, a) = \{(q_0, ba)\}$$
$$\delta(q_0, a, b) = \{(q_0, ab)\}$$
$$\delta(q_0, b, b) = \{(q_0, bb)\}$$
$$\delta(q_0, a, z) = \{(q_0, az)\}$$
$$\delta(q_0, b, z) = \{(q_0, bz)\}$$

一个用来猜出字符串中间位置（其中 NPDA 从状态 q_0 切换到 q_1）的迁移：

$$\delta(q_0, \lambda, a) = \{(q_1, a)\}$$

$$\delta(q_0, \lambda, b) = \{(q_1, b)\}$$

将 w^R 与栈中内容进行匹配的迁移:

$$\delta(q_1, a, a) = \{(q_1, \lambda)\}$$
$$\delta(q_1, b, b) = \{(q_1, \lambda)\}$$

以及, 最后用于识别匹配成功的迁移:

$$\delta(q_1, \lambda, z) = \{(q_2, z)\}$$

接受字符串 $abba$ 的迁移序列为

$$(q_0, abba, z) \vdash (q_0, bba, az) \vdash (q_0, ba, baz)$$
$$\vdash (q_1, ba, baz) \vdash (q_1, a, az) \vdash (q_1, \lambda, z) \vdash (q_2, z)$$

确定字符串中间位置的非确定迁移发生在第三步。此时, 这个下推自动机的瞬时描述为 (q_0, ba, baz), 并且下一步迁移有两个选择。其中一个是使用 $\delta(q_0, b, b) = \{(q_0, bb)\}$ 并执行迁移

$$(q_0, ba, baz) \vdash (q_0, a, bbaz)$$

而另一个就是在上述过程中使用的, 即 $\delta(q_0, \lambda, b) = \{(q_1, b)\}$。只有选择后者才能接受这个输入字符串。

入门练习题

1. 什么转移规则可以保证有瞬时描述的转移序列 $(q_0, aaabb, 1z) \vdash (q_1, aabb, 11z)$?

2. 考虑一个有转移规则 $\delta(q_0, a, 1) = (q_1, 00)$ 和瞬时描述 $(q_0, aw, 1z)$ 的 PDA, 它的下一个瞬时描述会是什么?

3. 构造一个 PDA, 使它接受语言 $L = \{a^n b^{n+1} : n \geqslant 0\}$。

4. 给出例 7.4 中的 PDA 在处理字符串 $abab$ 时的瞬时描述序列。

5. 例 7.4 中的 PDA 在处理完字符串 $baaba$ 后, 栈中的内容是什么?

6. 下面这个 PDA 所接受的语言是什么?

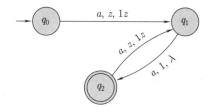

7. 在入门练习题 6 的 PDA 中，如果增加一条规则 $\delta(q_2, \lambda, z) = \{(q_0, z)\}$，会有什么变化？

8. 在入门练习题 6 的 PDA 中，如果将 q_0 也改为最终状态，会有什么变化？

练习题

1. 构造一个接受语言 $L = \{a^n b^{2n} : n \geqslant 0\}$ 的 PDA。

2. 给出练习题 1 中的这个 PDA 接受字符串 $aabbbbb$ 的瞬时描述序列。

3. 构造接受如下语言的 NPDA：

   (a) $L_1 = L(aaa^*bab)$

   (b) $L_2 = L(aab^*aba^*)$

   (c) L_1 与 L_2 的并集

   (d) $L_1 - L_2$

   (e) L_1 与 L_2 的交集

4. 构造一个少于 4 个状态的 PDA，使它与例 7.2 中的 PDA 接受相同的语言。

5. 证明例 7.5 中的 PDA 不会接受 $\{ww^R\}$ 以外的任何字符串。

6. 构造在 $\Sigma = \{a, b, c\}$ 上接受如下语言的 NPDA：

   (a) $L = \{a^n b^{3n} : n \geqslant 0\}$

   (b) $L = \{wcw^R : w \in \{a, b\}^*\}$

   (c) $L = \{a^n b^m c^{n+m} : n \geqslant 0, m \geqslant 0\}$

   (d) $L = \{a^n b^{n+m} c^m : n \geqslant 0, m \geqslant 1\}$

   (e) $L = \{a^3 b^n c^n : n \geqslant 0\}$

   (f) $L = \{a^n b^m : n \leqslant m \leqslant 3n\}$

   (g) $L = \{w : n_a(w) = n_b(w) + 1\}$

   (h) $L = \{w : n_a(w) = 2n_b(w)\}$

   (i) $L = \{w : n_a(w) + n_b(w) = n_c(w)\}$

   (j) $L = \{w : 2n_a(w) \leqslant n_b(w) \leqslant 3n_a(w)\}$

   (k) $L = \{w : n_a(w) < n_b(w)\}$

7. 构造可以接受语言 $L = \{a^n b^m : n \neq m\}$ 的 NPDA。

8. 构造一个 NPDA，使其接受 $\Sigma = \{a, b, c\}$ 上的语言

$$L = \{w_1 cw_2 : w_1, w_2 \in \{a, b\}^*, w_1 \neq w_2^R\}$$

9. 构造一个 NPDA，使其接受 $L(a^*)$ 与练习题 8 中语言的连接。

10. 构造可以接受语言 $L = \{ab(ab)^n ba(ba)^n : n \geqslant 0\}$ 的 NPDA。

11. 能否找到一个 PDA，使它接受的语言与如下 PDA 的相同：

$$M = (\{q_0, q_1\}, \{a, b\}, \{z\}, \delta, q_0, z, \{q_1\})$$

其中

$$\delta(q_0, a, z) = \{(q_1, z)\}$$

$$\delta(q_0, b, z) = \{(q_0, z)\}$$

$$\delta(q_1, a, z) = \{(q_1, z)\}$$

$$\delta(q_1, b, z) = \{(q_0, z)\}$$

12. 如下的 PDA：

$$M = (\{q_0, q_1, q_2, q_3, q_4, q_5\}, \{a, b\}, \{0, 1, z\}, \delta, q_0, z, \{q_5\})$$

其中

$$\delta(q_0, b, z) = \{(q_1, 1z)\}$$

$$\delta(q_1, b, 1) = \{(q_1, 11)\}$$

$$\delta(q_2, a, 1) = \{(q_3, \lambda)\}$$

$$\delta(q_3, a, 1) = \{(q_4, \lambda)\}$$

$$\delta(q_4, a, z) = \{(q_4, z), (q_5, z)\}$$

所接受的语言是什么？

13. 如下的 NPDA：

$$M = (\{q_0, q_1, q_2, q_3, q_4, q_5\}, \{a, b\}, \{0, 1, z\}, \delta, q_0, z, \{q_5\})$$

其中

$$\delta(q_0, a, z) = \{(q_1, a), (q_2, \lambda)\}$$

$$\delta(q_1, b, a) = \{(q_1, b)\}$$

$$\delta(q_1, b, b) = \{(q_1, b)\}$$

$$\delta(q_1, a, b) = \{(q_2, \lambda)\}$$

所接受的语言是什么？

14. 如果例 7.4 的 NPDA 的最终状态集改为 $F = \{q_0, q_f\}$，它会接受什么语言？

15. 如果练习题 13 的 NPDA 的最终状态集改为 $F = \{q_0, q_1, q_2\}$，它会接受什么语言？

16. 给出一个不超过两个内部状态的 NPDA，使其接受语言 $L(aa^*ba^*)$。

17. 假设我们将例 7.2 中 $\delta(q_2, \lambda, 0)$ 的值替换为

$$\delta(q_2, \lambda, 0) = \{(q_0, \lambda)\}$$

那么这个新的 PDA 所接受的语言是什么？

18. 我们可以这样来定义一种受限的 NPDA，在每个动作中，它最多只能在栈中增加一个符号。相应地修改定义 7.1 为

$$\delta : Q \times (\Sigma \cup \{\lambda\}) \times \Gamma \to 2^{Q \times (\Gamma\Gamma \cup \Gamma \cup \{\lambda\})}$$

其含义是 δ 的值域为形如 (q_i, ab), (q_i, a) 或 (q_i, λ) 这样的二元组组成的集合。证明对每个 NPDA M，都存在一个受限形式的 NPDA $\widehat{M}$，满足 $L(M) = L(\widehat{M})$。

19. 除了定义 7.2 中接受语言的方式以外，还有另外一种接受语言的定义：当扫描完输入字符串时栈刚好为空。形式上，一个 NPDA M 以空栈方式接受的语言 $N(M)$ 定义为

$$N(M) = \{w \in \Sigma^* : (q_0, w, z) \vdash_M^* (p, \lambda, \lambda)\}$$

其中 p 是 Q 中的任意状态。证明 NPDA 以这种方式接受语言与定义 7.2 的方式是等价的，也就是说，存在一个 NPDA $\widehat{M}$ 满足 $L(M) = N(\widehat{M})$，反之亦然。

7.2 下推自动机和上下文无关语言

在上一节的例子中，我们看到，对于一些熟悉的上下文无关语言，存在相应的下推自动机。这并不是偶然的。接下来我们要建立两个重要的结论，揭示上下文无关语言与非确定的下推自动机之间的一种普遍关系。我们将证明，对于每一个上下文无关语言，都存在一个能够接受它的 NPDA；反之，任何 NPDA 所接受的语言也都是上下文无关的。

7.2.1 上下文无关语言对应的下推自动机

我们首先证明，对于每一个上下文无关语言都存在一个能够接受它的 NPDA。基本思想是构造一个 NPDA，它能以某种方式实现该语言中字符串的最左推导。为了简化证明过程，我们假定该语言是由格雷巴赫范式生成的。

我们将要构造的这个 PDA，它实现推导的方式为：将句型右侧变元的部分保存在栈中，而使左侧完全由终结符组成的那部分与读入的内容保持一致。我们先将文法的开始变元压入栈中。此后，如果想要模拟推导中对产生式 $A \to ax$ 的应用，那么栈顶变元必须是 A 且读入的终结符必须是 a。模拟过程中，栈顶符号 A 会被符号串 x 替换。从这个过程中，我们很容易看出需要由 δ 完成的任务。在给出一般性证明之前，我们先来看一个简单的例子。

例 **7.6** 构造一个 PDA，使其接受由以下文法生成的语言：

$$S \to aSbb \mid a$$

先将文法转换为格雷巴赫范式，得到产生式为：

$$S \to aSA \mid a$$
$$A \to bB$$
$$B \to b$$

相应的自动机将有三个状态 $\{q_0, q_1, q_2\}$，初始状态为 q_0，最终状态为 q_2。首先，通过以下转移将开始符号 S 压入栈中：

$$\delta(q_0, \lambda, z) = \{(q_1, Sz)\}$$

当这个 PDA 从输入中读入字符 a 时，通过将栈顶的 S 替换为 SA 来模拟应用产生式 $S \to aSA$ 的推导。类似地，模拟产生式 $S \to a$ 会使 PDA 在读入一个 a 时简单地从栈顶删除 S。因此，这两个产生式在 PDA 中表示为：

$$\delta(q_1, a, S) = \{(q_1, SA), (q_1, \lambda)\}$$

类似地，根据其他产生式可以得到：

$$\delta(q_1, b, A) = \{(q_1, B)\}$$
$$\delta(q_1, b, B) = \{(q_1, \lambda)\}$$

当栈开始符号出现在栈顶时表示推导已经完成，那么 PDA 再通过

$$\delta(q_1, \lambda, z) = \{(q_2, \lambda)\}$$

进入最终状态。

这个例子的构造过程同样适用于其他情况，进而可以得到一个普遍性结论。

定理 **7.1** 对于任何上下文无关语言 L，都存在一个 NPDA M，使得

$$L = L(M)$$

证明 如果 L 是一个不含 λ 的上下文无关语言，则存在可以生成该语言且属于格雷巴赫范式的上下文无关文法。设 $G = (V, T, S, P)$ 是一个这样的文法，然后我们构造一个 NPDA，来模拟这个文法的最左推导。如前面例子中所指出的模拟过程：

将句型中尚未处理的部分保存在栈中，使句型的终结符前缀与输入字符串对应的前缀相匹配。

具体而言，将 NPDA 构造为

$$M = (\{q_0, q_1, q_f\}, T, V \cup \{z\}, \delta, q_0, z, \{q_f\})$$

其中 $z \notin V$。注意，M 的输入字母表与 G 的终结符集是相同的，而栈字母表则包含文法的变元集。

它的转移函数将包括

$$\delta(q_0, \lambda, z) = \{(q_1, Sz)\} \tag{7.1}$$

因此，在 M 的第一个动作之后，栈中已经有了推导的开始变元 S。（我们可以用栈的开始符号 z 作为标记去判断推导的结束。）此外，只要产生式集合 P 中有形如

$$A \rightarrow au$$

的产生式，那么转移函数规则集中就存在满足

$$(q_1, u) \in \delta(q_1, a, A) \tag{7.2}$$

的转移，它表示读入字符 a 时，用 u 替换了栈顶的 A。通过这种方式生成的转移函数，会使 PDA 可以模拟所有的推导。最后，我们通过

$$\delta(q_1, \lambda, z) = \{(q_f, z)\} \tag{7.3}$$

使 M 达到最终状态。

为了证明 M 会接受任何 $w \in L(G)$，考虑如下部分最左推导：

$$S \overset{*}{\Rightarrow} a_1 a_2 \cdots a_n A_1 A_2 \cdots A_m$$
$$\Rightarrow a_1 a_2 \cdots a_n b B_1 \cdots B_k A_2 \cdots A_m$$

如果 M 要模拟这个推导，那么在读入 $a_1 a_2 \cdots a_n$ 后，栈中一定包含 $A_1 A_2 \cdots A_m$。为了进行下一步推导，G 中一定有产生式

$$A_1 \rightarrow b B_1 \cdots B_k$$

而根据构造，M 中有转移规则

$$(q_1, B_1 \cdots B_k) \in \delta(q_1, b, A_1)$$

因此，在读入 $a_1 \cdots a_n b$ 之后，栈中的符号将会是 $B_1 \cdots B_k A_2 \cdots A_m$。

然后，对推导的步骤数进行简单的归纳可以证明：如果

$$S \overset{*}{\Rightarrow} w$$

那么

$$(q_1, w, Sz) \vdash^* (q_1, \lambda, z)$$

再根据式 (7.1) 和式 (7.3)，则有

$$(q_0, w, z) \vdash (q_1, w, Sz) \vdash^* (q_1, \lambda, z) \vdash (q_f, \lambda, z)$$

因此 $L(G) \subseteq L(M)$。

为证明 $L(M) \subseteq L(G)$，设 $w \in L(M)$。那么由定义可知

$$(q_0, w, z) \vdash^* (q_f, \lambda, u)$$

然而从 q_0 到 q_1 以及从 q_1 到 q_f 都仅有一条路径。因此，必然存在

$$(q_1, w, Sz) \vdash^* (q_1, \lambda, z)$$

现在，我们设 $w = a_1 a_2 a_3 \cdots a_n$，那么

$$(q_1, a_1 a_2 a_3 \cdots a_n, Sz) \vdash^* (q_1, \lambda, z) \tag{7.4}$$

的第一步必须是式 (7.2) 形式的规则，以获得

$$(q_1, a_1 a_2 a_3 \cdots a_n, Sz) \vdash (q_1, a_2 a_3 \cdots a_n, u_1 z)$$

而文法中显然存在产生式 $S \to a_1 u_1$，因此有

$$S \Rightarrow a_1 u_1$$

重复这个过程，设 $u_1 = A u_2$，我们有

$$(q_1, a_2 a_3 \cdots a_n, A u_2 z) \vdash (q_1, a_3 \cdots a_n, u_3 u_2 z)$$

这意味着文法中存在 $A \to a_2 u_3$ 并且可得

$$S \overset{*}{\Rightarrow} a_1 a_2 u_3 u_2$$

这清楚地表明，在任何时刻，栈的内容 (除了符号 z) 与句型中没有被匹配的部分是一致的，因此根据式 (7.4) 可知

$$S \overset{*}{\Rightarrow} a_1 a_2 \cdots a_n$$

因此，$L(M) \subseteq L(G)$，我们完成了当语言中不含 λ 时的证明。

如果 $\lambda \in L$，我们为所构造的 NPDA 增加一个转移

$$\delta(q_0, \lambda, z) = \{(q_f, z)\}$$

这样就接受了空串。

例 7.7 考虑文法

$$S \to aA$$
$$A \to aABC \mid bB \mid a$$
$$B \to b$$
$$C \to c$$

因为它已经是格雷巴赫范式，我们可以直接使用前面定理中的构造方法。除了转移规则

$$\delta(q_0, \lambda, z) = \{(q_1, Sz)\}$$

和

$$\delta(q_1, \lambda, z) = \{(q_f, z)\}$$

之外，这个 PDA 还包括以下规则：

$$\delta(q_1, a, S) = \{(q_1, A)\}$$
$$\delta(q_1, a, A) = \{(q_1, ABC), (q_1, \lambda)\}$$
$$\delta(q_1, b, A) = \{(q_1, B)\}$$
$$\delta(q_1, b, B) = \{(q_1, \lambda)\}$$
$$\delta(q_1, c, C) = \{(q_1, \lambda)\}$$

M 在处理 $aaabc$ 时的转移序列为

$$(q_0, aaabc, z) \vdash (q_1, aaabc, Sz)$$
$$\vdash (q_1, aabc, Az)$$
$$\vdash (q_1, abc, ABCz)$$
$$\vdash (q_1, bc, BCz)$$
$$\vdash (q_1, c, Cz)$$
$$\vdash (q_1, \lambda, z)$$
$$\vdash (q_f, \lambda, z)$$

相应的推导过程为

$$S \Rightarrow aA \Rightarrow aaABC \Rightarrow aaaBC \Rightarrow aaabC \Rightarrow aaabc$$

　　为了简化证明过程，定理 7.1 的证明假定文法是格雷巴赫范式，但这并不是必需的。针对一般形式的上下文无关文法，我们可以给出类似但稍微复杂的构造方法。例如，对于形如

$$A \to Bx$$

的产生式，我们将栈顶的 A 替换为 Bx，但并不消耗输入符号。而对于形如

$$A \to abCx$$

的产生式，我们首先需要将输入中的 ab 与栈中的相似符号串进行匹配，然后再用 Cx 替换 A。我们将这种形式的构造方法以及相应的证明留作练习题。

7.2.2 下推自动机对应的上下文无关文法

定理 7.1 的逆命题也成立。相关的构造过程已经给出部分提示：逆转定理 7.1 中的构造过程，让文法模拟 PDA 的动作。这意味着用句型的变元部分反映栈的内容，将已处理的输入字符作为句型中仅有终结符的前缀部分。为了实现这个过程，需要处理相当一部分的细节。

为了让讨论尽可能简单，我们假定该 NPDA 满足以下要求：

1. 它仅具有一个最终状态 q_f，只有当栈为空时才会进入该最终状态。

2. 当 $a \in \Sigma \cup \{\lambda\}$ 时，所有转移规则都形如 $\delta(q_i, a, A) = \{c_1, c_2, \cdots, c_n\}$，其中

$$c_i = (q_j, \lambda) \tag{7.5}$$

或

$$c_i = (q_j, BC) \tag{7.6}$$

也就是说，每次迁移都会使栈的内容增加或减少一个符号。

这些限制可能看起来过于严格，但实际上并不是这样。可以证明，对于任何 NPDA，都存在一个具有要求 1 和要求 2 的等价形式。这种等价性在 7.1 节的练习题 18 和练习题 19 中部分地阐述过。在这里需要进一步说明，但是我们把该证明留给读者作为练习题（见本节的练习题 17）。假定这是成立的，我们现在构造一个上下文无关文法来描述 NPDA 所接受的语言。

正如前面所述，我们要用句型表示栈的内容。但是 NPDA 的格局还包括一个内部状态，而这个状态也应该记录在句型中。其实很难看出应该如何做到这一点，所以我们给出的构造方法需要一些技巧。

我们暂且假设能够找到这样的一个文法，它的变元都是 $(q_i A q_j)$ 形式的，这种变元的产生式满足

$$(q_i A q_j) \overset{*}{\Rightarrow} v$$

当且仅当 NPDA 在读入输入 v 时，会从状态 q_i 转移到状态 q_j，并从栈中清除 A。这里"清除"的意思是将 A 以及 A 的所有影响（即用来替换 A 的所有后继符号串）完全从栈中删除，并使得原来在 A 下方的符号到达栈顶。如果我们能够找到这样的一个文法，并选择 $(q_0 z q_f)$ 作为它的开始变元，那么，当且仅当 NPDA 在读取了 w，从 q_0 转移到 q_f，并清除了 z（使栈为空）时，会有

$$(q_0 z q_f) \overset{*}{\Rightarrow} w$$

但这刚好也是 NPDA 如何接受 w 的过程。因此，由这个文法生成的语言与 NPDA 所接受的语言完全相同。

为了构造一个能够满足这些条件的文法，我们逐个检查 NPDA 所能进行的不同迁移类型。由于式 (7.5) 会立即清除符号 A，因此文法中存在一个对应的产生式

$$(q_i A q_j) \rightarrow a$$

而由式 (7.6) 类型的转移规则得到的产生式为一组规则

$$(q_i A q_k) \rightarrow a(q_j B q_l)(q_l C q_k)$$

其中 q_k 和 q_l 取 Q 中所有可能的值。这是由于，要清除 A，我们首先将 A 替换为 BC，同时读入 a 并从状态 q_i 转移到 q_j。然后依次从 q_j 到 q_l 并清除 B，再从 q_l 到 q_k 并清除 C。

在最后一步中，似乎我们添加了太多的产生式，因为在清除 B 时，从状态 q_j 可能无法到达某些状态 q_l。的确如此，但这并不会影响该文法。因为这样得到的变元 $(q_j B q_l)$ 是无用的，它不会改变文法所接受的语言。

最后，我们将 $(q_0 z q_f)$ 作为开始变元，其中 q_f 是 NPDA 唯一的最终状态。

例 7.8 考虑一个 NPDA，它有如下转移：

$$\delta(q_0, a, z) = \{(q_0, Az)\}$$
$$\delta(q_0, a, A) = \{(q_0, A)\}$$
$$\delta(q_0, b, A) = \{(q_1, \lambda)\}$$
$$\delta(q_1, \lambda, z) = \{(q_2, \lambda)\}$$

它的初始状态是 q_0，最终状态是 q_2，因此符合前面的要求 1 但不符合要求 2。为了满足后者，我们引入一个新的状态 q_3 以及一个中间步骤，在该步骤中，先从栈中删除 A 再在下一次迁移中替换它。新的转移规则集为

$$\delta(q_0, a, z) = \{(q_0, Az)\}$$
$$\delta(q_3, \lambda, z) = \{(q_0, Az)\}$$
$$\delta(q_0, a, A) = \{(q_3, \lambda)\}$$
$$\delta(q_0, b, A) = \{(q_1, \lambda)\}$$
$$\delta(q_1, \lambda, z) = \{(q_2, \lambda)\}$$

最后的三个转移是式 (7.5) 形式的，因此可以得到相应的产生式

$$(q_0 A q_3) \rightarrow a, \quad (q_0 A q_1) \rightarrow b, \quad (q_1 z q_2) \rightarrow \lambda$$

由前两个转移我们可以得到的产生式集为

$$(q_0 z q_0) \rightarrow a(q_0 A q_0)(q_0 z q_0) \mid a(q_0 A q_1)(q_1 z q_0) \mid$$
$$a(q_0 A q_2)(q_2 z q_0) \mid a(q_0 A q_3)(q_3 z q_0)$$
$$(q_0 z q_1) \rightarrow a(q_0 A q_0)(q_0 z q_1) \mid a(q_0 A q_1)(q_1 z q_1) \mid$$
$$a(q_0 A q_2)(q_2 z q_1) \mid a(q_0 A q_3)(q_3 z q_1)$$

$$(q_0 z q_2) \rightarrow a(q_0 A q_0)(q_0 z q_2) \mid a(q_0 A q_1)(q_1 z q_2) \mid$$
$$a(q_0 A q_2)(q_2 z q_2) \mid a(q_0 A q_3)(q_3 z q_2)$$
$$(q_0 z q_3) \rightarrow a(q_0 A q_0)(q_0 z q_3) \mid a(q_0 A q_1)(q_1 z q_3) \mid$$
$$a(q_0 A q_2)(q_2 z q_3) \mid a(q_0 A q_3)(q_3 z q_3)$$

$$(q_3 z q_0) \rightarrow (q_0 A q_0)(q_0 z q_0) \mid (q_0 A q_1)(q_1 z q_0) \mid (q_0 A q_2)(q_2 z q_0) \mid (q_0 A q_3)(q_3 z q_0)$$
$$(q_3 z q_1) \rightarrow (q_0 A q_0)(q_0 z q_1) \mid (q_0 A q_1)(q_1 z q_1) \mid (q_0 A q_2)(q_2 z q_1) \mid (q_0 A q_3)(q_3 z q_1)$$
$$(q_3 z q_2) \rightarrow (q_0 A q_0)(q_0 z q_2) \mid (q_0 A q_1)(q_1 z q_2) \mid (q_0 A q_2)(q_2 z q_2) \mid (q_0 A q_3)(q_3 z q_2)$$
$$(q_3 z q_3) \rightarrow (q_0 A q_0)(q_0 z q_3) \mid (q_0 A q_1)(q_1 z q_3) \mid (q_0 A q_2)(q_2 z q_3) \mid (q_0 A q_3)(q_3 z q_3)$$

这看上去相当复杂，但可以化简。不出现在任何产生式左侧的变元一定是无用的，所以我们可以立即删除 $(q_0 A q_0)$ 和 $(q_0 A q_2)$。同样，通过检查修改后的 NPDA 转移图中的转移，可以发现其中不存在路径的有 q_1 到 q_0、q_1 到 q_1、q_1 到 q_3，以及 q_2 到 q_2，这使相应的变元都成为无用的。当删除所有这些无用产生式后，我们得到了更简洁的文法

$$(q_0 A q_3) \rightarrow a$$
$$(q_0 A q_1) \rightarrow b$$
$$(q_1 z q_2) \rightarrow \lambda$$
$$(q_0 z q_0) \rightarrow a(q_0 A q_3)(q_3 z q_0)$$
$$(q_0 z q_1) \rightarrow a(q_0 A q_3)(q_3 z q_1)$$
$$(q_0 z q_2) \rightarrow a(q_0 A q_1)(q_1 z q_2) \mid a(q_0 A q_3)(q_3 z q_2)$$
$$(q_0 z q_3) \rightarrow a(q_0 A q_3)(q_3 z q_3)$$
$$(q_3 z q_0) \rightarrow (q_0 A q_3)(q_3 z q_0)$$
$$(q_3 z q_1) \rightarrow (q_0 A q_3)(q_3 z q_1)$$
$$(q_3 z q_2) \rightarrow (q_0 A q_1)(q_1 z q_2) \mid (q_0 A q_3)(q_3 z q_2)$$

$$(q_3 z q_3) \rightarrow (q_0 A q_3)(q_3 z q_3)$$

其中，开始变元为 $(q_0 z q_0)$。

例 7.9 考虑例 7.8 中 PDA 所接受的字符串 $w = aab$，接受它的连续格局为

$$
\begin{aligned}
(q_0, aab, z) &\vdash (q_0, ab, Az) \\
&\vdash (q_3, b, z) \\
&\vdash (q_0, b, Az) \\
&\vdash (q_1, \lambda, z) \\
&\vdash (q_2, \lambda, \lambda)
\end{aligned}
$$

在文法 G 中相应的推导为

$$
\begin{aligned}
(q_0 z q_2) &\Rightarrow a(q_0 A q_3)(q_3 z q_2) \\
&\Rightarrow aa(q_3 z q_2) \\
&\Rightarrow aa(q_0 A q_1)(q_1 z q_2) \\
&\Rightarrow aab(q_1 z q_2) \\
&\Rightarrow aab
\end{aligned}
$$

如果能注意到这个 PDA 连续的瞬时描述与推导中的各个句型之间的对应关系，那么会更有助于理解后续定理中的证明步骤。每个句型的最左变元中的第一个 q_i 是 PDA 的当前状态，而中间符号的顺序与栈内容相同。

尽管这个构造得到了相当复杂的文法，但这个方法可以被应用到任何 PDA 上，只要它的转移规则满足给定的条件。同时，这也为一般性结论的证明提供了基础。

定理 7.2 对于任何一个 NPDA M，如果 $L = L(M)$，那么 L 是一个上下文无关语言。

证明 假设 $M = (Q, \Sigma, \Gamma, \delta, q_0, z, F)$ 满足上面的要求 1 和要求 2。我们使用上述构造得到文法 $G = (V, T, S, P)$，其中 $T = \Sigma$ 且 V 由形如 $(q_i c q_j)$ 的元素组成。我们将证明这样得到的文法，对所有 $q_i, q_j \in Q$，$A \in \Gamma$，$X \in \Gamma^*$，$u, v \in \Sigma^*$，由

$$(q_i, uv, AX) \overset{*}{\vdash} (q_j, v, X) \tag{7.7}$$

可以得到

$$(q_i A q_j) \overset{*}{\Rightarrow} u$$

反之亦然。

第一部分要证明的是，只要 NPDA 在读入 u 并从状态 q_i 转移到 q_j 时，都能将符号 A 及其影响从栈中完全删除，那么变元 $(q_i A q_j)$ 就可以推导出 u。这一点并不难看出，因为文法就是为了达到这个目的而构造的。只需通过对迁移次数的归纳，就可以使这个结论更加明确。

对于逆命题，考虑推导过程中的单独步骤，比如

$$(q_i A q_k) \Rightarrow a(q_j B q_l)(q_l C q_k)$$

那么 NPDA 使用相应的转移函数

$$\delta(q_i, a, A) = \{(q_j, BC), \cdots\} \tag{7.8}$$

在控制单元将从状态 q_i 转换到状态 q_j 时，会从栈中删除 A 并压入 BC，同时读入 a。类似地，如果

$$(q_i A q_j) \overset{*}{\Rightarrow} a \tag{7.9}$$

那么必须有一个相应的转移

$$\delta(q_i, a, A) = \{(q_j, \lambda)\} \tag{7.10}$$

这样就可以从栈中弹出 A。由此我们可以看出，从 $(q_i A q_j)$ 推导出的句型定义了 NPDA 中一个可能的格局序列，通过这些格局就可以得到式 (7.7)。

请注意，对于某些不存在式 (7.8) 或式 (7.10) 形式转移的 $(q_j B q_l)(q_l C q_k)$ 来说，$(q_i A q_j) \Rightarrow a(q_j B q_l)(q_l C q_k)$ 也是有可能的，但是在这种情况下，右侧至少会有一个变元是无用的。而对于那些所有最终能得到全为终结符字符串的句型来说，我们所给出的证明都是有效的。

现在，如果我们将该结论应用于

$$(q_0, w, z) \overset{*}{\vdash} (q_f, \lambda, \lambda)$$

可以看到，上式情况成立当且仅当

$$(q_0 z q_f) \overset{*}{\Rightarrow} w$$

因此，$L(M) = L(G)$。 ∎

入门练习题

1. 为如下文法构造一个非确定的下推自动机：

$$S \to aB$$

$$B \to b$$

$$B \to bBC$$

$$C \to c$$

2. 将如下文法转换为等价的 PDA：

$$S \to aAB$$

$$A \to a \mid aS$$

$$B \to b$$

3. 将如下文法转换为等价的 PDA：

$$S \to aABa$$

$$A \to a \mid aS$$

$$B \to b$$

练习题

1. 构造一个 PDA 能接受由文法 $S \to abSb \mid \lambda$ 定义的语言。
2. 构造一个 PDA 能接受由文法 $S \to aSSSab \mid \lambda$ 定义的语言。
3. 构造一个 NPDA 能接受由如下文法生成的语言：

$$S \to aSbb \mid abb$$

4. 证明例 7.6 中构造的 PDA 可以接受字符串 $aabb$ 和 $aaabbbb$，而且二者都属于给定文法的语言。
5. 证明例 7.6 中的 PDA 接受语言 $L = \{a^{n+1}b^{2n} : n \geqslant 0\}$。
6. 构造一个 NPDA 能接受由文法 $S \to aSSS \mid ba$ 生成的语言。
7. 构造一个与如下文法相对应的 NPDA：

$$S \to aABB \mid aAA$$

$$A \to aBB \mid b$$

$$B \to bBB \mid A$$

8. 构造一个 NPDA 接受由文法 G 生成的语言，其中 $G = (\{S, A\}, \{a, b\}, S, P)$，产生式为 $S \to AA \mid a, A \to SA \mid ab$。

9. 证明由定理 7.1 和定理 7.2 可得如下结论：对于每个 NPDA M，存在一个最多有三个状态的 NPDA $\widehat{M}$，使得 $L(M) = L(\widehat{M})$。

10. 说明如何将练习题 9 中 $\widehat{M}$ 的状态数减少为两个。

11. 为语言 $L = \{a^n b^{n+1} : n \geqslant 0\}$ 构造一个两状态的 NPDA。

12. 构造一个两状态的 NPDA，它接受语言 $L = \{a^n b^{2n} : n \geqslant 2\}$。

13. 证明例 7.8 中的 NPDA 接受 $L(aa^*b)$。

14. 证明例 7.8 中的文法生成语言 $L(aa^*b)$。

15. 在例 7.8 中，证明变元 $(q_0 z q_1)$ 是无用的。

16. 构造一个上下文无关文法，它生成的语言可以被 NPDA M 接受，其中 $M = (\{q_0, q_1\}, \{a, b\}, \{A, z\}, \delta, q_0, z, \{q_1\})$，转移函数为

$$\delta(q_0, a, z) = \{(q_0, Az)\}$$

$$\delta(q_0, b, A) = \{(q_0, AA)\}$$

$$\delta(q_0, a, A) = \{(q_1, \lambda)\}$$

17. 证明对于每个 NPDA 都存在一个满足定理 7.2 导言中条件 1 和条件 2 的等价 NPDA。

18. 给出定理 7.2 证明中的全部细节。

19. 给出一个构造方法，通过该方法可以在定理 7.1 的证明中使用任意上下文无关文法。

20. 例 7.8 中的文法是否仍然含有无用变元？

7.3　确定的下推自动机和确定的上下文无关语言

确定的下推接受器（DPDA）是没有可选迁移的下推自动机，它可以通过修改定义 7.1 得到。

> **定义 7.3**　一个下推自动机 $M = (Q, \Sigma, \delta, q_0, F)$ 称为确定的，如果它是由定义 7.1 定义的自动机，并且满足以下限制条件：对于任意的 $q \in Q$，$a \in \Sigma \cup \{\lambda\}$ 和 $b \in \Gamma$，
>
> 　　1. $\delta(q, a, b)$ 包含最多一个元素。
>
> 　　2. 如果 $\delta(q, \lambda, b)$ 非空，那么对于每个 $c \in \Gamma$ 都一定有 $\delta(q, c, b)$ 为空。
>
> 第 1 个条件简单地要求对于任何给定输入字符和任何栈顶符号，最多只能进行一种迁移。第 2 个条件说明，如果对于某个格局存在 λ-转移，那么就不能有消耗输入字符的可选迁移。

我们需要注意这个定义与确定的有穷自动机之间的区别。因为我们想要保留 λ-转移，所以转移函数的定义域仍然与定义 7.1 中的一样，而不是 $Q \times \Sigma \times \Gamma$。由于栈顶符号在确

定下一步迁移时要发挥作用，因此λ-转移的存在并不一定导致非确定性。此外，DPDA 的一些转移函数也可以是空集，也就是说，它们没有定义，因此可能存在死格局。但这并不对该定义造成影响，因为衡量确定性的唯一标准是在任何时候最多只存在一种可能的迁移。

> **定义 7.4**　一个语言 L 称为确定的上下文无关语言，当且仅当存在一个 DPDA M 使得 $L = L(M)$。

例 7.10　语言

$$L = \{a^n b^n : n \geqslant 0\}$$

是确定的上下文无关语言。因为 PDA $M = (\{q_0, q_1, q_2\}, \{a, b\}, \{0, 1\}, \delta, q_0, 0, \{q_0\})$ 能够接受这个语言，其中 M 的转移函数为

$$\delta(q_0, a, 0) = \{(q_1, 10)\}$$
$$\delta(q_1, a, 1) = \{(q_1, 11)\}$$
$$\delta(q_1, b, 1) = \{(q_2, \lambda)\}$$
$$\delta(q_2, b, 1) = \{(q_2, \lambda)\}$$
$$\delta(q_2, \lambda, 0) = \{(q_0, \lambda)\}$$

M 满足定义 7.3 中的条件，所以语言 L 是确定的。

例 7.5 中的 NPDA 不是确定的，因为

$$\delta(q_0, a, a) = \{(q_0, aa)\}$$

且

$$\delta(q_0, \lambda, a) = \{(q_1, a)\}$$

这违反了定理 7.3 中的条件 2。而这当然并不意味着语言 $\{ww^R\}$ 本身是非确定的，因为有可能存在一个等价的 DPDA。但实际上，该语言确实是非确定的。从这个例子和下一个例子中我们会看到，与有穷自动机不同的是，确定的和非确定的下推自动机之间并不等价，因为存在非确定的上下文无关语言。

例 7.11　设

$$L_1 = \{a^n b^n : n \geqslant 0\}$$

且

$$L_2 = \{a^n b^{2n} : n \geqslant 0\}$$

将证明 L_1 是上下文无关语言的过程稍加修改，就可以用来证明 L_2 也是上下文无关

的。语言

$$L = L_1 \cup L_2$$

同样也是上下文无关的。这个结论可以从下一章的一个一般性定理得到，但现在只简单说明一下其中原因。设上下文无关文法 $G_1 = (V_1, T, S_1, P_1)$ 和 $G_2 = (V_2, T, S_2, P_2)$ 分别满足 $L_1 = L(G_1)$ 和 $L_2 = L(G_2)$。如果我们假设 V_1 和 V_2 不相交，且 $S \notin V_1 \cup V_2$，那么合并这两个文法，得到文法 $G = (V_1 \cup V_2 \cup \{S\}, T, S, P)$，其中

$$P = P_1 \cup P_2 \cup \{S \rightarrow S_1 \mid S_2\}$$

那么文法 G 生成的语言为 $L_1 \cup L_2$。这样，该结论已经相当清楚了，但详细的证明会在第 8 章中给出。由此，我们可以得到 L 是上下文无关的。但是 L 不是确定的上下文无关语言。这看起来是合理的，因为这个 PDA 对每个 a 要匹配要么一个 b 要么两个 b。因此，不论输入字符串属于 L_1 或 L_2，它都需要进行初始选择。在字符串开始的时候没有任何信息可以用来确定地做出这个选择。当然，这个论证过程是基于我们已有的特定算法的，它虽然可以帮助我们得到正确的猜测，但不能证明任何事情。总是有可能存在一种完全不同的方法来避免初始选择。但事实证明，并不存在这样的方法，因此 L 是非确定的。为了证明这一点，我们首先建立如下命题。如果 L 是一个确定的上下文无关语言，那么

$$\widehat{L} = L \cup \{a^n b^n c^n : n \geqslant 0\}$$

将是一个上下文无关语言。我们通过在给定 L 的 DPDA M 的情况下，构造 $\widehat{L}$ 的 DPDA $\widehat{M}$ 来说明。

这个构造的思路是，在 M 的控制单元中增加一个类似的部分，将由 b 引起的那些转移替换为由 c 引起转移。在 M 读入 $a^n b^n$ 后，会进入这个新的控制单元部分。由于第二部分中对 c^n 的响应与第一部分中对 b^n 的响应相同，因此它识别 $a^n b^{2n}$ 的过程也同样适用于接受 $a^n b^n c^n$。图 7.4 形象地示意了这个构造过程，下面给出形式化的证明。

设 $M = (Q, \Sigma, \Gamma, \delta, q_0, z, F)$，其中

$$Q = \{q_0, q_1, \cdots, q_n\}$$

然后考虑 $\widehat{M} = (\widehat{Q}, \Sigma, \Gamma, \delta \cup \widehat{\delta}, z, \widehat{F})$，其中

$$\widehat{Q} = Q \cup \{\widehat{q_0}, \widehat{q_1}, \cdots, \widehat{q_n}\}$$
$$\widehat{F} = F \cup \{\widehat{q_i} : q_i \in F\}$$

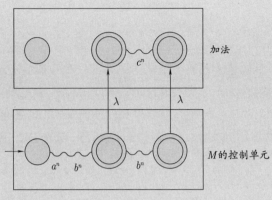

图 7.4

然后通过如下方式由 δ 构造的 $\widehat{\delta}$。首先对所有的 $q_f \in F$，$s \in \Gamma$，在 $\widehat{\delta}$ 中加入

$$\widehat{\delta}(q_f, \lambda, s) = \{(\widehat{q_f}, s)\}$$

然后对所有

$$\delta(q_i, b, s) = \{(q_j, u)\}$$

其中 $q_i \in Q$，$s \in \Gamma$，$u \in \Gamma^*$，在 $\widehat{\delta}$ 中加入

$$\widehat{\delta}(\widehat{q_i}, c, s) = \{(\widehat{q_j}, u)\}$$

因为 M 能接受 $a^n b^n$，所以我们一定有

$$(q_0, a^n b^n, z) \vdash_M^* (q_i, \lambda, u)$$

其中 $q_i \in F$。因为 M 是确定的，所以

$$(q_0, a^n b^{2n}, z) \vdash_M^* (q_i, b^n, u)$$

一定成立，因此它接受 $a^n b^{2n}$。这样，我们就能进一步得到

$$(q_i, b^n, u) \vdash_M^* (q_j, \lambda, u_1)$$

其中 $q_j \in F$。然后，由构造可得

$$(\widehat{q_i}, c^n, u) \vdash_{\widehat{M}}^* (\widehat{q_j}, \lambda, u_1)$$

因此 $\widehat{M}$ 会接受 $a^n b^n c^n$。此外，还需要证明 $\widehat{M}$ 不会接受 $\widehat{L}$ 以外的任何字符串。这在本节的练习题中会涉及。由此可以得出结论 $\widehat{L} = L(\widehat{M})$，因此 $\widehat{L}$ 是上下文无关的。但是我们在下一章（例 8.1）中会给出，其实 $\widehat{L}$ 并不是上下文无关语言。因此，假设不成立，L 不是确定的上下文无关语言。

入门练习题

1. 在例 7.10 中，将规则 $\delta(q_0, a, 0) = \{(q_1, 10)\}$ 替换为 $\delta(q_0, a, 0) = \{(q_1, 110)\}$。解释为什么结果仍然是确定的。

2. 在例 7.10 中，增加规则 $\delta(q_0, \lambda, 0) = \{(q_2, \lambda)\}$。证明新的 PDA 不再是确定的。

3. 如下图的 PDA 接受语言 $L = \{w : n_b(w) = n_a(w)\}$。从这个语言我们能得到什么结论？

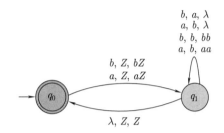

4. 在不实际构造一个 PDA 的条件下，讨论一下为什么如下命题是有道理的：$L = \{a^n b^k a^n : n, k \geqslant 1\}$ 是确定的上下文无关语言。

练习题

1. 证明 $L = \{a^n b^m : n \geqslant m\}$ 是一个确定的上下文无关语言。

2. 证明 $L = \{a^n b^{2n} : n \geqslant 0\}$ 是一个确定的上下文无关语言。

3. 证明 $L = \{a^n b^m : n < m\}$ 是一个确定的上下文无关语言。

4. 证明 $L = \{a^n b^m : m \geqslant n + 3\}$ 是确定的。

5. 证明 $L = \{a^n b^n : n \geqslant 1\} \cup \{b\}$ 是确定的。

6. 证明 $L = \{a^n b^n : n \geqslant 1\} \cup \{a\}$ 是确定的。

7. 证明例 7.4 中的下推自动机是非确定的，但该例题中的语言却是确定的。

8. 对于练习题 1 中的语言 L，证明 L^* 是一个确定的上下文无关语言。

9. 给出一个合理的推测，为什么以下语言不是确定的：

$$L = \{a^n b^m c^k : n = m \text{或} m = k\}$$

10. 语言 $L = \{a^n b^m : n = m \text{ 或 } n = m + 1\}$ 是确定的吗？

11. 语言 $\{w c w^R : w \in \{a, b\}^*\}$ 是确定的吗？

12. 尽管练习题 11 中的语言是确定的，但是与其密切相关的语言 $L = \{w w^R : w \in \{a, b\}^*\}$ 已知是非确定性的。给出支持这个说法的论据。

13. 证明 $L = \{w \in \{a, b\}^* : n_a(w) \neq n_b(w)\}$ 是一个确定的上下文无关语言。

14. 证明 $L = \{a^n b^m : n < 2m\}$ 是一个确定的上下文无关语言。

15. 证明如果 L_1 是确定的上下文无关语言，L_2 是正则语言，则语言 $L_1 \cup L_2$ 是确定的上下文无关语言。

16. 证明在练习题 15 的条件下，$L_1 \cap L_2$ 是确定的上下文无关语言。

17. 给出一个确定的上下文无关语言的例子，但要求该语言的反转不是确定的上下文无关语言。

7.4 确定的上下文无关语言的文法*

因为确定的上下文无关语言可以被高效地解析，所以它在实际应用中非常重要。将下推自动机视为解析装置就可以直观地理解这一点。由于不存在回溯，很容易编写相应的计算机程序，并且可以预期它会高效地工作。由于可能存在 λ-转移，还不能立刻宣称这将得到一个线性时间的解析器，但我们的方向是正确的。为了深入研究这个问题，我们来看一看哪些文法可能适于描述确定的上下文无关语言。在这里，我们进入了编译器研究的一个重要主题，但这其实并不是我们的兴趣所在。我们仅简要介绍一些重要结论，对于更详细的解释，建议读者参考编译器方面的书籍。

假设我们要进行自顶向下的解析，试图找到特定句子的最左推导。为了讨论的方便，使用图 7.5 中阐述的方法。我们从左到右扫描输入字符串 w，同时生成一个句型，保持句型的终结符前缀与当前 w 被扫描的前缀相匹配。为了能继续匹配后续符号，我们需要准确知道在每一步要应用哪个产生式规则。通过这样的方式可以避免回溯，从而得到一个高效的解析器。但问题是，是否存在这样的文法允许我们这样做？对于一般的上下文无关文法来说，是不符合要求的，但如果文法的形式是受限的，我们就可以实现这个目标。

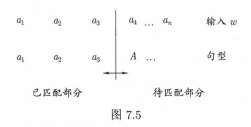

图 7.5

作为第一个例子，我们选择定义 5.4 中的简单文法。从那里的讨论中我们可以清楚地看到，在解析的每个阶段，我们都确切地知道应用的是哪个产生式。假设 $w = w_1 w_2$，而我们已生成的句型为 $w_1 A x$。为了使句型中的下一个符号与输入串 w 中的下一个符号匹配，我们只需查看 w_2 的最左边的那个符号，比如 a。如果文法中没有规则 $A \to ay$，那么字符串 w 不属于该语言。如果存在这样的产生式规则，就可以继续解析。在这种情况下，如果只有一个这样的规则，那么就不需要进行选择。

尽管简单文法很有用，但它们过于严格，无法表示程序设计语言的所有语法特点。我们需要将这种方式进行推广，在不失基本解析性能的情况下使其具有更强的能力。LL 文法 (LL grammar) 就是这种类型的文法。在 LL 文法中，我们仍然可以保持这种方式，即通过查看有限个输入符号（包括已扫描的符号以及紧跟其后的有限个符号）就可以准确预测要使用的是哪个产生式。在有关编译器方面的书籍中，术语 LL 是标准用法，第一个 L 表示输入是从左到右扫描的，第二个 L 表示构建最左推导。每个简单文法都是 LL 文法，但 LL 文法的概念更具普遍性。

例 7.12 文法

$$S \to aSb \mid ab$$

不是简单文法，但它是 LL 文法。为了确定要使用哪个产生式，我们查看输入字符串的两个连续符号。如果第一个是 a，第二个是 b，那么必须使用产生式 $S \to ab$。否则，必须使用 $S \to aSb$。

在一个文法中，如果通过当前符号以及"前瞻 (lookahead)" $k-1$ 个符号，就可以唯一确定使用哪个产生式，那么我们称这个文法是 LL(k) 文法。例 7.12 中的文法是一个 LL(2) 文法。

例 7.13 文法

$$S \to SS \mid aSb \mid ab$$

生成了例 7.12 中语言的正闭包。正如例 5.4 中所指出的，该语言是正确嵌套的括号结构。对于任何 k，该文法都不是 LL(k) 文法。

要理解为什么会这样，我们观察长度大于 2 的字符串的推导过程。首先，有两个可能的产生式 $S \to SS$ 和 $S \to aSb$。扫描到的符号并不能告诉我们哪个是正确的。假设我们使用前瞻，并考虑前两个符号，发现它们是 aa。这能否让我们做出正确的决策呢？答案仍然是否定的。因为它可能是许多字符串的前缀，例如 $aabb$ 或 $aabbab$。对于第一种情况，我们必须从 $S \to aSb$ 开始解析，而对于第二种则必须从 $S \to SS$ 开始。因此该文法不是 LL(2) 文法。同样地，我们可以看到，无论前瞻多少个符号，总会存在一些无法解决的情况。

上述文法中出现这个现象，并不意味着该语言不是确定的，或者不存在适用于它的 LL 文法。如果我们分析原文法失效的原因，就可以从中找到这种语言的 LL 文法。困难在于，在到达字符串的结尾之前，我们无法预测基本模式 $a^n b^n$ 的重复次数，而文法需要立即对此做出决策。我们可以通过重写文法来避免这个困难，文法

$$S \to aSbS \mid \lambda$$

是一个 LL 文法，它几乎等同于原文法。

为了说明这一点，我面来看 $w = abab$ 的最左推导，也就是

$$S \Rightarrow aSbS \Rightarrow abS \Rightarrow abaSbS \Rightarrow ababS \Rightarrow abab$$

可以看到推导中没有进行过任何选择。当发现输入符号是 a 时，我们必须使用产生式 $S \to aSbS$；而当输入符号是 b 或已经到达字符串结尾时，我们必须使用 $S \to \lambda$。

但困难尚未完全解决，因为新的文法可以生成空字符串。我们通过引入新的开始变元 S_0 和一个产生式以确保生成一些非空字符串来解决。这样得到的最终结果为

$$S_0 \to aSbS$$
$$S \to aSbS \mid \lambda$$

这是一个 LL 文法并且与原文法是等价的。

虽然上面对 LL 文法的非形式化描述对于理解简单的例子已经足够了，但我们需要一个更精确的定义，才可以得出严谨的结论。我们以下面的定义来结束本章内容。

定义 7.5　设 $G = (V, T, S, P)$ 是一个上下文无关文法。如果对每一对最左推导

$$S \overset{*}{\Rightarrow} w_1 A x_1 \Rightarrow w_1 y_1 x_1 \overset{*}{\Rightarrow} w_1 w_2$$
$$S \overset{*}{\Rightarrow} w_1 A x_2 \Rightarrow w_1 y_2 x_2 \overset{*}{\Rightarrow} w_1 w_3$$

其中 $w_1, w_2, w_3 \in T^*$，当 w_2 和 w_3 最左的 k 个符号相同时意味着 $y_1 = y_2$，那么 G 被称为 LL(k) 文法。（如果 $|w_2|$ 或 $|w_3|$ 小于 k，则取其中较小的那个代替 k。）

这个定义明确了前面指出的问题。如果在最左推导 $(w_1 Ax)$ 的任何阶段，我们能知道输入的接下来的 k 个符号，那么推导的下一步是唯一确定的（也就是 $y_1 = y_2$ 所表示的）。

有关 LL 文法的主题在编译器研究中非常重要。许多程序设计语言可以用 LL 文法来定义，许多编译器就是使用 LL 解析器编写的。但是 LL 文法还不足以处理所有确定的上下文无关语言。因此，人们对其他更通用的确定性文法产生了兴趣。特别重要的是所谓的 LR 文法，它同样允许高效地解析，但采用的是自底向上构建推导树的方式。在有关编译器（如 Hunter（1981））或形式语言解析方法（例如 Aho 和 Ullman（1972））的书籍中，可以找到大量关于此主题的资料。我们会在第 15~17 章中学习 LL 解析器和 LR 解析器。

练习题

1. 假定 $\Sigma = \{a, b, c\}$，给出如下语言的 LL 文法：
   (a) $L = \{a^n b^m c^{n+m} : n \geqslant 1, m \geqslant 1\}$
   (b) $L = \{a^{n+2} b^m c^{n+m} : n \geqslant 1, m \geqslant 1\}$
   (c) $L = \{a^n b^{n+2} c^{n+m} : n \geqslant 1, m \geqslant 1\}$
2. 证明例 7.13 中第二个文法是一个 LL 文法，且与原文法是等价的。

3. 证明例 1.13 中给出的 $L = \{w : n_a(w) = n_b(w)\}$ 的文法不是 LL 文法。

4. 构造语言 $L(aa^*ba) \cup L(abbb^*)$ 的 LL 文法。

5. 证明任何 LL 文法都是非歧义的。

6. 证明如果 G 是一个 LL(k) 文法，那么 $L(G)$ 是一个确定的上下文无关语言。

7. 证明确定的上下文无关语言不可能是固有歧义的。

8. 设上下文无关文法 G 是格雷巴赫范式。请给出一个算法，对于任何给定的 k，该算法可以确定 G 是不是一个 LL(k) 文法。

上下文无关语言的性质

本章概要

    在本章中，我们研究上下文无关语言的一般性质，并与正则语言的已知性质进行比较。我们会发现，在上下文无关语言中，有关闭包和判定算法等性质往往更为复杂。特别是涉及的两个泵引理，一个是对于上下文无关语言的，另一个是对于线性语言的。虽然其基本思想与正则语言相同，但具体的论证涉及更多细节。

    在形式语言的体系结构中，上下文无关语言族处于核心的位置。一方面，上下文无关语言包括重要的受限语言族，例如正则语言和确定的上下文无关语言。另一方面，上下文无关语言又是更大的语言族的特例。为了研究语言族之间的关系并展示它们的相似与不同之处，我们研究各种语言族的性质。就像第 4 章一样，我们研究各种运算的封闭性、用于确定语言族中成员资格的算法，以及结构性的结论（如泵引理等）。这些都为我们理解不同语言族之间的关系提供了途径，也提供了对特定语言进行恰当分类的手段。

8.1 两个泵引理

    在证明某些语言是非正则的时，定理 4.8 中给出的泵引理是一个有效的工具。而其他语言族，也存在类似的泵引理。在这里，我们将讨论两个这样的结论，一个是针对一般性上下文无关语言的泵引理，另一个是针对一种受限形式上下文无关语言的泵引理。

    正则语言的泵引理基于这样一个事实，即正则语言中的所有字符串必须存在某种重复的模式。如果语言 L 存在不符合这个模式的字符串，那么 L 就不能是正则的。类似的推理可以引出上下文无关语言的泵引理。对于正则语言来说，模式是 DFA 有穷表示的结果。而对于上下文无关语言来说，通过文法更容易看到其中的模式。

    假设一个变元在 $A \overset{*}{\Rightarrow} vAy$（其中 $A \overset{*}{\Rightarrow} x$）的意义下重复。那么推导出的句子将包括子串 vxy。该语言中还会有以 x、$vvxyy$、$vvvxyyy$ 等为子串的句子。

    尽管本质上来说，上下文无关语言的泵引理与正则语言的泵引理并没有区别，但由于上下文无关语言的泵引理中被抽吸的字符串由两部分组成，并且可以出现在字符串的任何位置，因此它的应用更复杂。

8.1.1　上下文无关语言的泵引理

定理 8.1　设 L 是一个无穷的上下文无关语言。那么存在一个正整数 m，使得任何满足 $|w| \geqslant m$ 的 $w \in L$ 都可以分解为

$$w = uvxyz \tag{8.1}$$

其中

$$|vxy| \leqslant m \tag{8.2}$$

且

$$|vy| \geqslant 1 \tag{8.3}$$

并且对于所有 $i = 0, 1, 2, \cdots$，都满足

$$uv^i xy^i z \in L \tag{8.4}$$

这就是上下文无关语言的泵引理。

证明　考虑语言 $L - \{\lambda\}$，设生成该语言的文法为 G，其中没有单元产生式或 λ-产生式。由于产生式右侧字符串的长度总是有界的，不妨设为 k，那么任意一个 $w \in L$ 的推导长度必然至少为 $|w|/k$。因此，由于 L 是无穷的，存在任意长的推导和相应的任意高度的推导树。

现在考虑一个足够高的推导树，以及从根节点到叶节点某个足够长的路径。由于 G 中变元的数量是有限的，因此在这条路径上必定有某个重复的变元，如图 8.1

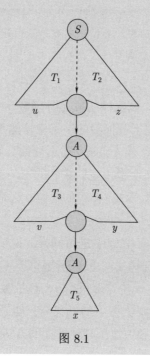

图 8.1

所示。对应于图 8.1 中的推导树，我们有推导

$$S \overset{*}{\Rightarrow} uAz \overset{*}{\Rightarrow} uvAyz \overset{*}{\Rightarrow} uvxyz$$

其中 u、v、x、y 和 z 都是终结符字符串。由上面的推导可以得出，有 $A \overset{*}{\Rightarrow} vAy$ 和 $A \overset{*}{\Rightarrow} x$ 成立，因此对于所有的 $i = 0, 1, 2, \cdots$，文法都可以生成 $uv^i xy^i z$，因此都属于 L。此外，在推导 $A \overset{*}{\Rightarrow} vAy$ 和 $A \overset{*}{\Rightarrow} x$ 中，我们可以假定没有重复变元。要明白这一点，可以参考图 8.1 中推导树的示意图。在子树 T_5 中没有变元重复；否则，我们可以将上述讨论应用到这个重复变元上。同样地，我们可以假定在子树 T_3 和 T_4 中也没有变元重复。因此，字符串 v、x 和 y 的长度仅取决于文法的产生式，而且长度界定不依赖于 w，所以有式 (8.2) 成立。最后，由于没有单元产生式且没有 λ-产生式，所以 v 和 y 不能同时为空串，这就使式 (8.3) 也成立。

因此完成了式 (8.1)～ 式 (8.4) 都成立的证明。   ■

这个泵引理对于证明一个语言不属于上下文无关语言族很有用。它的应用也是一般意义下使用各种泵引理的经典方式，它们都用于证明某个语言不属于某个语言族。就像定理 4.8 那样，正确的论证可以想象成与一个聪明的对手进行游戏，但现在规则使它变得更困难了。对于正则语言，长度不超过 m 的子串 xy 从 w 左端开始。因此，可被抽吸的子串 y 会出现在 w 开头的 m 个符号之内。而对于上下文无关语言，我们只有限制 $|vxy|$ 的上界，在 vxy 之前的子串 u 可以任意长。这给了对手额外的自由度，使得涉及定理 8.1 的证明变得更加复杂。

例 8.1   证明语言

$$L = \{a^n b^n c^n : n \geqslant 0\}$$

不是上下文无关语言。

一旦对手选定了 m，我们就选择 L 中的字符串 $a^m b^m c^m$。现在对手有几种选择。如果他选择 vxy 只包含 a，那么被抽吸的字符串显然不属于 L；如果他选择分解，使得 v 和 y 分别由相等数量的 a 和 b 组成，那么被抽吸的字符串 $a^k b^k c^m$（其中 $k \neq m$）也不属于 L。事实上，对手能够阻止我们获胜的唯一方法是选择 vxy，使得 vy 具有相同数量的 a、b 和 c。但是由于式 (8.2) 的限制，这是不可能的。因此，L 不是上下文无关的。

如果我们尝试对语言 $L = \{a^n b^n\}$ 进行同样的论证，我们将失败，因为这个语言是上下文无关的。如果我们选择 L 中的任何字符串（例如 $w = a^m b^m$），对手可以选择 $v = a^k$ 和 $y = b^k$。现在，无论选取哪个 i，被抽吸的字符串 w^i 都在 L 中。但请记住，这并没有证明 L 是上下文无关的。我们只能说，无法从泵引理中得出任何结论。证明 L 是上下文无关的必须使用其他的证明方法，例如构造一个能生成 L 的上

下文无关文法。

这个证明验证了例 7.11 中提出的命题，并填补其中的空缺。语言

$$\widehat{L} = \{a^n b^n\} \cup \{a^n b^{2n}\} \cup \{a^n b^n c^n\}$$

不是上下文无关的。字符串 $a^m b^m c^m$ 属于 $\widehat{L}$，但是被抽取的结果却不属于 $\widehat{L}$。

例 8.2 考虑语言

$$L = \{ww : w \in \{a, b\}^*\}$$

尽管这个语言看起来与例 5.1 中的那个上下文无关语言非常相似，但它不是上下文无关的。

考虑字符串

$$a^m b^m a^m b^m$$

现在由对手选择 vxy，而我们有许多获胜的方法。例如，对于图 8.2 中的选择，我们可以使用 $i = 0$ 得到形如

$$a^k b^j a^m b^m, \quad k < m \text{ 或 } j < m$$

的字符串，它不属于 L。对于对手的其他选择，也可以给出类似的论证。因此，可以得出 L 不是上下文无关的结论。

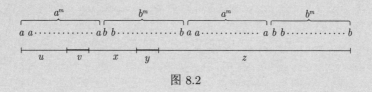

图 8.2

例 8.3 证明语言

$$L = \{a^{n!} : n \geqslant 0\}$$

不是上下文无关的。

这里的对手选择了一个数 m，然后我们选择字符串 $w = a^{m!}$。显然，无论分解为哪种情况，都必然形如 $v = a^k$，$y = a^l$。那么 $w_0 = uxz$ 的长度为 $m! - (k + l)$。当且仅当对于某些 j，

$$m! - (k + l) = j!$$

时，该字符串才属于语言 L。但是这是不可能的，因为当 $k+l \leqslant m$ 时，有

$$m - (k+l) > (m-1)!$$

因此，该语言不是上下文无关的。

例 8.4 证明语言

$$L = \left\{ a^n b^j : n = j^2 \right\}$$

不是上下文无关的。

　　根据定理 8.1，当给定 m 后，我们选取字符串 $a^m b^m$。现在对手有几种选择，唯一需要仔细考虑的是如图 8.3 所示的情况。抽吸 i 次产生的新字符串有 $m^2 + (i-1)k_1$ 个 a 和 $m + (i-1)k_2$ 个 b。如果对手选择 $k_1 \neq 0$，$k_2 \neq 0$，那么我们可以选择 $i = 0$。由于

$$\begin{aligned}
(m - k_2)^2 &\leqslant (m-1)^2 \\
&= m^2 - 2m + 1 \\
&< m^2 - k_1
\end{aligned}$$

因此结果不属于 L。如果对手选择 $k_1 = 0$，$k_2 \neq 0$ 或 $k_1 \neq 0$，$k_2 = 0$，则同样使用 $i = 0$，抽吸后的字符串不在 L 中。由此我们可以得出结论，L 不是上下文无关语言。

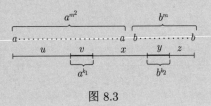

图 8.3

8.1.2 线性语言的泵引理

　　我们在前面的内容中，区分了线性上下文无关文法和非线性上下文无关文法。现在我们要对语言进行类似的区分。

定义 8.1 对于一个上下文无关语言 L，如果存在线性上下文无关文法 G，满足 $L = L(G)$，那么称 L 是线性上下文无关语言。

显然，每个线性语言都是上下文无关的，但我们还没有给出它的逆命题是否也成立。

例 8.5 语言 $L = \{a^n b^n : n \geqslant 0\}$ 是线性语言，例 1.11 中给出了一个线性文法。而例 1.13 中给出的语言 $L = \{w : n_a(w) = n_b(w)\}$ 的文法是非线性的，因此这个语言 L 不一定是线性的。

当然，仅仅因为一个具体的文法不是线性的，并不能说明由它生成的语言不是线性的。如果我们想证明一个语言不是线性的，就必须证明不存在等价的线性文法。我们使用一般的方法，建立线性语言的结构特性，然后证明某些上下文无关语言不具备这些特性。

定理 8.2 设 L 是一个无穷的线性语言，那么存在某个正整数 m，对于任何 $w \in L$（其中 $|w| \geqslant m$），都能够被分解为 $w = uvxyz$，其中

$$|uvyz| \leqslant m \tag{8.5}$$

$$|vy| \geqslant 1 \tag{8.6}$$

那么，对所有 $i = 0, 1, 2, \cdots$，满足

$$uv^i xy^i z \in L \tag{8.7}$$

注意，这个定理的结论与定理 8.1 的不同，因为式 (8.2) 被替换为式 (8.5)。这意味着要被抽吸的字符串 v 和 y 必须位于 w 的左右端点的 m 个符号之内，而中间的字符串 x 可以是任意长度的。

证明 由于这个语言是线性的，因此存在一个线性文法 G，为了方便起见，我们假设 G 没有单元产生式和 λ-产生式。通过考察定理 6.3 和定理 6.4 中的证明过程可以看出，消除单元产生式和 λ-产生式不会破坏文法的线性属性。因此，我们可以假设文法 G 满足相应的要求。

现在考虑字符串 $w \in L(G)$ 的推导：

$$S \overset{*}{\Rightarrow} uAz \overset{*}{\Rightarrow} uvAyz \overset{*}{\Rightarrow} uvxyz = w$$

暂时假定对于每个 $w \in L(G)$，都存在变元 A，使得

1. 在部分推导 $S \overset{*}{\Rightarrow} uAz$ 中没有重复的变元。
2. 在部分推导 $S \overset{*}{\Rightarrow} uAz \overset{*}{\Rightarrow} uvAyz$ 中除 A 外没有重复的变元。
3. 变元 A 的重复一定发生在前 m 步之内，其中 m 可能依赖于文法，但不依赖于 w。

如果满足这些条件，那么 u、v、y、z 的长度限制一定不依赖于 w。这意味着式 (8.5)~ 式 (8.7) 都必然成立。

为了完成证明，我们还需要证明上述条件对每个线性文法都成立。通过变元出现的可能序列，这并不难看出。我们此处省略其中细节并留作练习题 (参见本节的练习题 16)。 ■

例 8.6　语言

$$L = \{w : n_a(w) = n_b(w)\}$$

是非线性的。

为了证明这个命题，我们假设该语言是线性的，然后将定理 8.2 应用于字符串

$$w = a^m b^{2m} a^m$$

根据不等式 (8.5)，在这种情况下，字符串 u、v、y、z 必须全部由字符 a 组成。如果我们将该字符串抽吸一次，将得到 $a^{m+k} b^{2m} a^{m+l}$，其中 $k \geqslant 1$ 或 $l \geqslant 1$，而它不属于 L。这与定理 8.2 矛盾，因此证明了该语言是非线性的。

这个例子回答了有关上下文无关语言和线性语言之间关系的一般问题。线性语言族是上下文无关语言族的真子集。

入门练习题

1. 考虑如下命题：例 8.2 中的证明是不正确的，因为对手可以选择从 a 最左边的字符串中取 $v = a^k$，从最右边的字符串中取 $y = a^k$。然后，无论我们选择什么 i，都不能得到 L 之外的字符串。因此，至少从这个分析来看，我们不能得出 L 不是上下文无关语言的结论。你同意吗？

2. 如何将建议的游戏策略应用于语言 $L = \{a^n b^n c^n : n \geqslant 0\}$ 的分析？请给出动作的序列，以及对于每步的选择和限制都是什么？确保考虑到所有对手的选择和相应的获胜策略。

3. 如何将游戏策略应用于线性语言 $L = \{a^n b^k a^l : n \geqslant 1, l \geqslant 1, k = n + l\}$ 的分析？请给出动作的序列，以及对于每步的选择和限制都是什么？确保考虑到所有对手的选择和相应的获胜策略。为什么 $w = a^{m-2} b^m aa$ 在这个游戏中是一个糟糕的选择？

练习题

1. 证明语言

$$L = \{w : n_a(w) < n_b(w) < n_c(w)\}$$

不是上下文无关的。

2. 证明语言

$$L = \{w \in \{a, b, c\}^* : n_a(w) = n_b(w) \geqslant n_c(w)\}$$

不是上下文无关的。

3. 判断语言 $L = \{a^n b^i c^j d^k : n + k \leqslant i + j\}$ 是不是上下文无关的。

4. 证明语言 $L = \{a^n : n \text{ 是素数}\}$ 不是上下文无关的。

5. 语言 $L = \left\{ a^n b^m : m = 2^n \right\}$ 是上下文无关的吗?

6. 证明语言 $L = \left\{ a^{n^2} : n \geqslant 0 \right\}$ 不是上下文无关的。

7. 证明如下 $\Sigma = \{a, b, c\}$ 上的语言不是上下文无关的:

   (a) $L = \left\{ a^n b^j : n \leqslant j^2 \right\}$

   (b) $L = \left\{ a^n b^j : n \geqslant (j-1)^3 \right\}$

   (c) $L = \left\{ a^n b^j c^k : k = jn \right\}$

   (d) $L = \left\{ a^n b^j c^k : k > n, k > j \right\}$

   (e) $L = \left\{ a^n b^j c^k : n < j, n \leqslant k \leqslant j \right\}$

   (f) $L = \left\{ w : n_a(w) = n_b(w) * n_c(w) \right\}$

   (g) $L = \left\{ w \in \{a, b, c\}^* : n_a(w) + n_b(w) = 2n_c(w), n_a(w) = n_b(w) \right\}$

   (h) $L = \left\{ a^n b^m : n \text{和 } m \text{都是素数} \right\}$

   (i) $L = \left\{ a^n b^m : n \text{是素数或 } m \text{是素数} \right\}$

   (j) $L = \left\{ a^n b^m : n \text{是素数但 } m \text{不是素数} \right\}$

8. 判断如下语言是不是上下文无关的:

   (a) $L = \left\{ a^n w w^R b^n : n \geqslant 0, w \in \{a, b\}^* \right\}$

   (b) $L = \left\{ a^n b^j a^n b^j : n \geqslant 0, j \geqslant 0 \right\}$

   (c) $L = \left\{ a^n b^j a^j b^n : n \geqslant 0, j \geqslant 0 \right\}$

   (d) $L = \left\{ a^n b^j a^k b^l : n + j \leqslant k + l \right\}$

   (e) $L = \left\{ a^n b^j a^k b^l : n \leqslant k, j \leqslant l \right\}$

   (f) $L = \left\{ a^n b^n c^j : n \geqslant j \right\}$

   (g) $L = \left\{ a^n b^n c^k : k = 2n \right\}$

9. 在定理 8.1 中，根据文法 G 的性质给出 m 的范围。

10. 判断如下语言是不是上下文无关的:

$$L = \left\{ w_1 c w_2 : w_1, w_2 \in \{a, b\}^*, w_1 \neq w_2 \right\}$$

11. 证明语言

$$L = \left\{ a^n b^n a^m b^m : n \geqslant 0, m \geqslant 0 \right\}$$

不是上下文无关的。

12. 证明如下语言是非线性的:

$$L = \left\{ w : n_a(w) \leqslant n_b(w) \right\}$$

13. 证明语言 $L = \left\{ w \in \{a, b, c\}^* : n_a(w) + n_b(w) = n_c(w) \right\}$ 是上下文无关的，但是非线性的。

14. 判断语言 $L = \left\{ a^n b^j : j \leqslant n \leqslant 2j - 1 \right\}$ 是不是线性的。

15. 判断语言 $L = \{a^n b^m c^n\} \cup \{a^n b^n c^m\}$ 是不是线性的。

16. 设 G 是有 k 个变元的线性文法，当我们给出变元的任何序列时，一定存在某个重复的变元，使得

    (a) A 的第一次出现一定在某个位置 p，其中 $p \leqslant k$。

    (b) A 的重复不会超过位置 q，其中 $q \leqslant k+1$。

    (c) 位置 p 和 q 之间，不会出现其他重复变元。

17. 验证定理 8.2 中的命题，即对任何线性语言 (不含 λ) 存在不含单元产生式和 λ-产生式的线性文法。

18. 考虑所有 a/b 形式的字符串，其中 a 和 b 是十进制正整数，满足 $a < b$。该字符串集合表示了所有可能的十进制分数。判断该集合是不是一个上下文无关语言。

19. 证明练习 7 中语言的补不是上下文无关的。

20. 语言 $L = \{a^{nm} : n \text{ 和 } m \text{ 都是素数}\}$ 是不是上下文无关的？

21. 已知语言

$$L = \{a^n b^n c^m : n \neq m\}$$

不是上下文无关语言。请说明尽管如此，但无法使用定理 8.1 证明它不是上下文无关的。

22. Ogden 引理是定理 8.1 的扩展，需要在泵引理游戏中进行一些改变。特别地，

    (a) 你可以选择任何一个 $w \in L$，其中 $|w| \geqslant m$，但你必须标记 w 中至少 m 个符号，而且可以由你选择被标记的符号。

    (b) 对手必须选择如何分解 $w = uvxyz$，并且要进一步限制 vx 或 xy 中一定有至少一个被标记的符号。

    注意，定理 8.1 是 Ogden 引理的一个特殊情况，即 w 中所有的符号都进行了标记。证明如何使用 Ogden 引理来证明练习题 21 中的语言不是上下文无关的，并从中得出结论：Ogden 引理比定理 8.1 有更强的能力。

8.2 上下文无关语言的封闭性和判定算法

在第 4 章中，我们研究了正则语言族在一些运算下的封闭性以及一些性质的判定算法。总体来说，在第 4 章中所提出的问题都很容易回答。而当研究有关上下文无关语言的相同问题时，我们会遇到更多的困难。首先，在正则语言中成立的那些封闭性并不都适用于上下文无关语言。而且，即使对那些成立的情况，其证明过程通常也都相当复杂。其次，在上下文无关语言中，直观上简单但又很重要一些问题是无法解决的。这个说法乍一看可能难以置信，但随着我们学习的深入，这一点会详细地阐述。在本节中，我们作为示例给出一些最重要的结果。

8.2.1 上下文无关语言的封闭性

定理 8.3 上下文语言族在并、连接和星闭包运算下封闭。

证明 设 L_1 和 L_2 是两个上下文无关语言，它们分别由上下文无关文法 $G_1 = (V_1, T_1, S_1, P_1)$ 和 $G_2 = (V_2, T_2, S_2, P_2)$ 生成，且可以不失一般性地假设 V_1 和 V_2 不相交。

下面考虑由文法

$$G_3 = (V_1 \cup V_2 \cup \{S_3\}, T_1 \cup T_2, S_3, P_3)$$

生成的语言 $L(G_3)$，其中 S_3 是不属于 $V_1 \cup V_2$ 的变元。G_3 的产生式包括 G_1 和 G_2 中的全部产生式，以及一个用于决定使用两个文法中哪一个的选择性开始产生式。可准确地描述为

$$P_3 = P_1 \cup P_2 \cup \{S \to S_1 \mid S_2\}$$

显然 G_3 也是上下文无关文法，因此 $L(G_3)$ 是一个上下文无关语言。很容易发现

$$L(G_3) = L_1 \cup L_2 \tag{8.8}$$

假设某 $w \in L_1$，那么有

$$S_3 \Rightarrow S_1 \overset{*}{\Rightarrow} w$$

是 G_3 中的一个可能的推导。对于 $w \in L_2$ 也有同样结论。同时，如果 $w \in L(G_3)$，那么必然有

$$S_3 \Rightarrow S_1 \tag{8.9}$$

或

$$S_3 \Rightarrow S_2 \tag{8.10}$$

是推导的第一步。不妨设第一步是式 (8.9)，那么因为由 S_1 推导出的句型中变元都来自 V_1，且 V_1 和 V_2 不相交，所以推导

$$S_1 \overset{*}{\Rightarrow} w$$

中使用的产生式只来自 P_1，因此 w 一定属于 L_1。同样地，如果第一步是式 (8.10)，那么 w 一定属于 L_2。因此 $L(G_3)$ 是 L_1 和 L_2 的并集。

接下来，考虑

$$G_4 = (V_1 \cup V_2 \cup \{S_4\}, T_1 \cup T_2, S_4, P_4)$$

这里 S_4 是一个新的变元，且

$$P_4 = P_1 \cup P_2 \cup \{S_4 \to S_1 S_2\}$$

那么很容易得到

$$L(G_4) = L(G_1)L(G_2)$$

最后，考虑 $L(G_5)$，其中

$$G_5 = (V_1 \cup \{S_5\}, T_1, S_5, P_5)$$

且 S_5 是一个新变元，以及

$$P_5 = P_1 \cup \{S_5 \to S_1 S_5 \mid \lambda\}$$

那么有

$$L(G_5) = L(G_1)^*$$

因此我们证明了上下文无关语言在并、连接和星闭包运算下封闭。∎

定理 8.4　上下文无关语言在交和补运算下不封闭。

证明　考虑两个语言

$$L_1 = \{a^n b^n c^m : n \geqslant 0, m \geqslant 0\}$$

和

$$L_2 = \{a^n b^m c^m : n \geqslant 0, m \geqslant 0\}$$

有很多种方法证明 L_1 和 L_2 是上下文无关的。例如，L_1 的一个文法是

$$S \to S_1 S_2$$
$$S_1 \to a S_1 b \mid \lambda$$
$$S_2 \to c S_2 \mid \lambda$$

也就是说，L_1 可以看作两个上下文无关语言的连接，那么由定理 8.3 可知，它是上下文无关的。但是

$$L_1 \cap L_2 = \{a^n b^n c^n : n \geqslant 0\}$$

我们已知该语言不是上下文无关语言。因此上下文无关语言族在交运算下不封闭。

第二部分可以由定理 8.3 和集合恒等式

$$L_1 \cap L_2 = \overline{\overline{L_1} \cup \overline{L_2}}$$

直接得证。如果上下文无关语言族在补运算下封闭，那么对于任何上下文无关语言 L_1 和 L_2，上式右侧都一定是上下文无关语言。但这与我们刚刚证明的结论矛盾，即上下文无关语言在交运算下不封闭。因此可以得到，上下文无关语言对补运算不封闭。∎

尽管两个上下文无关语言的交运算生成的语言可能不是上下文无关的，但如果其中一个语言是正则的，那么这种封闭性是成立的。

> **定理 8.5** 设 L_1 是一个上下文无关语言，L_2 是一个正则语言，那么 $L_1 \cap L_2$ 是上下文无关的。
>
> **证明** 设 $M_1 = (Q, \Sigma, \Gamma, \delta_1, q_0, z, F_1)$ 是接受语言 L_1 的 NPDA，$M_2 = (P, \Sigma, \delta_2, p_0, F_2)$ 是接受语言 L_2 的 DFA。我们构造一个下推自动机 $\widehat{M} = (\widehat{Q}, \Sigma, \Gamma, \widehat{\delta}, \widehat{q_0}, z, \widehat{F})$，它能够模拟 M_1 和 M_2 的并行动作：当从输入字符串读入一个字符时，$\widehat{M}$ 同步地执行 M_1 和 M_2 的动作。为此，我们设
>
> $$\widehat{Q} = Q \times P$$
> $$\widehat{q_0} = (q_0, p_0)$$
> $$\widehat{F} = F_1 \times F_2$$
>
> 并定义 $\widehat{\delta}$，当且仅当
>
> $$(q_k, x) \in \delta_1(q_i, a, b)$$
>
> 和
>
> $$\delta_2(p_j, a) = p_l$$
>
> 成立时，为 $\widehat{\delta}$ 定义迁移
>
> $$((q_k, p_l), x) \in \widehat{\delta}((q_i, p_j), a, b)$$
>
> 在这里，我们同样要求当 $a = \lambda$ 时，$p_j = p_l$。换句话说，$\widehat{M}$ 的状态标记为状态对 (q_i, p_j)，分别表示 M_1 和 M_2 在输入某个字符串之后的状态。使用归纳法可以很直观地证明
>
> $$((q_0, p_0), w, z) \vdash^*_{\widehat{M}} ((q_r, p_s), \lambda, x)$$
>
> 其中 $q_r \in F_1$ 且 $p_s \in F_2$，当且仅当
>
> $$(q_0, w, z) \vdash^*_{M_1} (q_r, \lambda, x)$$
>
> 和
>
> $$\delta^*(p_0, w) = p_s$$
>
> 时成立。因此，一个字符串被 $\widehat{M}$ 接受当且仅当它能够被 M_1 和 M_2 接受，也就是说，它属于 $L(M_1) \cap L(M_2) = L_1 \cap L_2$. ∎

这个定理所给出的性质称为正则交运算 (regular interaction) 的封闭性。根据该定理的结论，我们称上下文无关语言族在正则交运算下是封闭的。在简化针对特定语言的相关证

明时，该封闭性是有用的。

例 8.7 证明语言

$$L = \{a^n b^n : n \geqslant 0, n \neq 100\}$$

是上下文无关的。

可以通过构建该语言的下推自动机或者上下文无关文法来证明这个命题，但这个过程很烦琐。但我们可以根据定理 8.5 得到一个更简洁的证明。

设 $L_1 = \{a^{100}b^{100}\}$，因为 L_1 是有限的，所以它是正则的。此外，很容易看出

$$L = \{a^n b^n : n \geqslant 0\} \cap \overline{L_1}$$

因此，根据正则语言的补运算封闭和上下文无关语言的正则交运算封闭，可以得出所需结论。

例 8.8 证明语言

$$L = \{w \in \{a, b, c\}^* : n_a(w) = n_b(w) = n_c(w)\}$$

不是上下文无关的。

可以使用泵引理来证明这一命题，但如果使用正则交运算封闭的性质，我们可以再一次得到更简洁的证明。假设 L 是上下文无关的，那么

$$L \cap L(a^* b^* c^*) = \{a^n b^n c^n : n \geqslant 0\}$$

也是上下文无关的。但我们已知它其实不是上下文无关的。因此可以得出 L 不是上下文无关的。

语言的封闭性在形式语言理论中有着重要的作用，有关上下文无关语言，我们还可以建立更多的封闭性质。在本节的练习题中，会介绍另外一些相关的结论。

8.2.2 上下文无关语言的一些可判定性质

结合定理 5.2 和定理 6.6，我们已经建立了上下文无关语言成员资格的判定算法。这当然是任何语言族在实际使用时都很有用的一个基本性质。上下文无关语言的其他简单性质也是可以确定的。为了讨论的需要，我们假设语言都使用文法来描述。

定理 8.6 给定一个上下文无关文法 $G = (V, T, S, P)$，存在判定 $L(G)$ 是否为空的算法。

证明 为简单起见，我们假设 $\lambda \notin L(G)$。如果不是这样，以下论证中会需要一些小的修改。我们对其应用消除无用符号和无用产生式的算法。如果确定 S 是无用的，那么 $L(G)$ 为空；否则，$L(G)$ 至少包含一个元素。 ∎

定理 8.7 给定一个上下文无关文法 $G = (V, T, S, P)$，存在判定 $L(G)$ 是否无穷的算法。

证明 假设 G 中没有 λ-产生式、单元产生式和无用符号。如果文法有重复变元，即存在某个 $A \in V$，它存在一个推导

$$A \stackrel{*}{\Rightarrow} xAy$$

由于 G 中没有 λ-产生式和单元产生式，那么 x 和 y 不会同时为空。由于 A 既不是可空变元，也不是无用符号，所以有

$$S \stackrel{*}{\Rightarrow} uAv \stackrel{*}{\Rightarrow} w$$

和

$$A \stackrel{*}{\Rightarrow} z$$

成立，其中 u、v 和 z 都属于 T^*。但此时，对于所有的 n，有

$$S \stackrel{*}{\Rightarrow} uAv \stackrel{*}{\Rightarrow} ux^nAy^nv \stackrel{*}{\Rightarrow} ux^nzy^nv$$

成立。因此，$L(G)$ 是无穷的。

如果文法中没有重复的变元，那么任何推导的长度都不会超过 $|V|$。在这种情况下，$L(G)$ 是有穷的。

因此，为了得到判定 $L(G)$ 是否有穷的算法，我们只需要确定文法中是否有重复的变元。这可以简单地通过为变元绘制一个依赖关系图来实现。具体方法为，当存在一个产生式

$$A \rightarrow xBy$$

时，就在图中绘制一条边 (A, B)。那么任何在关系图的环中的变元，都是可重复的变元。因此，当且仅当依赖关系图存在环时，文法才存在重复变元。

因为我们有了判定文法是否有重复变元的算法，所以就得到了判定语言 $L(G)$ 是否无穷的算法。 ∎

有点出人意料的是，上下文无关语言中其他简单性质并不容易处理。就像定理 4.7 中，我们希望找到一个能判断两个上下文无关文法所生成语言是否相同的算法。但事实证明，这样的算法是不存在的。目前，尽管"算法不存在"的直观含义是明确的，但我们还没有

技术手段来正确地定义它。这是一个重点，我们会在后面再讨论它。

入门练习题

1. 对于上下文无关文法 G_1

$$S \to SA \mid ab$$

$$A \to aaA \mid aa$$

和 G_2

$$S \to SA \mid ab$$

$$A \to bA \mid aB$$

$$B \to bbB \mid bb$$

给出语言 $L(G_1) \cup L(G_2)$ 和 $L(G_1)L(G_2)$ 的上下文无关文法。

练习题

1. 例 8.8 中语言的补是不是上下文无关的？
2. 考虑定理 8.4 中的语言 L_1，证明它是线性的。
3. 证明上下文无关语言族在同态运算下封闭。
4. 证明线性语言族在同态运算下封闭。
5. 证明上下文无关语言族在反转运算下封闭。
6. 我们所讨论过的语言族中，哪些在反转运算下不封闭？
7. 证明上下文无关语言族在差运算下不封闭，但在正则差运算下封闭，即如果 L_1 是上下文无关的而 L_2 是正则的，那么 $L_1 - L_2$ 是上下文无关的。
8. 证明确定的上下文无关语言族在正则差运算下封闭。
9. 证明线性语言族在并运算下封闭，但在连接运算下不封闭。
10. 证明线性语言族在交运算下不封闭。
11. 证明确定的上下文无关语言族在并运算和交运算下不封闭。
12. 给出一个上下文无关语言的例子，它的补不是上下文无关的。
13. 证明如果 L_1 是线性的而 L_2 是正则的，那么 $L_1 L_2$ 是线性语言。
14. 证明无歧义上下文无关语言族在并运算下不封闭。
15. 证明无歧义上下文无关语言族在交运算下不封闭。
16. 设 L 是确定的上下文无关语言，并定义一个新语言 $L_1 = \{w : aw \in L, a \in \Sigma\}$，那么 L_1 是否必然是确定的上下文无关语言？
17. 证明语言 $L = \{a^n b^n : n \geqslant 0, n \text{不是 } 5 \text{ 的倍数}\}$ 是上下文无关的。

18. 证明以下语言是上下文无关的：

$$L = \{w \in \{a,b\}^* : n_a(w) = n_b(w); w不含子串\ aab\}$$

19. 确定的上下文无关语言族在同态运算下是否封闭?

20. 将定理 8.5 中归纳证明部分的细节补充完整。

21. 给出一个算法，对于任何上下文无关文法 G，该算法可以确定是否 $\lambda \in L(G)$。

22. 证明存在算法判定由上下文无关文法生成的语言是否包含任何长度小于给定数 n 的字符串。

23. 证明存在算法判定一个上下文无关语言是否包含任何偶数长度的字符串。

24. 设 L_1 是上下文无关语言而 L_2 是正则的，证明存在算法判定 L_1 和 L_2 是否含有共同的元素。

图 灵 机

本章概要

  本章介绍了一个重要的概念——图灵机（Turing machine），即具有一条一维无限延伸带的有穷状态控制单元。尽管图灵机的结构非常简单，但它的能力很强，能解决许多下推自动机无法处理的问题。这引出了图灵论题（Turing's thesis），该论题认为图灵机是最通用的一类自动机，原则上与任何计算机一样强大。

  到目前为止，我们已经学习了一些基本概念，特别是正则语言和上下文无关语言以及它们与有穷自动机和下推自动机之间的关系。我们的研究已经揭示出，正则语言是上下文无关语言的真子集，因此下推自动机的能力要比有穷自动机更强大。我们还看到，尽管上下文无关语言对于程序设计语言的研究是至关重要的，但它的适用范围仍有一定局限。这一点我们在上一章中也明确地提到过，我们的结果表明一些很简单的语言（如 $\{a^n b^n c^n\}$ 和 $\{ww\}$）并不是上下文无关的。这使得我们要研究在上下文无关语言之外，如何定义能将这些例子包含进来的新语言族。因此，我们需要回到有关自动机的一般性描述。如果我们将有穷自动机与下推自动机进行比较，可以发现它们之间的区别在于临时存储的性质。如果没有存储，得到的就是有穷自动机；如果存储为栈，得到的就是能力更强的下推自动机。根据这一观察推断，如果我们给自动机更灵活的存储，应该可以期望发现更强大的语言族。例如，在图 1.4 的一般性方案中，如果我们使用两个栈、三个栈、一个队列或其他存储设备，会发生什么呢？每个存储设备是否定义了一种新的自动机，同时通过它又能定义一种新的语言族呢？这种方式引出了数量相当庞大的问题，但它们中的大多数都是没有意义的。更具启发性的是，如何提出更有挑战性的问题，并考虑能将自动机的概念推到多远。关于自动机的最强能力和计算的极限，我们可以得到什么样的结论？这引出了图灵机的基本概念，进而精确定义了机械计算或算法的概念。

  我们首先研究图灵机的形式定义，然后通过一些简单的程序来感受一下图灵机所涉及的内容。接下来，我们证明虽然图灵机的机制非常简单，但是该概念的广泛性足以解决非常复杂的过程。有关图灵论题的讨论表明，图灵机可以实现当今计算机上执行的任何计算过程。

9.1 标准的图灵机

  尽管我们可以想象出各种具有精心设计的复杂存储的自动机装置，但图灵机的存储实际上是相当简单的。可以将其看作一个一维单元格的数组，其中的每个单元格都可以容纳一个符号。这个数组可以向两端无限扩展，因此它可以容纳无穷的信息。这些信息可以按任意顺序读取和更改。我们将这种存储机制称为带（tape），因为它与老式计算机中使用的磁带十分类似。

9.1.1 图灵机的定义

图灵机是一种自动机，它采用带作为临时存储。带被划分为若干个单元格，每个单元格可以容纳一个符号。与带关联的是一个读写头（read-write head），它可以在带上左右移动，并且在每次移动时可以读取和写入一个符号。与第 1 章所描述的一般框架有细微的区别，这里作为图灵机使用的自动机既没有输入文件，也没有任何特殊的输出机制。任何必要的输入和输出都是在自动机的带上实现的。稍后我们将看到，对 1.2 节中一般模型的这种修改，其影响是微乎其微的。我们可以保留输入文件和特定的输出机制，而不会影响后续的任何结论，但我们还是将这些省略掉，因为这样得到的自动机描述起来更容易。

图 9.1 直观地描述了一个图灵机，而定义 9.1 给出了这个概念的精确定义。

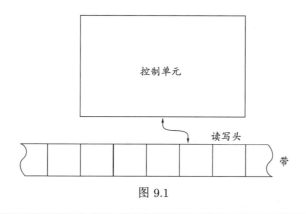

图 9.1

定义 9.1 图灵机 M 的定义为

$$M = (Q, \Sigma, \Gamma, \delta, q_0, \Box, F)$$

其中，Q 是内部状态集；Σ 是输入字母表；Γ 是有穷符号集，称为带字母表（tape alphabet）；δ 是转移函数；$q_0 \in Q$ 是初始状态；$\Box \in \Gamma$ 是一个特殊的符号，称为空白符（blank）；$F \subseteq Q$ 是最终状态集。

在图灵机的定义中，我们假定 $\Sigma \subseteq \Gamma - \{\Box\}$，也就是输入字母表总是带字母表的子集，但不含空白符。空白符被排除在输入字符之外的原因是显而易见的，我们稍后给出。转移函数 δ 定义为

$$\delta : Q \times \Gamma \to Q \times \Gamma \times \{L, R\}$$

通常 δ 是 $Q \times \Gamma$ 上的部分函数，它就是图灵机运转的规则。δ 的参数是控制单元的当前状态和当前读入的带符号。结果是控制单元的一个新状态、一个用来替换原有带符号的新符

号，以及一个移动符号 L 或 R。移动符号表示在新带符号被写入带后，读写头要向左或向右移动一个单元格。

例 9.1　图 9.2 给出了在进行迁移

$$\delta(q_0, a) = (q_1, d, R)$$

之前和之后的情形。

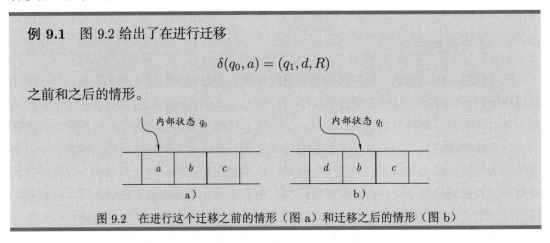

图 9.2　在进行这个迁移之前的情形（图 a）和迁移之后的情形（图 b）

我们可以将图灵机看作一台相当简单的计算机。它具有一个处理单元，该处理单元具有有限的存储空间，而在带中则有无限容量的二级存储。这样的计算机所能处理的指令非常有限：可以感知带上的符号，并根据它决定接下来的动作。这个机器所能执行的唯一动作是重写当前带符号，改变控制的状态并移动读写头。这么小的指令集看起来似乎不足以完成复杂的任务，但实际情况并非如此。从原理上来说，图灵机非常强大。转移函数 δ 定义了这台计算机的行为方式，我们通常称之为机器的"程序"。

与往常一样，自动机以给定的初始状态和带上的一些信息开始。然后，它在转移函数 δ 的控制下完成一系列动作。在此过程中，带上任何单元格中的内容都可能会被多次检查并修改。最终，通过将图灵机置于停机状态（halt state）来使整个过程终止。当图灵机运转到一个 δ 未定义的格局时也会停机，而且这种情况是可能的，因为 δ 是一个部分函数。实际上，我们一般假定任何最终状态都没有定义转移，所以当图灵机进入最终状态时，它将停机。

例 9.2　考虑如下定义的图灵机：

$$Q = \{q_0, q_1\}$$
$$\Sigma = \{a, b\}$$
$$\Gamma = \{a, b, \square\}$$
$$F = \{q_1\}$$

以及

$$\delta(q_0, a) = (q_0, b, R)$$
$$\delta(q_0, b) = (q_0, b, R)$$
$$\delta(q_0, \square) = (q_1, \square, L)$$

如果该图灵机从状态 q_0 开始，符号 a 位于读写头之下，那么可以应用转移规则 $\delta(q_0, a) = (q_0, b, R)$。因此，读写头会将符号 a 替换为 b，然后在带上向右移动，而状态仍然保持在 q_0。接下来的任何 a 都会被替换为 b，但 b 不会被修改。当这个图灵机读到第一个空白符时，它会向左移动一个单元格，并停机在 q_1 状态上。

图 9.3 描述了开始于一个简单初始格局的部分迁移序列。

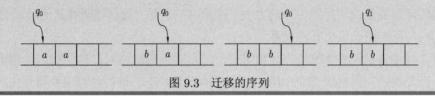

图 9.3　迁移的序列

与之前一样，我们可以用转移图来表示图灵机。此时，我们在图的边上标记三项内容：当前的带符号、替换它的符号，以及读写头要移动的方向。例 9.2 中的图灵机可以用图 9.4 来表示。

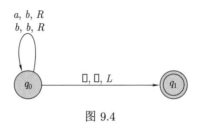

图 9.4

例 9.3　我们来看图 9.5 中的图灵机。为了看清接下来会发生什么，我们跟踪一个具体的典型例子。假设带最初包含 $ab\cdots$，读写头位于 a 上。然后该机器会读入 a 但并不会改变它。下一个状态是 q_1，读写头会向右移动，这样它此时在 b 上，这个符号也会被读入且不会被修改。该机器回到了状态 q_0，且读写头向左移动。现在，我们回到了原来的状态，这个迁移的序列会再次开始。由此可见，无论带上的初始信息是什么，这个图灵机都将永远运行下去，读写头会交替地向右移动再向左移动，但对带的内容不会做任何修改。这是一个不会停机的图灵机。使用程序设计中类似的术语，我们称这个图灵机陷入了无限循环（infinite loop）。

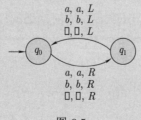

图 9.5

由于图灵机可以有多种不同形式的定义，因此有必要总结一下图灵机的主要特点。我们将具有以下特点的图灵机称为标准图灵机（standard Turing machine）：

- 图灵机的带在左右两个方向上都是无穷的，允许任意数量的左移和右移。
- 图灵机是确定性的，也就是说对于每个格局，图灵机的 δ 最多只定义了一个动作。
- 没有特定的输入文件。我们假定在初始时刻，带上已存在特定内容，其中的一部分可以作为输入。同样，也没有特定的输出设备，无论机器何时停止，带上的部分或全部内容都可以作为输出。

这些约定主要是为了后续讨论的方便。在第 10 章中，我们将研究其他形式的图灵机，并讨论它们与标准图灵机之间的关系。

这里，与 PDA 中的情况相似，为了方便展示图灵机的格局序列，我们使用瞬时描述的概念。图灵机的任何格局都完全由控制单元的当前状态、带的内容以及读写头的位置决定。我们使用

$$x_1 q x_2$$

或

$$a_1 a_2 \cdots a_{k-1} q a_k a_{k+1} \cdots a_n$$

来表示一个瞬时描述，它描述了状态为 q 且带内容如图 9.6 所示的图灵机的一个格局。符号 $a_1, \cdots, a_n$ 表示带的内容，而 q 定义了控制单元的状态。使用这种约定形式是为了让读写头位置在紧跟 q 之后那个符号所在的单元格上。

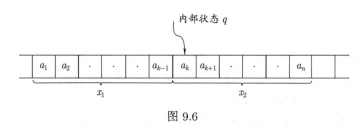

图 9.6

瞬时描述只给出了读写头左右两边有限的信息。假定带上未指明内容的部分全部都是空白的，通常这些空白部分无关紧要，所以也不会在瞬时描述中明确表示出来。但是，如果一些空白的位置与讨论相关，则有可能将这些空白符包含在瞬时描述中。例如，瞬时描述 $q\square w$ 表示读写头在紧邻 w 第一个符号左侧的那个单元格上，而这个单元格中是一个空白符。

例 9.4 图 9.3 中的几个示意图依次表示瞬时描述的序列 $q_0 aa$, $bq_0 a$, $bbq_0\square$, $bq_1 b$。

从一个格局到另一个的迁移动作使用 ⊢ 表示。因此，如果

$$\delta(q_1, c) = (q_2, e, R)$$

那么只要内部状态是 q_1，带上内容是 $abcd$，且读写头在 c 上，那么会执行迁移

$$abq_1 cd \vdash abeq_2 d$$

与通常的含义一样，符号 $\vdash^*$ 表示任意次迁移。带有角标的迁移符号（如 $\vdash_M$）用来表示在不同机器上的迁移。

例 9.5 图 9.3 中的图灵机的动作可以表示为

$$q_0aa \vdash bq_0a \vdash bbq_0 \vdash bq_1b$$

或

$$q_0aa \vdash^* bq_1b$$

为了后续讨论的方便，我们将刚观察到的各种情况以形式化的方式总结到一起。

定义 9.2 设图灵机 $M = (Q, \Sigma, \Gamma, \delta, q_0, \square, F)$，那么任何由 $a_i \in \Gamma$ 和 $q_1 \in Q$ 组成的字符串 $a_1 \cdots a_{k-1} q_1 a_k a_{k+1} \cdots a_n$ 是 M 的一个瞬时描述。迁移

$$a_1 \cdots a_{k-1} q_1 a_k a_{k+1} \cdots a_n \vdash a_1 \cdots a_{k-1} b q_2 a_{k+1} \cdots a_n$$

是可能的，当且仅当

$$\delta(q_1, a_k) = (q_2, b, R)$$

成立。迁移

$$a_1 \cdots a_{k-1} q_1 a_k a_{k+1} \cdots a_n \vdash a_1 \cdots q_2 a_{k-1} b a_{k+1} \cdots a_n$$

是可能的，当且仅当

$$\delta(q_1, a_k) = (q_2, b, L)$$

成立。M 从某个初始格局 $x_1 q_i x_2$ 开始，如果

$$x_1 q_i x_2 \vdash^* y_1 q_j a y_2$$

且对任何 q_j 和 a，都有 $\delta(q_j, a)$ 未定义，那么称 M 会停机。我们将最终能导致停机的格局序列称为计算（computation）。

例 9.3 说明了图灵机永不停机是可能的，它可能陷入一个无穷循环之中。这种情况在讨论图灵机时有着十分重要的基础作用，因此我们对其使用一个特殊的表示法。我们将其表示为

$$x_1 q x_2 \vdash^* \infty$$

它表示从初始格局 $x_1 q x_2$ 开始，图灵机会陷入循环且永不停机。

9.1.2 作为语言接受器的图灵机

在如下意义上，图灵机可以被视为语言的接受器。将字符串 w 记录在带上，其他未使用的部分都用空白符填充。图灵机从初始状态 q_0 开始，读写头位于 w 最左侧的符号上。如果经过一系列迁移，图灵机进入了最终状态并停机，则认为 w 可以被接受。

> **定义 9.3**　设 $M = (Q, \Sigma, \Gamma, \delta, q_0, \square, F)$ 是一个图灵机，那么由 M 接受的语言定义为
>
> $$L(M) = \left\{ w \in \Sigma^+ : q_0 w \vdash^* x_1 q_f x_2, \text{其中 } q_f \in F, \ x_1, x_2 \in \Gamma^* \right\}$$

　　这个定义表明，输入串 w 被记录在带上且其两侧都是空白符。将空白符排除在输入之外的原因现在也清楚了：这样可以确保所有的输入都被限制在带上明确定义的范围内，输入的左右两边都是空的。如果没有这个约定，图灵机将无法限制用来寻找输入的区域。因为无论读入多少个空白符，它都不能确定带上其他位置不会再有非空白的输入。

　　定义 9.3 给出了当 $w \in L(M)$ 时一定会出现的情况，但并没给出对任何其他输入的可能结果。当 w 不在 $L(M)$ 中时，可能发生两种情况：图灵机可能在一个非最终状态下停机，或者可能进入无穷循环且永不停机。任何使 M 不停机的字符串根据定义都不属于 $L(M)$。

例 9.6　对于 $\Sigma = \{0, 1\}$，设计一个图灵机，使其接受正则表达式 00* 表示的语言。

　　这是关于图灵机程序设计的一个简单练习。从输入字符串的左端开始，我们检查读入的每个符号是否为 0。如果是，则继续向右移动。如果在读入空白符之前只有字符 0，那么我们停机并接受这个字符串。如果在输入中包含了字符 1，那么它不属于 $L(00^*)$，我们会停机在一个非最终状态上。为了实现这个计算，使用两个内部状态 $Q = \{q_0, q_1\}$ 和一个最终状态 $F = \{q_1\}$ 就足够了。可以使用如下的转移函数：

$$\delta(q_0, 0) = (q_0, 0, R)$$
$$\delta(q_0, \square) = (q_1, \square, R)$$

只要读写头下方出现的是 0，就向右移动。在任何时候，如果读入的是 1，那么由于 $\delta(q_0, 1)$ 未定义，图灵机则会停机在非最终状态 q_0 上。需要注意的是，如果在空白符上以状态 q_0 启动图灵机，它也会在最终状态上停机。我们可以将此解释为接受了空字符串 λ，但是从技术上来说，定义 9.3 并未包含空字符串。

　　对复杂语言的识别也更加困难。由于图灵机采用的是基本指令集，因此在高级语言中可以轻松编写的计算在图灵机上往往很复杂。尽管如此，这仍然是可能且容易理解的，我们在下面这个例子中加以说明。

例 9.7　对于 $\Sigma = \{0, 1\}$，设计一个图灵机，使其接受

$$L = \left\{ a^n b^n : n \geqslant 1 \right\}$$

直观地，我们可以按以下方式解决这个问题。从最左边的 a 开始，通过将其替换为其他符号（比如 x）来进行标记。然后，我们让读写头向右移动，找到最左边的 b，同样替换为另一个符号（比如 y）来进行标记。之后，向左移动到最左边的 a 并用 x

替换它，然后再移动到最左边的 b 并用 y 替换它，以此类推。通过这种来回移动的方式，我们将每个 a 都与一个相应的 b 进行了匹配。如果经过一段时间后，没有剩余的 a 或 b，那么这个字符串必然属于 L。

实现这些细节后，我们会得到一个完整的解决方案，其中 $Q = \{q_0, q_1, q_2, q_3, q_4\}$，$F = \{q_4\}$，$\Sigma = \{a, b\}$，$\Gamma = \{a, b, x, y, \square\}$。转移函数则由几个部分组成。

转移规则

$$\delta(q_0, a) = (q_1, x, R)$$
$$\delta(q_1, a) = (q_1, a, R)$$
$$\delta(q_1, y) = (q_1, y, R)$$
$$\delta(q_1, b) = (q_2, y, L)$$

会将最左边的 a 替换为 x，然后将读写头向右移动到第一个 b，再将其替换为 y。当写入 y 时，图灵机会进入状态 q_2，表示已经成功地将一个 a 与一个 b 匹配。

接下来的一组转移规则向相反方向移动读写头，直到遇到一个 x，重新定位读写头到最左边的 a 上，并将控制单元设置到初始状态。

$$\delta(q_2, y) = (q_2, y, L)$$
$$\delta(q_2, a) = (q_2, a, L)$$
$$\delta(q_2, x) = (q_0, x, R)$$

现在我们又回到了初始状态 q_0，并准备处理下一组 a 和 b。

在完成一轮上述计算后，图灵机其实已经实现了如下局部计算：

$$q_0 aa \cdots abb \cdots b \vdash^* x q_0 a \cdots ayb \cdots b$$

这将一个 a 与一个 b 进行匹配。在经过两轮后，实现的局部计算为

$$q_0 aa \cdots abb \cdots b \vdash^* xx q_0 \cdots ayy \cdots b$$

以此类推，这表明 a 和 b 的匹配过程能够正确执行。

当输入的是字符串 $a^n b^n$ 时，这个重写过程会持续进行，直到没有更多的 a 需要被擦除为止。当寻找最左边的 a 时，图灵机处于状态 q_2，读写头向左移动。当遇到 x 时就调转方向以获取 a。但现在，它找到的不是 a 而是 y。为了停机，还要进行最后的检查，看看是不是所有的 a 和 b 都已被替换（以检查输入中是否有跟在 b 后面的 a）。这可以通过以下规则完成：

$$\delta(q_0, y) = (q_3, y, R)$$
$$\delta(q_3, y) = (q_3, y, R)$$
$$\delta(q_3, \square) = (q_4, \square, R)$$

　　如果我们输入一个不属于该语言的字符串，该计算过程会停在某个非最终状态上。例如，如果我们向图灵机输入字符串 $a^n b^m$，其中 $n > m$，那么图灵机最终会在状态 q_1 遇到一个空白符。而因为没有针对这种情况的定义，所以它会停机。不属于该语言的其他输入也都会导致在非最终状态的停机（参见本节的练习题 4）。

　　特定输入 $aabb$ 的连续瞬时描述序列为：

$$q_0 aabb \vdash x q_1 abb \vdash x a q_1 bb \vdash x q_2 ayb$$
$$\vdash q_2 xayb \vdash x q_0 ayb \vdash x x q_1 yb$$
$$\vdash x x y q_1 b \vdash x x q_2 yy \vdash x q_2 xyy$$
$$\vdash x x q_0 yy \vdash x x y q_3 y \vdash x x y y q_3 \square$$
$$\vdash x x y y \square q_4 \square$$

此时，图灵机在最终状态上停机，因此接受字符串 $aabb$。

　　我们建议读者使用更多属于或不属于 L 的字符串来跟踪这个计算过程。

例 9.8　设计一个图灵机，使其接受语言

$$L = \{ a^n b^n c^n : n \geqslant 1 \}$$

应用例 9.7 中的思想可以轻松处理这种情况。我们按顺序用 x、y 和 z 来替换每个 a、b 和 c。最后，检查一下是不是重写了所有原来的符号。尽管在概念上这只是前一个例子的简单扩展，但实际程序的编写却相当烦琐。我们将其留作一个有些冗长但很简单的练习题。请注意，虽然 $\{ a^n b^n \}$ 是上下文无关语言而 $\{ a^n b^n c^n \}$ 不是，但是可以使用结构非常相似的图灵机来接受它们。

　　从这个例子中我们可以得到一个结论，图灵机可以识别一些不是上下文无关的语言，这也第一次说明了图灵机的能力比下推自动机更强。

9.1.3　作为转换器的图灵机

　　到目前为止，我们几乎没有理由研究转换器，因为在语言理论中，接受器已经足够满足各种需求。但是我们很快会发现，图灵机不仅可以作为语言的接受器，还为我们提供了通用数字计算机的简单抽象模型。由于计算机的主要目的是将输入转换为输出，它充当了转换器的角色。如果我们想使用图灵机来建模计算机，就需要更深入地了解这方面的情况。

　　一个计算的输入就是初始时刻带上所有的非空白符号。在计算结束时，带上的当前内容就是输出。因此，作为转换器的图灵机 M，相当于实现了函数 f，即

$$\hat{w} = f(w)$$

存在最终状态 q_f，使得

$$q_0 w \vdash^*_M q_f \widehat{w}$$

定义 9.4 对于定义域为 D 的函数 f，如果存在图灵机 $M = (Q, \Sigma, \Gamma, \delta, q_0, \square, F)$，对于任何 $w \in D$，都满足

$$q_0 w \vdash^*_M q_f f(w), \quad q_f \in F$$

则称函数 f 是图灵可计算的（Turing-computable）或可计算的（computable）。

正如稍后我们会给出的，所有常见的数学函数，无论多么复杂，都是图灵可计算的。我们首先看看几个诸如加法或算术比较等简单运算的情况。

例 9.9 给定两个正整数 x 和 y，设计一个计算 $x + y$ 的图灵机。

我们首先需要选择一种约定的方式来表示正整数。为了简单起见，我们使用一进制来表示，任何正整数 x 都表示为 $w(x) \in \{1\}^+$，使得

$$|w(x)| = x$$

我们还要确定最初时在带上如何放置 x 和 y，以及在计算结束时如何在带上表示它们的和。我们假设 $w(x)$ 和 $w(y)$ 都以一进制表示在带上，用单独的一个 0 分隔，读写头位于 $w(x)$ 最左边的符号上。在计算结束后，$w(x + y)$ 将出现在带上，后面跟一个单独的 0，并且读写头将位于结果的左端。因此，我们希望设计一个图灵机来执行以下计算：

$$q_0 w(x) 0 w(y) \vdash^* q_f w(x + y) 0$$

其中 q_f 是最终状态。构造一个这样的程序是相对简单的。我们只需将分隔符 0 移动到 $w(y)$ 的最右端即可，这样加法就只是将两个字符串连接到一起。为了实现这个程序，我们构造 $M = (Q, \Sigma, \Gamma, \delta, q_0, \square, F)$，其中 $Q = \{q_0, q_1, q_2, q_3, q_4\}$，$F = \{q_4\}$ 且

$$\delta(q_0, 1) = (q_0, 1, R)$$
$$\delta(q_0, 0) = (q_1, 1, R)$$
$$\delta(q_1, 1) = (q_1, 1, R)$$
$$\delta(q_1, \square) = (q_2, \square, L)$$
$$\delta(q_2, 1) = (q_3, 0, L)$$
$$\delta(q_3, 1) = (q_3, 1, L)$$
$$\delta(q_3, \square) = (q_4, \square, R)$$

注意，在将 0 向右移动时，我们临时创建了一个额外的 1，这一情况通过将图灵机置于状态 q_1 来记住。计算结束时，通过转移函数 $\delta(q_2, 1) = (q_3, 0, L)$ 来移除这个额外的 1。这一过程可以从如下 111 加 11 的瞬时描述序列中看出：

$$q_0111011 \vdash 1q_011011 \vdash 11q_01011 \vdash 111q_0011$$

$$\vdash 1111q_111 \vdash 11111q_11 \vdash 111111q_1\square$$

$$\vdash 11111q_21 \vdash 1111q_310$$

$$\vdash^* q_3\square111110 \vdash q_4111110$$

虽然一进制表示在实际计算中很烦琐，但对于图灵机的设计来说是非常方便的。这样得到的程序比使用其他表示方法（如二进制或十进制）得到的程序要短得多也简单得多。

数字相加是计算机的基本操作之一，它是合成更复杂指令的重要组成部分。其他基本操作还有字符串的复制和简单的比较运算，它们都很容易在图灵机上实现。

例 9.10   设计一个图灵机，可以复制由字符 1 构成的字符串。具体地，设计一个机器来执行以下计算：

$$q_0w \vdash^* q_fww$$

为了解决这个问题，我们实现以下直观的过程：

1. 将每个 1 替换为 x。
2. 找到最右边的 x，将其替换为 1。
3. 移动到当前非空区域的右侧，并创建一个 1。
4. 重复步骤 2 和步骤 3，直到没有更多的 x。

解决方案如图 9.7 中的转移图所示。一开始可能有点难理解它是否正确，因此我们用一个简单的字符串 11 来跟踪这个程序。在这种情况下它执行的计算为：

$$q_011 \vdash xq_01 \vdash xxq_0\square \vdash xq_1x$$

$$\vdash x1q_2\square \vdash xq_111 \vdash q_1x11$$

$$\vdash 1q_211 \vdash 11q_21 \vdash 111q_2\square$$

$$\vdash 11q_111 \vdash 1q_1111$$

$$\vdash q_11111 \vdash q_1\square1111 \vdash q_31111$$

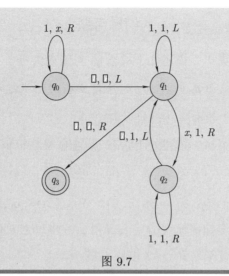

图 9.7

例 9.11 设 x 和 y 是用一进制表示的两个正整数。构造一个图灵机,使得如果 $x \geqslant y$,则停机在最终状态 q_y 上;如果 $x < y$,则停机在非最终状态 q_n 上。具体地,这个机器会执行如下计算:

$$q_0 w(x) 0 w(y) \vdash^* q_y w(x) 0 w(y) \quad \text{如果 } x \geqslant y$$

$$q_0 w(x) 0 w(y) \vdash^* q_n w(x) 0 w(y) \quad \text{如果 } x < y$$

要解决这个问题,我们可以对例 9.7 中的思路稍做修改。不再匹配 a 和 b,而是将分界的 0 左边的每个 1 与右边的 1 进行匹配。在匹配结束时,根据 $x > y$ 或 $y > x$,带上分别出现以下两种情况:

$$xx \cdots 110 xx \cdots x\square$$

或

$$xx \cdots xx 0 xx \cdots x 11 \square$$

在第一种情况下,当我们要匹配下一个 1 时,会遇到工作空间右侧的空格符,这可以作为进入 q_y 状态的信号。在第二种情况下,当左侧的 1 都被替换后,右侧仍然会发现 1,我们可以利用这一点进入 q_n 状态。完成这个程序很简单,我们将其留作练习题。

通过这个例子可以得到一个重要结论,即图灵机可以根据算术比较的结果做决策。在计算机的机器语言中,这种简单的决策很常见,用来根据算术运算的结果进入不同的指令流程。

入门练习题

1. 根据如下定义的图灵机，描述处于状态 q_0 且输入为 $w = a^n$ 时的动作。

$$\delta(q_0, a) = (q_1, a, R), \quad \delta(q_1, a) = (q_2, a, R)$$

$$\delta(q_2, a) = (q_0, b, R)$$

2. 根据如下定义的图灵机，描述处于状态 q_0 且输入为 $w = a^n$ 时的动作。

$$\delta(q_0, a) = (q_0, a, R), \quad \delta(q_0, \square) = (q_1, \square, L)$$

$$\delta(q_1, a) = (q_1, a, L), \quad \delta(q_1, \square) = (q_0, \square, R)$$

3. 请写一个程序，它会扫描输入 $w \in \{a, b\}^+$，并将每个 b 替换为 c，然后停止。

4. 构造一个接受 $L = \{a^{2n} : n \geqslant 1\}$ 的图灵机。

5. 设计接受 $L = \{(ab)^n : n \geqslant 1\}$ 的图灵机。

6. 请写一个程序，它会扫描输入 $w \in \{a, b\}^+$，并检查 b 的数量。如果是奇数，则接受输入；否则拒绝。

7. 请使用语言或使用伪代码构造一个能够将输入 $w \in \{a\}^+$ 的长度 $|w|$ 以一进制表示添加到输入 w 之后的图灵机程序。

练习题

1. 构造接受 $L = L(aaaa^*b^*)$ 的图灵机。

2. 构造接受 $L = L(aaaa^*b^*)$ 的补集的图灵机，假定 $\Sigma = \{a, b\}$。

3. 设计不超过三个状态的图灵机接受语言 $L(a(a + b)^*)$。假定 $\Sigma = \{a, b\}$。用两个状态能否实现？

4. 确定例 9.7 中的图灵机在给出 aba 和 $aaabbbb$ 这两个输入时的行为。

5. 对于例 9.7 中的图灵机，是否存在会使其进入无限循环的输入？

6. 如下转移图所对应的图灵机会接受什么语言？

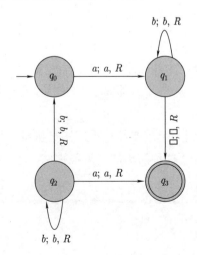

7. 在例 9.10 中，如果字符串 w 含有任何非 1 的字符，会发生什么？

8. 构造图灵机，使其在 $\{a, b\}$ 上接受如下语言：

   (a) $L = L(aaba^*b)$

   (b) $L = \{w : |w|\text{是奇数}\}$

   (c) $L = \{w : |w|\text{是4的倍数}\}$

   (d) $L = \{a^n b^m : n \geqslant 2, n = m\}$

   (e) $L = \{w : n_a(w) \neq n_b(w)\}$

   (f) $L = \{a^n b^m a^{n+m} : n \geqslant 0, m \geqslant 1\}$

   (g) $L = \{a^n b^n a^n b^n : n \neq 0\}$

   (h) $L = \{a^n b^{2n} : n \geqslant 1\}$

   针对每个问题，请给出转移图，并通过跟踪几个例子来检查你的答案。

9. 设计图灵机接受如下语言：

$$L = \{ww : w \in \{a, b\}^+\}$$

10. 构造图灵机来计算函数

$$f(w) = w^R$$

   其中 $w \in \{0, 1\}^+$。

11. 设计图灵机来计算如下正整数一进制表示 w 的函数：

$$f(w) = 1 \quad \text{如果} w \text{是偶数}$$

$$= 0 \quad \text{如果} w \text{是奇数}$$

12. 设计图灵机来计算如下正整数一进制表示 x 的函数：

$$f(w) = x - 2 \quad \text{如果 } x > 2$$

$$= 0 \qquad \text{如果 } x \leqslant 2$$

13. 设计图灵机来计算如下正整数一进制表示 x 和 y 的函数：

   (a) $f(x) = 2x + 1$

   (b) $f(x, y) = x + 2y$

   (c) $f(x, y) = 2x + 3y$

   (d) $f(x) = x \mod 5$

   (e) $f(x) = \lfloor \frac{x}{2} \rfloor$，其中 $\lfloor \frac{x}{2} \rfloor$ 表示小于或等于 $\frac{x}{2}$ 的最大整数

14. 设计一个图灵机，其中 $\Gamma = \{0, 1, \square\}$，使得当图灵机开始于任何含有空白符或字符 1 的单元格时，当且仅当带上某处含有一个 0 才会停机。

15. 为例 9.8 写出完整的解。

16. 对于例 9.10 中的图灵机，请给出以 111 为输入时的瞬时描述序列。以 110 为输入时会发生什么？

17. 证明例 9.10 中的图灵机确实能够执行指定的计算。

18. 给出例 9.11 中的详细内容。

19. 假设在例 9.9 中，x 和 y 采用二进制表示，请给出所指定计算的图灵机程序。

20. 你可能已经注意到，本节中的所有例子都只有一个最终状态。是否存在一般性的结论：对于任何图灵机，都存在另一个只有一个最终状态且接受相同语言的图灵机？

9.2 完成复杂任务的组合图灵机

我们已经明确展示了如何在图灵机上实现那些在所有计算机中都存在的重要操作。由于在数字计算机中，这些原始的操作是构建更复杂指令的基础，所以我们来看看如何在图灵机上组合这些基本操作。为了展示图灵机如何进行组合，我们以程序设计中普通的方式来实现。从程序的高级描述开始，然后逐步细化，直到描述为实际使用的语言。图灵机的高级描述可以有多种方式，我们常用框图或伪代码两种方法表示。在框图中，我们将计算封装在标记了功能的方框内，但不显示其内部细节。通过使用这些方框，我们默认它们实际是可以构造出来的。作为第一个例子，我们将例 9.9 和例 9.11 中的图灵机组合起来。

例 9.12 设计一个图灵机以计算函数

$$f(x,y) = x + y \quad \text{如果 } x \geqslant y$$
$$\qquad\quad = 0 \quad\qquad \text{如果 } x < y$$

为了方便讨论，我们假设 x 和 y 都使用一进制表示正整数。值零将表示为 0，带的其他部分为空白。

利用框图的高级描述方式，函数 $f(x,y)$ 的计算可以可视化为图 9.8。如图所示，我们首先使用一个类似于例 9.11 的比较器来判断是否存在 $x \geqslant y$。如果 $x \geqslant y$，则比较器发送启动信号给加法器，开始计算 $x+y$。否则，启动擦除程序，将所有的 1 替换为空白符号。

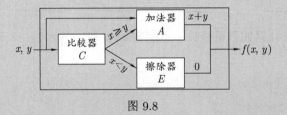

图 9.8

在后续的讨论中，我们经常使用这种黑盒框图的高级描述表示图灵机。这显然比用相应 δ 集合的详细描述更加便捷和清晰。在我们接受这种高级视图之前，首先要验证它的正确性。例如，这里的比较器发送启动信号给加法器是什么意思？定义 9.1 并没有给出其可行性说明。然而，它可以通过一种直接的方式来实现。

可以根据例 9.11 来编写比较器 C 的程序, 使图灵机的状态名的下标带有 C。对于加法器, 采用例 9.9 的思想并使状态下标带有 A。而对于擦除器 E, 构造一个状态名下标带有 E 的图灵机。由 C 完成的计算为

$$q_{C,0}w(x)0w(y) \vdash^* q_{A,0}w(x)0w(y) \qquad \text{如果 } x \geqslant y$$

和

$$q_{C,0}w(x)0w(y) \vdash^* q_{E,0}w(x)0w(y) \qquad \text{如果 } x < y$$

如果我们将 $q_{A,0}$ 和 $q_{E,0}$ 分别作为 A 和 E 的初始状态, 那么可以看出 C 将启动 A 或 E。

由加法器完成的计算为

$$q_{A,0}w(x)0w(y) \vdash^* q_{A,f}w(x+y)0$$

由擦除器 E 完成的计算为

$$q_{E,0}w(x)0w(y) \vdash^* q_{E,f}0$$

最终的结果是一个组合了 C、A 和 E 所有动作的单个图灵机, 如图 9.8 所示。

图灵机另一个有用的高级视图是伪代码描述。在计算机的程序设计中, 伪代码是使用简洁语句描述计算的一种方式, 通过它更易于理解计算的过程。尽管这种描述无法直接在计算机上使用, 但我们假定在需要时它能被翻译为合适的语言。宏指令可以作为一种伪代码的例子, 它的形式为简写的单语句, 用来代替一系列底层语句。我们首先用较低级别的语言定义宏指令, 然后在程序中使用宏指令, 并假定用相关的底层代码替换每个宏指令。这个思想在图灵机程序设计中非常有用。

例 9.13 考虑宏指令

$$\text{if } a \text{ then } q_j \text{ else } q_k$$

它的含义是, 如果图灵机读入 a, 那么不论处于什么状态, 都将转入状态 q_j, 且不修改带上的内容和读写头的位置。如果读入的符号不是 a, 那么该图灵机会进入状态 q_k, 同样不会修改带上的内容和读写头的位置。

为了实现这样的宏指令, 显然图灵机只需几个简单的步骤:

$$\delta(q_i, a) = (q_{j0}, a, R) \quad \text{对于任意 } q_i \in Q \text{ 成立}$$

$$\delta(q_i, b) = (q_{k0}, b, R) \quad \text{对于任意 } q_i \in Q \text{ 和 } b \in \Gamma - \{a\} \text{ 都成立}$$

$$\delta(q_{j0}, c) = (q_j, c, L) \quad \text{对于任意 } c \in \Gamma \text{ 成立}$$

$$\delta(q_{k0}, c) = (q_k, c, L) \quad \text{对于任意 } c \in \Gamma \text{ 成立}$$

状态 q_{j0} 和 q_{k0} 是新引入的状态, 用于解决图灵机每步都需要移动读写头的问题。在宏指令中, 我们需要改变状态但是不修改读写头的位置。我们先让读写头向右移动并跳转到状态 q_{j0} 或 q_{k0}, 然后在跳转到希望的状态 q_j 或 q_k 之前再向左移动一次。

更进一步，我们可以用子程序替换宏指令。通常来说，出现宏指令的地方都会被替换为实际的代码，而子程序作为一个代码段，可以在需要的地方被反复调用。子程序是高级程序设计语言的基本成分，但同样可用于图灵机的设计。为了使这一点变得合理，让我们简要概述一下图灵机如何用作可由另一台图灵机重复调用的子程序。这需要一个新特性：能够存储有关调用程序格局的信息，以便从子程序返回时可以重新创建该格局。这里以处于状态 q_i 的机器 A 调用机器 B 来举例。当 B 结束时，我们希望恢复处于状态 q_i 的程序 A，并将读写头（可能在 B 运行期间被移动）放在原来的位置。其他时候，A 可能从状态 q_j 调用 B，在这种情况下，控制权则应返回状态 q_j。为了解决这一控制转移问题，我们必须能够从 A 传递信息给 B，反之亦然，以便在从 B 恢复控制时能够重新创建 A 的格局，并确保计算 A 的临时挂起不会受执行 B 的影响。为了解决这个问题，我们可以将带分成几个区域，如图 9.9 所示。

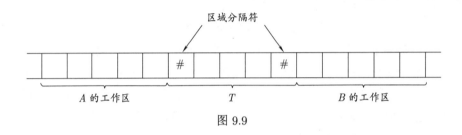

图 9.9

在 A 调用 B 之前，它会将 B 所需的信息（例如，A 的当前状态、B 的参数）写入带的某个区域 T 上。然后 A 通过转换到 B 的开始状态，将控制权传递给 B。转移后，B 利用 T 找到其输入。B 的工作空间与 T 以及 A 的工作空间是分开的，因此不会发生干扰。当 B 完成后，它将相应的结果返回给区域 T，A 会在区域 T 中找到该结果。这样，两个程序就可以按所需的方式进行交互。请注意，这与真实计算机中调用子程序时实际发生的情况非常相似。

现在，如果我们（至少在理论上）知道如何将伪代码转换为实际的图灵机程序，那么就可以使用伪代码对图灵机进行程序设计了。

例 9.14 设计一个图灵机，使它可以计算两个用一进制表示的正整数的乘积。

计算乘法的图灵机，可以通过组合加法和复制的思想来构造。我们假定初始和最终的带内容如图 9.10 所示。然后，可以将乘法过程看作将乘数 x 中的每个 1 重复复制被乘数 y，从而将字符串 y 以适当次数添加到部分计算的乘积中。以下伪代码给出了该过程的主要步骤。

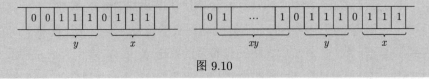

图 9.10

1. 重复以下步骤，直到 x 不再包含 1。

　　1）在 x 中找到一个 1，并将其替换为另一个符号 a。

　　2）将最左边的 0 替换为 $0y$。

2. 将所有的 a 替换为 1。

虽然这个伪代码很简略，其思想也足够简单，但毫无疑问它可以完成这个计算。

　　尽管这些例子都是描述性的，但我们有信心推测：图灵机虽然在原理上相当原始，却可以通过多种方式组合起来，最终变得非常强大。由于我们给出的这些例子不够普遍，也不够详细，所以不能通过这些说明我们已经得到了什么证明，但在图灵机可以完成相当复杂的任务这一点上，我们是可以接受的。

练习题

1. 写出例 9.14 的完整解。

2. 给出一个一进制表示正负数的约定。基于该约定，画出计算 $x-y$ 减法器的构造草图。

3. 使用加法器、减法器、比较器、复制器或乘法器，画出计算以下函数图灵机的框图。

　　(a) $f(n) = n(n+2)$

　　(b) $f(n) = n^4$

　　(c) $f(n) = 2^n$

　　(d) $f(n) = n!$

　　(e) $f(n) = 2^{n!}$

4. 使用框图简要地描述函数 f 的实现，f 定义为：对所有的 $w_1, w_2, w_3 \in \{1\}^+$，

$$f(w_1, w_2, w_3) = i$$

其中 i 满足当不存在两个 w 等长时，$|w_i| = \max(|w_1|, |w_2|, |w_3|)$；否则，$i = 0$。

5. 给出接受如下在 $\{a, b\}$ 上语言的图灵机的"高级描述"。并为每个问题定义一个你认为易于实现的合适的宏指令集，并在高级描述中使用它们。

　　(a) $L = \{ww^R w\}$

　　(b) $L = \{w_1 w_2 : w_1 \neq w_2, |w_1| = |w_2|\}$

　　(c) $L = \{w_1 w_2 : w_1 \neq w_2, |w_1| = |w_2|\}$ 的补

　　(d) $L = \{a^n b^m : n = m^2, m \geqslant 1\}$

　　(e) $L = \{a^n : n$ 是素数$\}$

6. 给出在图灵机上表示有理数的方法，并概述如何对这样的数进行加法和减法操作。

7. 概述能够对以十进制表示的正整数 x 和 y 进行加法和乘法运算的图灵机的构造。

8. 给出如下宏指令的实现方式：

$$\text{scarchleft}(a, q_i, q_j)$$

它表示图灵机在带上向当前位置的左侧搜索符号 a 的第一次出现。如果 a 的出现早于空白符，图灵机进入状态 q_i；否则进入状态 q_j。

9. 使用宏指令 searchleft 设计在 $\Sigma = \{a, b\}$ 上接受语言 $L(ab^*ab^*a)$ 的图灵机。

9.3 图灵论题

前面的讨论不仅说明了图灵机能够通过一些简单的组件构造出来，而且也说明了采用这种低级自动机方式的一个不好的方面。虽然将一个框图或伪代码转换为相应的图灵机程序并不需要多少想象力或创造性，但实际的转换过程既耗时又容易出错，而且对我们的理解并没有什么帮助。图灵机的指令集是非常有限的，对于任何稍微复杂的问题，它们的解决方案或证明都相当烦琐。

现在我们面临一个两难的处境：我们想宣称图灵机不但可以执行给定明确程序的简单操作，还可以执行用块图或伪代码描述的复杂过程。为了辩护这一主张，我们需要明确地给出相应的程序。但这一工作既枯燥又没有吸引力，如果可以的话，应该尽量避免实现实际的程序。因此，我们希望找到一种既合理又严格的方式来讨论图灵机，不需要写冗长且低级的代码。不幸的是，还没有一种令人满意的方案能让我们摆脱这个困境。我们所能实现的，也仅仅是一种合理的折中方案。为了明白如何得到这一折中方案，让我们转向稍微有点哲学性的问题。

我们可以从前一节的例子中得到一些简单的结论。首先，图灵机似乎比下推自动机更强大（关于这一点，请参见本节的练习题）。在例 9.8 中，我们概述了如何构建一个非上下文无关语言的图灵机，而该语言显然不存在相应的下推自动机。例 9.9 ~ 例 9.11 表明，图灵机可以执行一些简单的算术运算，实现一些字符串操作，并进行一些简单的比较。讨论中还说明了如何将基本操作组合起来解决更复杂的问题，如何组合多个图灵机，如何将一个程序作为另一个程序的子程序。由于可以通过这种方式构建非常复杂的操作，我们或许会想到图灵机在计算能力上能够接近一台典型的计算机。

我们试图推测，在某种意义上，图灵机的能力与一台典型的数字计算机是等价的。那么我们如何来证明或反驳这一推测呢？为了证明，我们可以选择一系列越来越难的问题，给出如何使用图灵机解决它们。我们还可以选择某个特定计算机的机器语言指令集，再设计一个能够执行其中所有指令的图灵机。尽管这需要很强的耐心，但如果我们的推测是正确的，那么从原则上来说这是可行的。然而，虽然在这个方向努力的每次成功都会增强我们对推测真实性的信心，但这并不足以构成证明。困难之处在于，我们不确定"典型的数字计算机"确切指的是什么，也无法明确地定义它。

我们也可以从另一方面来考虑这个问题。我们试着寻找某个过程，能够为这个过程编写相应的计算机程序，但同时又能证明不存在执行该过程的图灵机。如果能找到这样的过程，我们就有理由反驳这个推测。但是目前还没有人能够找到这样的反例。事实上，所有的这种尝试都失败了，而这一事实可以被视为间接证据来说明不可能找到这样的反例。所有迹象都表明，在原理上，图灵机与任何计算机的能力是一样强大的。

对于这类问题的争论，艾伦·图灵（A. M. Turing）等科学家在 20 世纪 30 年代中期给出了称为图灵论题的著名猜想。该猜想认为，任何可以通过机械方式实现的计算过程都可以由图灵机完成。

这是一个笼统的陈述，了解图灵论题具体是什么对我们很重要。图灵论题是无法证明的。如果要去证明它，我们需要精确定义所谓的"机械方式"。这将需要另外的一些抽象模型，并且不会让我们比之前走得更远。图灵论题可以恰当地被看作机械计算的定义：一个计算过程是机械的，当且仅当它可以被某个图灵机执行。

如果我们认可这一观点并简单地将图灵论题视为一种定义，就会引出一个问题，即这个定义是否足够宽泛。它是否足以涵盖我们所使用的计算机现在能做的（以及未来可能做的）所有事情？对此，还没有明确的肯定回答，但是存在一些强有力的证据。对于接受图灵论题作为机械计算的定义，存在如下论点：

- 任何现有的数字计算机能够执行的任务，都可以由图灵机来完成。
- 目前还没有人能够提出这样一个问题，它能够通过我们直觉上想到的算法解决，却无法写出相应的图灵机程序。
- 曾经提出的各种机械计算模型，没有一个比图灵机更强大。

这些论点是间接的，不能由它们证明图灵论题。尽管图灵论题看似合理，但仍然是一种假设。然而，仅将图灵论题视为随意的定义就忽略了重要的一点。从某种意义上说，图灵论题在计算机科学中所起的作用，与物理和化学中的基本定律是类似的。例如，经典物理学主要基于牛顿运动定律。虽然我们称之为定律，但它们并没有逻辑上的必然性，确切地说，它们解释了大部分的物理现象。因为从这些规律中得出的结论与我们的经验和观察一致，我们才接受它们。但我们不能证明这些规律，尽管它们甚至可能会被推翻。如果实验结果与根据这些规律得到的结论相矛盾，我们可能会怀疑它们的有效性。另一方面，试图推翻某个规律的努力反复失败，会增强我们对这个规律的信心。图灵论题就是这种情况，所以我们有理由将其视为计算机科学的一条基本规律。从它得到的结论与从真实计算机得到的结论一致，而且到目前为止，所有试图推翻它的尝试都失败了。当然，总是有人提出另一种定义，能够解释一些图灵机未涵盖的微妙情况，但仍属于我们直觉范围内的所谓机械计算。在这种情况下，我们将不得不对随后的一些讨论进行重大修改。不过，这种情况发生的可能性似乎非常小。

既然我们接受了图灵论题，就可以给出算法的精确定义。

定义 9.5 实现函数 $f: D \to R$ 的算法（algorithm）是一个图灵机 M，它以带上任意 $d \in D$ 为输入，最终停机并以带上的正确结果 $f(d) \in R$ 为输出。具体地，我们可以要求对于任意的 $d \in D$，有

$$q_0 d \vdash_M^* q_f f(d), \quad q_f \in F$$

用图灵机程序识别算法使我们能够严格地证明诸如"存在一个算法……"或"不存在一个算法……"这样的命题。然而，即使要明确地构造一个算法来解决相对简单的问题也是一项相当烦琐的工作。为了避免这种情况，我们可以根据图灵论题，认为在任何计算机上可以完成的事情也可以在图灵机上完成。因此，我们可以将定义 9.5 中的"图灵机"替换为"C 程序"，这将显著减轻给出相应算法的负担。实际上，我们已经这样做了，更进一步地，假设对于语言描述或框图，如果能为它们编写出相应的图灵机程序，我们就接受该语言描述或框图作为算法。这极大地简化了讨论，但显然也让我们面临一个困境。虽然"C 程序"有明确的定义，但"清晰的语言描述"的定义却并不明确，这使我们处于将不存在的算法说成存在的危险中。但这种危险可以通过以下事实来抵消：坚持简单的讨论并且在直觉上保证清晰，以及简洁地描述那些相当复杂的过程。对于那些怀疑有效性的读者，我们可以通过用某种程序设计语言编写程序的方式来反驳。

练习题

1. 在上面的讨论中，我们曾说过图灵机似乎比下推自动机更强大。因为图灵机的带总是可以像堆栈一样来使用，所以实际上我们似乎可以宣称图灵机的能力更强。指出在上述论证中没有考虑到哪些重要因素，而这些因素必须在证明这种主张是合理的之前加以解决。

图灵机的其他模型

本章概要

在本章中，我们从本质上挑战图灵论题，通过考察标准图灵机在多种复杂情境下的表现，看看这些复杂情况是否会增强其计算能力。我们研究了不同类型的存储设备，甚至允许非确定性。然而，所有这些复杂情况并未增加标准图灵机的基本计算能力，这进一步印证了图灵论题的可信度。

标准图灵机的定义并不唯一，还有其他同样有效的定义方式。关于我们所能得出的有关图灵机能力的结论，很大程度上与其所选具体结构是无关的。在本章中，我们将研究几种更复杂的图灵机模型，在某种意义上它们与标准图灵机是等价的。

如果接受了图灵论题，我们就可以认为，通过赋予标准图灵机更加复杂的存储设备，并不会对这种自动机的能力产生任何影响。任何可以在这种新型图灵机上执行的计算，仍然属于机械计算的范畴，因此，也可以在标准图灵机上完成。然而，即使仅为展示有关图灵机能力的预期结果从而增加对图灵论题的信心，研究更复杂的模型也是有指导意义的。定义 9.1 中的基本模型的许多变形都是可行的，比如有多条带或多维带的图灵机。本章将考虑在后续讨论中用到的一些图灵机的变形。

我们还将研究非确定的图灵机，并证明它们的能力不会超过确定的图灵机。这个结果是出乎意料的，因为图灵论题仅仅涵盖机械计算，并未涉及非确定性中隐含的巧妙猜测。图灵论题没有直接解决的另一个问题是关于同一台机器在不同时间执行不同的程序的。这引出了"可编程的"或者"通用的"图灵机的概念。

最后，为了为后续章节做准备，我们还将讨论线性界限自动机（linear bounded automata）。这些图灵机拥有无限的带，但只能以受限的方式使用带。

10.1 对图灵机的小改动

我们首先对定义 9.1 做一些相对较小的改动，并研究这些改动是否会影响一般概念。每次我们改动一个定义都会引入一种新型的自动机，并引出一个新问题：这种新型的自动机与我们之前所遇到的自动机是否有本质区别。我们所说的一类自动机与另一类之间的本质差异是什么意思？尽管它们的定义可能存在明显的差异，但这些差异可能不会产生任何有趣的结果。我们已经在确定的和非确定的有限自动机中看到了这一点：两种自动机的定义完全不同，但从所定义语言都是正则语言族这一意义上，它们是等价的。由此，我们可以在一般意义上为自动机类定义等价或不等价的概念。

10.1.1　自动机类的等价性

当我们定义两种或一类自动机之间的等价性时，我们必须仔细说明这种等价性的内涵。在本章的其余部分中，我们按照为 NFA 和 DFA 所建立的秩序，来定义它们在接受语言能力方面的等价性。

> **定义 10.1**　两个自动机如果接受的语言相同，则称它们是等价的。考虑两类自动机 C_1 和 C_2，如果对于 C_1 中的每个自动机 M_1，都存在 C_2 中的自动机 M_2，使得
>
> $$L(M_1) = L(M_2)$$
>
> 我们称 C_2 至少具有与 C_1 相同的能力。如果反之也成立，即对于 C_2 中的每个 M_2 都存在 C_1 中的 M_1，使得 $L(M_1) = L(M_2)$，那么我们称 C_1 和 C_2 是等价的。

有多种建立自动机之间等价关系的方法。定理 2.2 中的构造方法证明了 DFA 和 NFA 之间的等价性。为了证明图灵机之间的等价性，我们经常采用一种称为模拟（simulation）的重要技术。

设 M 是一个自动机，如果另一个自动机 $\widehat{M}$ 可以按如下方式模仿 M 的计算，我们称 $\widehat{M}$ 可以模拟 M 的一个计算。设 $d_0, d_1, \cdots$ 是 M 的计算中的瞬时描述序列，即

$$d_0 \vdash_M d_1 \vdash_M \cdots \vdash_M d_n \cdots$$

那么如果有 $\widehat{M}$ 的瞬时描述 $\widehat{d}_0, \widehat{d}_1, \cdots$，每个都对应于 M 中唯一的一个格局，且可以执行

$$\widehat{d}_0 \vdash^*_{\widehat{M}} \widehat{d}_1 \vdash^*_{\widehat{M}} \cdots \vdash^*_{\widehat{M}} \widehat{d}_n \cdots$$

则 $\widehat{M}$ 模拟了 M 的这个的计算。换句话说，在给定初始格局的情况下，如果知道 $\widehat{M}$ 所执行的计算，那么我们就能准确确定由 M 所执行的计算。

应注意的是，模拟 M 的一步迁移 $d_i \vdash_M d_{i+1}$ 可能涉及 $\widehat{M}$ 的多步迁移。迁移 $\widehat{d}_i \vdash^*_{\widehat{M}} \widehat{d}_{i+1}$ 的中间格局可能不对应于任何 M 中的任何格局，但如果能确定 $\widehat{M}$ 对应的格局，就不会有任何影响。只要我们可以从 $\widehat{M}$ 的计算中确定 M 会做什么，那么模拟就是正确的。如果 $\widehat{M}$ 能够模拟 M 的任何计算，则我们称 $\widehat{M}$ 能够模拟 M。现在已经清楚的是，如果 $\widehat{M}$ 能够模拟 M，那么问题就转化为只要它们接受的语言相同，那么它们就是等价的。为了证明两个自动机类的等价性，需要证明一类中任何一个自动机在另一类中都存在可以模拟它的自动机，反之亦然。

10.1.2　可驻停图灵机

在标准图灵机的定义中，读写头必须向左或向右移动。有时提供第三种选择会更方便，即在改写了带上单元格的内容后，读写头的位置可以保持不动。因此，我们可以修改定义

9.1 得到可驻停图灵机（Turing machine with a stay-option）的定义，即替换 δ 为

$$\delta : Q \times \varGamma \to Q \times \varGamma \times \{L, R, S\}$$

其中 S 表示读写头位置保持不动。这一修改并没有扩展图灵机的能力。

> **定理 10.1**　可驻停图灵机类与标准图灵机类等价。
>
> **证明**　因为可驻停图灵机是标准图灵机的扩展，任何标准图灵机显然都可以被可驻停图灵机模拟。
>
> 　　为证明反之也成立，设可驻停图灵机为 $M = (Q, \varSigma, \varGamma, \delta, q_0, \square, F)$，用标准图灵机 $\widehat{M} = (\widehat{Q}, \varSigma, \varGamma, \widehat{\delta}, \widehat{q_0}, \square, \widehat{F})$ 来模拟它。对于 M 的每一步，模拟机 $\widehat{M}$ 会按如下方式执行。如果 M 的动作不是驻停，那么 $\widehat{M}$ 执行与 M 一致的动作。如果 M 执行驻停动作 S，那么 $\widehat{M}$ 执行两步动作：第一步先改写符号并将读写头右移，第二步则左移但不修改带符号。模拟机可以由 M 通过如下定义的 $\widehat{\delta}$ 来构造：对于每个迁移
>
> $$\delta(q_i, a) = (q_j, b, L \text{ 或 } R)$$
>
> 构造 $\widehat{\delta}$ 迁移
>
> $$\widehat{\delta}(\widehat{q_i}, a) = (\widehat{q_i}, b, L \text{ 或 } R)$$
>
> 对每个 S–迁移
>
> $$\delta(q_i, a) = (q_j, b, S)$$
>
> 构造相应的 $\widehat{\delta}$ 迁移
>
> $$\widehat{\delta}(\widehat{q_i}, a) = (\widehat{q_{js}}, b, R)$$
>
> 并对所有的 $c \in \varGamma$ 构造
>
> $$\widehat{\delta}(\widehat{q_{js}}, c) = (\widehat{q_j}, c, L)$$
>
> 　　显而易见，对于 M 的每个计算，都有对应的 $\widehat{M}$ 的计算，因此 $\widehat{M}$ 可以模拟 M。∎

　　模拟是证明自动机等价性的标准技术，我们在前一个定理所描述的形式化体系，使得准确地讨论过程并证明有关等价性的定理成为可能。在后续的讨论中，我们会经常使用模拟的思想，但通常不会尝试以严格且具体的方式描述一切细节。使用图灵机进行完整的模拟通常很烦琐，为了避免这一点，我们将仅限于描述性的讨论，而不是定理证明的形式。虽然这些模拟仅给出了粗略的总体描述，但从这些描述不难理解如何使其更严格。读者会发现用某种高级语言或伪代码来描述每个模拟是有益的。

　　在介绍其他模型之前，我们先讲解一下标准图灵机。从定义 9.1 可以看出，每个带符

号可以是一些字符的组合，而不仅仅是单个字符。通过对图 9.1 的扩展（见图 10.1）可以更明确其中的含义，其中每个带符号都是由三个较简单字母构成的三元组。

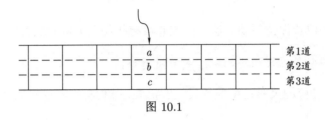

图 10.1

在图 10.1 中，我们将带上的每个单元划分为三个称为道（track）的部分，每个部分包含三元组的一个成员。基于这一直观认识，这种图灵机有时被称为多道图灵机。但这一视角并不是定义 9.1 的扩展，因为我们所要做的是将 Γ 改为一个新的字母表，其中每个符号都由几个部分组成。

然而，其他图灵机模型会对定义做一些修改，因此这些图灵机与标准图灵机的等价性是需要证明的。这里我们来看两个这样的模型，它们有时也被用作图灵机的标准定义。一些不太常见的图灵机变形会在本节的练习题中有所涉及。

10.1.3　半无穷带图灵机

很多作者并不把图 9.1 中的模型作为标准的图灵机模型，而是采用带只在一端无限延伸的半无穷带图灵机（Turing machines with semi-infinite tape）。我们可以将这种图灵机理解为带只有左边界（见图 10.2）。这种图灵机除了当读写头位于边界时不允许向左移动，其他情况都与我们的标准图灵机是相同的。

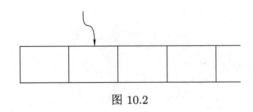

图 10.2

不难看出，这一限制并不会影响图灵机的能力。为了用半无穷带图灵机 $\widehat{M}$ 模拟标准图灵机 M，我们采用如图 10.3 所示的带。

图 10.3

模拟机 $\widehat{M}$ 有一条带有两条道的带。在上道中，我们保存 M 带上位于某个参考点右侧的内容。例如，参考点可以是计算开始时读写头所在的位置。下道则以逆序保存 M 带上位于参考点左侧的内容。而 $\widehat{M}$ 被设计为：只要 M 的读写头位于参考点的右侧，$\widehat{M}$ 就只使用上道的内容；而当 M 移动参考点左侧时，$\widehat{M}$ 就只使用下道的内容。可以通过将 $\widehat{M}$ 的状态集分为两部分来进行区分，例如 Q_U 和 Q_L：当 $\widehat{M}$ 在上道上工作时使用 Q_U，而在下道上工作时使用 Q_L。在带的左边界上的上下两道中都放置一个特殊的结束标记 $\#$，以便在两个道之间切换。例如，假设被模拟的图灵机 M 和模拟机 $\widehat{M}$ 分别处于图 10.4 所示的格局，将要模拟的迁移由

$$\delta(q_i, a) = (q_j, c, L)$$

生成。模拟机 $\widehat{M}$ 将首先通过转移

$$\widehat{\delta}(\widehat{q}_i, (a, b)) = (\widehat{q}_j, (c, b), L)$$

进行迁移，其中 $\widehat{q}_i \in Q_U$。因为 $\widehat{q}_i$ 属于 Q_U，所以只考虑位于上道中的内容。此时模拟机在状态 $\widehat{q}_j \in Q_U$ 看到了符号 $(\#, \#)$，接下来进行转移

$$\widehat{\delta}(\widehat{q}_j, (\#, \#)) = (\widehat{p}_j, (\#, \#), R)$$

其中 $\widehat{p}_j \in Q_L$，产生如图 10.5 所示的格局。现在模拟机的状态属于 Q_L 并将在下道工作。模拟过程的进一步细节是直接的。

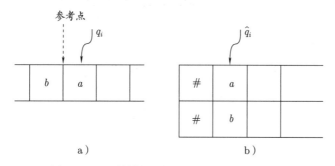

图 10.4　a）被模拟的机器。b）模拟中的机器

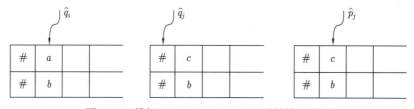

图 10.5　模拟 $\delta(q_i, a) = (q_j, c, L)$ 时的格局序列

10.1.4　离线图灵机

第 1 章中自动机的一般定义包含一个输入文件和一个临时存储空间。在定义 9.1 中，为了简单起见，我们丢弃了输入文件，并声称这不会改变图灵机的概念。我们现在就详细地讨论这一点。

如果我们将输入文件放回模型中，就会得到所谓的离线图灵机（off-line Turing machine）。在这样的机器中，每步迁移都由内部状态、从输入文件读入的当前符号，以及读写头所看到的符号来控制。离线图灵机的示意图如图 10.6 所示。离线图灵机的形式定义很容易给出，但我们把它留作练习题。我们只想简单地说明为什么离线图灵机类与标准图灵机类是等价的。

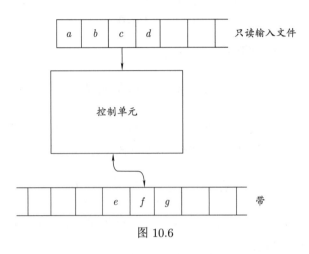

图 10.6

首先，标准图灵机的任何行为都可以由离线图灵机模拟。模拟机所要做的只是将输入文件的内容复制到带上。然后就可以按标准图灵机的方式进行工作。

通过标准图灵机 $\widehat{M}$ 来模拟离线机器 M 需要稍长一些的描述。标准图灵机可以使用如图 10.7 所示的四道带来模拟离线图灵机的计算。图 10.7 所示的带内容代表了图 10.6 中的格局。$\widehat{M}$ 的四个道中的每一道在模拟中都扮演着特定的角色。第 1 道放置 M 的输入，第 2 道记录 M 输入文件的当前读取位置，第 3 道代表 M 的带，而第 4 道则记录 M 读写头的位置。

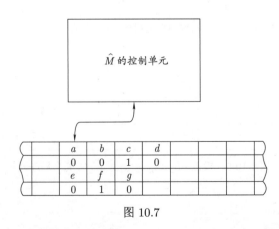

图 10.7

对 M 每一步迁移的模拟都需要 $\widehat{M}$ 的若干步。从某个标准位置开始（比如左边界），借助特殊结束符标记的相关信息，$\widehat{M}$ 搜索第 2 道并找到 M 读取输入文件的位置。在第 1 道上相应单元格内所找到的符号，将由 $\widehat{M}$ 控制单元为此专门设计的特定状态中记住。接下来，搜索第 4 道并找到 M 读写头所在的位置。根据记住的那个符号和第 3 道上的这个符号，我们现在就知道了 M 将要执行的动作。这个信息将再一次利用特定的内部状态由 $\widehat{M}$ 记住。然后，修改 $\widehat{M}$ 的带上的所有四条道的内容，以反映 M 的迁移。最后，$\widehat{M}$ 的读写头回到标准位置以进行下一个迁移的模拟。

练习题

1. 给出半无穷带图灵机的形式定义。
2. 给出离线图灵机的形式定义。
3. 考虑一个图灵机，在任何特定的移动中，它要么改变带符号，要么移动读写头，但不能两者都做。

   (a) 给出这种图灵机的形式定义。

   (b) 证明这种图灵机类与标准图灵机类是等价的。

4. 给出练习题 3 中所定义的图灵机是怎样模拟标准图灵机的如下转移：

$$\delta(q_i, a) = (q_j, b, R)$$

$$\delta(q_i, b) = (q_k, a, L)$$

5. 考虑如下图灵机模型，在每一次迁移中，读写头可以向左或向右移动多个单元，移动的距离和方向作为 δ 的参数。给出这种图灵机的准确定义，并简述如何使用标准图灵机模拟这种图灵机。

6. 不可擦除图灵机不能将非空白符号改为空白符。这可以通过以下限制来实现：如果

$$\delta(q_i, a) = (q_j, \square, L \text{ 或 } R)$$

那么 a 一定为 $\square$。证明增加这样的限制不失一般性[注]。

7. 考虑一台不能写入空白符的图灵机，即对于所有 $\delta(q_i, a) = (q_j, b, L \text{ 或 } R)$，$b$ 一定属于 $\Gamma - \{\square\}$。证明这样的图灵机可以模拟标准图灵机。

8. 假设我们要求图灵机只能在最终状态停机，即对于所有 (q, a) 对，$a \in \Gamma$ 且 $q \notin F$，$\delta(q, a)$ 都要有定义。这一要求是否限制了图灵机的能力？

9. 假设我们要求图灵机在带上写的符号不能和带上该位置原来的符号相同，即如果

$$\delta(q_i, a) = (q_j, b, L \text{ 或 } R)$$

则 a 与 b 必须是不同的。这一限制是否降低了图灵机的能力？

10. 考虑图灵机的如下变形，转移不仅取决于读写头当前所在的单元符号，还取决于当前单元格左边和右边紧邻的符号。给出这样的图灵机的形式定义，并描述如何用标准图灵机模拟这样的图灵机。

---

11. 考虑具有不同决策过程的图灵机，其转移只在当前带符号不属于特定符号集时才会发生。例如

$$\delta(q_i, \{a, b\}) = (q_j, c, R)$$

只有在当前带符号不是 a 或 b 时，才可以转移。给出这一概念的形式化描述，并证明这种图灵机与标准图灵机等价。

12. 在上题所描述的图灵机类型的基础上，写一个图灵机程序使其可以接受 $L(aa^*bb^*)$。假定 $\Sigma = \{a, b\}$ 且 $\Gamma = \{a, b, \square\}$。

10.2   具有更复杂存储的图灵机

标准图灵机的存储如此简单，以至于人们可能会想用更复杂的存储设备增加图灵机的能力。但对于图灵机来说并非如此，我们通过两个例子来说明原因。

10.2.1   多带图灵机

所谓的多带图灵机（multitape Turing machine）是一个具有多条带的图灵机，每一条带都有可独立控制的读写头（如图 10.8 所示）。

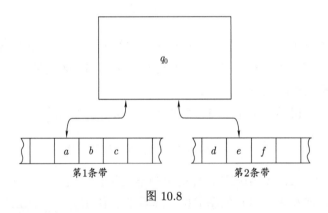

图 10.8

多带图灵机的形式定义已经超出了定义 9.1 的内容，因为它需要不同的转移函数。一般我们将 n–带图灵机定义为 $M = (Q, \Sigma, \Gamma, \delta, q_0, \square, F)$，其中 Q, Σ, Γ, q_0 和 F 的含义与定义 9.1 中的相同，但是

$$\delta : Q \times \Gamma^n \to Q \times \Gamma^n \times \{L, R\}^n$$

定义了发生在所有带上的转移。例如，若 $n = 2$，其当前格局如图 10.8 所示，那么

$$\delta(q_0, a, e) = (q_1, x, y, L, R)$$

的解释如下。这条转移规则只能发生在图灵机处于状态 q_0、第 1 个读写头所见符号为 a 且第 2 个读写头所见为 e 时。第 1 条带上的读写头将当前单元内容修改为 x 并向左移动，同时第 2 条带上的读写头将当前单元内容修改为 y 并向右移动，然后控制器的当前状态转换为 q_1，图灵机进入如图 10.9 所示的下一个格局。

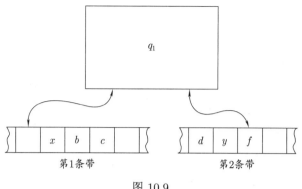

图 10.9

为了证明多带图灵机与标准图灵机之间的等价性，我们需要证明任何一个给定的多带图灵机 M 都能被标准图灵机 $\widehat{M}$ 模拟，而且反之也成立，即任何一个标准图灵机也都能被多带图灵机模拟。后者是显然的，因为我们总是可以选择让一个多带图灵机只在其中的一条带上做有用的工作。用只有一个带的标准图灵机模拟多带图灵机虽然稍有些复杂，但在概念上仍是简单的。

考虑一个 2-带图灵机，它处于如图 10.10 所示的格局。用于模拟的单带图灵机需要一条具有 4 个道的带（见图 10.11）。第 1 道表示 M 第 1 条带的内容。第 2 道除了表示 M 的第 1 条带读写头当前位置的那个单元格是字符 1 外，其他非空白单元格中都是字符 0。类似地，第 3 道和第 4 道用来模拟 M 的第 2 条带。由图 10.11 可以清晰地看出，对于 $\widehat{M}$ 中的每个相关的格局（即具有上述形式的那些格局），在 M 中都有唯一一个与之对应的格局。

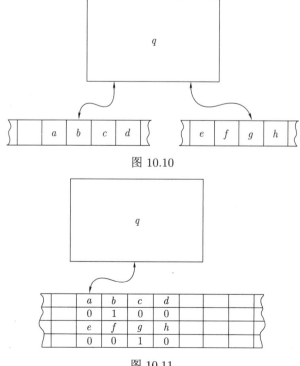

图 10.10

图 10.11

用单带图灵机表示多带图灵机的方式，类似于模拟离线图灵机的方式。模拟中的实际步骤也非常相似，唯一的区别就是需要考虑多条带。针对离线图灵机给出的模拟框架，在经过一些较小的修改后就可以延续到此时的情况。同时，我们也可以从中看出根据 M 的转移函数 δ 构造 $\widehat{M}$ 的 $\widehat{\delta}$ 的过程。尽管给出详细的描述并不困难，但却需要一定的篇幅。但可以肯定的是，虽然 $\widehat{M}$ 的计算过程看上去会是冗长而烦琐的，但是并不会影响结论的正确性，即 M 所能做的任何事情在 $\widehat{M}$ 上也能够完成。

需要注意的很重要的一点是，当我们声称多带图灵机并不比标准图灵机功能更强大时，我们只是指它们所能完成的工作，特别地，是指它们所能接受的语言。

> **例 10.1**　考虑语言 $\{a^n b^n\}$。在例 9.7 中，我们给出了一种烦琐的方法，通过它可以在单带图灵机上接受这个语言。使用一个 2-带图灵机来完成这个工作会相当容易。假设在计算最开始的时候，第 1 条带上放置的初始字符串为 $a^n b^m$。然后，我们读入所有的字符 a，并将它们复制到第 2 条带上。在处理完最后的一个 a 后，我们将第 1 条带上的 b 与第 2 条带上复制的 a 进行匹配。通过这种方式，我们就可以判断 a 的数量与 b 的数量是否相同，并且不需要反复地来回移动读写头。

应注意的是，图灵机的各种变形被认为是等价的，仅仅是从它们能完成什么事情这一意义上考虑的，而不是从程序设计的难易程度方面或任何其他我们可能关注的效率度量方面。在第 14 章我们还会回到这个重要的问题上。

10.2.2　多维图灵机

多维图灵机（multidimensional Turing machine）是一种其带可以在多个维度上无限延伸的图灵机。如图 10.12 所示的是一个二维图灵机。

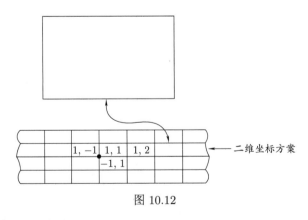

图 10.12

在二维图灵机的形式定义中，转换函数 δ 有如下形式：

$$\delta : Q \times \varGamma \to Q \times \varGamma \times \{L, R, U, D\}$$

其中 U 和 D 分别表示读写头向上和向下移动。

为了在标准图灵机上模拟这种二维图灵机,我们可以使用图 10.13 所示的 2-道模型。首先,我们为二维带上的每个单元格分配一个序号或地址。这可以有很多种方法,例如图 10.12 所示的二维坐标表示法。在模拟机的两条道中,模拟机用其中一条保存单元格的内容,用另一条记录相应的单元格地址。在图 10.12 所示的坐标方案中,单元格 $(1,2)$ 含有字符 a,而单元格 $(10,-3)$ 含有字符 b 的格局如图 10.13 所示。需要注意的一点是:单元格的地址可以是任意大的整数,所以地址道不能用固定大小的字段来存储地址,而应采用地址字段长度可变的方式,并用特殊的符号来分隔字段,正如图中所表示的那样。

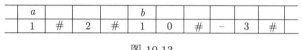

图 10.13

我们假设在每个迁移模拟的开始,二维图灵机 M 的读写头与模拟机 $\widehat{M}$ 的读写头总是分别位于相对应的两个单元格上。要模拟 M 的一步迁移,模拟机 $\widehat{M}$ 首先要计算 M 读写头所要移动到的单元格地址。对于二维坐标方案的地址,这一计算是非常简单的。当计算出地址后,$\widehat{M}$ 则在第 2 道上找到具有这一地址的单元格,然后根据 M 的迁移修改单元格的内容。同样地,当给定 M 时,对 $\widehat{M}$ 的构造是简单的。

入门练习题

1. 请设计 2-带图灵机的程序,它可以将输入 $w \in \{a,b\}^+$ 从第 1 条带复制到第 2 条带。

2. 请用文字或伪代码描述如何构造一个 2-带图灵机,当输入 $w \in \{a,b\}^+$ 在第 1 条带上时,可以将 w^R 写在第 2 条带上,或将 ww 写在第 2 条带上。

练习题

1. 给出 2-带图灵机的形式定义,然后写出程序使其接受如下的语言。假定 $\Sigma = \{a,b,c\}$ 且初始时的输入都在第 1 条带上。

   (a) $L = \{a^n b^n c^n : n \geqslant 1\}$
   (b) $L = \{a^n b^n c^m : m \geqslant n\}$
   (c) $L = \{ww : w \in \{a,b\}\}$
   (d) $L = \{ww^R w : w \in \{a,b\}\}$
   (e) $L = \{n_a(w) = n_b(w) = n_c(w)\}$
   (f) $L = \{n_a(w) = n_b(w) \geqslant n_c(w)\}$

2. 请给出一个可以称为多带离线图灵机的定义,并描述如何使用标准图灵机模拟这种图灵机。

3. 多头图灵机可以看作一个有单一的带、单一的控制单元和多个独立的读写头的图灵机。请给出多头图灵机的形式定义,并描述如何用标准图灵机模拟这种图灵机。

4. 请给出多头–多带图灵机的形式定义。并描述如何用标准图灵机模拟这种图灵机。

5. 给出具有单个带但有多个控制单元的图灵机的形式定义，其中每个控制单元都有一个自己的读写头。并说明如何用多带图灵机模拟这种图灵机。

10.3　非确定的图灵机

虽然图灵论题似乎表明，特定的带结构不会改变图灵机的能力，但对于非确定性来说，我们还不能做出同样的推断。因为由非确定性引入了选择性，具有一种非机械性的味道，因此诉诸图灵论题是不合适的。如果我们想要证明非确定性对图灵机的能力没有任何帮助，我们必须更详细地研究非确定性的影响。我们再次借助模拟的技术，证明非确定的行为可以通过确定的方式处理。

定义 10.2　非确定的图灵机（nondeterministic Turing machine）是由定义 9.1 给出的自动机，只是转移函数 δ 变为

$$\delta : Q \times \Gamma \to 2^{Q \times \Gamma \times \{L, R\}}$$

只要具有非确定性，那么 δ 的值域就是一个由可能发生的转移构成的一个集合，并由图灵机来选择其中的任何一个。

例 10.2　如果图灵机具有如下的转移：

$$\delta(q_0, a) = \{(q_1, b, R), (q_2, c, L)\}$$

那么它是非确定的。迁移

$$q_0 aaa \vdash b q_1 aa$$

和

$$q_0 aaa \vdash q_2 \square caa$$

都是可能的。

由于非确定性在函数计算中所起的作用并不明显，所以我们通常将非确定图灵机视为语言的接受器。如果存在可能的迁移序列

$$q_0 w \stackrel{*}{\vdash} x_1 q_f x_2$$

其中 $q_f \in F$，则称非确定的图灵机接受字符串 w。非确定的图灵机有可能在一系列迁移之后进入非最终状态，或者进入死循环。但是，和非确定性一样，这些选择都是无关的，我们感兴趣的仅仅在于是否存在能够导致进入接受状态的迁移序列。

为了证明非确定的图灵机的能力没有超过确定的图灵机，我们需要为非确定性提供一个确定的等价形式。我们已经间接地提供过一个了。非确定性可以被看作一个确定版的回溯算法，确定的图灵机只要能处理回溯中的状态记录，它就能模拟非确定的图灵机。为了能够简单地理解这是如何实现的，让我们换一个角度来看非确定性，这种观点在很多证明中都会用到：非确定的图灵机在任何必要的时候都可以复制自己。当有多于一个迁移可选的时候，这种图灵机会将自己复制成多个图灵机，然后让每个图灵机执行一个可能的迁移。非确定性的这一观点显得特别非机械化，毕竟现在的计算机显然不具备这种无限复制的能力。然而，用确定的图灵机来模拟是可行的。

一种使用标准图灵机来模拟的方法是将非确定的图灵机的所有可能瞬时描述保存在标准图灵机的带上，并以某种约定的方式分隔开。图 10.14 给出一种保存方法，它记录了 aq_0aa 和 bbq_1a 两种可能出现的格局。其中的符号 × 用于标记出感兴趣的区域，而符号 + 用于分隔不同的瞬时描述。用于模拟的图灵机观察所有活动中的格局，并根据非确定的图灵机的程序来更新。新的格局或扩展瞬时描述可能会移动标记 ×。其中的细节当然是枯燥的，但并不难理解。基于这种模拟，我们可以得出结论，每个非确定的图灵机都存在与其等价的确定的标准图灵机。

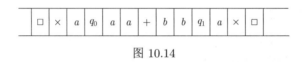

图 10.14

定理 10.2 确定的图灵机类与非确定的图灵机类是等价的。

证明 使用前面讲述的方法可以证明，任何非确定的图灵机都可以由一个确定的图灵机模拟。∎

后面我们会重新考虑在实际情形下非确定性的效果，所以需要再添加一些讨论。如往常一样，非确定性可以看作在多种可能之间进行选择。这可以想象成一个决策树（见图 10.15）。

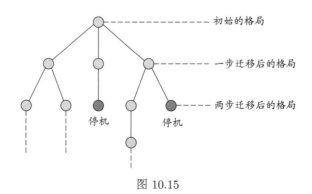

图 10.15

这样一个格局树的宽度依赖于分支的数量，也就是每步迁移中选项的数量。如果用 k 表示最大的分支数，那么

$$M = k^n \tag{10.1}$$

表示在 n 步迁移后可能存在的最大格局数量。

为了后续内容的需要，有必要详细地说明所谓的接受语言的定义，并将成员问题也包含进来。

> **定义 10.3**　一个非确定的图灵机 M，如果对于所有 $w \in L$，都至少存在一个可以接受 w 的格局序列，则称 M 接受（accept）语言 L。尽管可能存在某些分支使其进入非接受的状态或进入死循环。但这些与语言的接受不相关。
>
> 　　一个非确定的图灵机 M，如果对于所有 $w \in L$，都存在一个格局序列使得 w 要么被接受要么被拒绝，则称 M 判定（decide）语言 L。

练习题

1. 详细说明如何使用确定的图灵机模拟非确定的图灵机。说明图灵机如何复制自身、如何找到当前活跃的图灵机，以及如何将已停机的图灵机排除在后续的模拟之外。

2. 为非确定的图灵机编写程序，使其接受如下语言。对于每个语言，如果可能，请解释非确定性是如何简化该任务的。

   (a) $L = \{ww : w \in \{a, b\}^+\}$

   (b) $L = \{ww^R w : w \in \{a, b\}^+\}$

   (c) $L = \{xww^R y : x, y, w \in \{a, b\}^+, |x| \geqslant |y|\}$

   (d) $L = \{w : n_a(w) = n_b(w) = n_c(w)\}$

   (e) $L = \{a^n : n\text{ 不是素数}\}$

3. 双栈自动机是一个具有两个独立的栈的非确定的下推自动机。为了定义这种自动机，我们修改定义 7.1，使得

$$\delta : Q \times (\Sigma \cup \{\lambda\}) \times \Gamma \times \Gamma \to Q \times \Gamma^* \times \Gamma^*\text{的有穷集}$$

迁移依赖两个栈的栈顶符号，迁移的结果是新符号被压入这两个栈中。证明双栈自动机类与图灵机类等价。

10.4　通用图灵机

考虑与图灵论题相悖的命题："一个如定义 9.1 所描述的图灵机是一个专用的计算机。一旦 δ 确定了，就限制这台机器只能实现特定类型的计算。而另一方面，数字计算机是一种通用的计算装置，它们可以被编程，并在不同时间执行不同的任务。因此，图灵机与通用的数字计算机不等价。"

我们可以通过设计一种称为通用图灵机（universal Turing machine）的可重编程图灵机来解决这个问题。通用图灵机 M_u 是这样的一种自动机：当给定任何图灵机的描述 M 和字符串 w 作为输入时，它可以模拟 M 以 w 为输入时的计算。为了构造这样的 M_u，我们首先选择一种描述图灵机的标准方式。我们可以不失一般性地假定

$$Q = \{q_1, q_2, \cdots, q_n\}$$

其中 q_1 为初始状态，q_2 为最终状态。假设

$$\Gamma = \{a_1, a_2, \cdots, a_m\}$$

其中 a_1 表示空白符。然后我们选择一种编码方式，将 q_1 编码为 1，q_2 编码 11，以此类推。类似地，将 a_1 编码为 1，a_2 为 11，以此类推。字符 0 用作 1 之间的分隔符。有了以上对初始状态、最终状态和空白符定义的约定，任何图灵机都可以仅使用 δ 完整地描述。根据这种编码方案可以将转移函数编码，其参数和结果就是如上所述的编码字符序列。例如 $\delta(q_1, a_2) = (q_2, a_3, L)$ 可以编码为

$$\cdots 1\,0\,1\,1\,0\,1\,1\,0\,1\,1\,1\,0\,1\,0 \cdots$$

因此，任何图灵机都可以编码为 $\{0,1\}^+$ 上有限长的字符串，同时当给定任何图灵机的编码 M 时，我们都可以按唯一的方式解码。有一些字符串不代表任何图灵机（如字符串 00011），但我们可以轻易地识别出来，所以可以不考虑它们。

一个通用图灵机 M_u 包含一个 $\{0,1\}$ 上的输入字母表和一个多带图灵机结构，如图 10.16 所示。

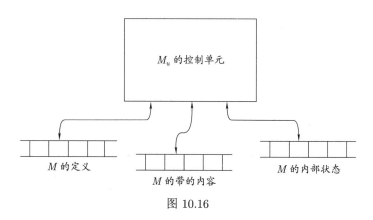

图 10.16

对于任意给定的输入 M 和 w，通用图灵机 M_u 用第 1 带存储定义 M 的编码，用第 2 带记录 M 的带内容，用第 3 带保存 M 的内部状态。M_u 首先查看第 2 带和第 3 带的内容以确定 M 的当前格局，然后查询第 1 带看 M 在此格局下会执行的动作。最后，修改第 2 带和第 3 带来反映这个迁移的结果。

构造一台实际的通用图灵机完全合情合理（例如，参见 Denning、Dennis 和 Qualitz（1978）），但构造的过程是无趣的。相比之下我们更喜欢使用图灵假设。显然可以用某种程

序设计语言来实现它，因此我们也期待能够用标准图灵机来实现。然后，我们有理由认为，存在图灵机在给定任何程序时都可以执行该程序所指定的计算，因此这种图灵机就是通用计算机的一个合适的模型。

每个图灵机都可以由一个 0 和 1 组成的字符串来表示，这一观察具有重要意义。但在我们探索这些深刻含义之前，我们需要回顾一下集合论的一些结论。

有些集合是有限的，但大多数有趣的集合（和语言）是无限的。对于那些无限的集合，我们将其划分为可数（countable）集和不可数（uncountable）集。如果一个集合的元素可以与正整数一一对应，则称该集合是可数的。也就是说，我们可以按照某种顺序列出这个集合中的元素，如 $x_1, x_2, x_3, \cdots$，于是该集合的每个元素都有一个有限的索引。例如，我们可以按照 $0, 2, 4, \cdots$ 的顺序列出所有的偶数。因为每一个形如 $2n$ 的正整数都会出现在第 $n+1$ 个位置上，所以偶数集是可数的。这应该不太会令人惊讶，但有一些更复杂的例子却是反直觉的。例如，所有形如 p/q 的分数构成的集合，其中 p 和 q 都是正整数。我们应该如何排列这个集合中的元素来证明它是可数的呢？我们使用如下序列：

$$\frac{1}{1}, \frac{1}{2}, \frac{1}{3}, \frac{1}{4}, \cdots$$

因为 $\frac{2}{3}$ 永远不会出现。但这并不意味着这个集合是不可数的。对于这个例子，有一种更聪明的排列集合元素的方法，能够证明此集合实际上是可数的。请看图 10.17 中示意的排序方式，如果按照箭头所指的顺序列出集合的元素。我们会得到

$$\frac{1}{1}, \frac{1}{2}, \frac{2}{1}, \frac{3}{1}, \frac{2}{2}, \cdots$$

在这个序列中，$\frac{2}{3}$ 会出现在第七个位置上，并且每一个元素在序列中都有相应的位置。因此这个这个集合是可数的。

图 10.17

从这个例子可以看出，如果能按某种顺序列出集合中的元素，我们就能证明这个集合是可数的。我们将这种方法称为枚举过程（enumeration procedure）。因为枚举过程是一种机械的过程，所以我们可以用图灵机模型来形式化地定义它。

定义 10.4　令 S 是字母表 Σ 上的一个字符串集。则 S 的枚举过程是一个可以执

行如下计算步骤的图灵机

$$q_0\square \overset{*}{\vdash} q_s x_1 \# s_1 \vdash q_s x_2 \# s_2 \cdots$$

其中 $x_i \in \Gamma^* - \{\#\}$，$s_i \in S$。通过这种方式，$S$ 中的每一个字符串 s 都会在有限步内被枚举出来。状态 q_s 用于表示 S 的成员状态。也就是说，每当图灵机进入状态 q_s 时，$\#$ 后面的字符串一定是 S 中的元素。

并非每个集合都是可数的，正如我们会在第 11 章中看到的，存在一些不可数的集合。但任何一个可以被枚举的集合都是可数的，因为枚举给出了集合中所有元素的排列顺序。

严格地说，一个枚举过程并不能被称为算法，因为当 S 是无穷集合时，枚举过程并不会终止。然而，枚举的过程依然是有意义的，因为枚举过程产生的结果是定义清晰且可预测的。

例 10.3 令 $\Sigma = \{a, b, c\}$。如果我们能找到按某种顺序（比如字典序）枚举出集合 $S = \Sigma^+$ 中所有元素的枚举过程，那么就可以证明 S 是可数的。但是直接使用字典中的顺序是不合适的，我们需要对它做一些修改。在字典中，所有以 a 开头的单词都出现在以 b 开头的单词之前。但是，当有无穷多个以 a 开头的单词时，我们就永远无法枚举出以 b 开头的单词。这不符合定义 10.4 中任何元素都必须在有限步内被枚举出来的要求。

然而，我们可以采用修改后的字典序，即把字符串长度作为首要因素，其次是相同长度字符串在字典中出现的顺序。下面就是 S 的一个枚举过程：

$$a, b, c, aa, ab, ac, ba, bb, bc, ca, cb, cc, aaa, \cdots$$

由于在后面我们还会用到这一顺序的定义，所以我们将它称为良序（proper order）。

上述讨论的一个重要结论就是图灵机是可数的。

定理 10.3 所有图灵机构成的无穷集合是可数的。

证明 我们可以用 0 和 1 编码每个图灵机。利用这样的编码，就可以构造出如下的枚举过程：

1. 按良序生成 $\{0,1\}^+$ 中的下一个字符串。
2. 检查生成的这个字符串，看它是否定义了一个图灵机。如果是，则将此字符串按定义 10.4 所要求的形式写在带上；否则，忽略此字符串。
3. 转到第 1 步。

因为每个图灵机都有一个有限的描述，所以任何一个具体的图灵机最终都能够被这

一过程枚举出来。 ∎

图灵机之间的顺序取决于我们所使用的编码方式。如果采用另外一种编码方式，就会得到另一种顺序。然而，采用哪种顺序并不重要，重要的是必然会存在某种顺序。

练习题

1. 使用文中给出的编码方式，给出如下转移函数的编码：

$$\delta(q_1, a_1) = (q_1, a_1, R)$$

$$\delta(q_1, a_2) = (q_3, a_1, L)$$

$$\delta(q_3, a_1) = (q_2, a_2, L)$$

2. 如果 a 编码为 1，b 编码为 11，R 编码为 1，L 编码为 11，请解码字符串 011010111011010。

3. 起草一个算法，用来检查 $\{0,1\}^+$ 中的一个字符串是不是图灵机的编码。

4. 起草一个图灵机程序，使其能够按良序枚举出集合 $\{0,1\}^+$。

5. 练习题 4 中 0^i1^j 的索引是什么？

6. 起草一个图灵机的设计，使其可以以良序枚举出集合

$$L = \{a^n b^n : n \geqslant 1\}$$

7. 对于例 10.3，找到一个函数 $f(w)$，使其能计算每个 w 在良序排序中的索引。

8. 证明由所有形如 (i, j, k) 的正整数三元组构成的集合是可数的。

9. 设 S_1 和 S_2 是可数集，证明 $S_1 \cup S_2$ 和 $S_1 \times S_2$ 也是可数集。

10. 证明有限个可数集的笛卡儿积也是可数的。

10.5 线性界限自动机

尽管我们不能通过更复杂的带结构来增强图灵机的功能，但却可以通过限制带的使用来约束图灵机的能力。我们前面已经见过一个例子，即下推自动机。下推自动机可以被看作具有一条带的非确定的图灵机，而且这条带必须以栈的方式使用。我们可以用其他方式限制对带的使用。比如可以将带上的工作空间限制在一个有限的范围内。可以证明，加上这种限制的图灵机就是有限状态自动机，因此我们不再讨论此限制。但还有一种我们感兴趣的限制，即要求图灵机只能工作于带的输入部分。因此，较长的输入字符串意味着较多的工作空间。这一限制定义了另一种自动机——线性界限自动机（Linear Bounded Automata，LBA）。

与标准图灵机一样，线性界限自动机也有一条无限长的带，但带上能够使用的部分的长度是输入的函数。特别地，我们将带上可用部分限制在由输入字符串占用的那些单元格

中$^\ominus$。为了做到这一点，我们可以将输入部分包含在两个特殊符号之间，即左端标记（left-end marker, [）和右端标记（right-end marker,]）。对于输入串 w，图灵机的初始格局由瞬时描述 $q_0[w]$ 给出。两个端点标记所在的单元不能被重写，读写头也不能移动到"["的左边或"]"的右边。有时我们称读写头被端点标记"弹回"。

> **定义 10.5** 一个线性界限自动机是一个非确定的图灵机 $M = (Q, \Sigma, \Gamma, \delta, q_0, \square, F)$，除具有与定义 10.2 相同的要求外，字母表 Σ 必须包含两个特殊符号"["和"]"，且 $\delta(q_i, [)$ 只能包含形如 $(q_j, [, R)$ 的元素，而 $\delta(q_i,])$ 只能包含形如 $(q_j,], L)$ 的元素。

> **定义 10.6** 一个字符串 w 被线性界限自动机接受，如果对于 $q_f \in F, x_1, x_2 \in \Gamma^*$，存在迁移序列
>
> $$q_0[w] \vdash^* [x_1 q_f x_2]$$
>
> 被线性界限自动机接受的语言就是由所有以这种方式接受的字符串构成的集合。

注意这个定义中的线性界限自动机是非确定性的。这不仅是一个方便的问题，而且对讨论 LBA 至关重要。

> **例 10.4** 语言
>
> $$L = \{a^n b^n c^n : n \geqslant 0\}$$
>
> 可以被某个线性界限自动机接受。从例 9.8 中的讨论，我们可以直接得出这一结论。例 9.8 中图灵机的计算并不需要原始输入部分以外的空间，因此也可以被线性界限自动机完成。

> **例 10.5** 给出一个接受如下语言的线性界限自动机：
>
> $$L = \{a^{n!} : n \geqslant 0\}$$
>
> 解决这一问题的方法是用 $2, 3, 4, \cdots$ 依次整除字符串中 a 的数量，直到我们判断出是接受还是拒绝这个字符串。如果输入的字符串属于 L，则最后一定会剩下一个 a；如果不属于，则某次整除必然会出现一个长度不为 0 的余数部分。我们简要地描述解决方法从而揭示定义 10.5 中所隐含的意思。线性界限自动机的带可以是多道的，多出来的道可以作为工作空间。对于这个问题，我们可以使用具有两条道的带。第 1 道包含在整除过程中剩余数量的 a，第 2 道包含当前的除数（见图 10.18）。具体的解法相当简单，我们用第 2 道上的除数整除第一道上 a 的数量，比如我们可以删掉

$\ominus$ 在某些定义中，带的可用部分是输入的长度的倍数，倍数可以取决于语言，但不取决于输入。这里，我们只使用输入字符串的确切长度，但我们确实允许多道机器，输入仅在一条道上。

除了位于除数整数倍位置上的 a 以外的所有 a。然后，我们将除数加 1，并继续上述过程，直到遇到一个非 0 的余数或者只剩一个 a 为止。

	[	a	a	a	a	a	a	]	待检查的a
	[	a	a	a				]	当前的除数

图 10.18

这两个例子表明线性界限自动机比下推自动机的能力更强，因为这两个例子中的语言都不是上下文无关的。为了证实这一猜想，我们还需要证明任何一个上下文无关语言都可以被一个线性界限自动机接受。在后面，我们会用一种间接的方法证明这一点，而本节的练习题 2 和练习题 3 给出了一种更直接的方法。而推测图灵机与线性界限自动机之间的关系并不容易。例 10.5 中的问题无疑可以用线性界限自动机解决，因为我们可以使用与输入内容长度成比例的草稿空间。事实上，要想给出一个具体的明确不能被线性界限自动机接受的语言是相当困难的。在第 11 章我们将会证明线性界限自动机类的能力弱于未受限制的图灵机类，但要给出一个这样的例子仍有许多工作要做。

练习题

1. 请给出如何构造线性界限自动机来接受如下语言：

   (a) $L = \{a^n : n = m^2, m \geqslant 1\}$

   (b) $L = \{a^n : n 是素数\}$

   (c) $L = \{ww : w \in \{a, b\}^+\}$

   (d) $L = \{w^n : w \in \{a, b\}^+, n \geqslant 2\}$

   (e) $L = \{www^R : w \in \{a, b\}^+\}$

   (f) $L = \{wwvv^R : w, v \in \{a, b\}^+\}$

   (g) $L = \{ww^R : n_a(w) = n_b(w)\}$

   (h) $L = \{ww : w \in \{a, b\}^+\}$ 的正闭包

   (i) $L = \{ww : w \in \{a, b\}^+\}$ 的补

2. 证明对于每个上下文无关语言，都存在一个这样的 PDA 接受它，该 PDA 栈中的符号数量不会超过输入字符串长度加 1。

3. 利用练习题 2 结论证明，任何一个不含 λ 的上下文无关语言都能被某个线性界限自动机接受。

4. 要定义一个确定的线性界限自动机，可以使用定义 10.5，但需要要求图灵机是确定的。检查你对练习题 1 给出的解，它们都是确定的线性界限自动机吗？如果不是，请给出确定线性界限自动机的解。

形式语言和自动机的层次结构

本章概要

　　本章中, 我们学习图灵机与语言之间的联系。根据语言的接受是如何定义的, 我们可以得到不同的语言族: 递归语言、递归可枚举语言和上下文有关语言。连同正则语言和上下文无关语言一起, 这些语言构成了一个刚好依次嵌套的关系, 称为 (乔姆斯基层次结构) (Chomsky hierarchy)。

　　现在我们将注意力回归到主要的感兴趣的研究领域, 即形式语言的研究。我们的直接目标是研究与图灵机相关的语言以及它们的一些约束。由于图灵机可以完成任何类型的算法计算, 因此我们会发现与它们相关联的语言族相当宽泛。它不仅包括正则语言和上下文无关语言, 还包括在这些语言族之外我们所见过的一些语言。然而, 一个重要的问题是, 是否存在不能被图灵机接受的语言? 为了回答这个问题, 我们将首先证明语言的数量要比图灵机更多, 因此必然有某些语言不存在相应的图灵机。这个证明虽然既简短又优雅, 但是没有建设性, 因此对我们理解问题的本质帮助不大。为此, 我们将构造不能被图灵机所识别语言的实例, 并通过这一明确的实例来证明这类语言的存在性。此外, 另一条研究的途径是考察图灵机与特定类型文法之间的联系, 并在这些特定类型的文法与正则文法及上下文无关文法之间建立联系。由此我们可以建立文法的层次结构, 并得到对语言族分类的一种方法。借助集合论的图示方法, 可以清楚地说明不同语言族之间的相互关系。

　　严格来说, 本章中的许多论证仅对那些不含空串的语言才成立。这个局限是由我们所定义的图灵机不接受空串这一事实引起的。为了避免修改定义或增加冗余的声明, 我们默认本章所讨论的语言, 除非另有说明, 都不含 λ。在语言包含 λ 情况下重新阐述我们给出的这些结论并不困难, 因此将其留给读者。

11.1　递归语言和递归可枚举语言

　　我们首先给出图灵机所关联语言的术语。在这个定义中, 我们必须明确区分能被某个图灵机所接受的语言与能被某个成员资格判定算法所识别的语言。因为图灵机在不接受的输入上不一定会停机, 所以对于前者成立的语言, 并不意味着对于后者也成立。

> **定义 11.1**　如果存在一个图灵机能接受一个语言 L, 则称这个语言是递归可枚举的 (recursively enumerable)。

这个定义仅意味着存在一个图灵机 M，使得对于每个 $w \in L$，满足

$$q_0 w \vdash^*_M x_1 q_f x_2$$

其中 q_f 为接受状态。这个定义中没有说明当 w 不属于 L 时会发生什么。因此，机器可能会停在非接受的状态，也可能进入无限循环而永不停止。我们可以提出更高的要求，让机器告诉我们任何给定的输入是否属于它的语言。

> **定义 11.2** 对于一个 Σ 上的语言 L，如果存在一个图灵机 M，它接受 L 并且对 Σ^+ 中所有的 w 都停机，则称这个语言是递归的（recursive）。换句话说，一个语言是递归的，当且仅当存在一个成员资格判定算法识别这个语言。

如果一个语言是递归的，那么很容易构造一个枚举过程。假设 M 是一个图灵机，它可以判定递归语言 L 的成员资格。我们可以首先构造另一个图灵机，比如 $\widehat{M}$，它能以良序生成 Σ 中的所有字符串，比如 $w_1, w_2, \cdots$。这些字符串在生成以后，被输入给 M，而 M 被修改为只将判断出属于 L 的那些字符串写入带上。

每种递归可枚举语言也都存在类似的枚举过程，但这并不容易看出来。我们不能按照上述方法实现。因为如果某个 w_j 不属于 L，那么机器 M 以带上的 w_j 开始运行时可能永远不会停止，所以 M 永远不会枚举出 L 中 w_j 之后的字符串。为了确保不会发生这种情况，这个计算要以不同的方式执行。我们首先让 $\widehat{M}$ 生成 w_1 并让 M 在 w_1 上执行一步。然后让 $\widehat{M}$ 生成 w_2 并让 M 在 w_2 上执行一步，然后在 w_1 上执行第二步。之后，再生成 w_3 并在 w_3 上执行一步，在 w_2 上执行第二步，在 w_1 上执行第三步，以此类推。执行的顺序如图 11.1 所示。由此可见，M 永远不会陷入无限循环。由于任何 $w \in L$ 都在有限步内由 $\widehat{M}$ 产生并被 M 接受，因此 L 中的每个字符串最终都会被 M 枚举。

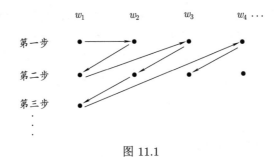

图 11.1

很容易看出，每一个存在枚举过程的语言都是递归可枚举的。我们可以将给定的输入字符串逐个与由枚举过程相继生成的字符串进行比较。如果 $w \in L$，我们最终总能匹配上某个枚举出来的字符串，那么这个过程就可以终止了。

定义 11.1 和定义 11.2 并没有给出多少有关递归语言和递归可枚举语言本质的内容。这些定义只是将这两个名称与图灵机相关的语言族关联起来，并没有展示这些语言族中代表性语言的内在性质。这些定义也没有展示出这两个语言之间的联系或这两个语言与我们

之前所遇到的语言间的联系。因此，我们立即就会面对诸如"是否存在递归可枚举但非递归的语言？"以及"是否存在能够以某种方式描述但却是非递归可枚举的语言？"等类似的问题。虽然对于这些问题，我们可以给出一些答案，但是我们却没有办法给出某些具体的例子来说明，尤其是第二个问题。

11.1.1 非递归可枚举语言

我们可以通过很多种方法说明存在非递归可枚举的语言。其中一种方法非常简洁，使用了数学中一个基础而优雅的结论。

定理 11.1 如果集合 S 是一个无穷的可数集，那么它的幂集 2^S 是不可数的。

证明 令 $S = \{s_1, s_2, s_3, \cdots\}$。那么它的幂集 2^S 中的任意元素 t 都可以用 0 和 1 构成的序列来表示。当且仅当 s_i 在 t 中时，序列中位置 i 处为 1。例如，集合 $\{s_2, s_3, s_6\}$ 用 $01100100 \cdots$ 表示，而 $\{s_1, s_3, s_5, \cdots\}$ 则用 $10101 \cdots$ 表示。显然，2^S 的任意元素都可以表示为一个这样的序列，同样任何一个这样的序列都唯一地表示了 2^S 中的一个元素。假设 2^S 是可数的，那么它的元素可以按某种顺序列出来，比如 $t_1, t_2, \cdots$，我们可以把它们列在一个表中，如图 11.2 所示。在这个表中，我们关注这样一个序列，它是通过将主对角线上的这些 0、1 元素取反得到的，即将 1 替换为 0，将 0 替换为 1。在图 11.2 所示的例子中，主对角线上的序列是 $1100 \cdots$，那么我们所得到的这个序列为 $0011 \cdots$。这个新得到的序列同样也代表了 2^S 的某个元素，不妨设它是 t_i。但它不可能是 t_1，因为它与 t_1 在元素 s_1 上不同。同理，它不能是 t_2、t_3 或枚举中的任何一项。这就造成了逻辑上的矛盾。因此，幂集 2^S 可数的假设是错误的。

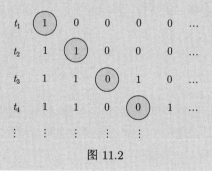

图 11.2 ■

因为这类论证使用了对一个表格中对角线上元素的操作，所以称为对角化（diagonalization）方法。这种方法是由数学家 G. F. Cantor 提出的，他用这种方法证明了实数集是不可数的。在接下来的几章中，我们将在几个不同的上下文中看到类似的论证。定理 11.1 是对角化方法最直接的应用。

作为这个结论的直接结果，我们可以看出，在某种意义上，图灵机的数量要少于语言的数量，因此必然存在非递归可枚举的语言。

定理 11.2　对于任何非空的 Σ，都存在非递归可枚举的语言。

证明　一个语言就是 Σ^* 的一个子集，而每个这样的子集也都是一个语言。因此，所有语言的集合刚好是 2^{Σ^*}。既然 Σ^* 是无穷的可数集，那么定理 11.1 告诉我们，Σ 上所有语言构成的集合是不可数的。但是所有图灵机的集合是可以被枚举的，因此所有递归可枚举语言的集合是可数的。通过本节的练习题 16，可以证明 Σ 上必然存在非递归可枚举的语言。　■

这个证明虽然简洁，但在很多方面并不能令人满意。它完全没有建设性的帮助，虽然证明了非递归可枚举语言的存在性，却没能让我们了解这样的语言会是什么样的。在下一节中，我们将更清晰地阐述这个结论。

11.1.2　一个非递归可枚举的语言

既然每个可以被图灵机接受的语言都能用一种直接的算法方式描述，而且是递归可枚举的，那么非递归可枚举语言的描述必然不会是直接的。但是，这样的描述是可能的。证明的过程使用了对角化方法的变形。

定理 11.3　存在递归可枚举语言，它的补不是递归可枚举的。

证明　令字母表 $\Sigma = \{a\}$，并考虑以该字母表为输入的所有图灵机构成的集合。根据定理 10.3，这个集合是可数的，因此我们可以按 $M_1, M_2, \cdots$ 的顺序将其元素进行排列。对于每个图灵机 M_i，都有一个相关联的递归可枚举语言 $L(M_i)$。反之，对于 Σ 上的每个递归可枚举语言，也都存在接受它的图灵机。

我们现在考虑如下定义的一个新语言 L。对于每个 $i \geqslant 1$，字符串 $a^i \in L$ 当且仅当 $a^i \in L(M_i)$。很明显，语言 L 是明确定义的，因为当 $a^i \in L(M_i)$ 时，$a^i \in L$ 的陈述必然要么为真要么为假。接下来，我们考虑 L 的补集

$$\overline{L} = \{a^i : a^i \notin L(M_i)\} \tag{11.1}$$

这也是明确定义的，但是我们可以证明 $\overline{L}$ 不是递归可枚举的。

我们使用反证法来证明。首先假设 $\overline{L}$ 是递归可枚举的。如果这样，那么一定存在某个图灵机（比如 M_k），满足

$$\overline{L} = L(M_k) \tag{11.2}$$

现在考虑字符串 a^k，它究竟是属于 L 还是属于 $\overline{L}$ 呢？假设 $a^k \in \overline{L}$，那么由式 (11.2) 可以得到

$$a^k \in L(M_k)$$

但根据式 (11.1)，又有

$$a^k \notin \overline{L}$$

反之，如果我们假设 a^k 属于 L，那么由 $a^k \notin \overline{L}$ 和式 (11.2) 可以得到

$$a^k \notin L(M_k)$$

但根据式 (11.1)，又有

$$a^k \in \overline{L}$$

这里的矛盾是不可避免的，所以 $\overline{L}$ 是递归可枚举的假设不成立。因此 $\overline{L}$ 不是递归可枚举语言。

　　为了完成该定理的证明，我们还需要证明 L 是递归可枚举的。我们可以使用前面描述过的图灵机枚举过程。当给定 a^i 时，首先利用对 a 的计数得到数值 i。然后使用图灵机的枚举过程来查找 M_i。最后，将 M_i 的描述和 a^i 一起输入通用图灵机 M_u，并让它模拟 M 处理 a^i 的过程。如果 a^i 在 L 中，那么 M_u 最终会停机。也就是说，存在可以接受所有 $a^i \in L$ 的图灵机。因此，根据定义 11.1，L 是递归可枚举的。∎

　　在这个定理的证明中，式 (11.1) 清楚地给出了一个明确定义的非递归可枚举语言 $\overline{L}$。虽然为语言 $\overline{L}$ 给出一个简单直观的解释并不容易，要展示这种语言的一些不重要的成员是困难的。但是，$\overline{L}$ 是明确定义的。

11.1.3　一个递归可枚举但非递归的语言

　　接下来，我们来展示一些是递归可枚举的但非递归的语言。同样，这里仍然要以一种相当迂回的方式来证明。我们首先建立一个辅助性的结论。

定理 11.4　如果一个语言 L 和它的补 $\overline{L}$ 都是递归可枚举的，那么这两个语言都是递归的。如果 L 是递归的，那么 $\overline{L}$ 也是递归的，同时两者也都是递归可枚举的。

证明　如果 L 和它的补 $\overline{L}$ 都是递归可枚举的，那么存在分别作为 L 和 $\overline{L}$ 枚举过程的图灵机 M 和 $\widehat{M}$。第一个图灵机可以枚举出 L 中的字符串 $w_1, w_2, \cdots$，第二个则可以枚举出 $\overline{L}$ 中的 $\widehat{w}_1, \widehat{w}_2, \cdots$。现在假设任意给定的 $w \in \Sigma^+$，我们首先让 M 生成 w_1 并将其与 w 比较。如果不相同，我们再让 $\widehat{M}$ 生成 $\widehat{w}_1$ 并将其与 w 比较。如果仍然不相同则继续，再让 M 生成 w_2，然后 $\widehat{M}$ 生成 $\widehat{w}_2$，以此类推。任何 $w \in \Sigma^+$ 都会被 M 或 $\widehat{M}$ 生成，所以最终我们会得到一个相同的匹配。如果匹配的字符串是由 M 产生的，则 w 属于 L；否则，它属于 $\overline{L}$。这个处理过程对于 L 和 $\overline{L}$ 都是成员资格判定算法，因此它们都是递归的。

相反，如果我们假设 L 是递归的。那么必然存在一个成员资格判定算法可以识别它。我们可以利用对这个算法的回答取反的方式，得到语言 $\overline{L}$ 的成员资格判定算法。因此 $\overline{L}$ 也是递归的。此外，任何递归语言显然都是递归可枚举的，因此命题得证。   ■

由此，我们可以直接得出结论：递归可枚举语言族与递归语言族是不相同的。定理 11.3 中的语言 L 属于递归可枚举语言族，但不属于递归语言族。

定理 11.5   存在递归可枚举但非递归的语言，也就是说，递归语言族是递归可枚举语言族的真子集。

证明   考虑定理 11.3 中的语言 L。这个语言是递归可枚举的，但它的补却不是。因此，根据定理 11.4，它不是递归的。由这个具体的例子，命题得证。   ■

由此我们可以看出，确实存在明确定义的语言，我们无法为其构造成员资格判定算法。

练习题

1. 证明实数集是不可数的。
2. 证明由所有非递归可枚举语言组成的集合是不可数的。
3. 设 L 是一个有限的语言，证明 L^+ 是递归可枚举的，并给出一个枚举 L^+ 的过程。
4. 设 L 是一个上下文无关语言。证明 L^+ 是递归可枚举的，并为其给出一个枚举过程。
5. 证明如果一个语言不是递归可枚举的，那么它的补也不可能是递归的。
6. 证明递归可枚举语言族在并集下封闭。
7. 递归可枚举语言族在交集下是否封闭？
8. 证明递归语言族在并集和交集运算下是封闭的。
9. 证明递归可枚举语言族与递归语言族在反转运算下是封闭的。
10. 递归语言族在连接运算下是否封闭？
11. 证明上下文无关语言的补一定是递归的。
12. 设 L_1 是递归的，L_2 是递归可枚举的。证明 $L_2 - L_1$ 必然是递归可枚举的。
13. 假设存在一个图灵机可以按适当的顺序枚举 L 中的元素，证明这意味着 L 是递归的。
14. 如果 L 是递归的，那么 L^+ 也一定是递归的吗？
15. 选择一种特定的方式来编码图灵机，并用它来找到定理 11.3 中语言 $\overline{L}$ 的元素。
16. 设 S_1 是可数集合，S_2 是不可数集合，$S_1 \subset S_2$。说明 S_2 必须包含无限个不在 S_1 中的元素。
17. 在练习题 16 中，说明 $S_2 - S_1$ 实际上是不可数的。

18. 为什么定理 11.1 的论证在 S 有限时失败了？

19. 证明所有无理数的集合是不可数的。

11.2 无限制文法

为了研究递归可枚举语言与文法之间的关系，我们先回顾一下第 1 章中文法的一般定义。在定义 1.1 中，产生式的规则可以采用任意形式，但后面我们看到，通过对文法增加各种限制可以获得各种特定的文法类型。如果我们采用一般形式并且不施加任何限制，我们就会得到无限制文法。

> **定义 11.3** 一个文法 $G = (V, T, S, P)$ 称为无限制文法（unrestricted grammar），如果其所有的产生式都形如
>
> $$u \to v$$
>
> 其中 u 属于 $(V \cup T)^+$，而 v 属于 $(V \cup T)^*$。

在无限制文法中，基本没有对产生式施加任何限制条件。任意数量的变元和终结符都可以出现在产生式的左侧或右侧，并且可以按任意顺序出现。其中唯一的限制就是 λ 不能作为产生式的左部。

正如我们将看到的，无限制文法比我们已经有一定研究的有限制的文法（如正则文法或上下文无关文法）要强大得多。事实上，无限制文法对应于我们希望通过机械方式识别的最大的语言族。也就是说，无限制文法恰好生成了递归可枚举语言族。我们分两部分来证明这一点，第一部分相当直接，但第二部分需要一个较长的构造过程。

定理 11.6 由任何无限制文法生成的语言都是递归可枚举的。

证明 文法实际上定义了如何系统地枚举出语言中所有字符串的过程。例如，我们可以把 L 中所有满足如下推导的 w 列出来：

$$S \Rightarrow w$$

也就是说，w 可以通过一步推导得出。由于文法中产生式的集合是有限的，因此这一类字符串的数量也是有限的。接下来，我们列出 L 中所有可以通过两步推导得到的字符串 w，即

$$S \Rightarrow x \Rightarrow w$$

以此类推。我们可以在图灵机上模拟这些推导。因此，存在该语言的枚举过程。所以它是递归可枚举的。∎

递归可枚举语言与无限制文法之间的这部分对应关系并不奇怪。该文法通过明确定义的算法过程生成字符串，因此可以在图灵机上完成推导。为了证明逆命题，我们描述如何

用无限制文法模拟任意给定的图灵机。

给定一个图灵机 $M = (Q, \Sigma, \Gamma, \delta, q_0, \square, F)$，我们希望构造一个文法 G，使得 $L(G) = L(M)$。该构造背后的思想相对简单，但用符号表示来实现这个构造过程比较麻烦。

由于图灵机的计算过程可以表示为瞬时描述的序列

$$q_0 w \vdash^* x q_f y \tag{11.3}$$

我们将尝试对其进行排列，使得当且仅当式 (11.3) 成立时，相应的文法具有如下特性：

$$q_0 w \overset{*}{\Rightarrow} x q_f y \tag{11.4}$$

这并不困难，但比较难以看出的是，对于所有满足式 (11.3) 的 w，如何在式 (11.4) 与我们真正需要的形式

$$S \overset{*}{\Rightarrow} w$$

之间建立联系。为了实现这一目标，我们构造一个文法，概括地说，它具有以下性质：

- 对于所有的 $w \in \Sigma^+$，S 都可以推导出 $q_0 w$。
- 当且仅当式 (11.3) 成立时，式 (11.4) 才是可能的。
- 当生成字符串 $x q_f y$（其中 $q_f \in F$）时，文法将这个字符串转换为最初的 w。

那么完整的推导过程为

$$S \overset{*}{\Rightarrow} q_0 w \overset{*}{\Rightarrow} x q_f y \overset{*}{\Rightarrow} w \tag{11.5}$$

式 (11.5) 中的第三步是比较麻烦的一步。如果在第二步中修改了 w，那文法该如何记住 w？我们通过对字符串进行编码来解决这个问题，以便编码版本最初具有 w 的两个副本。第一个被保存，而第二个在式 (11.4) 的步骤中使用。当进入最终状态对应的格局时，文法清除被保存的 w 以外的所有其他字符。

为了生成 w 的两个副本并处理 M 的状态符号（最终会被文法清除掉），对所有 $a \in \Sigma \cup \{\square\}$、$b \in \Gamma$ 和所有满足 $q_i \in Q$ 的 i，我们引入变元 V_{ab} 和 V_{aib}。变元 V_{ab} 编码字符 a 和带符号 b，而 V_{aib} 编码字符 a、带符号 b 和状态 q_i。

对所有 $a \in \Sigma$，式 (11.5) 中的第一步可以通过如下方式（以编码形式）实现：

$$S \rightarrow V_{\square\square} S \mid S V_{\square\square} \mid T \tag{11.6}$$

$$T \rightarrow T V_{aa} \mid V_{a0a} \tag{11.7}$$

这些产生式使得文法可以生成任何字符串 $q_0 w$ 的编码版本，而且它的前面和后面可以带有任意数量的空白符。

对于第二步，对于 M 的每个转移

$$\delta(q_i, c) = (q_j, d, R)$$

我们为文法增加产生式

$$V_{aic} V_{pq} \rightarrow V_{ad} V_{pjq} \tag{11.8}$$

其中所有 $a, p \in \Sigma \cup \{\square\}$，$q \in \Gamma$。而对 M 的每个

$$\delta(q_i, c) = (q_j, d, L)$$

我们增加产生式

$$V_{pq}V_{aic} \to V_{pjq}V_{ad} \tag{11.9}$$

其中所有 $a, p \in \Sigma \cup \{\square\}$，$q \in \Gamma$。

　　如果在第二步中 M 进入了最终状态，那么文法必须清除 w 以外的所有符号，w 被保存在 V 的第一脚标索引中[⊖]。因此，对于每个 $q_j \in F$，我们引入产生式

$$V_{ajb} \to a \tag{11.10}$$

其中所有 $a \in \Sigma \cup \{\square\}$，$b \in \Gamma$。这就得到了字符串的第一个终结符，对于所有的 $a, c \in \Sigma \cup \{\square\}$，$b \in \Gamma$，由上式可以得到其余部分的重写

$$cV_{ab} \to ca \tag{11.11}$$

$$V_{ab}c \to ac \tag{11.12}$$

我们还需要一个特殊的产生式

$$\square \to \lambda \tag{11.13}$$

最后一个产生式处理了当 M 移出输入 w 占据的带区域的情况。为了在这种情况下能正常工作，我们首先使用式 (11.6) 和式 (11.7) 生成

$$\square \cdots \square q_0 w \square \cdots \square$$

来代表所有使用过的带区域。最后，多余的空白符由式 (11.13) 清除。

　　下面的这个例子展示了这个复杂的构造过程。仔细检查示例中的每个步骤，观察每个产生式的作用以及为什么需要它们。

例 11.1　设图灵机 $M = (Q, \Sigma, \Gamma, \delta, q_0, \square, F)$，其中

$$Q = \{q_0, q_1\}$$
$$\Gamma = \{a, b, \square\}$$
$$\Sigma = \{a, b\}$$
$$F = \{q_1\}$$

且

$$\delta(q_0, a) = (q_0, a, R)$$
$$\delta(q_0, \square) = (q_1, \square, L)$$

这个图灵机接受语言 $L(aa^*)$。

现在考虑如下接受字符串 aa 的计算：

$$q_0aa \vdash aq_0a \vdash aaq_0\square \vdash aq_1a\square \tag{11.14}$$

为了使文法 G 能够推导出这个字符串，我们首先使用式 (11.6) 和式 (11.7) 中的规则来得到合适的初始字符串。

$$S \Rightarrow SV_{\square\square} \Rightarrow TV_{\square\square} \Rightarrow TV_{aa}V_{\square\square} \Rightarrow V_{a0a}V_{aa}V_{\square\square}$$

最后一个句型是推导部分的起点，它模拟图灵机的计算。它在第一脚标索引的序列⊖ 中含有原始输入 $aa\square$，在其他脚标索引的序列⊖ 中含有初始瞬时描述 $q_0aa\square$。接下来，我们使用根据式 (11.8) 得到的两个产生式

$$V_{a0a}V_{aa} \to V_{aa}V_{a0a}$$

和

$$V_{a0a}V_{\square\square} \to V_{aa}V_{\square0\square}$$

以及根据式 (11.9) 得到的一个产生式

$$V_{aa}V_{\square0\square} \to V_{a1a}V_{\square\square}$$

就可以得出，推导的后续步骤是

$$V_{a0a}V_{aa}V_{\square\square} \Rightarrow V_{aa}V_{a0a}V_{\square\square} \Rightarrow V_{aa}V_{aa}V_{\square0\square} \Rightarrow V_{aa}V_{a1a}V_{\square\square}$$

第一脚标索引序列始终保持不变，总是保存着初始的输入。其他脚标索引的序列依次为

$$0aa\square, a0a\square, aa0\square, a1a\square$$

这与式 (11.14) 中瞬时描述的序列是等价的。

最后，将式 (11.10) 和式 (11.13) 用于最后几步的推导中，可以得到

$$V_{aa}V_{a1a}V_{\square\square} \Rightarrow V_{aa}aV_{\square\square} \Rightarrow V_{aa}a\square \Rightarrow aa\square \Rightarrow aa$$

从式 (11.6) ~ 式 (11.13) 所描述的构造方法，是证明以下结论的基础。

定理 11.7　对于每一个递归可枚举语言 L，都存在一个无限制文法 G，满足 $L = L(G)$。

⊖ 由每个变元脚标第一分量连接而成的序列，即分别由 V_{a0a}、V_{aa}、$V_{\square\square}$ 脚标的第一个分量 a、a 和 $\square$ 组成的序列。

⊖ 每个变元脚标除第一分量外的符号连接而成的序列，即由 V_{a0a} 中的 $0a$、V_{aa} 的第二个 a 和 $V_{\square\square}$ 的第二个 $\square$ 组成的序列。

证明　上述构造方法可以保证，如果

$$x \vdash y$$

那么

$$e(x) \Rightarrow e(y)$$

其中 $e(x)$ 表示一个字符串由上述约定得到的编码。通过对转换步骤数的归纳，我们可以证明

$$e(q_0 e) \overset{*}{\Rightarrow} e(y)$$

成立，当且仅当

$$q_0 w \overset{*}{\vdash} y$$

成立。我们还要证明，该构造方法可以生成所有可能的初始状态格局，以及当且仅当 M 进入最终状态格局时，该方法可以正确地重构 w。细节并不难证明，我们留作练习题。∎

这两个定理给出了我们最初想要的结果：与无限制文法相关的语言族与递归可枚举语言族是相同的。

练习题

1. 下面的无限制文法可以推导出什么样的语言？

$$S \rightarrow S_1 B$$

$$S_1 \rightarrow a S_1 b$$

$$bB \rightarrow bbbB$$

$$aS_1 b \rightarrow aa$$

$$B \rightarrow \lambda$$

2. 为语言 $L(01(01)^*)$ 构造一个图灵机，然后使用定理 11.7 中的构造为它找到一个无限制文法。再利用该文法给出 0101 的推导过程。

3. 使用定理 11.7 中的构造，给出如下语言的无限制文法：

   (a) $L = L(aaa^* bb^*)$

   (b) $L = L((ab)^* b^*)$

   (c) $L = \{w : n_a(w) = n_b(w)\}$

4. 如果对文法进行修改，使得推导的开始点是一个字符串的有限集，而不是一个变量。把这个概念形式化，然后研究这种文法与我们这里使用的无限制文法有什么联系。

5. 证明例 11.1 中的文法不能生成任何含有 b 的句子。

6. 给出定理 11.7 的详细证明。

7. 证明对于每个无限制文法都存在一个等价的无限制文法，其所有的产生式都有如下的形式

$$u \to v$$

其中 $u, v \in (V \cup T)^+$，$|u| < |v|$，或者形如 $A \to \lambda$，其中 $A \in V$。

8. 证明如果给练习题 7 中的文法增加 $|u| \leqslant 2$ 和 $|v| \leqslant 2$ 两个条件，那么结论仍然成立。

9. 有些学者给出的无限制文法的定义与定义 11.3 截然不同。在他们的定义中，无限制文法的产生式都要具有如下形式：

$$x \to y$$

其中

$$x \in (V \cup T)^* V (V \cup T)^*$$

且

$$y \in (V \cup T)^*$$

区别在于，在这种文法中产生式的左侧至少要含有一个变元。

证明这种定义和我们所使用的定义在如下意义上基本是相同的：对于一种类型的每个文法，都存在另一种类型的等价文法。

11.3 上下文有关文法和语言

在受限制的上下文无关文法和一般的无限制文法之间，可以定义大量 "受某种限制" 的文法。但并非所有情况都能得到有趣的结果，在这些文法中，上下文有关文法值得特别关注。这些文法生成的语言与一类受限图灵机相关联，它就是在 10.5 节中介绍的线性界限自动机。

> **定义 11.4** 我们称一个文法 $G = (V, T, S, P)$ 是上下文有关的（context sensitive），如果它的产生式都形如
>
> $$x \to y$$
>
> 其中 $x, y \in (V \cup T)^+$ 且
>
> $$|x| \leqslant |y| \tag{11.15}$$

这个定义清楚地表达了这类文法一方面的特点，它是不收缩的（noncontracting），也就是说，在推导过程中连续句型的长度永远不会减小。虽然将这种文法称为上下文有关文

法的原因不是很明显，但是可以证明（例如，参见 Salomaa（1973））所有这样的文法都可以重写为一种范式形式，其所有产生式都形如

$$xAy \rightarrow xvy$$

这相当于说产生式

$$A \longrightarrow v$$

只有在 A 的左侧为 x 且右侧为 y 的情况下才能被应用。虽然我们使用的术语源于这种特定的解释，但我们并不关心这个范式本身，我们完全只依赖定义 11.4。

11.3.1 上下文有关语言和线性界限自动机

顾名思义，上下文有关文法与上下文有关语言族是相关联的。

> **定义 11.5** 语言 L 称为上下文有关的，如果存在上下文有关文法 G，满足 $L = L(G)$ 或 $L = L(G) \cup \{\lambda\}$。

在这个定义中，我们重新引入了空串。定义 11.4 暗示了不允许有 $x \rightarrow \lambda$，因此上下文有关文法永远无法生成含有空串的语言。然而每个不含 λ 的上下文有关语言都可以由一种特定情况的上下文有关文法生成，例如某个满足定义 11.4 中条件的乔姆斯基或格雷巴赫范式。通过在上下文有关语言的定义中（而不是在文法中）包含空串，我们就可以宣称上下文无关语言族是上下文有关语言族的子集。

> **例 11.2** 语言 $L = \{a^n b^n c^n : n \geqslant 1\}$ 是一个上下文有关语言。我们通过给出该语言的一个上下文有关文法来证明。该文法为
>
> $$S \rightarrow abc \mid aAbc$$
> $$Ab \rightarrow bA$$
> $$Ac \rightarrow Bbcc$$
> $$bB \rightarrow Bb$$
> $$aB \rightarrow aa \mid aaA$$
>
> 我们通过查看 $a^3 b^3 c^3$ 的推导来了解该文法是如何工作的。
>
> $$S \Rightarrow aAbc \Rightarrow abAc \Rightarrow abBbcc$$
> $$\Rightarrow aBbbcc \Rightarrow aaAbbcc \Rightarrow aabAbcc$$
> $$\Rightarrow aabbAcc \Rightarrow aabbBbccc$$
> $$\Rightarrow aabBbbccc \Rightarrow aaBbbbccc$$
> $$\Rightarrow aaabbbccc$$

这个解决方案有效地使用变元 A 和 B 作为信使。当在左侧产生一个 A 后，它会向右移动至第一个 c，在那里产生另外的 b 和 c。然后它将信使 B 送回左侧以创建相应的 a。该过程与接受语言 L 的图灵机程序的工作方式非常相似。

由于前面示例中的语言不是上下文无关的，因此我们看到，上下文无关的语言族是上下文有关语言族的适当子集。例 11.2 还表明，即使对于相对简单的示例，也不容易找到上下文有关文法。通常，解决方案最容易通过从图灵机程序开始然后为它找到等效的文法来获得。后文中的几个例子将表明，只要语言是上下文有关的，相应的图灵机就具有可预测空间的需求。特别地，它可以被看作一个线性界限自动机。

定理 11.8　对于每个不含 λ 的上下文有关语言 L，都存在某个线性界限自动机 M，满足 $L = L(M)$。

证明　如果 L 是上下文有关的，则存在 $L - \{\lambda\}$ 的上下文有关文法。我们证明这个文法中的推导可以由线性界限自动机模拟。线性界限自动机有两条道，一条放置输入字符串 w，另一条放置用 G 推导出的句型。这个证明的关键是任何可能的句型长度都不能大于 $|w|$。另一点需要注意的是，根据定义，线性界限自动机是非确定的。这在证明中是必不可少的，因为我们可以声称自动机总是可以猜测出正确的产生式，并且不必去关注那些无效的产生式选择。因此，定理 11.6 中描述的计算过程可以被执行，而且除了最初 w 所占空间之外，不会占用额外的空间。也就是说，它可以由线性界限自动机来执行。　■

定理 11.9　如果语言 L 被某个线性界限自动机接受，那么存在一个可以生成 L 的上下文有关文法。

证明　这个文法的构造过程与定理 11.7 中的过程类似。定理 11.7 中得到的所有产生式，除了式 (11.13)

$$\square \to \lambda$$

之外，都是非收缩的。但这个产生式可以被去掉。它只有在图灵机移动到原始输入的边界之外时才会使用到，而在这里根本不会出现这种情况。通过这个构造过程，得到的文法不含非必须产生式，因此是非收缩的，从而完成了证明。　■

11.3.2　递归语言和上下文有关语言的关系

定理 11.9 告诉我们，每个上下文有关语言都会被某个图灵机接受，因此是递归可枚举的。由此很容易得出定理 11.10。

定理 11.10　每个上下文有关语言 L 都是递归的。

证明　考虑上下文有关语言 L 及其关联的上下文有关文法 G。我们查看 w 的推导过程

$$S \Rightarrow x_1 \Rightarrow x_2 \Rightarrow \cdots \Rightarrow x_n \Rightarrow w$$

我们可以不失一般性地假设单个推导中的所有句型都是不同的。也就是说，对于所有 $i \neq j$，都有 $x_i \neq x_j$。我们证明的关键是任何推导中的步骤数都是 $|w|$ 的有界函数。我们知道 G 是非收缩的，所以

$$|x_j| \leqslant |x_{j+1}|$$

我们唯一需要做的就是根据 G 和 w 找到某个 m，使得对于所有 j 都满足

$$|x_j| < |x_{j+m}|$$

其中的 $m = m(|w|)$ 是关于 $|V \cup T|$ 和 $|w|$ 的有界函数。因为 $|V \cup T|$ 的有限性意味着给定长度字符串的数量是有限的。因此，$w \in L$ 的推导长度最多为 $|w|m(|w|)$。

通过这一观察，我们可以立即得到 L 的成员资格算法。我们可以检查长度在界限 $|w|m(|w|)$ 之内的所有推导。由于 G 的产生式集是有限的，因此这些推导的数量也是有限的。如果其中的某个推导推出了 w，那么就有 $w \in L$；否则，w 不属于 L。■

定理 11.11　存在递归的语言，但它不是上下文有关的。

证明　考虑由 $T = \{a, b\}$ 上所有上下文有关文法构成的集合。我们可以使用一种约定，使每个文法的变元集都形如

$$V = \{V_0, V_1, V_2, \cdots\}$$

而每个上下文有关文法都由其产生式完全确定。我们可以将它们看作如下形式的一个单独的字符串

$$x_1 \to y_1; x_2 \to y_2; \cdots; x_m \to y_m$$

我们现在对这个字符串应用同态

$$h(a) = 010$$
$$h(b) = 01^2 0$$
$$h(\to) = 01^3 0$$
$$h(;) = 01^4 0$$

$$h(V_i) = 01^{i+5}0$$

那么，任何一个上下文有关文法都可以由 $L((011^*0)^*)$ 中的一个字符串唯一地表示。此外，这个表示是可逆的，即任意给定的一个这样的字符串，最多有一个相应的上下文有关文法。

让我们首先引入 $\{0,1\}^+$ 上的一个适当排序，然后就可以按这个顺序列出字符串 $w_1, w_2, \cdots$。某个给定的字符串 w_j 有可能没有相应的上下文有关文法。但如果有，则称该文法为 G_j。接下来，我们定义语言

$$L = \{w_i : w_i \text{ 定义了上下文有关文法 } G_i \text{ 且 } w_i \notin L(G_i)\}$$

语言 L 的定义是明确的，并且实际上也是递归的。为了看清这一点，我们可以为它构造一个成员资格算法。对于给定的 w_i，我们检查它是否定义了某个上下文有关文法 G_i。如果没有，那么 $w_i \notin L$。如果这个字符串确实定义了一个上下文有关文法，那么 $L(G_i)$ 是递归的，我们可以使用定理 11.10 的成员资格算法检查是否有 $w_i \in L(G_i)$。如果没有，则 w_i 属于 L。

但 L 不是上下文有关的。如果它是上下文有关的，就会存在某个 w_j 使得 $L = L(G_j)$。然后我们要问，w_j 是否在 $L(G_j)$ 中。如果假设 $w_j \in L(G_j)$，那么根据定义可知，w_j 不在 L 中。但是 $L = L(G_j)$，因此出现了矛盾。相反地，如果假设 $w_j \notin L(G_j)$，那么根据定义可知，$w_j \in L$，又出现了另一个矛盾。因此我们只能得出 L 不是上下文有关语言的结论。∎

定理 11.11 的结论表明，线性界限自动机的能力确实不如图灵机的强大，因为它们只接受递归语言的真子集。从类似的结论还可以得出，线性界限自动机的能力比下推自动机的更强。由上下文无关文法生成的上下文无关语言是上下文有关语言的子集。而且正如例子中所示，它们甚至都是真子集。一方面，线性界限自动机与上下文有关语言从本质上来看是等价的，另一方面，下推自动机与上下文无关语言从本质上来看也是等价的，所以我们可以看到，下推自动机接受的任何语言也能被线性界限自动机所接受，但是有些语言能够被线性界限自动机所接受，却不能被下推自动机接受。

练习题

1. 找到一个与 11.2 节练习题 1 中无限制文法等价的上下文有关文法。
2. 给出下列语言的上下文有关文法：
   (a) $L = \{a^{n+1}b^nc^{n-1} : n \geqslant 1\}$
   (b) $L = \{a^nb^nc^{2n} : n \geqslant 1\}$
   (c) $L = \{a^nb^mc^nd^m : n \geqslant 1, m \geqslant 1\}$

(d) $L = \{ww : w \in \{a, b\}^+\}$

(e) $L = \{a^n b^n c^n d^n : n \geqslant 1\}$

3. 给出下列语言的上下文有关文法:

(a) $L = \{w : n_a(w) = n_b(w) = n_c(w)\}$

(b) $L = \{w : n_a(w) = n_b(w) < n_c(w)\}$

4. 证明上下文有关语言族在并集运算下是封闭的。

5. 证明上下文有关语言族在反转运算下是封闭的。

6. 对于定理 11.10 中的 m,以 $|w|$ 和 $|V \cup T|$ 的函数形式给出 m 的上界。

7. 在不需要给出严格构造过程的条件下,证明语言 $L = \{wuw : w, u \in \{a, b\}^+, |w| \geqslant |u|\}$ 存在相应的上下文有关文法。

11.4 乔姆斯基层次结构

我们现在已经见到了许多语言族,其中包括递归可枚举语言 (L_{RE})、上下文有关语言 (L_{CS})、上下文无关语言 (L_{CF}) 和正则语言 (L_{REG})。它们之间的关系可以使用乔姆斯基层次结构(Chomsky hierarchy)来表示。形式语言理论的奠基人诺姆·乔姆斯基(Noam Chomsky),给出了形式语言的最初分类,把它们分成了四种类型,即 0 ~ 3 型。这些最初的术语一直沿用至今,即用 0 型语言到 3 型语言来命名我们所研究的这些语言族。0 型语言是由无限制文法生成的语言,即递归可枚举语言。1 型语言由上下文有关语言组成,2 型语言由上下文无关语言组成,3 型语言由正则语言组成。正如我们所看到的,每个 i 型语言族都是 $i-1$ 型语言族的真子集。图 11.3 清楚地展示了它们之间的关系。图 11.3 显示的就是最初的乔姆斯基层次结构。在我们讨论过的语言族中,还有几个其他的语言族可以加入这个图中。将确定的上下文无关语言 (L_{DCF}) 和递归语言 (L_{REC}) 放入图中,我们可以得到如图 11.4 所示的扩展层次结构。

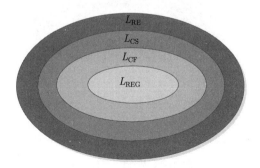

图 11.3

可以定义其他语言族并研究它们在图 11.4 中的位置,尽管它们的关系并不一定总能呈现图 11.3 和图 11.4 这种整齐的嵌套结构。甚至在一些实例上,它们之间的关系目前还没有被完全理解。

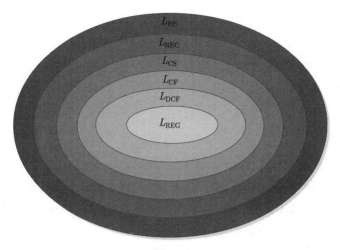

图 11.4

例 11.3 我们之前介绍过上下文无关语言

$$L = \{w : n_a(w) = n_b(w)\}$$

并证明了它是确定的，但不是线性的。另一方面，语言

$$L = \{a^n b^n\} \cup \{a^n b^{2n}\}$$

是线性的，但不是确定性的。这表明正则语言、线性语言 (L_{LIN})、确定的上下文无关语言和非确定的上下文无关语言之间的关系如图 11.5 所示。

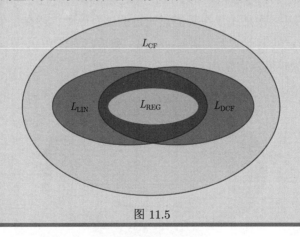

图 11.5

还存在一个尚未解决的问题。在 10.5 节的练习题 4 中，我们引入了确定的线性界限自动机的概念。与其他自动机类似，我们自然要提出的一个问题是：非确定性在这里扮演了什么样的角色？不幸的是，目前还没有一个简单的答案。到目前为止，确定的线性界限自动机所接受的语言族是不是上下文有关语言的真子集还是未知的。

总而言之，我们探索了几种语言族以及与它们相关的自动机之间的联系。在此过程中，我们建立了语言的层次结构，并把自动机按它们的接受能力进行了分类。图灵机的能力比线性界限自动机更强，这两者的能力又都比下推自动机更强。在这个层次结构中，处于最底层的是有穷接受器，它是我们研究的起点。

练习题

1. 收集本书中给出的例子，证明图 11.4 中描述的所有子集关系都是正确的。
2. 给出两个线性但非确定的上下文无关语言的示例（不包括例 11.3 中的语言）。
3. 给出两个确定但非线性的上下文无关语言的示例（不包括例 11.3 中的语言）。

第 12 章 |

An Introduction to Formal Languages and Automata, Seventh Edition

算法计算的限制

本章概要

我们提到过图灵机可以完成计算机能做的任何事情。如果能找到一个图灵机无法完成的问题，那么我们也就确定了一个即使在最强大的计算机上也无法解决的问题。正如我们将要看到的，这样的问题有很多，但是我们不会每个都去详细地研究，而是去找一个可以归纳所有情况的问题。这就是停机问题（halting problem）。尽管这是一个高度抽象的问题，但从中可以得出几个在实践中很重要的结论。

在讨论了图灵机能做什么之后，我们现在来看看它不能做什么。尽管图灵论题使我们相信图灵机的能力几乎没有限制，但我们也曾多次提到，一些特定的问题是不存在任何解决算法的。现在，我们将更明确地将这一问题表述出来。其中一些结论的表述相当简单。如果一个语言是非递归的，那么根据定义，不存在相应的成员资格判定算法。如果仅限于此，那并没有太大的意义，因为非递归语言几乎没有什么实际的价值。但问题将进一步深入。例如，我们已经提到（但还没有证明）不存在能够判定上下文无关文法是否无歧义的算法。而这个问题在程序设计语言的研究中显然具有实际意义。

我们首先定义可判定性（decidability）和 可计算性（computability）的概念，用来明确我们说某件事不能由图灵机完成的具体含义。然后，我们考察几个这种类型的经典问题，其中包括著名的图灵机停机问题。基于此，我们得出了许多与图灵机和递归可枚举语言相关的问题。之后，我们探讨与上下文无关语言相关的一些问题。其中，我们会发现相当多重要但还没有算法能够解决的问题。

12.1 图灵机无法解决的问题

机械计算的能力有限这一观点并不会令人感到惊讶。直觉告诉我们，许多模糊的和推测性的问题需要特殊的洞察力和推理能力，这些都远远超出了现在我们能制造出来的或者哪怕是能预见到的计算机的能力。对计算机科学家来说，更有趣的是，有些问题可以清晰、简单地表述，而且似乎有可能存在相应的解决算法，但却已知它们无法由任何计算机解决。

12.1.1 可计算性和可判定性

我们在定义 9.4 中提到过，对于函数 f，如果存在一个图灵机能计算出其定义域内的所有值，那么我们称函数 f 在这个定义域上是可计算的。如果不存在这样的图灵机，那么函数 f 就是不可计算的。可能存在一个图灵机只能计算 f 定义域上的部分值，但只有在图灵机可以计算其定义域上的全部值时，才称该函数是可计算的。从这里我们可以看出，当我们将一个函数分类为可计算的或不可计算的时，我们必须清楚它的定义域是什么。

我们可以在这里稍微简化一下，只关心那些回答是简单的"是"或"否"的问题。在这种情况下，我们去讨论一个问题是可判定的还是不可判定的。通过问题，我们将了解一系列相关的语句，每一个语句要么为真要么为假。例如，我们考虑这样一个语句："对于上下文无关文法 G，它的语言 $L(G)$ 是歧义的。"对于某些 G，该语句是真的，而对于其他的一些文法，该语句是假的，但显然结果只能是二者之一。问题是对于任何给定的文法 G，判定这个语句是否为真。在这里，同样有一个潜在的定义域，即所有上下文无关文法的集合。对于一个问题，如果存在一个图灵机对问题定义域中的每一个取值都能给出正确的答案，我们称这个问题是可判定的。

当我们说某个问题是可判定或不可判定的时，我们必须始终知道问题的定义域是什么，因为这可能会影响结论。一个问题可能在某个定义域上是可判定的，但在另外一个定义域上却不是可判定的。特别地，当具体到问题的一个实例时，它总是可判定的，因为答案要么为真要么为假。在第一种情况下，一个总是回答"真"的图灵机，给出的答案是正确的；而在第二种情况下，一个总是回答"假"的图灵机也是合适的。这种回答看起来很滑稽，但它强调了一个重要的观点。我们知不知道正确答案是什么并不重要，重要的是确实存在某个图灵机能给出正确的回应。

12.1.2 图灵机停机问题

我们首先从一些具有历史意义的问题开始，这些问题同时为我们后续的研究提供了起点。其中最著名的问题是图灵机停机问题 (halting problem)。简单地说，这个问题是：给定图灵机 M 的描述和输入 w，当在初始格局 $q_0 w$ 下启动 M 时，M 执行的计算最终是否会停止？使用简单的方式表达，当 M 作用于 w 时，或者写为 (M, w)，究竟停机还是不停机。这个问题的定义域是所有图灵机和所有 w 的集合。也就是说，我们要找到一个图灵机，对于给定的任何 M 和 w 的描述，它可以预测 M 对于 w 的计算是否会停机。

我们不能通过模拟 M 在 w 上运行来寻求答案，例如在通用图灵机上执行它，因为计算的长度没有限制。如果 M 进入一个无限循环，那么无论我们等多久，都无法确定 M 实际上是否处于一个循环之中。这也可能仅仅是一个非常长的计算。我们需要的是一个算法，它可以通过分析图灵机的描述和输入，对任意给定的 M 和 w 给出正确的回答。但是，正如我们现在要展示的，这样的算法并不存在。

为了方便后续的讨论，我们需要赋予停机问题一个准确的概念。为此，我们对上面略微宽泛的描述给出一个具体的形式定义。

定义 12.1　设 w_M 是描述图灵机 $M = (Q, \Sigma, \Gamma, \delta, q_0, \square, F)$ 的字符串，w 是 M 的字母表上的一个字符串。我们假定 w_M 和 w 都是使用 0 和 1 编码的字符串，如 10.4 节中所表述的一样。图灵机停机问题的解决方案表示为一个图灵机 H，对于任意 w_M 和 w，如果 M 作用到 w 上会停机，则图灵机 H 执行计算

$$q_0 w_M w \vdash^* x_1 q_y x_2$$

如果 M 作用到 w 上不会停机，则执行计算

$$q_0 w_M w \vdash^* y_1 q_n y_2$$

这里 q_y 和 q_n 都是 H 的最终状态。

定理 12.1　不存在满足定义 12.1 的图灵机 H。因此，图灵机的停机问题是不可判定的。

证明　我们使用反证法，即假设存在一个这样的算法，相应地会存在图灵机 H，它可以解决停机问题。首先将字符串 $w_M w$ 输入 H，然后要求对于任意给定的 $w_M w$，图灵机 H 都能回答"是"或"否"并停机。我们通过让 H 停机在两个相应的最终状态（比如 q_y 或 q_n）来实现这一点。其中的情形可以通过框图来表示，如图 12.1 所示。从这个图中可以看出，如果 H 以 $w_M w$ 为输入并从状态 q_0 启动，它最终会停机在最终状态 q_y 或 q_n。正如定义 12.1 中所要求的，我们希望 H 按以下的方式运行：如果 M 应用于 w 会停机，那么执行

$$q_0 w_M w \vdash^*_H x_1 q_y x_2$$

如果 M 应用于 w 不停机，那么执行

$$q_0 w_M w \vdash^*_H y_1 q_n y_2$$

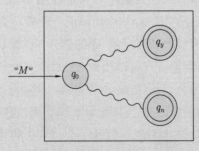

图 12.1

接下来，我们修改 H 以得到一个具有图 12.2 所示结构的图灵机 H'。在图 12.2 中增加新状态，而且新增状态 q_a 和 q_b 之间的转移以及由 q_y 到 q_a 的转移都不依

赖也不改变带符号。实现这个修改的方法很直观。通过比较 H 和 H'，我们可以看到，当 H 到达 q_y 并停机时，修改的图灵机 H' 会进入一个无限循环。如果 M 作用于 w 会停机，那么 H' 的动作可以形式化地描述为

$$q_0 w_M w \vdash_{H'}^* \infty$$

如果 M 作用于 w 不停机，那么 H' 的动作为

$$q_0 w_M w \vdash_{H'}^* y_1 q_n y_2$$

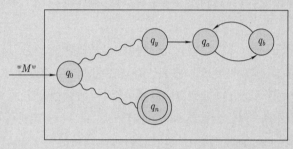

图 12.2

我们再从 H' 出发构造另一个图灵机 $\widehat{H}$。这台新图灵机以 w_M 为输入，并将其复制一份，然后停在它的初始状态 q_0。之后，它执行与 H' 完全相同的动作。那么当 M 作用于 w_M 停机时，$\widehat{H}$ 的动作为

$$q_0 w_M \vdash_{\widehat{H}}^* q_0 w_M w_M \vdash_{\widehat{H}}^* \infty$$

当 M 作用于 w_M 不停机时，$\widehat{H}$ 的动作为

$$q_0 w_M \vdash_{\widehat{H}}^* q_0 w_M w_M \vdash_{\widehat{H}}^* y_1 q_n y_2$$

因为此时 $\widehat{H}$ 也是一个图灵机，所以它也有一个 $\{0,1\}^*$ 中的编码，不妨设为 $\widehat{w}$。这个字符串，除了可以当作 $\widehat{H}$ 的描述，也可以用来作为输入。我们因此理所当然地会问：如果 $\widehat{H}$ 作用于 $\widehat{w}$ 会发生什么？从上述内容我们可以知道，如果 $\widehat{H}$ 作用于 $\widehat{w}$ 停机时，有

$$q_0 \widehat{w} \vdash_{\widehat{H}}^* \infty$$

而如果 $\widehat{H}$ 作用于 $\widehat{w}$ 不停机时，有

$$q_0 \widehat{w} \vdash_{\widehat{H}}^* y_1 q_n y_2$$

这显然是不可能的。这个矛盾告诉我们，假设的图灵机 H 是不存在的。因此有关停机问题可判定的假设是不成立的。 ∎

可能会有人质疑定义 12.1，因为为了解决停机问题，我们要求 H 必须在非常明确的具体格局下开始和结束。然而，不难看出，这些多少有些任意的选择条件在证明中只起到

了次要的作用，并且在任何其他的开始和结束格局上基本都可以使用相同的推理。出于讨论的目的，我们将问题与具体的定义联系起来，但这并不影响结论。

记住定理 12.1 的内容是很重要的。它不排除解决具体情况下的停机问题。通常，我们通过分析 M 和 w 可以判断图灵机是否会停机。但这个定理告诉我们，并不总是能做到这一点。不存在可以对所有的 w_M 和 w 都做出正确决定的算法。

我们给出了定理 12.1 的证明过程，是因为它们既经典又具有历史意义。该定理的结论实际上隐含在先前的结果中，正如下面的这个论证。

定理 12.2　如果停机问题是可判定的，那么每个递归可枚举语言都是递归的。因此，停机问题是不可判定的。

证明　为了证明这一点，设 L 是 Σ 上的递归可枚举语言，M 是接受 L 的图灵机。设 H 是解决停机问题的图灵机。那么，对于停机问题，我们可以构造如下的过程：
1. 将 H 应用于 $w_M w$。如果 H 回答"否"，那么根据定义 w 不在 L 中
2. 如果 H 回答"是"，则将 M 应用于 w。而 M 一定会停机，所以 M 最终会告诉我们 w 是否在 L 中。

这样就得到了 L 的成员资格判定算法，那么 L 就是递归语言。但我们已经知道存在非递归的递归可枚举语言。这个矛盾意味着 H 不可能存在，即停机问题是不可判定的。∎

这个证明如此简单的原因是，由定理 11.5 得到的停机问题与递归可枚举语言的成员资格问题本质上是相同的问题。唯一的区别在于，停机问题中我们并不区分停在最终状态还是非最终状态，而在成员资格判定算法中是需要区分的。定理 11.5 的证明（由定理 11.3）和定理 12.1 的证明是密切相关的，都是对角化方法的一种应用。

12.1.3　不可判定问题的归约

上述论证通过将停机问题与资格判定问题联系起来，展示了一种非常重要的归约技术。如果问题 A 的判定性可以依据问题 B 的判定性确定，我们就称问题 A 归约至问题 B。那么，如果已知问题 A 是不可判定的，我们就可以得出问题 B 也是不可判定的结论。让我们举几个例子来说明这个思想。

例 12.1　状态进入问题 (state-entry problem) 表述如下。对于任意给定的图灵机 $M = (Q, \Sigma, \Gamma, \delta, q_0, \square, F)$ 和任意 $q \in Q, w \in \Sigma^+$，判定当 M 作用于 w 时是否会进入状态 q。这个问题是不可判定的。

为了将停机问题归约至状态进入问题，假设我们有一个解决状态进入问题的算法 A，我们用它来解决停机问题。例如，对于任意给定的 M 和 w，我们首先将 M 修改为 $\widehat{M}$，使得当且仅当 M 停机时 $\widehat{M}$ 停机在状态 q 上。通过检查 M 的转移函数

δ，我们很容易实现这一点。如果 M 停机，那么停机的原因是某些 $\delta(q_i, a)$ 未定义。为了得到 $\widehat{M}$，我们将每个未定义的 δ 都修改为

$$\delta(q_i, a) = (q, a, R)$$

其中 q 是最终状态。我们用算法 A 处理 $(\widehat{M}, q, w)$。如果 A 回答"是"，也就是进入了状态 q，那么 (M, w) 停机；如果回答"否"，那么 (M, w) 不停机。

因此，假设状态进入问题是可判定的，就会给出停机问题的算法。因为停机问题是不可判定的，所以状态进入问题也是不可判定的。

例 12.2 空带停机问题 (blank-tape halting problem) 是另一种可以用停机问题归约的问题。给定图灵机 M，判定 M 以空带开始时是否会停机。这是一个不可判定问题。

为了给出如何实现这个归约，假设我们给定 M 和 w。我们首先根据 M 构建一个新图灵机 M_w，它以空带开始，并在上面写下 w，然后将自身置于 $q_0 w$ 格局中。此后，M_w 执行与 M 一样的动作。显然，当且仅当 M 在 w 上停机时，M_w 会在空带上停机。

现在假设空带停机问题是可判定的。当给定任意 (M, w) 时，我们首先构造 M_w，然后应用空带停机问题的算法。算法的回答可以间接告诉我们 M 应用于 w 时是否会停机。由于这在任何 M 和 w 上都能做到，因此任何空带停机问题的算法都可以转换为停机问题的算法。由于已知后者是不可判定的，因此空带停机问题也必然不可判定。

这两个例子的证明过程中的构造方法展示了得出不可判定结论的常用方法。通过框图我们可以可视化这个过程，图 12.3 概括了例 12.2 中的构造。在图 12.3 中，首先使用了将 (M, w) 转换为 M_w 的算法，这样的算法显然存在。接下来，使用了解决空带停机问题的算法，这个算法是假设存在的。将这两个算法合并在一起就可以得到针对停机问题的算法。但这是不可能的，我们可以断定 A 不可能存在。

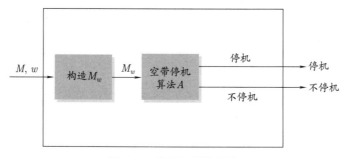

图 12.3　停机问题的算法

实际上，判定问题是一个值域为 $\{0,1\}$ 的函数，即结果是一个为真或为假的回答。我们还可以看一些更一般的函数，看看它们是不是可计算的。为此，我们按照已建立起来的方法，将停机问题（或其他任何已知不可判定的问题）归约到计算相应函数的问题。根据图灵论题，我们期望实际情况中遇到的函数都是可计算的，因此对于不可计算函数的例子，我们必须看得更远一些。大多数不可计算函数的例子都与试图预测图灵机的行为有关。

例 12.3 设 $\Gamma = \{0, 1, \square\}$，考虑函数 $f(n)$，函数值是任何 n–状态图灵机在以空带开始，到进入停机状态所移动的最大步骤数。这个函数是不可计算的。

在说明这一点之前，我们先确认 $f(n)$ 对所有的 n 都是有定义的。首先需要注意，仅具有 n 个状态的图灵机的数量是有限的。这是因为 Q 和 Γ 都是有限的，因此 δ 具有有限的定义域和值域。这也就意味着只有有限个不同的 δ，因此也只有有限个不同的 n–状态图灵机。

在所有的 n–状态图灵机中，有些总会停机，例如只有最终状态因此不存在任何迁移的图灵机。而有些 n–状态图灵机在以空带开始后永不停机，但它们并不影响 f 的定义。所有会停机的图灵机，都会在特定数量的有限步骤之内停机。在这些图灵机中，我们把这个步骤数的最大值赋给 $f(n)$。

取任意图灵机 M 和正整数 m。我们很容易将 M 修改为 $\widehat{M}$，使得 $\widehat{M}$ 总会在以下两种情况之一时停机：作用于空带的 M 在 m 步以内停机，或者作用于空带的 M 移动超过 m 步。为此，我们要做的就是让 M 记录其迁移步骤数，并在超过 m 时停机。现在假设 $f(n)$ 可以被某个图灵机 F 计算。然后将 $\widehat{M}$ 和 F 放在一起，如图 12.4 所示。首先计算 $f(|Q|)$，其中 Q 是 M 的状态集。这个值是 M 在停机前所进行迁移的最大次数。然后将得到的这个值作为 m 来构造 $\widehat{M}$，并且将 $\widehat{M}$ 的描述交给通用图灵机 $\widehat{M}$ 执行。这会告诉我们 M 作用于空带时，是否会在 $f(|Q|)$ 步内停机。如果我们发现作用于空带的 M 进行了超过 $f(|Q|)$ 次的迁移，那么由 f 的定义，这意味着 M 永远不会停机。这样，我们就得到了空带停机问题的解决方案。该结论的不可能性迫使我们必须接受 f 是不可计算的事实。

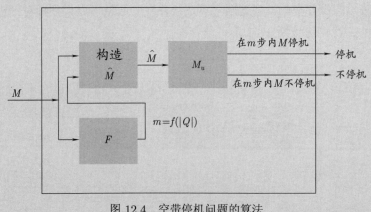

图 12.4 空带停机问题的算法

练习题

1. 详细描述如何将定理 12.1 中的 H 修改为 H'。

2. 证明问题 "一个图灵机是否接受全部长度为偶数的字符串?" 是不可判定的。

3. 证明下面的问题是不可判定的。给定任意图灵机 M, $a \in \Gamma$ 且 $w \notin \Sigma^+$, 判断当 M 作用于 w 的时候, 是否会写下字符 a。

4. 对于一般性的停机问题, 我们要求算法对任何给定的 M 和 w 都能正确回答。我们可以放宽这种一般性, 例如去寻找对于所有 M 和某个特定 w 有效的算法。如果对于每一个 w 都存在一个 (可能不同但) 可以判定 (M, w) 是否停机的算法, 那么我们称这个问题是可判定的。证明即使在这种情况下问题仍然是不可判定的。

5. 证明没有算法可以判定一个任意的图灵机是否会在所有的输入上停机。

6. 问题 "图灵机在计算过程中会再次访向它的起始单元 (也就是在计算开始时读写头所在的单元格) 吗?" 是可判定的问题吗?

7. 证明没有算法可以判定任意两个图灵机 M_1 和 M_2 是否会接受相同的语言。

8. 如果练习题 7 中的 M_2 是一个有穷自动机, 那么结论如何?

9. 对于确定性下推自动机的停机问题是否可以解决 (即给定一个定义 7.2 中的 PDA, 我们是否总能预测出在输入 w 该自动机会停机)?

10. 设 M 是任意图灵机, 且 x 和 y 是它的两个可能的瞬时描述。证明, 判断

$$x \vdash_M^* y$$

是否成立, 是不可判定的。

11. 给出例 12.3 中 $f(1)$ 和 $f(2)$ 的值。

12. 证明判断一个图灵机是否会在任意输入上停机是不可判定的。

13. 设以空带开始且会停机的所有图灵机集合为 B。证明这个集合是递归可枚举但非递归的。

14. 考虑所有带字母表为 $\Gamma = \{0, 1, \square\}$ 的 n-状态图灵机, 给出函数 $m(n)$ 的表达式, 函数值是表示以 Γ 为带字母表的不同图灵机的个数。

15. 若 $\Gamma = \{0, 1, \square\}$, 设 $b(n)$ 是任何 n-状态图灵机以空带开始到停机时所检查过的最大带单元格数量, 证明 $b(n)$ 是不可计算的。

16. 判断下面的命题是否成立: 任何定义域有限的问题都是可判定的。

12.2　递归可枚举语言的不可判定问题

我们已经知道, 递归可枚举语言不存在成员资格判定算法。对于递归可枚举语言来说, 缺少某些性质的判定算法并不算特殊情况, 而是一种普遍情况。正如现在所看到的, 对于这些语言我们基本无能为力。因为递归可枚举语言的一般性太强, 以至于从本质上讲, 我

们提出有关它们的任何问题都是不可判定的。当提出有关递归可枚举语言的问题时，我们发现总会有一种可以将停机问题归约为该问题的方法。在这里，我们给出一些例子来说明这个过程，并从这些例子中得出有关一般情况的信息。

> **定理 12.3**　设 G 为无限制文法，那么判断
>
> $$L(G) = \varnothing$$
>
> 是否成立的问题是不可判定的。
>
> **证明**　我们将递归可枚举语言的成员资格判定问题归约为这个问题。假设给定了一个图灵机 M 和某个字符串 w。我们可以这样修改 M，它首先将其输入保存在带的某个特定的部分中。然后，每当它进入最终状态时，都去检查自己保存的输入，当且仅当它的输入是 w 时才接受。我们可以通过以一种简单的方式修改 δ 来实现，为每个 w 创建一个图灵机 M_w 满足
>
> $$L(M_w) = L(M) \cap \{w\}$$
>
> 利用定理 11.7，我们可以构造相应的文法 G_w。显然，从 M 和 w 构造 G_w 总能被完成。同样，显然 $L(G_w)$ 非空当且仅当 $w \in L(M)$。
>
> 　　现在假设存在一个算法 A 能够判定 $L(G) = \varnothing$ 是否成立。如果用 T 表示生成 G_w 的算法，那么可以将 T 和 A 结合在一起，如图 12.5 所示。图 12.5 所示的图灵机对于任何 M 和 w 都能够告诉我们 w 是否属于 $L(M)$。如果存在这样的图灵机，那么我们就有了关于任何递归可枚举语言的成员资格判定算法，这与之前得到的结论矛盾。因此我们可以得出结论，问题"$L(G) = \varnothing$"是不可判定的。　■

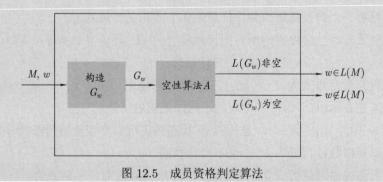

图 12.5　成员资格判定算法

> **定理 12.4**　设 M 是任意图灵机，那么判定 $L(M)$ 是否有限是不可判定的。
>
> **证明**　考虑停机问题 (M, w)，我们从 M 构造另一个图灵机 $\widehat{M}$。首先，修改 M 的停机状态，使得如果到达其中任何一个停机状态，则 $\widehat{M}$ 接受全部输入。这可以通过让任何停机格局都转移到一个最终状态来实现。其次，修改原图灵机 M，使得

新图灵机 $\widehat{M}$ 在自己的带上先产生 w，然后在新生成的 w 和带上未使用的空间上执行和 M 一样的计算。换句话说，$\widehat{M}$ 在带上写下 w 之后所执行的动作与 M 以 q_0w 为初始格局所执行的动作完全一致。如果 M 停机在任何格局，那么 $\widehat{M}$ 会停机在最终状态。

因此，如果 (M, w) 停机，$\widehat{M}$ 对于任何输入都会到达最终状态。如果 (M, w) 不停机，$\widehat{M}$ 也不会停机，因此不接受任何输入。换句话说，$\widehat{M}$ 要么接受无穷语言 Σ^+，要么接受空语言 $\varnothing$。

如果我们现在假设存在可以判断 $L(\widehat{M})$ 是否有穷的算法 A，那么我们可以构造一个停机问题的算法，如图 12.6 所示。因此，不可能存在判定 $L(\widehat{M})$ 是否有穷的算法。

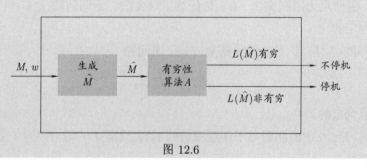

图 12.6

注意，在定理 12.4 的证明中，"$L(M)$ 是有限的吗？"这种问题中所问的具体性质是无关紧要的。我们可以改变问题的性质，但不影响证明的过程。

例 12.4 证明对于任意具有 $\Sigma = \{a, b\}$ 的图灵机 M，问题 "$L(M)$ 含有两个相同长度的不同字符串" 是不可判定的。

为了证明这一点，我们使用与定理 12.4 中完全相同的方法，只不过当 $\widehat{M}$ 到达停机格局时，它被修改为接受 a 和 b 这两个字符串。为此，保存初始输入，在计算结束时与 a 和 b 进行比较，并仅接受这两个字符串。因此，如果 (M, w) 停机，$\widehat{M}$ 将接受两个长度相等的字符串，否则 $\widehat{M}$ 不会接受任何内容。证明的其他部分类似定理 12.4。

以完全相同的方式，我们可以处理其他问题，例如 "$L(M)$ 是否包含任何长度为 5 的字符串?" 或 "$L(M)$ 是正则吗?"，本质上不会对证明有影响。这些问题以及类似的问题全都是不可判定的。将这个结果形式化得到的一般性结论，称为莱斯定理（Rice's theorem）。该定理指出，递归可枚举语言的所有非平凡性质都是不可判定的。这里"非平凡"（nontrivial）是指只被部分递归可枚举语言具有的性质。有关莱斯定理的准确表述以及它的证明，都可以在 Hopcroft 和 Ullman（1979）中找到。

练习题

1. 给出定理 12.4 中如何构造 $\widehat{M}$ 的详细过程。

2. 证明"图灵机接受任何偶数长度的字符串吗?"是不可判定问题。

3. 证明以下两个在本节最后提到的问题是不可判定的。

   (a) $L(M)$ 包含长度为 5 的字符串。

   (b) $L(M)$ 是正则的。

4. 设任意两个图灵机 M_1 和 M_2，证明问题"$L(M_1) \subseteq L(M_2)$"是不可判定的。

5. 设 G 是任意无限制文法，那么是否存在算法能够判断 $L(G)^R$ 是不是递归可枚举的?

6. 如果 G 是任意无限制文法，那么是否存在算法能够判定 $L(G) = L(G)^R$ 是否成立?

7. 设 G_1 是任意无限制文法，G_2 是任意正则文法。证明问题 $L(G_1) \cap L(G_2) = \varnothing$ 是不可判定的。

8. 设 G_1 和 G_2 是 Σ 上的无限制文法。证明问题

$$L(G_1) \cup L(G_2) = \Sigma^*$$

是不可判定的。

9. 证明练习题 6 中的问题对于任意固定的 G_2，只要 $L(G_2)$ 不为空，这个问题就是不可判定的。

10. 对于一个无限制文法 G，证明问题"$L(G) = L(G)^*$ 是否成立?"是不可判定的。

    (a) 请用莱斯定理证明。

    (b) 用第一原理 (first principle) 证明。

12.3　波斯特对应问题

停机问题的不可判定性会产生许多有实际意义的结论，特别是在上下文无关语言领域。但在许多情况下，直接处理停机问题很麻烦。在停机问题和其他问题之间建立一些中间结果来弥补两者之间的差距会更方便。这些中间结果源于停机问题的不可判定性，但与我们想要研究的问题关系更密切，因此证明更容易。其中一个中间结果就是波斯特对应问题（Post Correspondence, PC）。

波斯特对应问题的定义如下，给定某个字母表 Σ 上的两个由 n 个字符串组成的序列，如

$$A = w_1, w_2, \cdots, w_n$$

和

$$B = v_1, v_2, \cdots, v_n$$

对任何 (A, B) 对，如果存在一个非空的整数序列 $i, j, \cdots, k$，使得

$$w_i w_j \cdots w_k = v_i v_j \cdots v_k$$

我们称存在一个波斯特对应解。

例 12.5　设 $\Sigma = \{0,1\}$，取 A 和 B 为

$$w_1 = 11, w_2 = 100, w_3 = 111$$

$$v_1 = 111, v_2 = 001, v_3 = 11$$

对于这种情况，存在如图 12.7 所示的波斯特对应解。

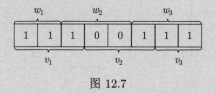

图 12.7

如果我们取

$$w_1 = 00, w_2 = 001, w_3 = 1000$$

$$v_1 = 0, v_2 = 11, v_3 = 011$$

不可能有任何波斯特对应解，因为由 A 组成的任何字符串都会比由 B 组成的长。

在特定的实例中，我们或许可以通过具体的构造来证明一个 (A, B) 对是否存在波斯特对应解，或者也可能像之前那样证明不存在这样的解。但总的来说，不存在对于所有情况都可以判定该问题的算法。因此，波斯特对应问题是不可判定的。

这个论断的证明过程是相当长的。为了清晰起见，我们将其分为两个部分。在第一部分中，我们引入修改过的波斯特对应（Modified Post Correspondence, MPC）问题。如果存在整数序列 $i, j, \cdots, k$，满足

$$w_1 w_i w_j \cdots w_k = v_1 v_i v_j \cdots v_k$$

那么我们说 (A, B) 对存在一个修改过的波斯特对应解。在 MPC 问题中，序列 A 和 B 的第一个元素起到了特殊的作用。MPC 解的等式左边必须以 w_1 开头，而右边必须以 v_1 开头。注意，如果存在 MPC 解，那么也存在 PC 解，但反之却不成立。

MPC 问题就是设计算法判定任意 (A, B) 对是否存在 MPC 解。这个问题也是不可判定的。我们通过将一个已知的不可判定问题（即递归可枚举语言的成员资格问题）归约为 MPC 问题来证明它的不可判定性。为此，我们引入以下构造方法。假设给定无限制文法 $G = (V, T, S, P)$ 和一个目标字符串 w。然后，我们按图 12.8 所示的方法构造一个 (A, B) 对。在图 12.8 中，字符串 "$FS \Rightarrow$" 作为 w_1，字符串 "F" 作为 v_1，而其他字符串的顺序无关紧要。

A	B	
$FS \Rightarrow$	F	F 是不在 $V \cup T$ 中的符号
a	a	对每个 $a \in T$
V_i	V_i	对每个 $V_i \in V$
E	$\Rightarrow \omega E$	E 是不在 $V \cup T$ 中的符号
y_i	x_i	对于 P 中的每个 $x_i \to y_i$
$\Rightarrow$	$\Rightarrow$	

图 12.8

我们最终宣称，$w \in L(G)$ 当且仅当用这种方式构造的集合 A 和集合 B 存在 MPC 解。由于这个结论并非显而易见的，我们用一个简单的例子来说明一下。

例 12.6　令 $G = (\{A, B, C\}, \{a, b, c\}, S, P)$，产生式为

$$S \to aABb \mid Bbb$$

$$Bb \to C$$

$$AC \to aac$$

并取 $w = aaac$。按如图 12.9 的给定方法构造的 A 和 B 的序列。字符串 $w = aaac$ 属于 $L(G)$ 并具有推导

$$S \Rightarrow aABb \Rightarrow aAC \Rightarrow aaac$$

i	w_i	v_i
1	$FS \Rightarrow$	F
2	a	a
3	b	b
4	c	c
5	A	A
6	B	B
7	C	C
8	S	S
9	E	$\Rightarrow aaacE$
10	$aABb$	S
11	Bbb	S
12	C	Bb
13	aac	AC
14	$\Rightarrow$	$\Rightarrow$

图 12.9

在图 12.10 中，给出了如何进行推导，同时给出了相应的 MPC 解，这里给出了推导的前两步。推导字符串上方和下方的整数分别显示了用于构造该字符串的 w 和 v 的索引。

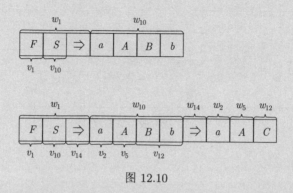

图 12.10

仔细检查图 12.10，看看会发生什么。我们想构造一个 MPC 解，所以必须从 w_1 开始，也就是 $FS \Rightarrow$。这个字符串包含 S，因此为了匹配它，我们必须使用 v_{10} 或 v_{11}。在这个例子中，我们使用 v_{10}，这引入了 w_{10}，由此得到了这个部分推导中的第二个字符串。再多看几步，我们会看到字符串 $w_1 w_i w_j \cdots$ 总是比相应的字符串 $v_1 v_i v_j \cdots$ 要更长，并且前者在推导中总是领先一步。唯一的例外是最后一步，必须应用 w_9 让 v 组成的字符串能够赶上来。完整的 MPC 解如图 12.11 所示。该构建过程连同这个例子，表明了下一个结论是如何建立的。

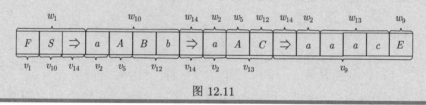

图 12.11

定理 12.5 设 $G = (V, T, S, P)$ 是任意无限制文法，w 是 T^+ 中的任意字符串。设 (A, B) 是由 G 构造的相应对，且 w 是图 12.8 所示过程中的 w。那么 (A, B) 对中存在 MPC 解当且仅当 $w \in L(G)$。

证明 证明过程就是基于上述推理的形式化归纳，我们此处略去这些细节。 ∎

有了这个结论，我们就可以将递归可枚举语言的成员问题归约为 MPC 问题，从而证明后者的不可判定性。

定理 12.6 MPC 问题是不可判定的。

证明 给定任意的无限制文法 $G = (V, T, S, P)$ 和 $w \in T^+$，我们按照上述方法构造集合 A 和 B。根据定理 12.5，(A, B) 对存在 MPC 解当且仅当 $w \in L(G)$。

现在我们假定 MPC 问题是可判定的。那么我们可以按照图 12.12 所示方法，为 G 构造一个成员资格算法。从 G 和 w 构造 A 和 B 的算法显然存在，但是 G 和 w 的成员资格算法是不存在的。因此，必然不存算法来判定 MPC 问题。

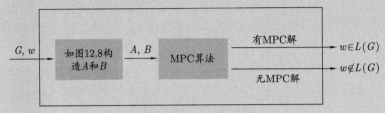

图 12.12　成员资格算法

■

定理 12.7　波斯特对应问题是不可判定的。

证明　我们证明，如果 PC 问题是可判定的，那么 MPC 问题也是可判定的。

假设给定某个字母表 Σ 上的序列 $A = w_1, w_2, \cdots, w_n$ 和 $B = v_1, v_2, \cdots, v_n$。然后，我们引入新的符号 $\natural$ 和 $\S$，以及新的序列

$$C = y_1, y_2, \cdots, y_{n+1}$$
$$D = z_1, z_2, \cdots, z_{n+1}$$

其定义如下。对于 $i = 1, 2, \cdots, n$，有

$$y_i = w_{i1}\natural w_{i2}\natural \cdots w_{im_i}\natural$$
$$z_i = \natural v_{i1}\natural v_{i2}\natural \cdots v_{ir_i}$$

其中 w_{ij} 和 v_{ij} 分别表示 w_i 和 v_i 的第 j 个字符，且 $m_i = |w_i|, r_i = |v_i|$。换句话说，y_i 是通过在每个 w_i 之后增加 $\natural$ 得到的，而 z_i 是通过在每个 v_i 之前增加 $\natural$ 得到的。为了完成对 C 和 D 的定义，我们取

$$y_0 = \natural y_1$$
$$y_{n+1} = \S$$
$$z_0 = z_1$$
$$z_{n+1} = \natural\S$$

现在考虑 (C, D) 对，并假设它具有一个 PC 解。因为放置的 $\natural$ 和 $\S$，这个解的等式左边必然有 y_0 且右边必然有 y_{n+1}，因此它的形式肯定为

$$\natural w_{11}\natural w_{12}\cdots\natural w_{j1}\natural\cdots\natural w_{k1}\cdots\natural\S = \natural v_{11}\natural v_{12}\cdots\natural v_{j1}\natural\cdots\natural v_{k1}\cdots\natural\S$$

忽略符号 $\natural$ 和 $\S$，我们可以看到

$$w_1 w_j \cdots w_k = v_1 v_j \cdots v_k$$

因此 (A, B) 对存在 MPC 解。

我们可以反过来证明如果 (A, B) 对存在 MPC 解，那么对于 (C, D) 对也存在 PC 解。

现在假设 PC 问题是可判定的。我们可以构造如图 12.13 所示的机器。这台机器显然可以判定 MPC 问题。然而，MPC 问题是不可判定的。因此，不存在算法判定波斯特对应问题。∎

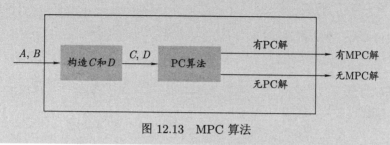

图 12.13 MPC 算法

练习题

1. 证明对于 $A = \{10, 00, 11, 01\}$ 和 $B = \{0, 001, 1, 101\}$ 存在 PC 解。

2. 设 $A = \{001, 0011, 11, 101\}$ 和 $B = \{01, 111, 111, 010\}$。那么 (A, B) 对是否存在 PC 解？是否存在 MPC 解？

3. 给出定理 12.5 证明中的细节。

4. 证明对于 $|\Sigma| = 1$，波斯特对应问题是可判定的，即对于单字母表上任意给定的 (A, B) 对，存在算法能够判定它是否存在 PC 解。

5. 假设我们限制波斯特对应问题的定义域，使得它的字母表只包含两个符号。那么相应的对应问题是不是可判定的？

6. 证明下列问题是不可判定的：
   (a) 如果存在整数序列满足 $w_i w_j \cdots w_k w_1 = v_i v_j \cdots v_k v_1$，那么存在 MPC 解。
   (b) 如果存在整数序列满足 $w_1 w_2 w_i w_j \cdots w_k = v_1 v_2 v_i v_j \cdots v_k$，那么存在 MPC 解。

7. 对应 (A, B) 对存在偶 PC 解，当且仅当存在非空偶数序列 $i, j, \cdots, k$ 满足 $w_i w_j \cdots w_k = v_i v_j \cdots v_k$。证明任意 (A, B) 对是否存在偶 PC 解的问题是不可判定的。

12.4 上下文无关语言的不可判定问题

波斯特对应问题是研究上下文无关语言中不可判定问题的便捷工具。我们选择几个结果来说明这一点。

定理 12.8　不存在算法能够判定任意上下文无关文法是不是歧义的。

证明　考虑某个字母表 Σ 上的两个字符串序列 $A = (w_1, w_2, \cdots, w_n)$ 和 $B = (v_1, v_2, \cdots, v_n)$。另外选取一组不同的字符 $a_1, a_2, \cdots, a_n$，使得

$$\{a_1, a_2, \cdots, a_n\} \cap \Sigma = \varnothing$$

且给定两个语言

$$L_A = \{w_i w_j \cdots w_l w_k a_k a_l \cdots a_j a_i\}$$

和

$$L_B = \{v_i v_j \cdots v_l v_k a_k a_l \cdots a_j a_i\}$$

现在来看上下文无关文法

$$G = (\{S, S_A, S_B\}, \Sigma \cup \{a_1, a_2, \cdots, a_n\}, P, S)$$

其中产生式集合 P 是如下两个子集的并：第一部分 P_A 包括

$$S \to S_A$$
$$S_A \to w_i S_A a_i \mid w_i a_i, \quad i = 1, 2, \cdots, n$$

第二部分 P_B 包括产生式

$$S \to S_B$$
$$S_B \to v_i S_B a_i \mid v_i a_i, \quad i = 1, 2, \cdots, n$$

取

$$G_A = (\{S, S_A\}, \Sigma \cup \{a_1, a_2, \cdots, a_n\}, P_A, S)$$

和

$$G_B = (\{S, S_B\}, \Sigma \cup \{a_1, a_2, \cdots, a_n\}, P_B, S)$$

那么显然

$$L_A = L(G_A)$$
$$L_B = L(G_B)$$

而且

$$L(G) = L_A \cup L_B$$

可以容易地看出，G_A 和 G_B 本身并不是歧义的。如果 $L(G)$ 中的给定字符串以 a_i 结尾，那么它在文法 G_A 中的推导必然以 $S \Rightarrow w_i S a_i$ 开始。同样地，我们可

以在任何后续阶段区分出使用了哪个产生式。因此，如果 G 是歧义的，那必然因为存在一个 w，它有两个推导

$$S \Rightarrow S_A \Rightarrow w_i S_A a_i \overset{*}{\Rightarrow} w_i w_j \cdots w_k a_k \cdots a_j a_i = w$$

和

$$S \Rightarrow S_B \Rightarrow v_i S_B a_i \overset{*}{\Rightarrow} v_i v_j \cdots v_k a_k \cdots a_j a_i = w$$

相应地，如果 G 是歧义的，那么 (A, B) 对的波斯特对应问题有解。

如果存在解决歧义问题的算法，我们可以按图 12.14 所示方法，将其修改后用于解决波斯特对应问题。但是波斯特对应问题是不可解的，因此歧义性问题也是不可判定的。∎

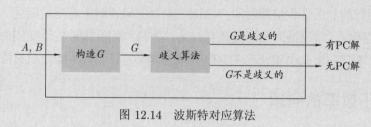

图 12.14 波斯特对应算法

定理 12.9 对于任意的上下文无关文法 G_1 和 G_2，不存在算法判定

$$L(G_1) \cap L(G_2) = \varnothing$$

是否成立。

证明 将文法 G_1 和 G_2 分别作为定理 12.8 证明中的 G_A 和 G_B。假设 $L(G_A)$ 和 $L(G_B)$ 有共同的元素，也就是

$$S_A \overset{*}{\Rightarrow} w_i w_j \cdots w_k a k \cdots a_j a_i$$

且

$$S_B \overset{*}{\Rightarrow} v_i v_j \cdots v_k a k \cdots a_j a_i$$

那么 (A, B) 对有 PC 解。反之，如果 (A, B) 对没有 PC 解，那么 $L(G_A)$ 和 $L(G_B)$ 没有共同的元素。我们可以得出 $L(G_1) \cap L(G_2)$ 非空当且仅当 (A, B) 对有 PC 解。由该归约定理得证。∎

沿着这些线索，我们还可以得出许多其他结论。其中一些可以归约为 PC 问题，而另一些则可以通过先建立不同的中间结果来解决。在这里我们不给出证明，只列出一些结论。

以下是关于上下文无关语言的一些已知的不可判定问题:

- 如果 G_1 和 G_2 是上下文无关文法，那么 $L(G_1) = L(G_2)$ 成立吗?
- 如果 G_1 和 G_2 是上下文无关文法，那么 $L(G_1) \subseteq L(G_2)$ 成立吗?
- 如果 G_1 是一个上下文无关文法，那么 $L(G_1)$ 是正则的吗?
- 如果 G_1 是一个上下文无关文法，G_2 是正则的，那么 $L(G_2) \subseteq L(G_1)$ 成立吗?
- 如果 G_1 是一个上下文无关文法，G_2 是正则的，那么 $L(G_1) \cap L(G_2) = \varnothing$ 成立吗?

这些结论中大部分的证明过程都很长且技术性很强，我们在此省略。

有很多与上下文无关语言相关联的不可判定问题，这一点乍一看令人感到惊讶，它表明在我们希望通过建立算法去解决问题的领域中，存在计算的限制。例如，如果我们能够判断用 BNF 定义的程序设计语言是不是歧义的，或者能够判断以不同规范描述的两个语言实际上是等价的，那将会很有帮助。但已经得到的这些结论告诉我们，这是不可能的，去寻找这两个问题的算法是在浪费时间。然而一定要记得，对于特定的问题、甚至可能是最有意思的那些问题，解决的方法可能是存在的。不可判定性结论告诉我们的是不存在完全通用的算法，不管一个方法能处理多少种不同的情况，总会有不能处理的情况。

12.5 关于效率的问题

只要我们关心的仍然是可计算性或可判定性，那么采用哪种图灵机模型都没有太大区别。但是当我们考虑可能的实际问题时，例如实现的难度或执行的效率，会立刻呈现出显著的差异。以下两个例子，会让我们初步了解这些问题。

例 12.7 在例 9.7 中，我们为语言

$$L = \{a^n b^n : n \geqslant 1\}$$

构造了一个单带图灵机。可以发现，对于给定的 $w = a^n b^n$，其算法为每个 a 匹配到相应的 b 大致需要 $2n$ 步。因此整体的计算需要 $O(n^2)$ 步。

但是正如我们后来在例 10.1 中指出的，在两条带的图灵机上，我们可以采用一个不同的算法。我们首先将所有的 a 复制到第二条带上，然后将它们与第一条带上的 b 匹配。复制前后的情况如图 12.15 所示。复制和匹配都可以在 $O(n)$ 步骤内完成，因此效率要高得多。

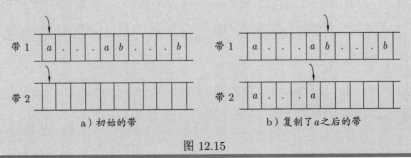

图 12.15

例 12.8 在 5.2 节和 6.3 节中，我们讨论了上下文无关语言的成员资格问题。如果将输入字符串 w 的长度 n 作为问题的规模，那么穷举搜索需要 $O(n^M)$ 步，其中的 M 取决于文法。而更高效的 CYK 算法需要 $O(n^3)$ 数量级的步骤数。这两者都是确定的算法。

这个问题的非确定算法，可以简单地猜测出在推导 w 时要应用哪个产生式。如果我们采用的是没有单元产生式或 λ–产生式的文法，那么推导的长度基本为 $|w|$，所以我们会得到一个 $O(n)$ 的算法。

这些例子表明，效率问题会受到所采用图灵机类型的影响，而确定与非确定问题尤为关键。我们将在第 14 章中更详细地讨论这一点。

练习题

对如下的每种情况：

- 在标准图灵机上。
- 在双带确定图灵机上。
- 在单带非确定图灵机上。
- 在双带非确定图灵机上。

评估识别以下 $\Sigma = \{a, b, c\}$ 上语言算法的效率：

1. $L = \{ww^R\}$
2. $L = \{ww\}$
3. $L = \{a^n b^n c^n : n \geqslant 1\}$
4. $L = \{w : n_a(w) = n_b(w) = n_c(w)\}$
5. $L = \{w_1 w_2 : |w_1| = |w_2|, w_1 \neq w_2\}$

其他计算模型

本章概要

文法是重写系统概念的一个例子：通过一组规则，字符串可以被连续地重写并生成其他字符串，从而定义出了一个语言。本章简要概述了一些典型的重写系统，并探讨了它们与图灵机之间的联系。

尽管图灵机是我们可以构造的最通用的计算模型，但它们并不是唯一的。在不同的时期，有很多其他模型被提出，其中一些模型乍一看似乎与图灵机迥然不同。然而，最终发现所有的这些模型其实都是等价的。这个领域的开创性工作是在 1930 年 ~ 1940 年间由一些数学家完成的，其中包括著名的艾伦·图灵 (A. M. Turing)。他们所创立的这些贡献不仅使机械计算的概念更加清晰，还为整个数学领域提供了启示。

图灵的工作发表于 1936 年，那时还没有商用计算机。实际上，这项工作的全部思想仅仅被大致地思考过。尽管图灵的思想最终在计算机科学中变得非常重要，但其实他的最初目标并不是为数字计算机的研究提供基础。为了理解图灵当时的目标，我们需要简要地回顾一下当时的数学发展。

随着牛顿和莱布尼茨在 17 ~ 18 世纪发明了微积分，人们对于数学的研究产生了极大的兴趣，使得这门学科的研究进入了爆炸式增长的时代。这段时间诞生了许多不同的研究领域，而且绝大多数领域中都有重大的研究进展。到了 19 世纪末，数学学科的体系已经变得相当庞大。数学家也变得成熟起来，他们发现一些逻辑问题需要用更加仔细的方法来处理。这使得人们更关心推理中的严谨性，因此引发了对数学中基础内容的审查。为了看清楚为什么这个审查是必要的，不妨考虑典型的证明过程，这在几乎所有数学的书籍和论文中都会出现。作者提出一些似乎正确的结论，其中穿插着"显而易见"和"由此可得"之类的文字。这类文字很常见，意思是如果被质疑，作者能够给出更详细的推理过程。当然，这么做是非常危险的，因为有可能忽略了困难、使用了错误的隐含假设，或者做出了错误的推断。每当看到这样的论证时，我们都不禁质疑所给出的证明的正确性。通常我们都无法分辨，那些又长又复杂的证明在发表以后，经过相当长的时间，才发现其中存在的错误。然而因为限于实际的处境，大部分数学家都接受了这种推理的方式。这些论证阐明了主要思想，并增强了我们对结论正确性的信心。但对于那些要求完全可靠性的人来说，这是无法接受的。

相对于这种"草率的"数学证明，另外一种方法就是尽可能地形式化。我们从一组称为公理（axiom）的假设与一组准确定义的逻辑推理和演绎规则开始。顺序地使用这些规则，其中每一个步骤都使我们从一个已证明的事实得出另外一个事实。必须满足应用的正确性可以通过常规而又完全机械的方式检验。对于一个命题，如果我们从公理出发，可以在有限的逻辑步骤内推导出这个命题，那么我们就可以认为这个命题能够被证明为正确。如果一个命题与另外一个能够被证明为正确的命题相矛盾，那么这个命题就是错误的。

寻找这样的一个形式系统是 19 世纪末数学家的一个主要目标。对于这样的系统，有两个需要关注的地方。首先，系统应该是一致的（consistent）。这意味着系统中不应该有经过一系列步骤证明为正确却又在另一个有效证明下是错误的命题。一致性在数学中是不可或缺的，从不一致系统中推导出的所有命题都是无法被认可的。其次，系统应该是完备的（complete），这意味着系统中任何可表达的命题都能被证明为正确的或为错误的。曾有一段时间，人们希望为所有的数学领域找到一个一致而又完备的系统，从而开启数学定理完全机械的严格证明之门。但这种希望却因哥德尔 (K. Gödel) 的工作而破灭了。在著名的不完备性定理（incompleteness theorem）中，哥德尔证明了任何有意义的一致系统都必定是不完备的，也就是说，必然包含一些不能被证明的命题。哥德尔的革命性结论发表于 1931 年。

哥德尔的工作没有回答的一个问题是，那些不可证明的问题是否能够与可证明的问题区分开，这样数学家就有希望对大部分数学问题给出机械且可验证的证明过程。图灵和当时的一些数学家，特别是丘奇（A. Church）、克林（S. C. Kleene）和波斯特（E. Post），对这个问题进行了深入研究。为了研究这个问题，数学家建立了很多有关计算的形式模型。其中尤为突出的是丘奇与克林的递归函数和波斯特系统，当然还有许多其他值得研究的系统。在本章中，我们简要回顾一下从这些研究中产生的一些思想。这里有大量我们无法涵盖的内容。我们将只给出一些非常简要的介绍，读者需要查阅其他文献获得更具体的细节。有关递归函数和波斯特系统，可以从 Denning, Dennis 和 Qualitz（1978）中找到非常易于理解的描述，而其他各种重写系统（rewriting system）在 Salomaa（1973）和 Salomaa（1985）中有很好的讨论。

我们在这里介绍的计算模型与一些其他人提出的模型都有各自不同的起源。但是最终我们发现，它们在执行计算的能力上都是等价的。这一现象的内在思想通常被称为丘奇论题（Church's thesis）。这个论题表明，对于所有可能的计算模型，如果它们足够宽泛，那么它们必然是等价的。这也隐含了其中存在的一种固有限制，即有些函数无法以任何明确的计算方法表示。这个论题与图灵论题十分接近，将它们组合在一起称为丘奇-图灵论题（Church-Turing thesis）。它为算法计算提供了一个基本原则，尽管丘奇-图灵论题是无法证明的，但它为无法得到更强计算模型这一理论提供了有力的证据。

13.1 递归函数

函数是大部分数学领域中很基础的概念。如 1.1 节概括的，函数具有一个称为定义域的集合和一个称为值域的集合，函数是将定义域中一个元素映射到值域上唯一元素的一种规则。这个概念是非常基本和宽泛的，因此我们马上就会面对如何表示这种映射的问题。定义函数的方法有很多，其中一些比较常用，而另一些则不太常见。

我们对函数的记号表示都已经很熟悉了，例如函数

$$f(n) = n^2 + 1$$

它以给出如何进行计算的方式定义函数 f：对给定的任何参数 n，将其与自身相乘，再加一。由于这个函数是显式定义的，我们可以直接机械地计算函数值。但是，为了使 f 的定义完整，我们还必须明确它的定义域。那么对于这个函数，如果我们将它的定义域取为全部整数，它的值域就是正整数集合的某个子集。

既然可以用这种方法来表示许多非常复杂的函数，那么我们就想知道这种表示形式到底有多普遍。对于一个已经定义好的函数（也就是说，我们已经知道其定义域元素和值域之间如何对应），是否能够用这种函数的形式来表示呢？为了回答这个问题，我们首先需要明确哪些形式可以被接受。为此，我们首先引入一些基本的函数，然后再给出一些规则，使得它们能够构建出更复杂的函数。

13.1.1 原始递归函数

为了简化讨论，我们只考虑具有一个或两个变量的函数，函数的定义域是所有非负整数集合 I 或 $I \times I$，并且其值域在 I 中。在这个设定下，我们从几个基本的函数开始。

1. 零函数 (zero function)：$z(x) = 0$，其中所有 $x \in I$。
2. 后继函数 (successor function)：$s(x)$，它的函数值是序列中紧邻 x 的下一个整数，通常表示为 $s(x) = x + 1$。
3. 投影函数 (projector function)：

$$p_k(x_1, x_2) = x_k, \quad k = 1, 2$$

基于这些基本函数去构建更复杂函数的方法有两种

1. 复合 (composition)：从已定义的函数 g_1，g_2 和 h，构造函数

$$f(x, y) = h(g_1(x, y), g_2(x, y))$$

2. 原始递归 (primitive recursion)：从已定义的函数 g_1，g_2 和 h，递归地构造函数

$$f(x, 0) = g_1(x)$$
$$f(x, y + 1) = h(g_2(x, y), f(x, y))$$

为了说明这是如何工作的，我们用它们来构建整数的算术基本运算。

例 13.1 实现整数 x 和 y 加法的函数 $\text{add}(x, y)$ 可以如下定义：

$$\text{add}(x, 0) = x$$
$$\text{add}(x, y + 1) = \text{add}(x, y) + 1$$

为了将 2 和 3 相加，我们递归地使用这些规则

$$\begin{aligned}
\mathrm{add}(3,2) &= \mathrm{add}(3,1) + 1 \\
&= (\mathrm{add}(3,0) + 1) + 1 \\
&= (3 + 1) + 1 \\
&= 4 + 1 = 5
\end{aligned}$$

例 13.2 使用例 13.1 中定义的 add 函数，可以如下定义乘法：

$$\mathrm{mult}(x,0) = 0$$
$$\mathrm{mult}(x,y+1) = \mathrm{add}(x, \mathrm{mult}(x,y))$$

形式化地，第二步是原始递归函数，这里的 add 相当于 h，而 $g_2(x,y)$ 则是投影函数 $p_1(x,y)$。

例 13.3 减法不是十分明显。首先，我们在定义时，需要考虑系统中还不允许有负数。利用通常的减法，我们定义真减法，并用运算符 $\dot{-}$ 表示，即

$$x \dot{-} y = x - y \quad \text{如果 } x \geqslant y$$
$$x \dot{-} y = 0 \quad\quad \text{如果 } x < y$$

这样定义的真减法，值域为 I。

现在来定义前驱（predecessor）函数

$$\mathrm{pred}(0) = 0$$
$$\mathrm{pred}(y+1) = y$$

并从它出发定义减法函数：

$$\mathrm{subtr}(x,0) = x$$
$$\mathrm{subtr}(x,y+1) = \mathrm{pred}(\mathrm{subtr}(x,y))$$

为了证明 $5 - 3 = 2$，我们通过多次使用该定义来简化命题：

$$\begin{aligned}
\mathrm{subtr}(5,3) &= \mathrm{pred}(\mathrm{subtr}(5,2)) \\
&= \mathrm{pred}(\mathrm{pred}(\mathrm{subtr}(5,1))) \\
&= \mathrm{pred}(\mathrm{pred}(\mathrm{pred}(\mathrm{subtr}(5,0)))) \\
&= \mathrm{pred}(\mathrm{pred}(\mathrm{pred}(5))) \\
&= \mathrm{pred}(\mathrm{pred}(4)) \\
&= \mathrm{pred}(3) \\
&= 2
\end{aligned}$$

以相同的方式，我们可以定义整数的除法，但把它作为练习留给读者。如果我们接受上述内容，我们会发现，基本的算术运算都可以通过前面所描述的基本过程来构造。当代数运算被准确定义后，其他更复杂的运算就可以被构造出来了，而且复杂的计算也可以通过简单的计算来构造。我们把可以通过这种方式构造的函数称为原始递归函数。

> **定义 13.1**　我们将一个函数称为原始递归的（primitive recursive），当且仅当它可以由基本函数 z, s, p_k，通过复合和原始递归构造得到。

注意，如果 g_1、g_2 和 h 都是全函数，那么通过复合和原始递归定义的 f 也是全函数。由此可得，每一个原始递归函数在 I 或 $I \times I$ 上都是全函数。

原始递归函数的表达能力相当强大，大部分常见的函数都是原始递归的。然而，并不是所有的函数都属于这种类型，正如下面的证明所给出的。

> **定理 13.1**　令 F 表示从 I 到 I 所有函数的集合。那么 F 中存在某些函数不是原始递归的。
>
> **证明**　每个原始递归函数都可以用一个表示其定义的有限长字符串来描述。可以将这些字符串编码并按标准顺序进行排列。因此，所有原始递归函数所构成的集合是可数的。
>
> 　　现在假设由所有函数构成的集合也是可数的。我们可以按某种顺序将所有函数写出来，比如 $f_1, f_2, \cdots$。接下来我们构造一个函数 g，并定义
>
> $$g(i) = f_i(i) + 1, \quad i = 1, 2, \cdots$$
>
> 显然，g 是明确定义的，因此它应该在 F 中，但同样明显的是 g 与每一个 f_i 在对角线位置都不相同。这个矛盾表明 F 不能是可数的。
>
> 　　结合以上两个结论，就证明了 F 中必然存在某些函数不是原始递归的。　■

实际上，这个结论还可以进一步扩展。不仅这种函数不是原始递归的，而且还有些可计算的函数也不是原始递归的。

> **定理 13.2**　令 C 表示从 I 到 I 所有可计算全函数的集合。那么 C 中有些函数不是原始递归的。
>
> **证明**　根据前一个定理的证明，所有原始递归函数的集合是可数的。我们用 $r_1, r_2, \cdots$ 表示该集合中的这些函数，并定义函数 g 为
>
> $$g(i) = r_i(i) + 1$$
>
> 根据构造，函数 g 与每一个 r_i 都不同，因此它不是原始递归的。但是显然 g 是可计算的，从而定理得证。　■

对存在可计算但不是原始递归函数的非构造性证明，只是对角化方法的一个相对简单的练习。但实际地构造出一个这种函数的示例却是很困难的事情。在这里，我们给出一个看起来相当简单的例子，然而，证明它不是原始递归的过程却相当冗长。

13.1.2　阿克曼函数

阿克曼 (Ackermann) 函数是一个从 $I \times I$ 到 I 的函数，其定义为

$$A(0, y) = y + 1$$
$$A(x, 0) = A(x-1, 1)$$
$$A(x, y + 1) = A(x-1, A(x, y))$$

从这里不难看出 A 是一个可计算的全函数。实际上，为这个函数的计算编写一个递归的计算机程序是相当容易的。然而，尽管表面上看起来很简单，阿克曼函数却不是原始递归的。

当然，我们无法直接从 A 的定义推导出来。即使这个定义形式上不符合原始递归函数的要求，但是或许存在另外一个符合要求的定义形式。这里的情况与我们前面试图证明某个语言不是正则的或不是上下文无关的时所遇到的情况类似。我们需要借助原始递归函数类的某种一般性质，并证明阿克曼函数违反了这个性质。对于原始递归函数而言，增长率就是这样的性质。原始递归函数 $f(n)$ 随着 $n \to \infty$，其增长速度存在一个限制，而阿克曼函数违反了这个限制。很容易证明阿克曼函数增长得十分迅速。例如，参见本节末尾的练习题 $12 \sim 14$。而关于原始递归函数增长速度的限制，将由下面的定理准确给出。但它的证明过程冗长且有一定的技巧性，所以在这里我们将其省略。

定理 13.3　设 f 是任意一个原始递归函数。那么存在整数 n，对于所有 $i = n, n + 1, \cdots$，满足

$$f(i) < A(n, i)$$

证明　证明的细节可以参考 Denning, Dennis 和 Qualitz（1978, p. 534）。　∎

如果我们接受这个结论，那么很容易得出阿克曼函数不是原始递归的。

定理 13.4　阿克曼函数不是原始递归的。

证明　考虑函数

$$g(i) = A(i, i)$$

如果 A 是原始递归的，那么 g 也是。但是这样一来，根据定理 13.3，就必然存在某个 n，对所有的 i，满足

$$g(i) < A(n, i)$$

如果此时选取 $i = n$，我们得到矛盾

$$g(n) = A(n, n)$$
$$< A(n, n)$$

由此可以得证 A 不可能是原始递归的。 ∎

13.1.3 μ-递归函数

为了扩展递归函数的思想使其包含阿克曼函数和其他可计算的函数，我们添加一些规则，使得这样的函数能够被构造出来。一种方法是引入 μ，也称为最小化算符（minimalization operator），其定义为：

$$\mu y(g(x, y)) = \text{满足 } g(x, y) = 0 \text{ 的最小 } y$$

在这个定义中，我们假设 g 是一个全函数。

例 13.4 设函数
$$g(x, y) = x + y \dot- 3$$
是一个全函数。如果 $x \leqslant 3$，那么
$$y = 3 - x$$
是最小化的结果，但是如果 $x > 3$，那么不存在满足 $x + y - 3 = 0$ 的 $y \in I$。因此
$$\mu y(g(x, y)) = 3 - x, \quad \text{对于 } x \leqslant 3$$
$$= \text{未定义}, \quad \text{对于 } x > 3$$

从这里我们可以看到，即使 $g(x, y)$ 是一个全函数，$\mu y(g(x, y))$ 也可能只是部分函数。

如前一个例子所示，最小化算符使得递归定义部分函数成为可能。但事实证明，它还增强了定义全函数的能力，因为此时可以包括所有的可计算函数。这里，我们同样只给出主要结论并提供相关文献，以供查阅详细内容。

定义 13.2 如果一个函数可以从基本函数通过应用一系列 μ-算符、复合和原始递归构造出来，那么我们称这个函数是 μ-递归的。

定理 13.5 一个函数是 μ-递归的，当且仅当它是可计算的。

证明 证明请参考 Denning, Dennis 和 Qualitz（1978，第 13 章）。 ∎

因此，μ-递归函数给出了另外一种算法计算的模型。

练习题

1. 使用例 13.1 和例 13.2 中的定义证明 $3 + 4 = 7$ 和 $2 \times 3 = 6$。

2. 定义一个函数

$$\text{greater}(x, y) = 1 \quad \text{如果 } x > y$$

$$= 0 \quad \text{如果 } x \leqslant y$$

证明这个函数是原始递归的。

3. 定义一个函数

$$\text{less}(x, y) = 1 \quad \text{如果 } x < y$$

$$= 0 \quad \text{如果 } x \geqslant y$$

证明这个函数是原始递归的。

4. 定义一个函数

$$\text{equals}(x, y) = 1 \quad \text{如果 } x = y$$

$$= 0 \quad \text{如果 } x \neq y$$

证明这个函数是原始递归的。

5. 将函数 f 定义为

$$f(x, y) = x \quad \text{如果 } x \neq y$$

$$= 0 \quad \text{如果 } x = y$$

证明这个函数是原始递归的。

6. 将函数 f 定义为

$$f(x, y) = xy \quad \text{如果 } x = 2y$$

$$= 0 \quad \text{如果 } x \neq 2y$$

证明这个函数是原始递归的。

7. 整数除法可以通过两个函数 div 和 rem 来定义：

$$\text{div}(x, y) = n$$

其中 n 是满足 $x \geqslant ny$ 的最大整数，并且

$$\text{rem}(x, y) = x - ny$$

证明函数 div 和 rem 都是原始递归的。

8. 证明函数

$$f(n) = 2^n$$

是原始递归的。

9. 证明函数

$$f(n) = 2^{2^n}$$

是原始递归的。

10. 证明函数

$$g(x,y) = x^y$$

是原始递归的。

11. 写出一个计算阿克曼函数的计算机程序，并用它来计算 $A(2,5)$ 和 $A(3,3)$。

12. 证明阿克曼函数的以下结论成立：

   (a) $A(1,y) = y + 2$

   (b) $A(2,y) = 2y + 3$

   (c) $A(3,y) = 2^{y+3} - 3$

13. 利用练习题 12 来计算 $A(4,1)$ 和 $A(4,2)$。

14. 给出 $A(4,y)$ 的一个一般表达式。

15. 给出 $A(5,2)$ 计算中递归调用的步骤。

16. 证明阿克曼函数是一个定义在 $I \times I$ 上的全函数。

17. 使用习题 11 中构造的程序来计算 $A(5,5)$。能解释你所观察到的过程吗？

18. 对下面的每个 g，计算 $\mu y(g(x,y))$，并确定它的定义域：

   (a) $g(x,y) = xy$

   (b) $g(x,y) = 2^x + 2y^2 - 2$

   (c) $g(x,y) = (x-1)/(y+1)$的整数部分

   (d) $g(x,y) = x \bmod (y+1)$

19. 在例 13.3 中定义的 pred 函数虽然看起来很清楚，但它并不是严格符合原始递归函数的定义。请重新定义这个函数，使其具有正确的形式。

13.2　波斯特系统

波斯特系统 (Post system) 看起来非常像无限制文法，它由一个字母表和一组产生式规则组成，通过这些产生式可以推导出连续的字符串。但波斯特系统与无限制文法在产生式规则的使用方式上有明显的区别。

定义 13.3　波斯特系统 Π 可以定义为

$$\Pi = (C, V, A, P)$$

其中

C 是一个由常量组成的有穷集，其中包含两个不相交的集合，分别为非终结符常量（nonterminal constant）集 C_N 和终结符常量（terminal constant）集 C_T；

V 是一个变元的有穷集；

A 是一个从 C^* 得到的有穷集，称为公理（axiom）；

P 是一个产生式的有穷集。

波斯特系统中的产生式必须满足一定的限制。它们必须有如下形式:

$$x_1 V_1 x_2 \cdots V_n x_{n+1} \to y_1 W_1 y_2 \cdots W_m y_{m+1} \tag{13.1}$$

其中 $x_i, y_i \in C^*$,而 $V_i, W_i \in V$,而且要求任何变元在左部最多只能出现一次,因此

$$V_i \neq V_j \quad (i \neq j)$$

而且在右部出现的每个变元必须也在左部出现,也就是说

$$\bigcup_{i=1}^{m} W_i \subseteq \bigcup_{i=1}^{m} V_i$$

假设我们有一个终结符组成的字符串,其形式为 $x_1 w_1 x_2 w_2 \cdots w_n x_{n+1}$,其中子串 $x_1, x_2, \cdots$ 与式 (13.1) 中相应的字符串匹配,且 $w_i \in C^*$。我们可以识别出 $w_1 = V_1$, $w_2 = V_2$, $\cdots$,然后用这些值替换式 (13.1) 右部中的 W。由于每个 W 都是出现在左部的某个 V_i,因此它的取值是唯一的,我们就得到了新字符串 $y_1 w_i y_2 w_j \cdots y_{m+1}$。我们将其写为

$$x_1 w_1 x_2 w_2 \cdots x_{n+1} \Rightarrow y_1 w_i y_2 w_j \cdots y_{m+1}$$

如同文法一样,我们现在就可以讨论由波斯特系统推导出的语言了。

定义 13.4 由波斯特系统 $\Pi = (C, V, A, P)$ 生成的语言为

$$L(\Pi) = \{ w \in C_T^* : w_0 \Rightarrow w \text{ 其中 } w_0 \in A \}$$

例 13.5 给定波斯特系统

$$C_T = \{a, b\}$$
$$C_N = \varnothing$$
$$V = \{V_1\}$$
$$A = \{\lambda\}$$

以及产生式

$$V_1 \to a V_1 b$$

该系统允许如下推导

$$\lambda \Rightarrow ab \Rightarrow aabb$$

第一步中,我们应用式 (13.1),令 $x_1 = \lambda$, $V_1 = \lambda$, $x_2 = \lambda$, $y_1 = a$, $W_1 = V_1$,以及 $y_2 = b$。第二步中,我们重新令 $V_1 = ab$,但其他不变。如果继续推导下去,你很快会发现这个特别的波斯特系统生成的语言是 $\{a^n b^n : n \geqslant 0\}$。

例 13.6   给定波斯特系统

$$C_T = \{1, +, =\}$$
$$C_N = \varnothing$$
$$V = \{V_1, V_2, V_3\}$$
$$A = \{1 + 1 = 11\}$$

而产生式为

$$V_1 + V_2 = V_3 \rightarrow V_1 1 + V_2 = V_3 1$$
$$V_1 + V_2 = V_3 \rightarrow V_1 + V_2 1 = V_3 1$$

该系统允许如下推导

$$1 + 1 = 11 \Rightarrow 11 + 1 = 111$$
$$\Rightarrow 11 + 11 = 1111$$

如果将字符 1 组成的字符串看作整数的一进制表示，那么这个推导可以写为

$$1 + 1 = 2 \Rightarrow 2 + 1 = 3 \Rightarrow 2 + 2 = 4$$

这个波斯特系统生成的语言是所有整数加法的等式集合，如 $2 + 2 = 4$，这些等式都是从公理 $1 + 1 = 2$ 得到的。

例 13.6 展示了波斯特系统可以通过公理的集合来进行严格的数学证明，这也是最初设计波斯特系统的意图。同时，也展示了这种完全严格方式的固有缺陷，以及为什么它几乎没有应用。但是，尽管波斯特系统对于复杂定理的证明可能很麻烦，但它们却是通用的计算模型，正如下一个定理所给出的。

定理 13.6   一个语言是递归可枚举的，当且仅当存在一个能够生成该语言的波斯特系统。

证明   这个证明的过程相对简单，因此我们只进行简要描述。首先，由于波斯特系统的推导是完全机械的，所以它可以在图灵机上实现。因此，任何由波斯特系统生成的语言都是递归可枚举的。

反之，我们还记得，任何递归可枚举的语言都可以由某个无限制文法 G 生成，产生式都有如下的形式：

$$x \rightarrow y$$

其中 $x, y \in (V \cup T)^*$。当给定任意无限制文法 G 时，我们构造一个波斯特系统 $\Pi = (V_\Pi, C, A, P_\Pi)$，其中 $V_\Pi = \{V_1, V_2\}$, $C_N = V$, $C_T = T$, $A = \{S\}$，并且对于文法中的每个产生式 $x \rightarrow y$，都有产生式

$$V_1 x V_2 \rightarrow V_1 y V_2$$

然后很容易证明，当且仅当 w 属于文法 G 生成的语言时，w 可以由波斯特系统 Π 生成。 ■

1. 给出由如下波斯特系统推导出来的前四个句子：
   (a) $V \to aVVb$，且公理为 $\{\lambda\}$。
   (b) $aV \to aVVb$，且公理为 $\{a\}$。
   (c) $aVb \to aVVb$，且公理为 $\{ab\}$。
2. 对于 $\Sigma = \{a,b,c\}$，构造一个能生成如下语言的波斯特系统：
   (a) $L(a^*b + ab^*c)$
   (b) $L = \{ww\}$
   (c) $L = \{a^n b^n c^n\}$
3. 构造一个波斯特系统，其产生的语言为

$$L = \{ww^R : w \in \{a,b\}^*\}$$

4. 对于 $\Sigma = \{a\}$，一个具有公理集 $\{a\}$ 和产生式

$$V_1 \to V_1 V_1$$

   的波斯特系统能生成什么语言？
5. 如果练习题 4 中波斯特系统的公理集为 $\{a,ab\}$ 且 $\Sigma = \{a,b\}$，那么这个波斯特系统生成的是什么语言？
6. 构造一个波斯特系统，从公理 $1 \times 1 = 1$ 开始，使其能够证明一进制表示的整数乘法等式。
7. 给出定理 13.6 的证明细节。
8. 一个具有产生式

$$V \to aVV$$

   和公理集合 $\{ab\}$ 的波斯特系统能够生成什么语言？
9. 一个受限的波斯特系统，要求其中的每个产生式 $x \to y$ 除了满足通常的条件之外，还要满足出现在产生式两边的变元数量是相同的，即式 (13.1) 中要有 $n = m$。证明对于每个由波斯特系统生成的语言 L，一定存在某个受限波斯特系统也能够生成 L。

13.3 重写系统

我们研究的各种文法与波斯特系统有许多共同之处，它们都基于一个构成语言的字母表，包括一组从字符串推导出字符串的规则。即使图灵机也可以这样看待，因为它的瞬时描

述也是一个能完全定义其格局的字符串。(图灵机的) 程序也只是这样的一组规则,用于从前一个这样的字符串产生另一个。以这种观点得到的结论可以被形式化为重写系统（rewriting system）。一般来说,重写系统包含了一个字母表 Σ 和一个产生式（或规则）的集合,通过产生式可以将 Σ^+ 中的一个字符串转换为另外一个字符串。一个重写系统与另一个重写系统之间的区别在于字母表 Σ 的性质和产生式应用的限制。

这个概念非常宽泛,除了我们以前见到过的各种情况之外,还有很多特殊情况都能被归入这类系统中。这里,我们简要地介绍一些不太为人所知但却比较有趣的内容,同时提供了一些通用的计算模型。详细的内容请参阅 Salomaa（1973）和 Salomaa（1985）。

13.3.1　矩阵文法

矩阵文法 (matrix grammar) 与我们前面学习过的文法（通常被称为短语结构文法,phrase-structure grammar）的区别在于产生式是如何被应用的。对于矩阵文法,产生式集合由子集 $P_1, P_2, \cdots, P_n$ 组成,其中每个子集都是一个有序序列

$$x_1 \to y_1, x_2 \to y_2, \cdots$$

每当某个集合 P_i 的第一个产生式被应用时,我们必须对刚刚产生的字符串使用第二个产生式,接下来是第三个,以此类推。如果我们要应用集合 P_i 中的第一个产生式,那么该集合中所有的产生式都可以被应用。如果 P_i 中的某个产生式无法被应用,那么就不可以应用其第一个产生式。

> **例 13.7**　给定如下矩阵文法:
>
> $$P_1 : S \to S_1 S_2$$
> $$P_2 : S_1 \to aS_1, \ S_2 \to bS_2c$$
> $$P_3 : S_1 \to \lambda, \ S_2 \to \lambda$$
>
> 使用该文法的一个推导为
>
> $$S \Rightarrow S_1 S_2 \Rightarrow aS_1 bS_2c \Rightarrow aaS_1 bbS_2cc \Rightarrow aabbcc$$
>
> 注意,每当应用 P_2 的第一条规则并产生了一个 a 时,那么也必须应用第二条并产生相应的 b 和 c。这使得我们可以很容易看出,由这个矩阵文法生成的终结符串的集合是
>
> $$L = \{a^n b^n c^n : n \geqslant 0\}$$

矩阵文法包含短语结构文法作为一种特殊情况,其中每个 P_i 只包含一个产生式。此外,由于矩阵文法表示算法过程,因此它们受丘奇论题的支配。我们由此得出结论,矩阵文法和短语结论文法具有与计算模型相同的能力。但是,如例 13.7 所示,有时使用矩阵文法提供的解决方案要比使用不受限制的短语结构文法简单得多。

13.3.2 马尔可夫算法

马尔可夫算法 (Markov algorithm) 是一个重写系统，其产生式

$$x \to y$$

是有序的。在推导中，第一个可应用的产生式必须被使用。而且，在最左边出现的子串 x 必须被替换为 y。有些产生式可以被单独提出来作为终结产生式 (terminal production)，可以将它们表示为

$$x \to \cdot y$$

一个推导从某个字符串 $w \in \Sigma$ 开始并继续，直到使用了某个终结产生式或没有可以使用的产生式为止。

对于语言的接受度，集合 $T \subseteq \Sigma$ 被确定为终结符集合。从一个终结符串开始，一直应用产生式规则直到生成空字符串。

> **定义 13.5** 设 M 是具有字母表 Σ 和终结符集 T 的马尔可夫算法，那么它接受的语言为
>
> $$L(M) = \left\{ w \in T^* : w \stackrel{*}{\Rightarrow} \lambda \right\}$$

> **例 13.8** 给定一个马尔可夫算法，其中 $\Sigma = T = \{a, b\}$，产生式为
>
> $$ab \to \lambda,$$
> $$ba \to \lambda$$
>
> 推导中的每一步都会消除一个 ab 或 ba 子串，因此
>
> $$L(M) = \left\{ w \in \{a, b\}^* : n_a(w) = n_b(w) \right\}$$

> **例 13.9** 构造一个马尔可夫算法，使其接受语言
>
> $$L = \left\{ a^n b^n : n \geqslant 0 \right\}$$
>
> 答案是
>
> $$ab \to S$$
> $$aSb \to S$$
> $$S \to \cdot \lambda$$

在最后这个例子中，如果我们取前两个产生式，并交换它们的左侧和右侧，我们会得到一个生成语言 L 的上下文无关文法。在某种意义上，马尔可夫算法是一种从后向前工

作的短语结构文法。但我们还不能过于以字面方式理解，因为还不清楚如何处理最后一个产生式。但是这一观察为以下定理的证明提供了一个起点，该定理描述了马尔可夫算法的能力。

定理 13.7　一个语言是递归可枚举的，当且仅当存在一个接受它的马尔可夫算法。

证明　请参考 Salomaa（1985, p. 35）。　■

13.3.3　L-系统

L-系统（L-system）的起源与我们预期的可能完全不同。它的发明者 A. Lindenmayer 用它们来给特定生物的生长模式建模。L-系统本质上是并行的（parellel）重写系统。我们的意思是，在推导的每一步中，每个符号都必须被重写。为了使之有意义，L-系统的产生式必须形如

$$a \to u \tag{13.2}$$

其中 $a \in \Sigma$ 且 $u \in \Sigma^*$。当一个字符被重写时，在得到新字符串之前，必须对字符串中的每个字符都应用这样的产生式。

例 13.10　设 $\Sigma = \{a\}$ 且

$$a \to aa$$

这样就定义了一个 L-系统。从字符串 a 开始，我们可以产生推导

$$a \Rightarrow aa \Rightarrow aaaa \Rightarrow aaaaaaaa$$

那么推导出的字符串集合显然是

$$L = \left\{ a^{2^n} : n \geqslant 0 \right\}$$

现在我们已经知道，具有如式 (13.2) 形式产生式的 L-系统，其通用性不足以表示所有的算法计算。我们可以通过扩展来提供必要的通用性。在扩展的 L-系统中，产生式形如

$$(x, a, y) \to u$$

其中 $a \in \Sigma$ 且 $x, y, u \in \Sigma^*$，其含义是如果字符 a 出现在字符串 xay 中时，a 只能替换为 u。现在我们已经知道，这样扩展的 L-系统是通用的计算模型。具体的细节请参考 Salomaa（1985）。

练习题

1. 为如下语言构造矩阵文法：
$$L = \{a^n b^b c^2 : n \geqslant 0\}$$

2. 为如下语言构造矩阵文法：

$$L = \{ww : w \in \{a,b\}^*\}$$

3. 下面的矩阵文法产生什么样的语言？

$$P_1 : S \to S_1 S_2$$

$$P_2 : S_1 \to aS_1b, S_2 \to bS_2a$$

$$P_3 : S_1 \to \lambda, S_2 \to \lambda$$

4. 假设我们将例 13.7 中的最后一组产生式修改为

$$P_3 : S_1 \to \lambda, S_2 \to S$$

那么这个修改后的矩阵文法能够产生什么样的语言？

5. 为什么例 13.9 中的马尔可夫算法不接受 $abab$？

6. 给出一个生成语言 $L = \{a^n b^n c^n : n \geqslant 1\}$ 的马尔可夫算法。

7. 给出一个马尔可夫算法，接受语言

$$L = \{a^n b^m a^{nm} : n \geqslant 1, m \geqslant 1\}$$

8. 给出一个能够生成 $L(aa^*)$ 的 L-系统。

9. 为如下语言给出一个 L-系统：

$$L = \{a^n b^n c^n : n \geqslant 0\}$$

提示：你可能必须使用扩展的 L-系统。

计算复杂性概述

本章概要

在前面有关图灵机的内容中，仅讨论了从原则上是否可以完成的问题。而在本章，讨论的重点则转向了在实际中，这些问题我们能够完成得多好。在本章中，我们介绍计算理论的第二部分内容：复杂性理论（complexity theory），这是一个关于计算效率的宽泛主题。我们简述了复杂性理论中一些经典的问题，并探讨了非确定性所起的作用。

现在我们来重新考虑计算的复杂性，即有关算法效率的研究。在第 11 章中，我们曾简要地提到过，有关复杂性的研究使得可计算性的研究内容更加完善，它将实际可解决的问题与那些仅在原则上可解决的问题区分开。

在复杂性研究中，有必要忽略许多具体细节，比如硬件、软件、数据结构和如何实现等，而只关注那些共有的基本问题。因此，在研究中我们大多使用数量级表达式。但是，正如我们将看到的，即使从这种较高的视角出发，我们也能够得出一些非常有用的结论。

计算的效率是通过所需的资源来度量的，比如时间需求和空间需求，所以我们将要研究的是时间复杂度（time complexity）与空间复杂度（space complexity）。这里我们只讨论时间复杂度，即特定计算所需时间的大致度量。有关空间复杂度也有很多类似的结论，但时间的复杂度会更容易理解，同时也更有用。

计算复杂性是一个很宽泛的主题，大部分内容已超出了本书的范畴。但是，有些结论可以容易地表述且易于理解，而这些结论又进一步揭示了语言和计算的本质。在本章中，我们简要概述复杂性理论中最显著的一些结论。其中大部分的证明都比较难，我们并没有给出这些证明的过程，但提供了相应的参考文献。我们的目的是呈现相应的主题，同时避免被细节所困扰。因此，我们在主题的选择和讨论的正式程度上都有很大的自由度。

14.1 计算的效率

我们从一个具体的例子开始。对于给定的一个由 1000 个整数构成的列表，我们希望能够把它们按某种顺序排列起来，比如按升序排列。排序问题虽然简单，但却是计算机科学中非常基础的问题。现在，如果提出"完成这个任务需要多长时间？"这样的问题，我们会立刻发现，想要回答这个问题还需要知道更多的信息。显然，列表中的项目数量在所需时间的长短上起着关键的作用,但还有其他因素。比如,我们使用的是什么样的计算机,程序是如何编写的。此外,存在许多排序方法,因此排序算法的选择也很重要。在对所需时间做出粗略的估计之前,或许你还能想到其他一些需要考虑的因素。如果我们期望对排序有一个大致了解,那就不得不忽略大部分细节问题,而集中思考那些最基础的问题。

关于计算复杂度的讨论,我们需要进行以下假设来简化问题:

1. 我们的研究模型将是图灵机。所采用图灵机的具体类型将在后面的讨论中给出。

2. 我们使用 n 来表示问题的规模。对于排序问题,显然 n 就是列表中项目的数量。尽管问题的规模并不总会这么容易描述,但是我们通常能以某种方式将它关联到一个正整数上。

3. 在分析一个算法的时候,我们更关心它在一般情况下的性能,而不是在某个具体实例时的性能。我们特别关心当问题的规模增大时算法的表现如何。因此,主要问题就是当 n 增大时,资源需求的增长会有多快。

因此,我们的直接目标就是把问题的时间需求表示为问题规模的函数,而使用的计算模型就是图灵机。

首先,我们为图灵机赋予时间的概念。我们可以认为图灵机在一个单位时间内执行一次迁移,那么计算所需的时间就是它进行迁移的次数。正如前文所述,我们想要研究计算的需求是如何随问题规模的增大而增长的。一般来说,即便给定了问题规模的大小,计算需求的增长随问题的不同也会有区别。因此,我们这里只关心资源需求最多时的最坏情况(worst case)。当我们说一个计算的时间复杂度为 $T(n)$ 时,意思是对于任何规模为 n 的问题,都可以由某个图灵机在 $T(n)$ 次迁移之内完成这个计算。

当选定了具体类型的图灵机作为计算模型后,我们可以通过编写明确的程序并计算解决问题所需的步骤数来分析算法。但是,由于各种各样的原因,这种方法并不总是很有效。首先,执行的步骤数可能随程序的某些具体细节而发生变化,因此很大程度上会依赖于程序的编写者。其次,从实际的观点出发,我们关心的是算法在现实世界中的表现,这与它在图灵机上的表现可能会有很大不同。我们所能期望的最好情况是,基于图灵机的分析可以代表现实中性能的主要方面。例如,能够给出时间复杂度的渐近增长率。因此,我们尝试理解算法资源需求的第一步,就不可避免地会用到数量级(order-of-magnitude)分析。在这种分析中,我们会用到第 1 章中介绍的 O、Θ 和 Ω 表示符号。尽管这种方法看起来好像不太正式,但通常能得到非常有用的信息。

例 14.1 给定 n 个数的集合 $x_1, x_2, \cdots, x_n$ 和一个键值 x,判断集合中是否包含 x。

除非这个集合是以某种方式组织好的,否则最简单的算法就是线性查找(linear search)。在这个算法中,我们将 x 依次与 $x_1, x_2, \cdots$ 进行比较,直到找到某个匹配项或者到达集合中的最后一个元素。由于我们要找的匹配项可能发生在第一次比较时,也可能发生在最后一次比较时,所以我们无法预计究竟需要多少次比较操作。但我们知道，在最坏的情况下，需要比较的次数是 n。因此，我们可以说这个线性查找的时间复杂度是 $O(n)$，或者更准确地说是 $\Theta(n)$。在进行这个分析时，我们并没有特别假定在哪台机器上运行或如何实现这个算法。但其中隐含的意思是，如果我们将集合的大小增加一倍，那么计算的时间也会大致增加一倍。这样的分析给出了有关查找算法的很多信息。

练习题

1. 假设给定一个由 n 个数 $x_1, x_2, \cdots, x_n$ 组成的集合，判断其中是否存在重复值。

   (a) 提出一种算法并找出其时间复杂度的数量级表达式。

   (b) 检查在图灵机上实现该算法是否会影响你的结论。

2. 重复练习题 1，但判断该集合中是否存在三个相同的值。该算法的效率是否最高？

3. 回顾算法的选择是如何影响排序效率的。最高效算法的时间复杂度是多少？

14.2 图灵机模型和复杂性

对于可计算性的研究，具体选用哪种特定的图灵机模型基本没有区别。但我们已经发现，计算效率可能受图灵机上带的数量和图灵机是否非确定的影响。如例 12.8 所示，非确定的解通常比确定的更高效。下面这个例子会更清楚地解释这一点。

例 14.2 我们现在来介绍可满足性问题（SAT），这个问题在复杂性理论研究中有着至关重要的作用。

布尔（或逻辑）常量与变量都只能取两个值之一，要么为"真"要么为"假"，我们分别用 1 和 0 来表示它们。布尔运算符将布尔常量和布尔变量组合为布尔表达式。最简单的布尔运算符包括"或"（or）运算符，用符号 $\vee$ 表示，它的定义为：

$$0 \vee 1 = 1 \vee 0 = 1 \vee 1 = 1$$
$$0 \vee 0 = 0$$

"与"（and）运算符，用符号 $\wedge$ 表示，它的定义为：

$$0 \wedge 0 = 0 \wedge 1 = 1 \wedge 0 = 0$$
$$1 \wedge 1 = 1$$

"非"（negation）运算符（也称为否定或取反），用一条横线表示，它的定义为：

$$\overline{0} = 1$$
$$\overline{1} = 0$$

现在我们来看合取范式（Conjunctive Normal Form, CNF）的布尔表达式。在这种形式下，我们用变量 $x_1, x_2, \cdots, x_n$ 构造如下形式的布尔表达式：

$$e = t_i \wedge t_j \wedge \cdots \wedge t_k \tag{14.1}$$

式中的 $t_i, t_j, \cdots, t_k$ 是由变量经过"或"或者"非"得到，即

$$t_i = s_l \vee s_m \vee \cdots \vee s_p \tag{14.2}$$

其中每个 $s_l, s_m, \cdots, s_p$ 都是一个变量或者一个变量的否定。这里的 s_i 也被称为文字（literal），而 t_i 被称为 CNF 表达式 e 的子句（clause）。

可满足性问题可以简单地描述为：给定一个合取范式表达式 e，然后找到对变量 $x_1, x_2, \cdots, x_n$ 的一种赋值，最终使得 e 的值为真，那么就称 e 是可满足的。举一个具体的例子，我们来看

$$e_1 = (\overline{x_1} \vee x_2) \wedge (x_1 \vee x_3)$$

因为存在赋值 $x_1 = 0$, $x_2 = 1$, $x_3 = 1$ 使得 e_1 为真，那么这个表达式就是可满足的。而另一方面，表达式

$$e_2 = (x_1 \vee x_2) \wedge \overline{x_1} \wedge \overline{x_2} \tag{14.3}$$

是不可满足的，因为对变量 x_1 和 x_2 的每一种赋值都会使 e_2 为假。

对于可满足性问题，很容易就有一个确定性的算法。我们可以遍历变量 x_1, $x_2, \cdots, x_n$ 所有可能的赋值，然后对每个赋值再去计算该表达式的值。由于共有 2^n 种不同的情况，这种穷举的方法具有指数时间复杂度。

此外，非确定的方法可以使问题简化。如果 e 是可满足的，我们可以猜出每个 x_i 的取值，然后计算 e 的值。这本质上是一个 $O(n)$ 的算法。就像在例 12.8 中一样，我们有确定的穷举搜索算法，其时间复杂度是指数级的，相应地我们还有一个线性复杂度的非确定算法。然而，与例 12.8 不同的是，我们并不知道是否存在非指数级的确定性算法。

例 14.2 和前面的例 12.7 与例 12.8 表明，复杂性问题会受所用图灵机类型的影响，其中确定性与非确定性问题尤为关键。由此，可以得出与这些观察一致的概括性结论。

定理 14.1 如果一个计算可以由双带图灵机在 n 步内完成，那么模拟这个计算的标准图灵机可以在 $O(n^2)$ 步内完成。

证明 为了模拟双带图灵机上的计算，标准图灵机需要在它的带上保存双带图灵机的瞬时描述，如图 14.1 所示。为了模拟一个迁移，标准图灵机需要在它的带上搜索整个活动区域。但由于双带图灵机的一个迁移最多可以将活动区域扩展两个单元

格，所以经过 n 步迁移后，活动区域的长度最多为 $O(n)$。因此，整个模拟可以在 $O(n^2)$ 步内完成。

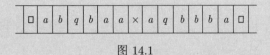

图 14.1

这个结论可以很容易扩展到多于两个带的情况 (见本节末尾的练习题 6)。 ■

定理 14.2　假设非确定图灵机 M 可以在 n 步内完成一个计算，那么标准图灵机可以在 $O(k^{an})$ 步内完成这个计算，其中 k 和 a 都不依赖 n。

证明　模拟非确定图灵机的标准图灵机可以追踪所有可能的格局，只需连续地在整个活动区域内搜索并更新相应的格局即可。如果非确定图灵机最大的分支系数为 k，那么在 n 步之后，最多会有 k^n 个可能的格局。由于一次迁移最多只会在格局当中增加一个符号。因此，为了模拟一步迁移，标准图灵机必须搜索长度为 $O(nk^n)$ 的活动区域，由此就可以得到命题中的结论。其中的细节可以参考本节末尾的练习题 7。 ■

理解这个定理时，我们要多加小心。定理指明如果我们愿意接受时间复杂度以指数级增加，那么非确定图灵机的计算总可以由确定的图灵机完成。但我们是从一种极其简单的模拟中得出这个结论的，毕竟我们都希望可以做得更好。而对于这个问题的探讨恰恰是计算复杂性研究的核心。

例 12.7 表明，多带图灵机的算法可能比标准图灵机的烦琐方法更接近我们在实际中使用的算法。因此，我们将多带图灵机作为研究复杂性问题的模型。但正如我们将看到的，这只是一个次要的问题。

练习题

1. 使用双带图灵机给出关于 $\{ww : w \in \{a,b\}^*\}$ 的一个线性时间成员资格算法。如果在一个单带图灵机上，你能期待的最好结果会是什么？
2. 证明任何 $O(T(n))$ 时间内可以在单带离线图灵机上执行的计算，也可以由标准图灵机在 $O(T(n))$ 时间内完成。
3. 证明任何 $O(T(n))$ 时间内可以在标准图灵机上执行的计算，也可以由半无穷带图灵机在 $O(T(n))$ 时间内完成。
4. 将布尔表达式

$$(x_1 \wedge x_2) \vee x_3$$

重写为合取范式形式。

5. 判断表达式

$$(x_1 \vee \overline{x_2} \vee x_3) \wedge (x_1 \vee x_2 \vee \overline{x_3}) \wedge (\overline{x_1} \vee \overline{x_2} \vee \overline{x_3})$$

是否可满足。

6. 将定理 14.1 推广到 k 个带的情况，证明在 k-带图灵机上的 n 步迁移可以由标准图灵机在 $O(n^2)$ 时间内模拟。

7. 在定理 14.2 的证明中我们忽略了一个要点。当格局变长时，带上其余的内容必须被移动。忽略这一点，是否会对已得出的结论产生影响？

14.3 语言族和复杂性类

在用于语言分类的乔姆斯基层次结构中，我们将不同的语言族与不同类型的自动机关联，这里自动机的类型是根据临时存储的性质定义的。另一种对语言分类的方式是使用图灵机，但是以时间复杂度作为区分的主要因素。为此，我们首先定义语言的时间复杂度。

定义 14.1 对于一个图灵机 M 和一个语言 L，如果对于 L 中的每个 w ($|w| = n$)，图灵机 M 可以在 $T(n)$ 步内接受它，那么我们称图灵机 M 在 $T(n)$ 时间内能够接受语言 L。如果 M 是非确定的，这意味着对于每个 $w \in L$，至少存在一个长度小于或等于 $T(|w|)$ 的迁移序列，使得 M 接受 w，而且这个图灵机对于所有输入都会在 $T(|w|)$ 时间内停机。

定义 14.2 如果存在确定的多带图灵机在 $O(T(n))$ 时间内接受语言 L，那么称这个语言是 DTIME$(T(n))$ 类的成员。

如果存在非确定的多带图灵机在 $O(T(n))$ 时间内接受语言 L，那么称这个语言是 NTIME$(T(n))$ 类的成员。

这些复杂性类之间的某些关系是明显的，例如，很明显由

$$\text{DTIME}(T(n)) \subseteq \text{NTIME}(T(n))$$

和

$$T_1(n) = O(T_2(n))$$

可以得到

$$\text{DTIME}(T_1(n)) \subseteq \text{DTIME}(T_2(n))$$

但是从这里开始变得模糊了。此时可以说随着 $T(n)$ 阶数的增加，我们可以逐渐接受更多的语言。

> **定理 14.3**　对于任意整数 $k \geqslant 1$，有
>
> $$\mathrm{DTIME}(n^k) \subset \mathrm{DTIME}(n^{k+1})$$
>
> **证明**　具体证明请参考 Hopcroft 和 Ullman（1979, p. 299）。　∎

由此我们可以得出的结论是，有一些语言可以在 $O(n^2)$ 时间内接受，但这些语言都不存在线性时间的成员资格算法。存在属于 $\mathrm{DTIME}(n^3)$ 但不属于 $\mathrm{DTIME}(n^2)$ 的语言，以此类推。这样，我们就会得到无限个嵌套的复杂性类。而且如果允许指数时间复杂度，我们得到的会更多。事实上，这里并没有限制，无论复杂度函数 $T(n)$ 增长得有多迅速，总有些会超出 $\mathrm{DTIME}(T(n))$ 的范围。

> **定理 14.4**　不存在图灵可计算的全函数 $f(n)$ 使得每个递归语言都可以在 $f(n)$ 时间内被接受，其中 n 是输入字符串的长度。
>
> **证明**　考虑字母表 $\Sigma = \{0,1\}$，Σ^+ 中所有字符串均按固定顺序 $w_1, w_2, \cdots$ 排列。同时，假设我们对所有图灵机也按固定顺序 $M_1, M_2, \cdots$ 排列。
>
> 现在假设定理所说的函数 $f(n)$ 是存在的。那么我们可以定义语言
>
> $$L = \{w_i : M_i \text{ 在 } f(|w_i|) \text{ 步内不会接受 } w_i\} \tag{14.4}$$
>
> 我们宣称 L 是递归的。为了厘清这一点，对于任意 $w \in L$，首先计算 $f(|w|)$。由于假设 f 是图灵可计算的全函数，那么这是可能的。我们接下来寻找 w 在排列 $w_1, w_2, \cdots$ 中的位置 i。因为整个序列是按固定顺序排列的，所以这也是可以做到的。当我们有了 i，就能够找到 M_i，使其在 w 上执行 $f(|w|)$ 步。这样就能够判断 w 是否属于 L，因此 L 是递归的。
>
> 但我们现在可以证明 L 在 $f(n)$ 时间内不能被接受。我们先假设它能被接受。由于 L 是递归的，因此存在某个 M_k，使得 $L = L(M_k)$。那么 w_k 是否属于 L？如果 w_k 属于 L，那么 M_k 就会在 $f(|w_k|)$ 步内接受 w_k。但是这与式 (14.4) 矛盾。相反地，如果我们假设 $w_k \notin L$ 也会得到矛盾。此时无法解决的这个矛盾是一个典型的对角化结果，这使我们得出结论：原始假设必然不成立，即不存在可计算的 $f(n)$。　∎

由定理 14.3 可以得出一些结论，例如，存在语言属于 $\mathrm{DTIME}(n^4)$ 但不属于 $\mathrm{DTIME}(n^3)$。尽管这个结论可能更具有理论上的意义，但是尚不清楚这种结论是否具有实际意义。此时，我们并不知道属于 $\mathrm{DTIME}(n^4)$ 的语言可能具有什么特征。如果我们将复杂性分类与乔姆斯基层次结构中的语言联系起来，那么就可以更深入地了解这个问题。我们将看到能够给出明确结论的几个简单例子。

例 14.3　每个正则语言都可以被确定的有穷自动机接受，而接受的时间是与输入长度成正比的。因此

$$L_{\text{REG}} \subseteq \text{DTIME}(n)$$

但 DTIME(n) 包含的内容远不止 L_{REG}。我们在例 12.7 中已经知道，上下文无关语言 $\{a^n b^n : n \geqslant 0\}$ 可以在 $O(n)$ 时间内被一个双带图灵机接受。那里给出的证明甚至可以用于更复杂的语言。

例 14.4　非上下文无关语言 $L = \{ww : w \in \{a, b\}^*\}$ 属于 NTIME(n)。这一点比较直观，因为我们可以通过以下算法识别该语言中的字符串：

1. 将输入从输入文件复制到第 1 条带上，非确定地猜测该字符串的中间位置。
2. 将第二部分复制到第 2 条带上。
3. 逐个比较第 1 条带和第 2 条带上的符号。

显然，所有这些步骤都可以在 $O(|w|)$ 时间内完成，因此 $L \in$ NTIME(n)。

实际上，如果能够设计出可以在 $O(n)$ 时间内找到字符串中间位置的算法，那么我们就可以证明 $L \in$ DTIME(n)。找到中间位置的算法可以这样实现：观察第 1 条带上的每个字符，同时在第 2 条带上进行计数，但只在偶数个字符的时候进行计数。我们将算法的细节留作练习。

例 14.5　从例 12.8 中我们可以得到

$$L_{\text{CF}} \subseteq \text{DTIME}(n^3)$$

和

$$L_{\text{CF}} \subseteq \text{NTIME}(n)$$

现在，我们考虑上下文相关语言族。因为每一步可以使用的产生式是有限的，所以穷举法也是可行的。根据有关式 (5.2) 的分析，我们得到句型的最大数量为

$$N = |P| + |P|^2 + \cdots + |P|^{\text{cn}} = O(|P|^{\text{cn}+1})$$

但请注意，我们还不能根据这个得出

$$L_{\text{CS}} \subseteq \text{DTIME}(|P|^{\text{cn}+1})$$

这是因为我们不能给出基于 $|P|$ 和 c 的上界。

从这些例子中，我们可以得出一个趋势：随着 $T(n)$ 的增加，越来越多的语言族（如

L_{REG}、L_{CF}、L_{CS}）被包括进来。但乔姆斯基层次结构和复杂性类别之间的联系确实是薄弱且不清晰的。

1. 完成例 14.4 的证明。
2. 证明 $L = \{ww^Rw : w \in \{a, b\}^+\}$ 属于 $\text{DTIME}(n)$。
3. 证明 $L = \{www : w \in \{a, b\}^+\}$ 属于 $\text{DTIME}(n)$。
4. 证明存在语言不属于 $\text{NTIME}(2^n)$。

14.4 复杂性类 P 和 NP

在这里总结一下我们在尝试为形式语言寻找有用的复杂性类时遇到的困难，这不但有启发性，还可以得出一些结论。

1. 存在无穷多个以真包含关系逐个嵌套的复杂性类 $\text{DTIME}(n^k)$，$k = 1, 2, \cdots$。这些复杂性类与熟悉的乔姆斯基层次结构几乎没有联系，并且似乎很难深入了解这些类的本质。这也许不是一个对语言分类的好办法。
2. 即使仅限于确定的图灵机，机器的特定模型也会影响复杂度。目前尚不清楚哪种图灵机是实际计算机的最佳模型，因此对问题的分析不应依赖图灵机的任何特定类型。
3. 我们已经发现了几种可以由非确定的图灵机有效识别的语言。对于其中的一些语言，甚至还有合理的确定性算法，但对另一些来说，我们仍然仅有低效的暴力方法。那么，这些语言究竟意味着什么呢？

既然通过具有不同增长率的时间复杂度来构造有意义的语言层次结构是徒劳的，那么我们就忽略一些不太重要的因素，例如去掉一些没有意义的区别，如 $\text{DTIME}(n^k)$ 和 $\text{DTIME}(n^{k+1})$ 之间的区别。我们可以证明这种区别（如 $\text{DTIME}(n)$ 和 $\text{DTIME}(n^2)$ 之间的区别）不是根本性的，因为它可能依赖于特定的图灵机模型（例如，有多少条带）。这使我们得出著名的复杂性类

$$P = \bigcup_{i \geqslant 1} \text{DTIME}(n^i)$$

这个类包括可在多项式时间内被确定图灵机接受的所有语言，而不考虑多项式的阶数。正如我们已经看到的，L_{REG} 和 L_{CF} 都属于 P。

由于确定和非确定的复杂性类别之间的区别似乎是根本性的，因此我们还要引入

$$\text{NP} = \bigcup_{i \geqslant 1} \text{NTIME}(n^i)$$

显然

$$P \subseteq \text{NP}$$

但是我们并不知道这个包含关系是不是真包含。虽然人们普遍认为存在属于 NP 但不属于 P 的语言，但是到目前为止，还没有人能找到一个这样的例子。

对这些复杂性类的研究兴趣（特别是对 P 类问题）源于对问题是不是现实可计算的区分。某些计算虽然在理论上可行，但它对资源的需求极高，以至于在实际中需要被视为无法在计算机上完成，即使在尚未设计出的超级计算机上也一样。这类问题有时被称为难解的（intractable），以此来表明这些问题虽然原则上是可计算的，但却无法得到一个现实的算法。为了更好地理解这一点，计算机科学家试图将难解性的概念形式化。定义"难解"一词的尝试通常被称为 Cook-Karp 论题。在 Cook-Karp 论题中，将属于 P 类的问题称为可解的，而将不属于 P 类的问题称为难解的。

Cook-Karp 论题是不是区分问题现实可解与否的好方法呢？答案并不清晰。显然，任何不属于 P 类的计算，其时间复杂度的增长速度比任何多项式都要快，随着问题规模的增加，它的资源需求会非常迅速地增加。即使像 $2^{0.1n}$ 这样的函数，在取比较大的 n（比如 $n \geqslant 1000$）时需求也会过高。所以将这种复杂性的问题称为难解问题，我们会觉得还算合理。但是，对于那些属于 DTIME(n^{100}) 的问题呢？虽然 Cook-Karp 论题认为这样的问题是可解的，但即使对于很小的 n 来说，实际上我们也无法处理。Cook-Karp 论题的合理性好像来源于对实际问题的观察，如 P 类绝大多数问题都属于 DTIME(n)、DTIME(n^2) 或 DTIME(n^3)，而不在此类中的问题往往具有指数级复杂度。在实际问题中，P 类问题和非 P 类问题之间存在明显的区别。

14.5 几个 NP 问题

计算机科学家已经研究了许多 NP 类问题，即可以非确定地在多项式时间内解决的问题。其中涉及的一些证明非常具有技术性，而且尚有很多细节需要解决。

传统上，我们利用语言来研究复杂性问题，方式就是将满足条件要求的实例表示为某语言 L 中的字符串，不满足的则在 $\overline{L}$ 中。因此，通常首先要做的是用语言的术语来重新表示我们对问题的直观理解。

例 14.6 让我们重新考虑一下 SAT 问题。我们做出了初步的论断，声称这个问题可以由非确定的图灵机高效地解决，而不是通过低效的暴力搜索方式。但我们忽略了其中一些次要问题。

假设一个 CNF 表达式的长度为 n，其中含有 m 个不同的文字。既然很明显会有 $m < n$，那么我们就将 n 视为问题的规模。接下来，我们将 CNF 表达式编码为输入图灵机的字符串。例如，我们可以采用 $\Sigma = \{x, \vee, \wedge, (,), -, 0, 1\}$，并将 x 的下标编码为二进制数。在这个系统中，CNF 表达式 $(x_1 \vee \overline{x_2}) \wedge (x_3 \wedge x_4)$ 会被编码为

$$(x1 \vee x-10) \wedge (x11 \vee x100)$$

由于下标不会大于 m，任何下标的最大长度是 $\log_2 m$。因此，n-符号 CNF 的最大编码长度是 $O(n \log n)$。

下一步为这些变量生成一个试探解，这可以非确定地在 $O(n)$ 时间内完成。（参见本节末尾的练习题 1。）然后将试探解代入字符串，这可以在 $O(n^2 \log n)$ 时间内完成。因此，整个过程可以在 $O(n^2 \log n)$ 或 $O(n^3)$ 时间内完成，因此 SAT $\in$ NP。

在有关图的研究中，有很多已知属于 NP 类的问题。

例 14.7　（哈密尔顿路径问题）　给定一个顶点为 $v_1, v_2, \cdots, v_n$ 的无向图，图中通过所有顶点的简单路径称为一条哈密尔顿路径。图 14.2 中的图有一条哈密尔顿路径 $(v_2, v_1), (v_1, v_3), (v_3, v_5), (v_5, v_4), (v_4, v_6)$。哈密尔顿路径问题 (HAMPATH) 就是判断给定图中是否存在哈密尔顿路径。

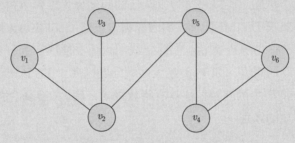

图 14.2

确定的算法很容易找到，因为任何哈密尔顿路径都是顶点 $v_1, v_2, \cdots, v_n$ 的一个排列。但是共有 $n!$ 个这样的排列，所以对于所有这些排列的暴力搜索算法总会找到答案。不幸的是，即使对于一个适度的 n 来说，这也将是一个巨大的开销。

为了寻找非确定的解，我们首先需要找到一种用字符串表示图的方法。编码图最简单和最方便的方法之一就是使用 邻接矩阵（adjacency matrix）。对于顶点为 $v_1, v_2, \cdots, v_n$ 且边集为 E 的有向图，邻接矩阵是一个 $n \times n$ 的数组，其中第 i 行第 j 列的项 $a(i, j)$ 满足

$$a(i, j) = 1 \quad \text{如果 } (v_i, v_j) \in E$$
$$= 0 \quad \text{如果 } (v_i, v_j) \notin E$$

无向边可以视为相反方向的两条边。因此矩阵

$$
\begin{matrix}
0 & 1 & 1 & 0 & 0 & 0 \\
1 & 0 & 1 & 0 & 1 & 0 \\
1 & 1 & 0 & 0 & 1 & 0 \\
0 & 0 & 0 & 0 & 1 & 1 \\
0 & 1 & 1 & 1 & 0 & 1 \\
0 & 0 & 0 & 1 & 1 & 0
\end{matrix}
$$

表示了图 14.2 中的这个图。

有 n 个顶点的图需要长度为 n^2 的字符串来表示。对于无向图，邻接矩阵是对称的，所以存储需求可以减少到 $(n+1)n/2$，但无论如何，输入字符串的长度都将是 $O(n^2)$ 的。

接下来，我们非确定地生成顶点的一个排列，这可以在 $O(n^3)$ 时间内完成。最后，我们检查生成的排列能否构成一条路径，对此，有 $O(n^4)$ 的时间就足够了。因此 HAMPATH $\in$ NP。

例 14.8 （**团问题**）　设 G 是一个具有顶点 $v_1, v_2, \cdots, v_n$ 的无向图。如果子集 $V_k \in 2^V$ 中任意两个顶点 $v_i, v_j \in V_k$ 都存在边，那么称子集 V_k 为一个 k-团（k-clique）。团问题（CLIQ）就是判断对于给定的 k，图 G 中是否存在 k-团。

确定的搜索可以检查所有 2^V 中的元素。这种方法很直接，但它有指数级的时间复杂度。而非确定的算法只需猜测正确的子集。图的表示和检查与上例相似，不再赘述，因此我们宣称可以在 $O(n^4)$ 时间内解决团问题，并且有

$$\text{CLIQ} \in \text{NP}$$

还有许多其他类似的问题，有些与我们的例子很相似，有些则完全不同，但它们都有一些共同的特点。

1. 所有问题都属于 NP 类，并且都有简单的非确定性解。
2. 所有问题都有指数级时间复杂度的确定性解，但目前来说，它们是否现实可解仍然是未知的。

为了进一步理解不同问题之间的联系，我们需要为所有这些看似不同的案例找到一些共同点。

练习题

1. 在例 14.6 中，证明如何在 $O(n)$ 时间内生成一个试探解。这意味着必须在一个高度为 $O(n)$ 的决策树中生成所有 2^n 种可能。
2. 证明在例 14.6 中如何在 $O(n^2 \log n)$ 时间内检查试探解。
3. 讨论在 HAMPATH 问题中，如何在 $O(n^4)$ 时间内非确定地生成一个排列。
4. 在 HAMPATH 问题中，如何在 $O(n^4)$ 时间内检查是否存在哈密尔顿路径？
5. 证明 k-团中必有 $k(k-1)/2$ 条边。
6. 在下面的图中找到一个 4-团。证明该图不存在 5-团。

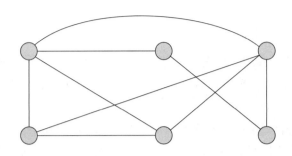

7. 给出例 14.8 中证明的细节。

8. 证明 P 类在并集、交集和补集运算下是封闭的。

14.6　多项式时间归约

统一不同案例的一种方法是观察它们彼此之间能否进行归约，在这个意义上，如果其中一例实际可解，那么另一例也是可解的。

> **定义 14.3**　如果存在一台确定的图灵机，能够在多项式时间内，将语言 L_1 字母表上的任意 w_1 转换为语言 L_2 字母表上的 w_2，同时使得 $w_1 \in L_1$ 当且仅当 $w_2 \in L_2$，那么我们称语言 L_1 可以多项式时间归约（polynomial-time reducible）为语言 L_2。

> **例 14.9**　在 SAT 问题中，我们没有对子句的长度进行限制。如果限制每个子句最多可以有三个文字，那么这个受限的可满足问题又称为 3-可满足（3SAT）问题。SAT 问题可以多项式时间归约为 3SAT。
>
> 我们举一个简单的四个文字的表达式作为例子来说明这种归约，对于
>
> $$e_1 = (x_1 \vee x_2 \vee x_3 \vee x_4)$$
>
> 我们引入一个新的变量 z，并构造
>
> $$e_2 = (x_1 \vee x_2 \vee z) \wedge (x_3 \vee x_4 \vee \overline{z})$$
>
> 如果 e_1 为真，那么 x_1, x_2, x_3, x_4 中必有一个为真。如果 $x_1 \vee x_2$ 为真，我们令 $z = 0$，那么 e_2 为真。如果 $x_3 \vee x_4 = 1$，我们可以令 $z = 1$ 满足 e_2。反过来，如果 e_2 为真，e_1 也必然为真，所以对于可满足问题来说，e_1 和 e_2 是等价的。
>
> 这种处理方式可以扩展到子句含有四个以上文字的情况，但我们将这个证明留作练习题。而且有关多项式时间内确定性地将 CNF 从 SAT 转为 3SAT 的证明，我们也留作一个练习题。

例 14.10 3SAT 问题可以多项式时间归约到团问题。

我们可以假设在任何 3SAT 表达式中，每个子句都恰好有三个文字。如果有不是三个的，只需增加几个不改变可满足性的文字即可。例如，$(x_1 \vee x_2)$ 等价于 $(x_1 \vee x_1 \vee x_2)$。现在考虑表达式

$$e = (x_1 \vee \overline{x_2} \vee \overline{x_3}) \wedge (\overline{x_1} \vee x_2 \vee x_3) \wedge (\overline{x_1} \vee \overline{x_2} \vee x_3) \wedge (x_1 \vee x_2 \vee x_3)$$

我们将其关联到一个图上，图中每个子句都由三个一组的顶点表示，每个文字都与其中一个顶点对应 (见图 14.3)。

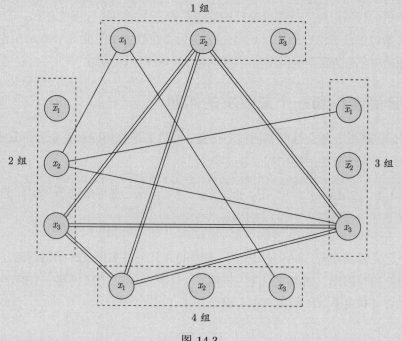

图 14.3

对于一组内的每个顶点，我们在它与其他组中所有顶点之间都添加一条边，但互补的文字除外。所以在图 14.3 中，我们从 $(\overline{x_2})_1$ 到 $(x_3)_2$ 画一条边（第二个下标表示组号），从 $(\overline{x_2})_1$ 到 $(x_3)_3$ 也画一条边，但没有从 $(\overline{x_2})_1$ 到 $(x_2)_2$ 的边。图 14.3 只画出了边的一个子集 (全集看起来非常混乱)。注意由顶点 $(\overline{x_2})_1$, $(x_3)_2$, $(x_3)_3$ 和 $(x_1)_4$ 组成的子图构成了一个 4-团，而且

$$\overline{x_2} = x_3 = x_1 = 1$$

是满足 e 的一个赋值。

这种方法可以推广到任何具有 k 个子句的 3SAT 表达式。可以证明，3SAT 问题可被满足当且仅当相关联的图中有一个 k-团。此外不难看出，从 3SAT 表达式到图的转换能够在多项式时间内确定地完成。

练习题

1. 证明如何将子句有五个文字的 CNF 表达式归约到 3SAT 形式。推广你的方法到具有任意数量文字子句的情况。

2. 证明如何在多项式时间内将 SAT 归约到 3SAT。

3. 证明例 14.10 中的说法：含有 k 个子句的 3SAT 表达式可满足，当且仅当相关联的图中有一个 k-团。

4. 证明如何在多项式时间内确定地构造与 3SAT 表达式相关联的图。

5. 旅行商问题（TSP）可以表述如下：设 G 是一个完全图，它的每条边上都赋予了一个非负的权重。而一条简单路径的权重是路径上所有边权重的总和。旅行商问题就是判断对于任意给定的 $k \geqslant 0$，图 G 是否存在权重小于或等于 k 的哈密尔顿路径。证明哈密尔顿路径问题可以多项式时间归约到旅行商问题。

14.7　NP 完全性和一个未解决的问题

有许多问题都处于复杂性研究的核心位置，而且如果我们能够完全理解其中的某一个，那么我们就能理解难解性问题中的主要部分。

> **定义 14.4**　如果语言 $L \in \text{NP}$，而且每个 $L_1 \in \text{NP}$ 都可以多项式时间归约为 L，那么称语言 L 是 NP 完全的 (NP-complete)。

从这个定义可以看出，如果 L 是 NP 完全的并且可以多项式时间归约为 L_1，那么 L_1 也是 NP 完全的。因此，如果我们能为任何一个 NP 完全的语言找到一个确定的多项式时间算法，那么所有属于 NP 的语言也一定属于 P，即

$$\text{P} = \text{NP}$$

解决此类问题的有效算法虽然目前尚未找到，但我们此时还是希望它存在。另一方面，如果可以证明众多已知的 NP 完全问题的任何一个是难解的，那么许多有趣的问题都将是现实不可解的。这使得 NP 完全性在许多重要的难解问题研究中扮演了核心角色。那么此时，我们需要研究几个 NP 完全问题。下面这个称为库克定理（Cook's theorem）的结论，为这项研究提供了切入点。

> **定理 14.5**　SAT 问题是 NP 完全的。
>
> **证明**　这个证明背后的思想是，可以对图灵机的每个格局序列构造一个 CNF 表达式，当且仅当表达式可满足时，格局序列才被接受。遗憾的是，这个证明的细节既冗长又复杂，而且是技术性的，对于 NP 问题的解释又很少，所以我们此处将它省略。关于库克定理的深入讨论可以在专门研究复杂性的书籍中找到。　■

如果接受了库克定理，我们立即会有好多个 NP 完全问题。

例 14.11 我们已经给出了 SAT 问题可归约为 3SAT，3SAT 问题可归约为 CLIQ。所以 3SAT 和 CLIQ 都是 NP 完全的。

实际上，HAMPATH 也是 NP 完全的，但这个归约的证明却不那么明显。

除了 SAT、3SAT、CLIQ 和 HAMPATH 这些问题之外，还有许多已知的 NP 完全问题。人们付出很多努力试图去寻找这些问题的有效算法，但到目前为止还没有成功。这使我们猜想

$$P \neq NP$$

以及许多重要问题都是难解的。虽然这是一个合理的猜想，但尚未得到证实。它仍然是复杂性理论中尚未解决的基础性问题。

练习题

1. 证明 TSP 是 NP 完全的。
2. 设 G 是无向图，图上的欧拉环路 (Euler circuit) 是一个包含所有边的简单环。欧拉环路问题 (EULER) 就是判断图 G 中是否存在欧拉环路。
   证明 EULER 不是 NP 完全的。
3. 查阅复杂性理论书籍来编制一个 NP 完全问题的列表。
4. $P \neq NP$ 是否有可能不可判定?

应用部分

第15章

An Introduction to Formal Languages and Automata, Seventh Edition

编译器和解析

本章概要

前面的章节形式化地详细介绍了正则语言和上下文无关语言。本章给出在编译器的更多应用领域中如何使用这些语言。我们展示编译器如何工作，以及如何在编译过程中进行解析。我们介绍两种有效的解析方法：自顶向下的解析和自底向上的解析。我们还介绍了后续章节中会用到的 FIRST() 和 FOLLOW() 函数，以更深入地探索解析的过程。

我们从一个非常熟悉的应用程序开始有关解析的研究，即编译器。在编写和开发程序时，编译器是我们与之交互的重要应用程序。我们展示了编译器的总体视图，以强调三个概念。首先，编译是一个优雅的过程，它将程序翻译为可以在计算机上运行的代码。其次，前几章的理论构造支撑了编译器的关键部分，降低了编译器设计的整体复杂性。我们在编译器的第一个阶段中使用了有穷自动机和正则表达式，后面的章节中在拓展有关解析的内容时则使用了形式语言中其他的理论概念。第三，解析器是编译器中最重要的部分，因为它确定程序在语法上是否正确。如果程序的语法不正确，那么编译的过程就无法完成。

本章的其余部分将介绍一般性的解析。我们研究两种类型的解析器：自顶向下的解析器和自底向上的解析器。在后面的章节中，我们将更深入地讨论每种类型的解析器。本章还将介绍两个函数：FIRST() 和 FOLLOW()。在解析字符串时，需要确定每一步中需要应用哪条文法规则。这些函数有助于确定应用哪条规则。一条规则的 FIRST() 函数用来计算可能的终结符，这些终结符可能是推导中该规则生成的第一个终结符。FOLLOW() 函数用来确定在推导中会跟随某个变元的终结符。我们在后面章节的解析算法中会使用这些函数。

15.1 编译器

编译器是一种翻译程序，它将用一种程序设计语言（源程序）编写的计算机程序转换为另一种语言（目标程序）。编译器有很多种类型，但典型的编译器将高级语言（如 C++、Java、Python）的程序翻译为低级语言（如机器代码）。与低级语言相比，高级语言更适用于编写程序。机器代码等低级语言可以被计算机理解，但程序员用它们编写程序时却很乏味。

作为例子，我们来看一个文名为 simple.cpp 的 C++ 程序。C++ 编译器会将这个程序转换为与用户计算机相匹配的机器代码文件。该机器代码（也称为可执行文件）是与系统相关的。例如，在 Windows 计算机上，可执行文件通常具有.exe 扩展名，以表示它们包含机器代码，我们的例子将命名为 simple.exe。在另一种类型的计算机上，文件名可能为 simple 而且没有扩展名。近年来，编译器开始产生字节码（bytecode）而不是机器代码。字节码是在虚拟机上解释或运行的代码，而且与机器无关，这意味着这样的代码与平台无关并且可以在任何机器上运行。文件名为 simple.py 的 Python 程序将被编译为以 simple.pyc 命名的字节码文件。

源程序是如何翻译成目标程序的呢？图 15.1 展示了源代码被翻译成机器代码时所经过的一般步骤。我们将描述每个部分并给出一些例子。

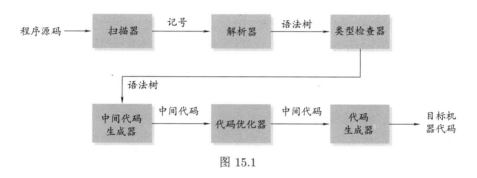

图 15.1

扫描器首先读取源程序并识别出独立的单词。在我们的例子中，单词由空白（包括空格符、制表符和换行符）分隔开。程序中的每个单词称为一个记号（token），并且为记号分配一个表示用途的类型（例如整数、关键字、变量）。然后，将记号和类型构成的对传递给编译器的下一个阶段（即解析器）处理。

例 15.1　下面两行代码中的记号及其类型分别是什么？

```
sum = total + 10
green if 6.5 87
```

第一行包含五个记号：sum（类型为变量，即 variable）、=（类型为赋值运算符，即 assignment operator）、total（类型为变量，即 variable）等。每个记号要单独处理，而不用考虑它的上下文。第二行在我们的程序设计语言中没有语法意义，但扫描器仍然会识别出每个单词。完整的记号流及其类型为：(sum, variable), (=, assignment operator), (total, variable), (+, plus operator), (10, integer), (green, variable), (if, keyword), (6.5, decimal), (87, integer)。

扫描器按文件中记号出现的顺序将记号流传递给解析器。如何写一个扫描器呢？一种方法是构造一个可识别特定程序设计语言中所有有效记号的 DFA。每个最终状态都表示一个可被识别的不同记号。给定一个输入程序，由 DFA 处理程序中的每个单词，并且在达到最终状态时，用最终状态标记出记号的类型。另一种方法是为每一种有效的记号都构造一个正则表达式。然后将每个单词逐个与每个正则表达式进行比较，直到找到匹配的表达式。正则表达式的顺序很重要。匹配关键字的正则表达式（例如 if 和 for）应在变量名的表达式之前，因为关键字也由字母组成，会与变量名的表达式相匹配。

编译过程中，在扫描器之后的下一步是解析器。对解析任务而言，首先需要定义该程序设计语言的上下文无关文法。然后，解析器尝试利用文法从扫描器接收的输入记号（及类型）流中推导出这个程序。如果能够推导出这个程序，那么就说明这个程序在语法上是正确的。在确定正确性的同时，解析器还要构造出输入程序的语法树。每当识别出一个语法规则时，解析器就会在语法树中创建一个新节点。如果程序在语法上是正确的，那么代表该程序的语法树就是完整的。然后语法树会被传递给编译过程的下一个阶段（类型检查器）。

例 15.2 考虑下面这个简单的程序，它的主函数由一系列语句组成，其中的每个语句要么是赋值语句，要么是对 print 函数的调用。为简单起见，我们假设所有单词都是由空格分隔开的。

```
main ( )
    a = 4
    b = 8
    print ( a + b )
```

这个程序设计语言的上下文无关文法是什么？基于这个文法，这个程序的语法树是什么？

这个上下文无关文法相当长，因此我们只展示一部分文法。我们将文法的一部分留作练习题。

$$\langle program \rangle ::= main\ (\ )\ \langle sequence \rangle$$

$$\langle sequence \rangle ::= \langle line \rangle\ |\ \langle line \rangle \langle sequence \rangle$$

$$\langle line \rangle ::= \langle variable \rangle = \langle integer \rangle$$

$$\langle line \rangle ::= print\ (\ \langle expression \rangle\ )$$

我们在 5.3 节的表达式文法中见到过变元 $\langle expression \rangle$ 的规则。我们将扩展 $\langle variable \rangle$ 和 $\langle integer \rangle$ 的规则留作练习题。开始符号是 $\langle program \rangle$。上述程序的推导开始于：

$$\langle program \rangle \Rightarrow main\ (\ )\ \langle sequence \rangle$$

$$\Rightarrow main\ (\ )\ \langle line \rangle \langle sequence \rangle$$

$$\Rightarrow main\ (\ )\ \langle variable \rangle = \langle integer \rangle \langle sequence \rangle$$

$$\Rightarrow \cdots$$

在用文法推导程序的同时，推导树也被构造出来。图 15.2 所示的是上述程序可能的一个语法树。树中的每个节点都使用文法中的变元标示出类型（例如 line、variable 和 sequence）。每个节点都有指向其他节点或值的指针，表示对应的规则。例如，sequence 节点有一个指向 line 节点的指针和一个指向 sequence 节点的指针，因为规则中有两个部分：

$$\langle sequence \rangle ::= \langle line \rangle \langle sequence \rangle$$

我们不再给出构建推导树的全部细节。取而代之，这里只展示上述程序如何呈现在推导树中。从根节点开始（见图 15.2），前序遍历给出了程序中各行的处理顺序。最左边的底部节点先被处理，将 a 赋值为 4。接着到另一个赋值节点，将 b 赋值为 8。然后到 print 节点，然后到加（＋）节点。加节点会将 a 与 b 相加得到 12。最后，print 节点能够实际显示值 12。编译器不会在这个阶段执行该程序，而是将推导树传递到下一阶段（即类型检查器）。

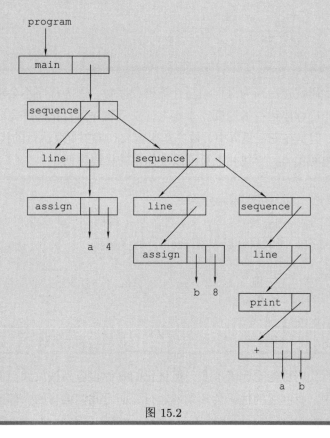

图 15.2

类型检查阶段检查推导树是否存在语义错误。例如，如果函数调用 process(a, b) 的定义要求两个依次为 int 和 float 类型的参数，那么类型检查可以准确确保这一点。对于那些允许给浮点型参数传递整型数的程序设计语言，类型检查器可能被设计为：对推导树进行修改，增加在函数调用前将整型参数转换为浮点型的节点。该阶段的结果是，将修改后的推导树传递到下一阶段（即中间代码生成器）。

中间代码生成阶段将遍历推导树，在每个节点生成中间代码。中间代码是更简单的代码，每行代码最多有三个指向存储位置的地址。

例 15.3   在下面的两行代码中，每行中都引用了四个变量，意味着会引用内存中四个不同的地址。下面将每一行都转换为三地址代码。

```
sum = a + b + c
sum2 = a + b + d
```

该代码可以翻译成如下几行，其中的每一行最多有三个地址。上面代码的每一行都会被下面的两行代码替换。

```
temp1 = a + b
sum = temp1 + c
temp2 = a + b
sum2 = temp2 + d
```

下一阶段是代码优化。当为课程编写计算机程序时，因为程序不会被运行很多次，所以通常不太需要担心程序运行的速度。事实上，一旦程序运行正确并完成提交，它可能永远不会再被运行。但是在现实世界中，效率却很重要，需要重复执行的代码应该是高效的。优化阶段会扫描中间代码，寻找并重写可以被优化的代码序列。

例 15.4   优化例 15.3 中的代码。

在例 15.3 的代码中，表达式 $a+b$ 被计算了两次。代码优化可以识别这种低效率代码并进行更改，使得只计算一次 $a+b$，如下所示：

```
temp1 = a + b
sum = temp1 + c
sum2 = temp1 + d
```

虽然减少一行代码可能看起来不多，但优化的好处很容易被放大。例如，在循环或被频繁调用的函数中，有问题的代码会频繁地运行，而且我们编写的大部分代码通常会位于循环语句内。

编译器的最后阶段是将中间代码翻译成机器代码或汇编代码。而机器代码通常在寄存器上进行操作。

例 15.5 将代码行 temp1 = a + b 翻译为机器代码。

机器代码可能是：

```
MOV a,  R1
MOV b,  R2
ADD R1, R2
MOV R2, temp1
```

第一行将变量 a 中存储的值移到寄存器 1 中。第二行将变量 b 中存储的值移到寄存器 2 中。在第三行中，将寄存器 1 加到寄存器 2 中。在第四行中，将寄存器 2 中的结果移到变量 temp1 的存储位置。

我们已经介绍了编译器的六个阶段。一个程序会依次经过这些阶段，首先从记号流开始，然后形成推导树，其次是中间代码，最后会生成机器代码。编译器中另外两个与每部分都有交互的是符号表和错误检查。符号表存储有关标识符的信息，例如变量和函数名称。在扫描器中，当识别出标识符后，如果它尚不存在，则将其添加到符号表中。在后续阶段，有关标识符的信息要么被添加到符号表中，要么在需要的时候用来引用（例如，在需要确定变量的类型时）。我们在 5.3 节中讨论过，上下文无关文法并不知道怎样进行类型检查。符号表可以帮助解决这个问题，因为此时类型信息通常可用。符号表在扫描阶段存储变量名称，在解析阶段存储变量类型（比如，作为声明语句的结果），然后在类型检查阶段提供变量类型。

每个阶段都会进行错误检查。在扫描阶段，一个单词可能不匹配任何记号类型。在解析阶段，一组单词可能不符合上下文无关文法中的任何规则。当发现错误时，需要向程序员反馈有用的报告。例如，如果可能，要给出错误所在的行。

在本书的其余部分，我们将重点关注编译器的解析阶段。要了解有关编译器和其他翻译器的更多信息，请参阅相关书籍，例如 Aho、Sethi 和 Ullman 所著的 *Compilers: Principles, Techniques, & Tools*（1986）。要了解有关中间代码和机器代码的更多信息，请参阅有关计算机体系结构的书籍，例如 Patterson 和 Hennessy 的 *Computer Organization and Design: the Hardware/Software Interface*（2013）。

练习题

1. 考虑以下来自不同程序设计语言的代码行。每个词都是一个记号。确定每个单词对应的记号类型。

   (a) if count < 10

   (b) if (stuff >= value)

   (c) d = (a + b) * c ;

(d) while (a != 7) { cnt = cnt + 1 ; a = a + 1 ; }

(e) amount = 27 * check (a, b)

2. 假设一个新编程语言中的变量名称必须遵循以下规则：

- 名称要由字母 A、B 或 C 以及数字 1 或 2 组成。
- 名称的长度要等于或大于 1。
- 名称不能以数字开头。

例如，有效的变量名称包括 A1B2、CAB 和 BBB2A。无效的变量名称为 3AB（以数字开头）和 ABCD（含有非法字符）。

(a) 构造一个接受有效变量名称的 DFA。

(b) 构造一个接受有效变量名称的正则表达式。

3. 非负整数定义如下：

- 它由数字 0、1、2、3、4、5、6、7、8 和 9 组成。
- 它的长度要等于或大于 1。
- 如果以 0 开头，则长度为 1。

例如，非负整数包括 0、34、78231。无效的非负整数是 056（从 0 开始，所以长度应该是 1）和 67F（包括一个无效的符号 F）。

(a) 构造一个接受有效非负整数的 DFA。

(b) 构造一个接受有效非负整数的正则表达式。

4. 考虑 Python 中的三个关键字：if、else、elif。

(a) 构造一个接受这三个关键字的 DFA。

(b) 构造一个接受这三个关键字的正则表达式。

5. 考虑以下以<program>作为起始变元的一个简单的程序设计语言文法。

$$\langle program \rangle ::= \text{begin } \langle sequence \rangle \text{ end}$$

$$\langle sequence \rangle ::= \langle line \rangle \mid \langle line \rangle \langle sequence \rangle$$

$$\langle line \rangle ::= \langle variable \rangle = \langle integer \rangle$$

$$\langle line \rangle ::= \text{add } \langle integer \rangle \text{ to } \langle variable \rangle$$

$$\langle line \rangle ::= \text{print } \langle variable \rangle$$

$$\langle variable \rangle ::= A \mid B$$

$$\langle integer \rangle ::= 1 \mid 2$$

下列哪项能够从这个文法中推导出来？如果可以，请给出相应的推导。

(a)   begin

   B = 1

    add 2 to B

    print B

  end

(b)   begin

    B = 1

    add 2 to B

  end

  print B

(c)   begin

    A = 2

    B = 1

    add B to A

    print A

  end

(d)   begin

    A = 1

    end = 2

    add 1 to end

    print end

  end

(e)   begin

    add 2 to B

    print B

    B = 1

  end

6. 下面的代码引用了六个变量，意味着需要引用六个不同的内存地址。将其转换为三地址代码。

    total = e + d + c + b + a

7. 如下代码中，每行都有三个地址代码。请将其优化并给出优化后的代码。

    temp1 = d + e

    temp2 = temp1 + c

    temp3 = d + e

$$\mathrm{temp4} = \mathrm{temp3} + \mathrm{c}$$
$$\mathrm{result} = \mathrm{temp2} + \mathrm{temp4}$$

15.2　自顶向下和自底向上的解析

解析算法有不同的方法。穷举搜索的算法（5.2 节）是一种自顶向下的解析方式。在自顶向下的解析中，解析器从文法的起始符号开始，并在推导的每一步中替换最左边的变元，直到推导出输入字符串。自顶向下的解析会推导出 5.1 节中见到的那种推导树。在穷举搜索解析中，如果变元 A 有多条规则，那么解析器会在每一步中尝试所有可能的规则，这显然是一种低效的方法。LL 解析是另一种自顶向下的解析。在 LL 解析中，如果变元 A 有多条规则，算法会从左向右检查输入字符串中的符号，并判断应该使用哪条 A 的规则。使用 LL 解析比尝试每一个 A 的规则更有效。

第二种方法是自底向上的解析，其工作方式刚好相反。在自底向上的解析从字符串中的符号开始，从左到右地检查它们，并将文法规则的右部替换为左部，直到得出起始符号。

如果我们将找到的顺序反过来，应用相应的规则，会得到该字符串从起始符号开始的一个最右推导。与推导树不同的是，自底向上的解析会得到一个倒置的推导树。LR 解析是一种自底向上的解析。确定何时替换右部需要更多的细节，我们首先看几个例子，比较一下根据这两种推导得到的推导树。

例 15.6　给定上下文无关文法 $G = (V, T, S, P)$，其中 $V = \{S, A, B\}$，$T = \{a, b, c\}$，P 由下式组成：

$$S \to aABc$$
$$A \to aA \mid b$$
$$B \to bBb \mid c$$

给出自顶向下分析中字符串 $aabbcbc$ 的推导树的构建步骤和推导步骤。

最左推导为：$S \Rightarrow aABc \Rightarrow aaABc \Rightarrow aabBc \Rightarrow aabbBbc \Rightarrow aabbcbc$。

图 15.3 展示了推导树的构建步骤，依次给出了推导 $aabbcbc$ 的推导树中变元的替换顺序。每当有多个变元可供选择时，总是替换最左边的变元。

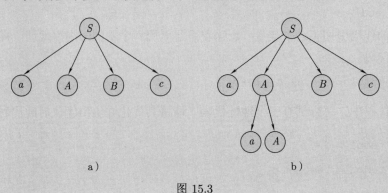

a)　　　　　　　　　　b)

图 15.3

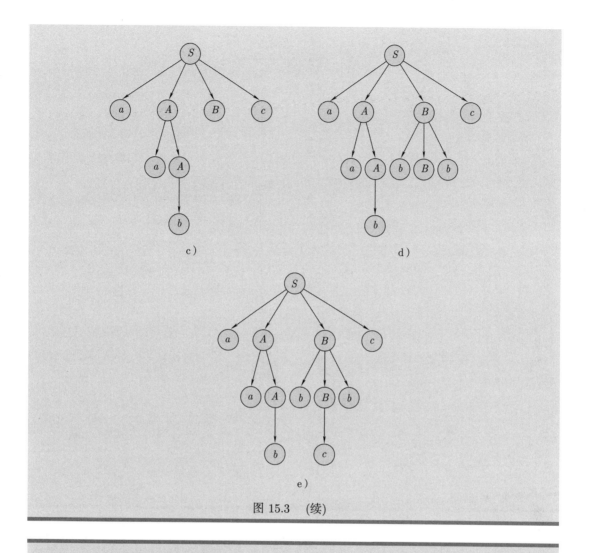

图 15.3 （续）

例 15.7 使用与例 15.6 相同的文法，给出自底向上分析中字符串 *aabbcbc* 的倒置推导树构建步骤和推导步骤。

最右推导为：$S \Rightarrow aABc \Rightarrow aAbBbc \Rightarrow aAbcbc \Rightarrow aaAbcbc \Rightarrow aabbcbc$。

图 15.4 给出了构建倒置推导树的步骤，并根据右部推理出变元的顺序。图中仅给出了在输入字符串中从左到右识别出右部所需的那些符号。在图 15.4a 中，检查了前三个符号 *aab*，并通过将 *b* 替换为 *A* 来应用规则 $A \rightarrow b$。在倒置树中，我们绘制从 *A* 节点到 *b* 节点的箭头。请注意，我们找到的第一条规则 $A \rightarrow b$ 是最右推导中最后应用的一条规则。在图 15.4b 中，*aA* 是规则的右部，因此应用规则 $A \rightarrow aA$。在图 15.4c 中，考虑了另外两个符号 *b* 和 *c*，然后应用规则 $B \rightarrow c$。在图 15.4d 中，考虑了下一个符号 *b*，并应用规则 $B \rightarrow bBb$。在图 15.4e 中，考虑了最后一个符号 *c*，并应用规则 $S \rightarrow aABc$。这个倒置推导树给出了字符串 *aabbcbc* 最终被替换为 *S* 的过程。如果将树反转过来，它看起来与例 15.6 中的树类似。

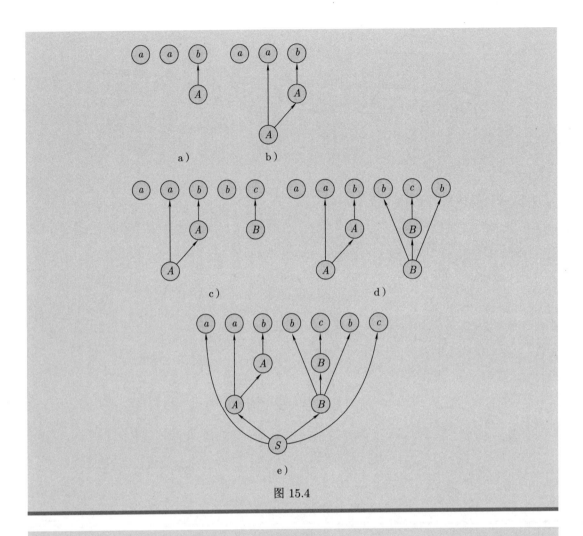

图 15.4

练习题

1. 给定上下文无关文法 $G = (V, T, S, P)$，其中 $V = \{S\}$, $T = \{a, b, c\}$, P 由下式组成：

$$S \rightarrow aaS \mid bS \mid c$$

(a) 给出自顶向下解析字符串 $baabc$ 时的推导树。

(b) 给出字符串 $baabc$ 的最左推导。

(c) 给出自顶向下解析字符串 $aabbaac$ 时的推导树。

(d) 给出字符串 $aabbaac$ 的最左推导。

2. 给定上下文无关文法 $G = (V, T, S, P)$，其中 $V = \{S, A\}$, $T = \{a, b\}$, P 由下式组成：

$$S \rightarrow aSb \mid aAb$$

$$A \rightarrow aA \mid \lambda$$

(a) 给出自顶向下解析字符串 $aaab$ 时的推导树。

(b) 给出字符串 $aaab$ 的最左推导。

(c) 给出自顶向下解析字符串 $aaaabb$ 时的推导树。

(d) 给出字符串 $aaaabb$ 的最左推导。

3. 给定上下文无关文法 $G = (V, T, S, P)$，其中 $V = \{S, A, B\}$，$T = \{a, b, c\}$，P 由下式组成：

$$S \to aSb \mid BAc$$

$$A \to aA \mid b$$

$$B \to bBb \mid c$$

(a) 给出自顶向下解析字符串 $bbcbbaabc$ 时的推导树。

(b) 给出字符串 $bbcbbaabc$ 的最左推导。

(c) 给出自顶向下解析字符串 $aabcbabcbb$ 时的推导树。

(d) 给出字符串 $aabcbabcbb$ 的最左推导。

4. 给定上下文无关文法 $G = (V, T, S, P)$，其中 $V = \{S, A, B, C\}$，$T = \{a, b, c\}$，P 由下式组成：

$$S \to ABC$$

$$A \to aA \mid b$$

$$B \to bB \mid a$$

$$C \to cCa \mid b$$

(a) 给出自顶向下解析字符串 $aaabacba$ 时的推导树。

(b) 给出字符串 $aaabacba$ 的最左推导。

(c) 给出自顶向下解析字符串 $aabbaccbaa$ 时的推导树。

(d) 给出字符串 $aabbaccbaa$ 的最左推导。

5. 给定上下文无关文法 $G = (V, T, S, P)$，其中 $V = \{S\}$，$T = \{a, b, c\}$，P 由下式组成：

$$S \to aaS \mid bS \mid c$$

(a) 给出自顶向下解析字符串 $baabc$ 时的推导树。开始符号位于树的底部。

(b) 给出字符串 $baabc$ 的最左推导。

(c) 给出自顶向下解析字符串 $aabaabc$ 时的推导树。

(d) 给出字符串 $aabaabc$ 的最左推导。

6. 给定上下文无关文法 $G = (V, T, S, P)$，其中 $V = \{S, A, B\}$，$T = \{a, b, c\}$，P 由下式

组成：

$$S \to BA$$

$$A \to aA \mid \lambda$$

$$B \to bBc \mid c$$

(a) 给出自顶向下解析字符串 caa 时的推导树。

(b) 给出字符串 caa 的最左推导。

(c) 给出自顶向下解析字符串 $bbcccaa$ 时的推导树。

(d) 给出字符串 $bbcccaa$ 的最左推导。

7. 给定上下文无关文法 $G = (V, T, S, P)$，其中 $V = \{S, A, B\}$，$T = \{a, b, c\}$，P 由下式组成：

$$S \to aSb \mid BAc$$

$$A \to aA \mid b$$

$$B \to bBb \mid c$$

(a) 给出自顶向下解析字符串 $bbcbbaabc$ 时的推导树。

(b) 给出字符串 $bbcbbaabc$ 的最左推导。

(c) 给出自顶向下解析字符串 $aabcbabcbb$ 时的推导树。

(d) 给出字符串 $aabcbabcbb$ 的最左推导。

8. 给定上下文无关文法 $G = (V, T, S, P)$，其中 $V = \{S, A, B, C\}$，$T = \{a, b, c\}$，P 由下式组成：

$$S \to ABC$$

$$A \to aA \mid b$$

$$B \to bB \mid a$$

$$C \to cCa \mid b$$

(a) 给出自顶向下解析字符串 $aaabacba$ 时的推导树。

(b) 给出字符串 $aaabacba$ 的最左推导。

(c) 给出自顶向下解析字符串 $aabbaccbaa$ 时的推导树。

(d) 给出字符串 $aabbaccbaa$ 的最左推导。

15.3 FIRST 函数

我们没有详细说明如果一个变元有多条规则该如何选择，或者如果有多个可选时该如何选择右部进行替换。在给出这些细节之前，我们定义两个在 LL 和 LR 解析中都很有用的函数：FIRST 和 FOLLOW。FIRST 函数根据句型计算出一个终结符集，该集合是替换句型中所有变元后字符串的第一个终结符。知道了第一个终结符有助于指导解析，即有助于选择下一个要应用的规则。

> **定义 15.1**　给定上下文无关文法 $G = (V, T, S, P)$，$a \in T$ 且 $w, v \in (T \cup V)^*$，$\mathrm{FIRST}(w)$ 是由推导 $w \overset{*}{\Rightarrow} av$ 中第一个终结符 a 组成的集合。如果 $w \overset{*}{\Rightarrow} \lambda$，那么 λ 也属于 $\mathrm{FIRST}(w)$。

我们来说明如何为文法中的变元和终结符以及 λ 和字符串计算 FIRST 集。

FIRST 集算法

给定文法 $G = (V, T, S, P)$，为 $(V \cup T)^*$ 中的 w 计算 $\mathrm{FIRST}(w)$。

1. 对于 $a \in T$，令 $\mathrm{FIRST}(a) = \{a\}$。

2. $\mathrm{FIRST}(\lambda) = \{\lambda\}$。

3. 对于 $A \in V$，令 $\mathrm{FIRST}(A) = \{\}$。

4. 重复以下步骤直到没有变元或 λ 可以被添加到任何变元的 FIRST 集中。

    对每条产生式 $A \to w$
    $$\mathrm{FIRST}(A) = \mathrm{FIRST}(A) \cup \mathrm{FIRST}(w)$$

5. 对于 $w = x_1 x_2 x_3 \cdots x_n$，其中 $x_i \in (V \cup T)$。

    (a) $\mathrm{FIRST}(w) = \mathrm{FIRST}(x_1) - \{\lambda\}$

    (b) 对于从 2 至 n 的所有 i，执行：

    如果对于从 1 至 $i-1$ 的所有 j 有 $x_j \overset{*}{\Rightarrow} \lambda$，则
    $$\mathrm{FIRST}(w) = \mathrm{FIRST}(w) \cup \mathrm{FIRST}(x_i) - \{\lambda\}$$

    (c) 如果对于从 1 至 n 的所有 i 有 $x_i \overset{*}{\Rightarrow} \lambda$，则
    $$\mathrm{FIRST}(w) = \mathrm{FIRST}(w) \cup \{\lambda\}$$

例如，对于 $A \to w$（其中 $w = x_1 x_2 x_3 \cdots x_n$），那么将 $\mathrm{FIRST}(x_1)$ 中的每个 $a \in T$ 都放入 $\mathrm{FIRST}(A)$ 中。如果 $x_1 \overset{*}{\Rightarrow} \lambda$，那么 $\mathrm{FIRST}(x_2)$ 中的每个 $a \in T$ 都放入 $\mathrm{FIRST}(A)$ 中。如果 $x_1 \overset{*}{\Rightarrow} \lambda$ 且 $x_2 \overset{*}{\Rightarrow} \lambda$，则 $\mathrm{FIRST}(x_3)$ 中的每个 $a \in T$ 都放入 $\mathrm{FIRST}(A)$ 中。这一直持续到某些 x 无法推导出 λ。步骤 (c) 检查是否应该将 λ 添加到 $\mathrm{FIRST}(w)$ 中。请注意，只有当 w 中每个符号的 FIRST 集都有 λ 时，才会将 λ 置于 $\mathrm{FIRST}(w)$ 中，这意味着 $w \overset{*}{\Rightarrow} \lambda$。

> **例 15.8**　对 $G = (V, T, S, P)$ 中的每个变元计算 FIRST 函数，其中 $V = \{S, A\}$，$T = \{a, b, c\}$，P 由下式组成：
> $$S \to aSb \mid A$$
> $$A \to bAa \mid c$$

从 FIRST$(S) = \{\}$ 开始。变元 S 有两个产生式，因此计算二者的 FIRST 集，然后将其合并。

$$\text{FIRST}(A) = \text{FIRST}(S) \cup \text{FIRST}(aSb) \cup \text{FIRST}(A) = \{\} \cup \{a\} \cup \text{FIRST}(A)$$

为了计算 FIRST(S)，我们需要先计算 FIRST(A)。我们从 FIRST$(A) = \{\}$ 开始，变元 A 有两个产生式。

$$\text{FIRST}(A) = \text{FIRST}(A) \cup \text{FIRST}(bAa) \cup \text{FIRST}(c) = \{\} \cup \{b\} \cup \{c\} = \{b, c\}$$

注意，为了计算 FIRST(bAa)，我们取 bAa 第一个符号的 FIRST 集，FIRST$(b) = \{b\}$。由于 b 是终结符，我们不需要再检查 bAa 中 b 后面的内容。

现在我们可以得到完整的 FIRST(S)。

$$\text{FIRST}(S) = \text{FIRST}(S) \cup \text{FIRST}(aSb) \cup \text{FIRST}(A) = \{\} \cup \{a\} \cup \{b, c\}$$
$$= \{a, b, c\}$$

例 15.9 对 $G = (V, T, S, P)$ 中的每个变元计算 FIRST 函数，其中 $V = \{S\}$，$T = \{a, b\}$，P 由下式组成：

$$S \to Sa \mid b$$

我们从 FIRST$(S) = \{\}$ 开始。变元 S 有两个产生式，所以计算二者的 FIRST 集，然后将其合并。

$$\text{FIRST}(S) = \text{FIRST}(S) \cup \text{FIRST}(Sa) \cup \text{FIRST}(b)$$
$$\text{FIRST}(b) = \{b\}$$

对于 FIRST(Sa)，第一个符号是 S。S 不能推导出 λ，因此我们不再考虑 Sa 中的符号 a。因此 FIRST$(Sa) = \text{FIRST}(S)$，所以

$$\text{FIRST}(S) = \text{FIRST}(S) \cup \text{FIRST}(Sa) \cup \text{FIRST}(b)$$
$$= \text{FIRST}(S) \cup \text{FIRST}(S) \cup \{b\} = \{b\}$$

无论例 15.8 还是例 15.9 都不含 λ-产生式。在这两个例子中，当为任何产生式 $A \to x_1 x_2 x_3 \cdots x_n$（其中 $A \in V$ 且 $x_i \in (V \cup T)$）计算 FIRST$(x_1 x_2 x_3 \cdots x_n)$ 时，我们都不需要考虑 x_1 右侧的任何符号。让我们看另外一个具有 λ-产生式的例子。

例 15.10 对 $G = (V, T, S, P)$ 中的每个变元计算 FIRST 函数，其中 $V = \{S, A, B\}$，$T = \{a, b, c, d\}$，P 由下式组成：

$$S \rightarrow aASc \mid BAd$$
$$A \rightarrow cA \mid d$$
$$B \rightarrow bBd \mid \lambda$$

我们从 $\mathrm{FIRST}(S) = \{\}$, $\mathrm{FIRST}(A) = \{\}$ 和 $\mathrm{FIRST}(B) = \{\}$ 开始。由于 $\mathrm{FIRST}(S)$ 依赖 $\mathrm{FIRST}(B)$, 而且 A 和 B 的产生式都不以变元开始，因此首先计算 $\mathrm{FIRST}(A)$ 和 $\mathrm{FIRST}(B)$。

$$\mathrm{FIRST}(A) = \mathrm{FIRST}(A) \cup \mathrm{FIRST}(cA) \cup \mathrm{FIRST}(d) = \{\} \cup \{c\} \cup \{d\} = \{c, d\}$$

$$\mathrm{FIRST}(B) = \mathrm{FIRST}(B) \cup \mathrm{FIRST}(bBd) \cup \mathrm{FIRST}(\lambda) = \{\} \cup \{b\} \cup \{\lambda\} = \{b, \lambda\}$$

$$\mathrm{FIRST}(S) = \mathrm{FIRST}(S) \cup \mathrm{FIRST}(aASc) \cup \mathrm{FIRST}(BAd)$$

$$\mathrm{FIRST}(aASc) = \{a\}$$

为了计算 $\mathrm{FIRST}(BAd)$, 因为 $\mathrm{FIRST}(B) = \{b, \lambda\}$, 所以将 b 加入 $\mathrm{FIRST}(BAd)$ 中。由于 $B \overset{*}{\Rightarrow} \lambda$, 我们要考虑 $\mathrm{FIRST}(A)$。因为 $\mathrm{FIRST}(A) = \{c, d\}$, 那么两个字符 c 和 d 都要加入 $\mathrm{FIRST}(BAd)$ 中。A 不会推导出 λ, 因此我们不再向 $\mathrm{FIRST}(BAd)$ 中加入任何符号。$\mathrm{FIRST}(BAd) = \{b, c, d\}$。

那么，$\mathrm{FIRST}(S) = \mathrm{FIRST}(S) \cup \mathrm{FIRST}(aASc) \cup \mathrm{FIRST}(BAd) = \{\} \cup \{a\} \cup \{b, c, d\} = \{a, b, c, d\}$。

给定上下文无关文法 $G = (V, T, S, P)$, 对于 $\mathrm{FIRST}(A)$ 中的每个符号 a, 其中 $a \in T$ 且 $A \in V$, 应该至少有一个推导 $A \overset{*}{\Rightarrow} aw$, 其中 $w \in (V \cup T)^*$。如果 $\lambda \in \mathrm{FIRST}(A)$, 那么应该至少有一个推导 $A \overset{*}{\Rightarrow} \lambda$。让我们再来看几个例子。

例 15.11 对于例 15.10 中的文法，对于所有的 $A \in V$, 给出每个 $a \in \mathrm{FIRST}(A)$ 以字符 a 为首字符的句型推导。

$$\mathrm{FIRST}(S) = \{a, b, c, d\}$$

$S \Rightarrow aASc$ 以 a 为首字符。

$S \Rightarrow BAd \Rightarrow bBdAd$ 以 b 为首字符。

$S \Rightarrow BAd \Rightarrow Ad \Rightarrow cAd$ 以 c 为首字符。

$S \Rightarrow BAd \Rightarrow Ad \Rightarrow dd$ 以 d 为首字符。

对于变元 A 和 B, 每个符号一条规则就足够了。

$$\mathrm{FIRST}(A) = \{c, d\}$$

$A \Rightarrow cA$ 以 c 为首字符。

$A \Rightarrow d$ 以 d 为首字符。

$$\mathrm{FIRST}(B) = \{b, \lambda\}$$

$B \Rightarrow bBd$ 以 b 为首字符。

$B \Rightarrow \lambda$ 以 λ 为首字符。

练习题

1. 给定上下文无关文法 $G = (V, T, S, P)$，其中 $V = \{S\}$，$T = \{a, b, c\}$，P 由下式组成：

$$S \rightarrow aaS \mid bS \mid c$$

(a) 计算 FIRST(S)。

(b) 计算 FIRST($baaS$)。

(c) 计算 FIRST(aaS)。

2. 给定上下文无关文法 $G = (V, T, S, P)$，其中 $V = \{S, A\}$，$T = \{a, b\}$，P 由下式组成：

$$S \rightarrow aSb \mid aAb$$

$$A \rightarrow aA \mid \lambda$$

(a) 计算 FIRST(A)。

(b) 计算 FIRST(S)。

(c) 计算 FIRST($aaAbb$)。

(d) 计算 FIRST(Ab)。

3. 给定上下文无关文法 $G = (V, T, S, P)$，其中 $V = \{S, A, B\}$，$T = \{a, b, c\}$，P 由下式组成：

$$S \rightarrow aSb \mid BAc$$

$$A \rightarrow aA \mid b$$

$$B \rightarrow bBb \mid c$$

(a) 计算 FIRST(A)。

(b) 计算 FIRST(B)。

(c) 计算 FIRST(S)。

(d) 计算 FIRST(bA)。

(e) 计算 FIRST(Ac)。

4. 给定上下文无关文法 $G = (V, T, S, P)$，其中 $V = \{S, A, B, C\}$，$T = \{a, b, c\}$，P 由下

式组成：

$$S \rightarrow ABC$$

$$A \rightarrow aA \mid b$$

$$B \rightarrow bB \mid a$$

$$C \rightarrow cCa \mid b$$

(a) 计算 FIRST(A)。

(b) 计算 FIRST(B)。

(c) 计算 FIRST(C)。

(d) 计算 FIRST(S)。

(e) 计算 FIRST(BC)。

(f) 计算 FIRST(Ca)。

5. 给定上下文无关文法 $G = (V, T, S, P)$，其中 $V = \{S, A, B\}$，$T = \{a, b, c\}$，P 由下式组成：

$$S \rightarrow BA$$

$$A \rightarrow aA \mid \lambda$$

$$B \rightarrow bBc \mid c$$

(a) 计算 FIRST(A)。

(b) 计算 FIRST(B)。

(c) 计算 FIRST(S)。

(d) 计算 FIRST(AS)。

(e) 计算 FIRST(Bc)。

6. 给定上下文无关文法 $G = (V, T, S, P)$，其中 $V = \{S, A, B, C\}$，$T = \{a, b, c, d\}$，P 由下式组成：

$$S \rightarrow ABCBd$$

$$A \rightarrow aA \mid \lambda$$

$$B \rightarrow bbB \mid \lambda$$

$$C \rightarrow cC \mid AB$$

(a) 计算 FIRST(A)。

(b) 计算 FIRST(B)。

(c) 计算 FIRST(C)。

(d) 计算 FIRST(S)。

(e) 计算 FIRST(CB)。

(f) 计算 FIRST(Bc)。

7. 给定上下文无关文法 $G=(V,T,S,P)$，其中 $V=\{S,A,B,C\}$，$T=\{a,b,c\}$，P 由下式组成：

$$S \to BACB$$
$$A \to CaA \mid \lambda$$
$$B \to bBb \mid \lambda$$
$$C \to cC \mid BB$$

(a) 计算 FIRST(B)。

(b) 计算 FIRST(C)。

(c) 计算 FIRST(A)。

(d) 计算 FIRST(S)。

(e) 计算 FIRST(CA)。

(f) 计算 FIRST(BC)。

8. 给定上下文无关文法 $G=(V,T,S,P)$，其中 $V=\{S,A,B,C\}$，$T=\{a,b,c,d\}$，P 由下式组成：

$$S \to BCd \mid AS$$
$$A \to aAa \mid \lambda$$
$$B \to ABb \mid \lambda$$
$$C \to cC \mid \lambda$$

(a) FIRST(A) $= \{a,\lambda\}$，给出以字符 a 为首字符的句型推导。

(b) FIRST(B)$=\{a,b,\lambda\}$，给出每个 $a\in$FIRST(B) 以字符 a 为首字符的句型推导。

(c) FIRST(C) $= \{c,\lambda\}$，给出以字符 c 为首字符的句型推导。

(d) FIRST(S) $= \{a,b,c,d\}$，给出每个 $a \in$ FIRST(S) 以字符 a 为首字符的句型推导。

9. 给定上下文无关文法 $G=(V,T,S,P)$，其中 $V=\{S,A,B,C\}$，$T=\{a,b,c,d\}$，P 由下式组成：

$$S \to BAdC$$
$$A \to Aa \mid \lambda$$
$$B \to Acb \mid \lambda$$
$$C \to ABc$$

(a) FIRST(A) $= \{a,\lambda\}$，给出以字符 a 为首字符的句型推导。

(b) $\text{FIRST}(B) = \{a, c, \lambda\}$，给出每个 $a \in \text{FIRST}(B)$ 以字符 a 为首字符的句型推导。

(c) $\text{FIRST}(C) = \{a, c\}$，给出每个 $a \in \text{FIRST}(C)$ 以字符 a 为首字符的句型推导。

(d) $\text{FIRST}(S) = \{a, c, d\}$，给出每个 $a \in \text{FIRST}(S)$ 以字符 a 为首字符的句型推导。

15.4　FOLLOW 函数

接下来我们定义 FOLLOW 函数。FOLLOW 函数使用特殊符号 $ 表示字符串的结尾。$ 符号不是终结符也不是变元，而是一个特殊的记号，它出现在紧接着字符串右侧的位置上，用来帮助确定是否处理完毕输入字符串中的所有终结符。这与 NPDA 中的栈底符号的作用类似，栈底符号是一个特殊的标记符号，可以通过查看它来确定是否已处理完栈上的所有符号。

FOLLOW 函数作用于一个变元，并计算句型中可紧随该变元之后的终结符集或 $ 符号。注意 $ 总是可以跟在上下文无关文法的开始符号 S 后面。假设 $S \overset{*}{\Rightarrow} w$，即从开始符号 S 出发，S 会推导出 $L(G)$ 中的某个字符串 w。那么有 $S\$ \overset{*}{\Rightarrow} w\$$。FOLLOW 函数基于可跟在变元 A 后的终结符，帮助解析算法选择要扩展的产生式 $A \to w$。

> **定义 15.2**　给定一个上下文无关文法 $G = (V, T, S, P)$，其中 $A \in V$，$a \in T$ 以及 $w, v \in (V \cup T)^*$，FOLLOW(A) 是紧随句型 $vAaw$ 中变元 A 之后的第一个终结符 a 的集合。而符号 $ 总在 FOLLOW(S) 中。

下面的算法计算 $G = (V, T, S, P)$ 中变元的 FOLLOW 集。设 $A, B \in V$ 以及 $v, w \in (V \cup T)^*$。

1. 将 $ 放入 FOLLOW(S) 中。
2. 对于 $A \to vB$，将 FOLLOW(A) 并入 FOLLOW(B) 中。
3. 对于 $A \to vBw$：

    (a) 将 FIRST$(w) - \{\lambda\}$ 并入 FOLLOW(B) 中。

    (b) 如果 $\lambda \in \text{FIRST}(w)$，那么将 FOLLOW$(A)$ 并入 FOLLOW(B) 中。

> **例 15.12**　计算例 15.8 中每个变元的 FOLLOW 函数，文法 $G = (V, T, S, P)$，其中 $V = \{S, A\}$，$T = \{a, b, c\}$，P 由下式组成：
>
> $$S \to aSb \mid A$$
> $$A \to bAa \mid c$$
>
> 变元 S 出现在一个产生式的右部中，即 $S \to aSb$。
>
> FOLLOW$(S) = \{b, \$\}$，其中的 b 是因为它紧跟在右部 aSb 中的 S 之后，其中的 $ 是因为 S 是开始符号。
>
> 变元 A 出现在两个右部之中。根据 $A \to bAa$，要将 a 加入 FOLLOW(A) 中，

因为 a 紧跟在 A 之后。

根据 $S \to A$，因为 A 位于产生式的最右端，这意味着任何跟在 S 后面的字符，也都会跟在 A 后面。所以，要将 FOLLOW(S) 中的所有内容都加入 FOLLOW(A) 中。

因此，FOLLOW(A) = $\{a, b, \$\}$。

作为 FOLLOW(S) 中的字符也同样会在 FOLLOW(A) 中的一个例子，您可以在这个部分推导中发现，在应用规则 $S \to A$ 之后，跟在 S 后面的 b 紧接着就跟在 A 后面。推导过程为 $S \Rightarrow aSb \Rightarrow aAb \cdots$。

例 15.13 计算例 15.10 中每个变元的 FOLLOW 函数，文法 $G = (V, T, S, P)$，其中 $V = \{S, A, B\}$，$T = \{a, b, c, d\}$，P 由下式组成：

$$S \to aASc \mid BAd$$
$$A \to cA \mid d$$
$$B \to bBd \mid \lambda$$

变元 S 出现在一个右部中，即 $S \to aASc$。

FOLLOW(S) = $\{c, \$\}$，其中的 c 是因为它紧跟在右部 $aASc$ 中的 S 之后，其中的 $\$$ 是因为 S 是开始符号。

接下来，计算 FOLLOW(A)。A 出现在三个产生式的右部中。对于 $S \to aASc$，计算跟在 A 之后的部分，即 FIRST(Sc)。因为 FIRST(Sc) = $\{a, b, c, d\}$ 所以我们设置 FOLLOW(A) = $\{a, b, c, d\}$。对于 $S \to BAd$，我们计算 FIRST(d) = $\{d\}$，并将 d 加入 FOLLOW(A) 中，但注意 d 已经在 FOLLOW(A) 中了。对于 $A \to cA$，因为 A 在右部的末尾，我们计算出 FOLLOW(A) 中的所有字符都已经在 FOLLOW(A) 中了。这是多余的，并没有为 FOLLOW(A) 增加任何内容。因此，FOLLOW(A) = $\{a, b, c, d\}$。

现在，计算 FOLLOW(B)。B 出现在两个产生式的右部中。对于 $S \to BAd$，计算跟在 B 之后的部分，即 FIRST(Ad)。FIRST(Ad) = $\{c, d\}$，所以将 c 和 d 放入 FOLLOW(B)。对于 $B \to bBd$，计算 FIRST(d) = $\{d\}$，并将 d 加入 FOLLOW(B) 中，但它已经在其中了。因此，FOLLOW(B) = $\{c, d\}$。

在下面表格中，我们给出了该文法所有变元的 FIRST 集和 FOLLOW 集。

	FIRST	FOLLOW
S	a, b, c, d	$c, \$$
A	c, d	a, b, c, d
B	b, λ	c, d

例 **15.14** 对于例 15.10 中文法的每个变元 A，文法如下，对 FOLLOW(A) 中的每个 a，推导出一个 a 紧跟在 A 后面的句型。

$G = (V, T, S, P)$，其中 $V = \{S, A, B\}$，$T = \{a, b, c, d\}$，P 由下式组成：

$$S \rightarrow aASc \mid BAd$$

$$A \rightarrow cA \mid d$$

$$B \rightarrow bBd \mid \lambda$$

FOLLOW(S) = $\{c, \$\}$。

$S \Rightarrow aASc$，说明 c 紧跟在 S 的后面。

$\$$ 始终跟随开始符号。

FOLLOW(A) = $\{a, b, c, d\}$。

$S \Rightarrow aASc \Rightarrow aAaAScc$ 使用了 $S \rightarrow aASc$，说明 a 紧跟在 A 的后面。

$S \Rightarrow aASc \Rightarrow aABAdc \Rightarrow aAbBdAdc$ 使用了 $S \rightarrow BAd$ 以及 $B \rightarrow bBd$，说明 b 紧跟在 A 的后面。

$S \Rightarrow aASc \Rightarrow aABAdc \Rightarrow aAAdc \Rightarrow aAcAdc$ 使用了 $S \rightarrow BAd$，$B \rightarrow \lambda$ 和 $A \rightarrow cA$，说明 c 紧跟在 A 后面。

$S \Rightarrow BAd$，说明 d 紧跟在 A 的后面。

FOLLOW(B) = $\{c, d\}$。

$S \Rightarrow BAd \Rightarrow BcAd$ 使用了 $A \rightarrow cA$，说明 c 跟在 B 的后面。

$S \Rightarrow BAd \Rightarrow bBdAd$ 使用了 $B \rightarrow bBd$，说明 d 跟在 B 的后面。

在接下来的两章中，我们将看到 FIRST 集和 FOLLOW 集是如何在两种不同的解析算法中发挥作用的。

练习题

1. 给定上下文无关文法 $G = (V, T, S, P)$，其中 $V = \{S\}$，$T = \{a, b, c\}$，P 由下式组成：

$$S \rightarrow aaS \mid bS \mid c$$

计算 FOLLOW(S)。

2. 给定上下文无关文法 $G = (V, T, S, P)$，其中 $V = \{S, A\}$，$T = \{a, b\}$，P 由下式组成：

$$S \rightarrow aSb \mid aAb$$

$$A \rightarrow aA \mid \lambda$$

(a) 计算 FOLLOW(S)。

(b) 计算 FOLLOW(A)。

3. 给定上下文无关文法 $G = (V, T, S, P)$，其中 $V = \{S, A, B\}$，$T = \{a, b, c\}$，P 由下式组成：

$$S \to aSb \mid BAc$$

$$A \to aA \mid b$$

$$B \to bBb \mid c$$

(a) 计算 FOLLOW(S)。

(b) 计算 FOLLOW(A)。

(c) 计算 FOLLOW(B)。

4. 给定上下文无关文法 $G = (V, T, S, P)$，其中 $V = \{S, A, B, C\}$，$T = \{a, b, c\}$，P 由下式组成：

$$S \to ABC$$

$$A \to aA \mid b$$

$$B \to bB \mid a$$

$$C \to cCa \mid b$$

(a) 计算 FOLLOW(S)。

(b) 计算 FOLLOW(A)。

(c) 计算 FOLLOW(B)。

(d) 计算 FOLLOW(C)。

5. 给定上下文无关文法 $G = (V, T, S, P)$，其中 $V = \{S, A, B\}$，$T = \{a, b, c\}$，P 由下式组成：

$$S \to BA$$

$$A \to aA \mid \lambda$$

$$B \to bBc \mid c$$

(a) 计算 FOLLOW(S)。

(b) 计算 FOLLOW(A)。

(c) 计算 FOLLOW(B)。

6. 给定上下文无关文法 $G = (V, T, S, P)$，其中 $V = \{S, A, B, C\}$，$T = \{a, b, c, d\}$，P 由下式组成：

$$S \to ABCBd$$

$$A \to aA \mid \lambda$$

$$B \to bbB \mid \lambda$$

$$C \to cC \mid AB$$

(a) 计算 FOLLOW(S)。

(b) 计算 FOLLOW(A)。

(c) 计算 FOLLOW(B)。

(d) 计算 FOLLOW(C)。

7. 给定上下文无关文法 $G = (V, T, S, P)$，其中 $V = \{S, A, B, C\}$，$T = \{a, b, c\}$，P 由下式组成：

$$S \to BACB$$

$$A \to CaA \mid \lambda$$

$$B \to bBb \mid \lambda$$

$$C \to cC \mid BB$$

(a) 计算 FOLLOW(S)。

(b) 计算 FOLLOW(A)。

(c) 计算 FOLLOW(B)。

(d) 计算 FOLLOW(C)。

8. 给定上下文无关文法 $G = (V, T, S, P)$，其中 $V = \{S, A, B, C\}$，$T = \{a, b, c, d\}$，P 由下式组成：

$$S \to BCd \mid AS$$

$$A \to aAa \mid \lambda$$

$$B \to ABb \mid \lambda$$

$$C \to cC \mid \lambda$$

(a) FOLLOW(A) $= \{a, b, c, d\}$。对于 FOLLOW(A) 中的每个 a，从 S 推导出一个 a 紧跟在 A 后面的句型。

(b) FOLLOW(B) $= \{b, c, d\}$。对于 FOLLOW(B) 中的每个 a，从 S 推导出一个 a 紧跟在 B 后面的句型。

(c) FOLLOW(C) $= \{d\}$。从 S 推导出一个 d 紧跟在 C 后面的句型。

9. 给定上下文无关文法 $G = (V, T, S, P)$，其中 $V = \{S, A, B, C\}$，$T = \{a, b, c, d\}$，P 由下式组成：

$$S \to BAdC$$

$$A \to Aa \mid \lambda$$

$$B \to Acb \mid \lambda$$

$$C \to ABc$$

$FOLLOW(S) = \{\$\}$，$FOLLOW(C) = \{\$\}$。

(a) FOLLOW$(A) = \{a, c, d\}$。对于 FOLLOW(A) 中的每个 a，从 S 推导出一个 a 紧跟在 A 后面的句型。

(b) FOLLOW$(B) = \{a, c, d\}$。对于 FOLLOW(B) 中的每个 a，从 S 推导出一个 a 紧跟在 B 后面的句型。

LL解析

本章概要

在第 15 章中，我们看到自顶向下的解析器如何使用推导树解析，如何从上到下构建推导树。在本章中，我们探讨 LL 解析，这是一种自顶向下的高效解析方法。当推导中有多条规则可选时，LL 解析通过判断如何选择来实现高效的解析。在这个判断中，我们要利用 15.3 节和 15.4 节中介绍的 FIRST 集和 FOLLOW 集。

给定一个上下文无关文法，我们首先构建一个非确定的下推自动机，它模仿 LL 解析中自顶向下的方法，用产生式右部替换变元。然后我们给出如何将非确定下推自动机与字符串中的当前字符相结合，并构造确定的 LL 解析算法。该算法还会在 LL 解析表中存储特定的信息。

在 7.4 节中，我们学习过 LL(1) 和 LL(k) 文法。在这里，我们给出一种称为 LL(1) 解析的特别方法，它可以用来解析 LL(1) 文法。我们还给出了确定任意上下文无关文法是不是 LL(k) 文法的方法，以及确定 LL(k) 文法 k 值的方法。

在 5.2 节中，我们介绍过穷举搜索解析算法和 s-文法（简单文法）。穷举搜索解析是一种自顶向下的解析方法，从起始符号开始，反复替换变元直到推导出相应的字符串。穷举搜索解析不知道应该使用哪条规则，因此它在每一步中都会尝试所有的可能，这使得它的效率非常低。s-文法是一种特定形式的上下文无关文法。将穷举搜索算法应用于 s-文法时，因为每一步中最多只可以应用一条规则，所以可以在线性时间内解析字符串。s-文法的解析效率很高，但由于其定义中的限制过于严格，使得 s-文法不够实用。在这一章中，我们将研究 LL 解析，这是一种可以在任何形式的上下文无关文法上高效地进行自顶向下解析的方法。然而，我们会看到 LL 解析并不适用于所有的上下文无关文法。

在 7.4 节中，我们探讨了确定的上下文无关文法，重点是 LL(1) 和 LL(k) 文法的形式化描述，但并没有涉及使用这些文法的解析算法。这里的 LL 解析就可以应用在这些文法上。LL(k) 解析通过查看字符串中称为前瞻（lookahead）的 k 个符号来帮助指导解析的过程。LL(k) 中的第一个 L 代表从左到右处理输入，第二个 L 代表最左推导，k 是指要确定地解析该字符串至少需要的前瞻字符数量。LL(k) 解析适用于 LL(k) 文法，在本章中，我们首先关注 $k=1$ 的情况。我们将 LL(1) 解析应用于上下文无关文法，并用 LL(1) 解析算法判断上下文无关文法是不是 LL(1) 文法。然后探讨 LL(k) 的解析，并确定对于特定的上下文无关文法，有效的 k 值（如果有的话）会是多少。

16.1　上下文无关文法转换为 NPDA

16.1.1　LL 解析的下推自动机

给定一个上下文无关文法，我们可以构造一个等价的非确定的下推自动机（NPDA），用来模拟 LL 解析的过程。在 7.2 节中，我们看到过一个将任意上下文无关文法转换为 NPDA 的算法。在那个算法中，首先需要将上下文无关文法转换为格雷巴赫范式。这里我们使用一种不限制上下文无关文法形式的另一种方法。

我们按以下方式设计这个 NPDA。对于给定的文法 $G = (V, T, S, P)$，解析开始于起始符号，重复地使用变元的产生式去替换变元。对于规则 $A \to w \in P$(其中 $A \in V$ 且 $w \in (V \cup T)^*$)，NPDA 通过在它的栈中弹出变元 A 并压入右部 w 来模拟解析过程。对于终结符，它们在字符串中从左到右出现的顺序必须与它们在栈顶出现的顺序相同。当一个终结符出现在栈顶时，由 NPDA 确认它与字符串中下一个字符相匹配后，再将其从栈中弹出。

16.1.2　LL 解析中将上下文无关文法转换为 NPDA 的算法

设 $G = (V, T, S, P)$ 是一个上下文无关文法。构造一个等价的 NPDA $M = (Q, \Sigma, \Gamma, \delta, q_0, z, F)$，该 NPDA 的工作方式为 LL 解析过程。

M 有三个状态，$Q = \{q_0, q_1, q_2\}$，初始状态为 q_0，最终状态 $F = \{q_2\}$，字母表 $\Sigma = T$。栈字母表 $\Gamma = V \cup T \cup \{z\}$，其中 z 是栈开始符号。我们假设在解析开始时，栈中只有一个符号 z，然后开始定义它的 δ。初始状态 q_0 的目的是将文法的起始符号 S 压入栈中。当压入 S 后，NPDA 转移到状态 q_1：

$$\delta(q_0, \lambda, z) = \{(q_1, Sz)\}$$

中间状态 q_1 有两个目的：首先，对于每个产生式，在状态 q_1 将左部替换为右部。对于每条产生式 $A \to x_1 x_2 \cdots x_n \in P$，其中 $A \in V$ 且 x_i 是 V 或 T 中的符号，增加以下动作：

$$(q_1, x_1 x_2 \cdots x_n) \in \delta(q_1, \lambda, A)$$

其次，q_1 按字符在栈顶出现的顺序匹配输入字符串中的字符。对于每个 $a \in T$，增加以下动作：

$$(q_1, \lambda) \in \delta(q_1, a, a)$$

如果输入字符串中所有字符都已匹配完，且栈中只有栈开始符号 z，那么就可以转到最终状态 q_2 并接受这个字符串。所以增加动作

$$\delta(q_1, \lambda, z) = \{(q_2, \lambda)\}$$

例 16.1 给定上下文无关文法 $G = (V, T, S, P)$，其中 $V = \{S, A\}$，$T = \{a, b, c\}$，P 由下式组成：

$$S \to aSb \mid A$$
$$A \to bAa \mid c$$

构造等价的 NPDA 来模拟 LL 解析过程。

构建三个状态 $Q = \{q_0, q_1, q_2\}$，初始状态 q_0，$F = \{q_2\}$。

增加以下动作，用来将开始符号 S 压入栈中：

$$\delta(q_0, \lambda, z) = \{(q_1, Sz)\}$$

为四个产生式分别增加一个动作：

$$\delta(q_1, \lambda, S) = \{(q_1, aSb), (q_1, A)\}$$
$$\delta(q_1, \lambda, A) = \{(q_1, bAa), (q_1, c)\}$$

增加将输入字符串中的字符与栈顶符号匹配的动作：

$$\delta(q_1, a, a) = \{(q_1, \lambda)\}$$
$$\delta(q_1, b, b) = \{(q_1, \lambda)\}$$
$$\delta(q_1, c, c) = \{(q_1, \lambda)\}$$

最后增加转入最终状态的动作：

$$\delta(q_1, \lambda, z) = \{(q_2, z)\}$$

最终得到的 NPDA 如图 16.1 所示。

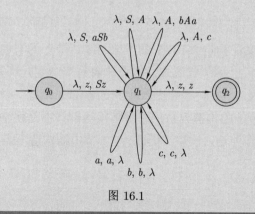

图 16.1

请注意，这样构造的 NPDA 是非确定的。LL 解析算法将 NPDA 与额外的信息相结合，使其成为确定性的算法。也就是说，LL 解析算法通过查看字符串当前位置的下一个字符来决定使用哪一条规则。如果上下文无关文法是 LL(1) 文法，那么一个前瞻字符就足以解析该文法中的所有字符串。

例 16.2   根据例 16.1 中的文法，使用构造的 NPDA 和一个前瞻字符来解析字符串 $abcab$。给出每一步中栈的内容、NPDA 的当前状态，以及当前的前瞻字符。

图 16.2 展示了利用构造的 NPDA 解析字符串 $abcab$ 的轨迹，其中显示了每一步中栈的当前内容、所处的状态以及前瞻字符。第 1 步给出了初始格局，在状态 q_0 时，前瞻是字符串的第一个字符 a，栈中只有 z。从栈中弹出 z 后压入 Sz，并转到第 2 步的状态 q_1。通过栈顶 S 和前瞻 a 来决定弹出 S 并压入右部 aSb，如第 3 步所示，这里选择 aSb 是因为需要字符 a 来匹配前瞻。栈顶是 a 且前瞻也是 a，那么从栈中弹出 a 并将前瞻设置为字符串中的下一个符号 b，如第 4 步所示。栈顶是 S 且前瞻是 b，将栈顶由 S 替换为 A，如第 5 步所示。这样做是因为 A 可以生成一个以 b 开始的字符串。弹出 A 并替换为 bAa，因为 b 是前瞻，如第 6 步所示。栈顶是 b 且前瞻也是 b，那么弹出 b 设置前瞻为字符串的下一个字符 c，如第 7 步所示。前瞻为 c，弹出 A 并替换为 c，如第 8 步所示。第 9~11 步分别弹出 c、a 和 b，并与前瞻 c、a 和 b 匹配，再设置前瞻为 \$。此时栈中只有栈开始符号 z。然后，转移到第 12 步的最终状态 q_2 并接受 $abcab$。

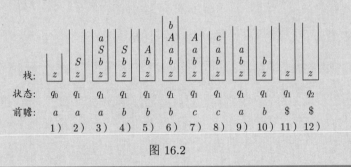

图 16.2

这里从上下文无关文法构造 NPDA 的方法与 7.2 节中的有何不同？在 7.2 节中，上下文无关文法必须为格雷巴赫范式形式。这意味着每个产生式都是 $A \rightarrow ax$ 的形式，其中 $A \in V$，$a \in T$ 以及 $x \in V^*$。每个产生式的右部都只有一个终结符，而且该终结符都是第一个符号。7.2 节中的构造方法用左部替换右部，不是将一个终结符压入栈后又立即弹出，而是将终结符作为输入读取。因此，7.2 节中的构造不需要为所有 a 都添加转移 $\delta(q_1, a, a) = \{q_1, \lambda\}$。

练习题

1. 给定上下文无关文法 $G = (V, T, S, P)$，其中 $V = \{S, A, B\}$，$T = \{a, b, c, d\}$，P 由下式组成：

$$S \to ABd$$

$$A \to aA \mid c$$

$$B \to bbB \mid \lambda$$

(a) 构造与 LL 解析过程等价的 NPDA。

(b) 使用构造的 NPDA 和一个前瞻字符来解析字符串 $aacbbd$。给出每一步中栈的内容、NPDA 的当前状态以及当前的前瞻字符。

(c) 这个 NPDA 是非确定的。对于字符串 $aacbbd$，如果不使用前瞻字符，那么这个 NPDA 的转移中首次需要选择在什么时候发生？这些转移是什么？

2. 给定上下文无关文法 $G = (V, T, S, P)$，其中 $V = \{S, C\}$，$T = \{a, b, c, d\}$，P 由下式组成：

$$S \to aSb \mid Ccd$$

$$C \to \lambda$$

(a) 构造与 LL 解析过程等价的 NPDA。

(b) 使用构造的 NPDA 和一个前瞻字符来解析字符串 cd。给出每一步中栈的内容、NPDA 的当前状态以及当前的前瞻字符。

(c) 使用构造的 NPDA 和一个前瞻字符来解析字符串 $acdb$。给出每一步中栈的内容、NPDA 的当前状态以及当前的前瞻字符。

3. 给定上下文无关文法 $G = (V, T, S, P)$，其中 $V = \{S, A, B\}$，$T = \{a, b, c\}$，P 由下式组成：

$$S \to aSb \mid cA$$

$$A \to cAb \mid Bb$$

$$B \to aBc \mid \lambda$$

(a) 构造与 LL 解析过程等价的 NPDA。

(b) 使用构造的 NPDA 和一个前瞻字符来解析字符串 $ccbb$。给出每一步中栈的内容、NPDA 的当前状态以及当前的前瞻字符。

(c) 使用构造的 NPDA 和一个前瞻字符来解析字符串 $acccacbbbb$。给出每一步中栈的内容、NPDA 的当前状态以及当前的前瞻字符。

4. 给定上下文无关文法 $G = (V, T, S, P)$，其中 $V = \{S, A, B\}$，$T = \{a, b, c, d\}$，P 由下式组成：

$$S \to ABc \mid dAcS$$

$$A \to aA \mid \lambda$$

$$B \to bBd \mid \lambda$$

(a) 构造与 LL 解析过程等价的 NPDA。

(b) 使用构造的 NPDA 和一个前瞻字符来解析字符串 $dcac$。给出每一步中栈的内容、NPDA 的当前状态以及当前的前瞻字符。

(c) 使用构造的 NPDA 和一个前瞻字符来解析字符串 $dacaabdc$。给出每一步中栈的内容、NPDA 的当前状态以及当前的前瞻字符。

16.2 LL(1) 分析表

为了简化解析过程，可以将前瞻与 NPDA 中的信息相结合并存储在 LL(k) 分析表中。目前我们关注的是 $k = 1$，下面给出 LL(1) 分析表的构造过程。

LL(1) 分析表

在上下文无关文法 $G = (V, T, S, P)$ 的分析表中，我们用变元 $A \in V$ 标记表中的行，用可为前瞻的字符 $a \in T \cup \{\$\}$ 标记列。

构造 LL(1) 分析表的步骤如下。令 $A \in V$，且 $w \in (V \cup T)^*$。

1. 对于每个产生式 $A \to w$。

   (a) 对于 FIRST(w) 中的每个 a，将 w 添加到 LL[A, a] 中。

   (b) 如果 $\lambda \in$ FIRST(w)，则对 FOLLOW(A) 中的每个 b，将 w 添加到 LL[A, b] 中。

2. 每个未定义的条目都是错误的。

例 16.3 为例 16.1 中的文法构造 LL(1) 分析表，文法 $G = (V, T, S, P)$，其中 $V = \{S, A\}$，$T = \{a, b, c\}$，P 由下式组成：

$$S \to aSb \mid A$$

$$A \to bAa \mid c$$

首先计算所有变元的 FIRST 集和 FOLLOW 集。

	FIRST	FOLLOW
S	a, b, c	$b, \$$
A	b, c	$a, b, \$$

如下构造 LL(1) 分析表。对于每个产生式 $A \to w$，确定 w 在表中的位置。

对于以终结符开始的三条规则，将右部放入表中该终结符所在的列、左部变元所在的行。例如，对于 $S \to aSb$，表格项 LL[S, a] 被设置为 aSb。

对于 $S \to A$，将 FIRST(A) 中每个 x 对应的 LL[S, x] 都设置为 A。因此，有 LL[S, b] $= A$ 和 LL[S, c] $= A$。

下面是完成的 LL(1) 分析表。

	a	b	c	$\$$
S	aSb	A	A	
A		bAa	c	

练习题

1. 给定上下文无关文法 $G = (V, T, S, P)$，其中 $V = \{S, A, B\}$，$T = \{a, b, c, d\}$，P 由下式组成：

$$S \to ABd$$
$$A \to aA \mid c$$
$$B \to bbB \mid \lambda$$

   (a) 对文法中的每个变元计算 FIRST 集和 FOLLOW 集。
   (b) 构造文法的 LL(1) 分析表。对于每条产生式 $A \to w$，确定表格中填入 w 的位置。

2. 给定上下文无关文法 $G = (V, T, S, P)$，其中 $V = \{S, C\}$，$T = \{a, b, c, d\}$，P 由下式组成：

$$S \to aSb \mid Ccd$$
$$C \to \lambda$$

   (a) 对文法中的每个变元计算 FIRST 集和 FOLLOW 集。
   (b) 构造文法的 LL(1) 分析表。对于每条产生式 $A \to w$，确定表格中填入 w 的位置。

3. 给定上下文无关文法 $G = (V, T, S, P)$，其中 $V = \{S, A, B\}$，$T = \{a, b, c\}$，P 由下式组成：

$$S \to aSb \mid cA$$
$$A \to cAb \mid Bb$$
$$B \to aBc \mid \lambda$$

   (a) 对文法中的每个变元计算 FIRST 集和 FOLLOW 集。
   (b) 构造文法的 LL(1) 分析表。对于每条产生式 $A \to w$，确定表格中填入 w 的位置。

4. 给定上下文无关文法 $G = (V, T, S, P)$，其中 $V = \{S, A, B\}$，$T = \{a, b, c, d\}$，P 由

下式组成：

$$S \to ABc \mid dAcS$$

$$A \to aA \mid \lambda$$

$$B \to bBd \mid \lambda$$

(a) 对文法中的每个变元计算 FIRST 集和 FOLLOW 集。

(b) 构造文法的 LL(1) 分析表。对于每条产生式 $A \to w$，确定表格中填入 w 的位置。

16.3 LL(1) 解析算法

我们给出用于 LL(1) 解析的算法，该算法不用 NPDA，而是使用 LL(1) 分析表和一个栈结构来解析字符串。这个栈中我们不用栈开始符号，而是假定栈可以判断是否为空。这里首先为该算法定义几个函数。

1. push(w) 会将 w 压入栈。如果 $w = x_1 x_2 \cdots x_n$，其中 x_i 是 V 或 T 中的符号，那么先压入栈的符号是 x_n，最后压入的是 x_1。

2. top() 会返回栈顶符号的一个副本。

3. pop() 会弹出栈顶符号并将其返回。

4. get() 会返回输入字符串中下一个前瞻字符。如果没有下一个符号，则返回结束标记 $。

LL(1) 解析算法

push(S)

lookahead = get()

while the stack is not empty **do**:

    symbol = top()

    if symbol is terminal **then**:

        if symbol == lookahead **then**:

            pop()

            lookahead = get()

        else:

            error

    else if symbol is a variable **then**:

        if LL[symbol, lookahead] is not error **then**:

            pop()

　　　　　　push(LL[symbol, lookahead])

　　　else:

　　　　　error

if lookahead $\neq$ \$, **then**:

　　error

else:

　　accept

如果到达 accept 行，则字符串属于这个文法的语言。如果达到任何 error 行，则字符串不属于这个文法的语言。

例 16.4　对于例 16.3 中的文法，使用 LL(1) 解析算法处理字符串 *abcab*，并给出每一步中的栈内容和前瞻字符。

　　图 16.3 在展示了处理字符串 *abcab* 时每一步的栈内容和前瞻字符。初始时栈为空，然后算法从步骤 1 开始。该算法不使用栈开始符号，与 NPDA 中的情况类似，所以空栈中没有任何符号。将 S 压入栈，并设置前瞻为输入字符串的第一个字符 a，如步骤 2 所示，那么栈顶为 S。LL[S, a] 为 aSb，所以弹出 S 并将 aSb 压入栈中，如步骤 3 所示，那么栈顶为 a。弹出 a 并设置前瞻为下一个字符 b，如步骤 4 所示，那么栈顶又为 S。LL[S, b] 为 A，弹出 S 并将 A 压入栈中，如步骤 5 所示，那么栈顶为 A。LL[A, b] 为 bAa，从栈中弹出 A 并压入 bAa，如步骤 6 所示，然后栈顶为 b。再弹出 b 并设置前瞻为 c，如步骤 7 所示，栈顶为 A。LL[A, c] 为 c，弹出 A 并压入 c，如步骤 8 所示。接下来继续进行，会将 c、a 和 b 弹出栈，并设置前瞻为 \$，如步骤 11 所示。这使得栈为空，并接受输入字符串 *abcab*。

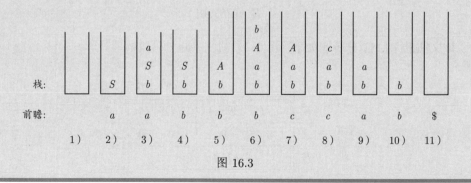

图 16.3

练习题

1. 给定上下文无关文法 $G = (V, T, S, P)$，其中 $V = \{S, A, B\}$，$T = \{a, b, c, d\}$，P 由下式组成：

$$S \rightarrow AB \mid cS$$

$$A \rightarrow aA \mid \lambda$$

$$B \rightarrow bBAd \mid \lambda$$

该文法的 LL(1) 分析表如下。

	a	b	c	d	$\$$
S	AB	AB	cS		AB
A	aA	λ		λ	λ
B	λ	$bBAd$		λ	λ

(a) 计算文法中所有变元的 FIRST 集和 FOLLOW 集。

(b) 使用 LL(1) 解析算法处理字符串 $cbad$，并给出每一步中栈的内容和前瞻字符。

(c) 使用 LL(1) 解析算法处理字符串 $abbadd$，并给出每一步中栈的内容和前瞻字符。

2. 给定上下文无关文法 $G = (V, T, S, P)$，其中 $V = \{S, A, B\}$，$T = \{a, b, c, d\}$，P 由下式组成：

$$S \rightarrow BdA \mid aSB$$

$$A \rightarrow a \mid \lambda$$

$$B \rightarrow bBAd \mid c$$

该文法的 LL(1) 分析表如下。

	a	b	c	d	$\$$
S	aSB	BdA	BdA		
A	a	λ	λ	λ	λ
B		$bBAd$	c		

(a) 计算文法中所有变元的 FIRST 集和 FOLLOW 集。

(b) 使用 LL(1) 解析算法处理字符串 $acdc$，并给出每一步中栈的内容和前瞻字符。

(c) 使用 LL(1) 解析算法处理字符串 $acdbcad$，并给出每一步中栈的内容和前瞻字符。

3. 给定上下文无关文法 $G = (V, T, S, P)$，其中 $V = \{S, A, B\}$，$T = \{a, b, c, d\}$，P 由下式组成：

$$S \to BdA$$

$$A \to cAB \mid \lambda$$

$$B \to bB \mid aA$$

该文法的 LL(1) 分析表如下。

	a	b	c	d	$\$$
S	BdA	BdA			
A	λ	λ	cAB	λ	λ
B	aA	bB			

(a) 计算文法中所有变元的 FIRST 集和 FOLLOW 集。

(b) 使用 LL(1) 解析算法处理字符串 bad，并给出每一步中栈的内容和前瞻字符。

(c) 使用 LL(1) 解析算法处理字符串 $adcba$，并给出每一步中栈的内容和前瞻字符。

4. 给定上下文无关文法 $G = (V, T, S, P)$，其中 $V = \{S, A, B\}$，$T = \{a, b, c, d\}$，P 由下式组成：

$$S \to aA \mid bS$$

$$A \to aS \mid cB$$

$$B \to bBd \mid \lambda$$

该文法的 LL(1) 分析表如下。

	a	b	c	d	$\$$
S	aA	bB			
A	aS		cB		
B		bBd		λ	λ

(a) 计算文法中所有变元的 FIRST 集和 FOLLOW 集。

(b) 使用 LL(1) 解析算法处理字符串 $aaac$，并给出每一步中栈的内容和前瞻字符。

(c) 使用 LL(1) 解析算法处理字符串 $bacbd$，并给出每一步中栈的内容和前瞻字符。

16.4　LL(k) 解析

在 7.4 节中我们见过，并不是所有的上下文无关文法都是 LL(1) 文法，有些上下文无关文法对于任何 k 值都不是 LL(k) 的。我们可以为任何上下文无关文法构造 LL(1) 分析表。然而，如果表中存在冲突，也就是至少有一个表项中有多个右部，那么该文法不是 LL(1)。

例 16.5 为如下文法构造 LL(1) 分析表。

文法 $G = (V, T, S, P)$，其中 $V = \{S\}$，$T = \{a, b\}$，P 由下式组成：

$$S \to aSb \mid ab$$

首先计算 FIRST 集和 FOLLOW 集。

	FIRST	FOLLOW
S	a	$b, \$$

然后构造 LL(1) 分析表。

	a	b	$\$$
S	$aSb\ ab$		

在这个例子中，有两条规则的右部被放在 $LL[S, a]$ 中。这意味着在前瞻为 a 时我们无法知道应该选择哪条规则，是 $S \to aSb$ 还是 $S \to ab$？这种情况被称为冲突 (conflict)，因此该文法不是 LL(1) 文法。

我们回顾 7.4 节可以发现，例 16.5 中的文法是 LL(2) 文法。也就是说，这个文法需要两个前瞻字符才能确定该用哪条 S 规则。

例 16.6 为例 16.5 的文法构造 LL(2) 分析表。

LL(2) 分析表的列标题有两个前瞻字符。注意，最后一列只有 $\$$，因为没有字符跟在 $\$$ 后面。LL(2) 分析表如下。

	aa	ab	$a\$$	ba	bb	$b\$$	$\$$
S	aSb	ab					

当使用两个前瞻字符时，不会发生冲突。因此，这是一个 LL(2) 文法。

例 16.7 以下文法作为 LL(k) 文法，k 值会是多少？

文法 $G = (V, T, S, P)$，其中 $V = \{S, B, C\}$，$T = \{a, b, c\}$，P 由下式组成：

$$S \to aB \mid aaC$$
$$B \to aB \mid bc$$
$$C \to abC \mid a$$

对每个变元，我们需要知道有多少个前瞻才能决定应用哪条规则。然后 k 就是所有变元所需前瞻数量的最大值。

变元 C 有两条规则，都以相同的终结符 a 开始，因此一个 a 作为前瞻无法确定应用哪条规则。因为第二条规则的右部长度为 1，所以用两个字符就可以区分 ab 和 a，因此 $k = 2$。

变元 B 有两条规则，但都开始于不同的终结符，因此 $k = 1$。

变元 S 有两条规则，都以相同的终结符 a 开始，所以 k 至少为 2。这里需要进一步检查右部的变元能够推导出什么。我们需要从两个产生式分别计算得到一个字符串，然后看二者之间共享的最多字符数。

$S \to aB$ 可以推导出 aaB、$aa^n bc\,(n \geqslant 0)$，或 abc。

$S \to aaC$ 可以推导出 $aaabC$、$aa(ab)^n a\,(n \geqslant 0)$，或 aaa。

具有最长相同前缀的两个字符串分别是由 $S \to aB$ 得到的 $aaabc$ 和由 $S \to aaC$ 得到的 $aaaba$，它们都有前缀 $aaab$。那么，需要五个前瞻才能区分并确定应该用哪条 S 规则。对于 S，有 $k = 5$。

因为所有变元中 k 的最大值是 5，所以这个文法是 LL(5) 文法。

例 16.8 以下文法作为 LL(k) 文法，k 值会是多少？

文法 $G = (V, T, S, P)$，其中 $V = \{S, A\}$，$T = \{a, b, c\}$，P 由下式组成：

$$S \to Ab \mid aAc$$

$$A \to aA \mid aAa \mid \lambda$$

变元 A 有三条规则，其中前两条都可以生成无限多个 a。$A \to aA$ 可以推导出 $a^n A\,(n > 0)$，而 $A \to aAa$ 可以推导出 $a^n Aa^n\,(n > 0)$。由于这两条规则都可以生成大量的 a，不存在可以区分使用哪条规则的 k 值。

这个文法对于任何 k 都不是 LL(k) 文法。

练习题

1. 给定上下文无关文法 $G = (V, T, S, P)$，其中 $V = \{S, A, B\}$，$T = \{a, b, c, d\}$，P 由下式组成：

$$S \to ASdB \mid cB$$

$$A \to aA \mid \lambda$$

$$B \to bBb \mid \lambda$$

(a) 计算文法中所有变元的 FIRST 集和 FOLLOW 集。

(b) 计算这个文法的 LL(1) 分析表。

(c) 解释这个文法为什么不是 LL(1) 文法。

2. 给定上下文无关文法 $G = (V, T, S, P)$，其中 $V = \{S, A, B, C\}$，$T = \{a, b, c, d\}$，P 由下式组成：

$$S \rightarrow AbCS \mid BA$$

$$A \rightarrow aA \mid \lambda$$

$$B \rightarrow bcB \mid \lambda$$

$$C \rightarrow d$$

(a) 计算文法中所有变元的 FIRST 集和 FOLLOW 集。

(b) 计算这个文法的 LL(1) 分析表。

(c) 解释这个文法为什么不是 LL(1) 文法。

3. 给定上下文无关文法 $G = (V, T, S, P)$，其中 $V = \{S, A, B\}$，$T = \{a, b, c, d\}$，P 由下式组成：

$$S \rightarrow ASb \mid cAB$$

$$A \rightarrow aA \mid \lambda$$

$$B \rightarrow BSd \mid b$$

(a) 计算文法中所有变元的 FIRST 集和 FOLLOW 集。

(b) 计算这个文法的 LL(1) 分析表。

(c) 解释这个文法为什么不是 LL(1) 文法。

4. 给定文法 $G = (V, T, S, P)$，其中 $V = \{S, A, B\}$，$T = \{a, b, c, d\}$，P 由下式组成：

$$S \rightarrow aBc \mid Ad$$

$$A \rightarrow aA \mid \lambda$$

$$B \rightarrow bbB \mid c$$

这个文法作为 LL(k) 文法，k 值会是多少？

5. 给定文法 $G = (V, T, S, P)$，其中 $V = \{S, A, B\}$，$T = \{a, b, c, d\}$，P 由下式组成：

$$S \rightarrow aBc \mid Aad$$

$$A \rightarrow aA \mid \lambda$$

$$B \rightarrow bbB \mid ac$$

这个文法作为 LL(k) 文法，k 值会是多少？

6. 给定文法 $G = (V, T, S, P)$，其中 $V = \{S, A, B\}$，$T = \{a, b, c, d\}$，P 由下式组成：

$$S \to aBaa \mid Acd$$

$$A \to aA \mid b$$

$$B \to aabB \mid b$$

这个文法作为 LL(k) 文法，k 值会是多少？

7. 给定文法 $G = (V, T, S, P)$，其中 $V = \{S, A, B, C, D\}$，$T = \{a, b, c, d\}$，P 由下式组成：

$$S \to ACD \mid CBCA$$

$$A \to abA \mid \lambda$$

$$B \to bB \mid b$$

$$C \to a \mid b \mid c$$

$$D \to dD \mid d$$

这个文法作为 LL(k) 文法，k 值会是多少？

8. 给定文法 $G = (V, T, S, P)$，其中 $V = \{S, A, B, C\}$，$T = \{a, b, c, d\}$，P 由下式组成：

$$S \to BAC \mid bcb$$

$$A \to aA \mid \lambda$$

$$B \to Bb \mid bc$$

$$C \to aa$$

这个文法作为 LL(k) 文法，k 值会是多少？

9. 给定文法 $G = (V, T, S, P)$，其中 $V = \{S, A, B\}$，$T = \{a, b, c\}$，P 由下式组成：

$$S \to AbB \mid aABa$$

$$A \to aA \mid aAa \mid \lambda$$

$$B \to caB \mid b$$

这个文法作为 LL(k) 文法，k 值会是多少？

LR解析

本章概要

在 15.2 节中，我们看到自底向上的解析器如何基于推导树解析。从字符串中的字符开始，从树的底部开始构建，最后结束于文法的开始符号。将这棵树倒转过来，可以发现它与自顶向下解析器的推导树具有相同的结构。

本章探讨了 LR 解析，这是一种高效的自底向上的解析方法。LR 解析从字符串开始，以相反的顺序应用产生式，并最终推理到开始符号。在这个过程中，对于推导中应用的每个产生式，都将右部的符号串替换为左部变元。通过观察字符串中的字符（即前瞻符号）来决定应使用哪个产生式，这种方式使得 LR 解析是一种确定性的解析方法。在本章中，我们使用一个前瞻字符来设计 LR(1) 解析算法。在确定前瞻字符时，我们使用了 15.3 节和 15.4 节中介绍的 FIRST 集和 FOLLOW 集。

本章讲述的 LR(1) 解析算法是一种特定类型的 LR 解析，称为 SLR(1) 解析。LR(1) 文法是一种确定的上下文无关文法，我们已在 7.4 节中了解过确定的上下文无关文法。如果一个上下文无关文法可以用 SLR(1) 方法解析，那么它就是一个 LR(1) 文法。

第 5 章介绍了应用于上下文无关文法及其成员问题的解析方法。给定了上下文无关文法 G 和字符串 w，所谓成员问题就是要确定 w 是否属于 $L(G)$，而解析过程就是用来确定 w 的推导过程。在 5.2 节中，我们给出的穷举搜索算法是一种自顶向下的解析方法，它从开始符号开始，反复地将变元替换为它的右部，直到推导出所需的字符串。穷举搜索算法并不知道应该替换哪个变元，所以会尝试遍历所有的可能，因此它的解析效率不高。第 16 章介绍的 LL 解析是一种高效的自顶向下的解析方法，它利用前瞻符号更有效地确定应选取的产生式。然而，LL 解析并非对所有的上下文无关文法都适用。

在本章中，我们探讨 LR 解析，这是一种高效的自底向上的解析方法，它与自顶向下的解析刚好相反。LR 解析从字符串开始，以相反的顺序应用产生式并最终推理到开始符号。LR 解析使用了一个栈结构和两个主要的动作：移进 (shift) 和归约 (reduce)。移进动作将字符串中的下一个符号移入栈中。归约动作发生在栈顶出现了某个产生式右部的时候。归约动作会从栈上弹出该产生式的右部，然后将这个产生式的左部压入栈。LR 解析反复地使用移进和归约动作，直到栈中仅剩唯一的开始符号。

有几种类型的 LR 解析器,我们只学习其中最简单的,即 SLR (Simple LR) 解析器。在介绍 LR(1) 解析算法之前,我们先探索一下这个算法是如何设计的。我们先将上下文无关文法转换为模仿 LR 解析的非确定的下推自动机 (NPDA)。该过程要么将符号移进栈中,要么将栈顶的右部替换为相应的左部变元。但有两个问题需要解决。第一个问题是 NPDA 的非确定性。我们将 NPDA 与前瞻符号相结合,通过查看字符串中的下一个符号来确定应该使用移进还是归约动作,这种方式使 LR 解析成为确定性的算法。第二个问题是,该算法必须能够识别出栈顶何时会出现产生式的右部。但是产生式的右部并不总是仅有一个符号,只看栈顶是无法知道其他符号的。为了能够仅通过栈顶来识别右部,我们构造一个与被标记产生式(也称为项)相联系的确定有限接受器 (DFA),去跟踪栈上所有可能的符号组合。在 DFA 的状态中保存被标记的产生式,以便跟踪产生式右部的部分符号或者全部符号是否已经在栈顶。一旦完成了 DFA 的构造,就可以将 DFA 中的信息存储在 LR(1) 分析表中。然后 LR(1) 解析算法通过查看栈顶的符号和字符串中的当前符号,再结合 LR(1) 分析表中的信息,来确定应该使用移进操作还是归约操作来解析这个字符串。

LR(k) 文法是一种受限的上下文无关文法,可以使用 LR(k) 解析算法对其进行解析。其中 L 表示处理输入字符串的顺序是从左到右的,R 表示构造的推导过程是最右推导,而 k 表示前瞻符号的数量。如果自底向上的解析器使用最多 k 个前瞻符号,就可以辨别一个上下文无关文法中的每个右部,那么这个文法就是一个 LR(k) 文法。我们只考虑 $k = 1$ 的情况,但这就足以解析通常的程序设计语言的文法。我们会看到,如果我们能够构造出没有冲突的 LR(1) 分析表,那么这个上下文无关文法就是一个 LR(1) 文法。与 LL 文法相比,有更多的上下文无关文法是 LR 文法。

17.1 上下文无关文法转换为 NPDA

在 7.2 节给出了将上下文无关文法转换成 NPDA 的一种方法,在这种方法中,需要限制文法的形式为格雷巴赫范式。而 16.1 节给出了另一种转换方法,它能够模拟 LL 解析过程。现在,我们将看到第三种转换方法,它模拟了 LR 解析过程。在 LL 解析和 LR 解析中,上下文无关文法都不受任何形式的限制。

我们从上下文无关文法开始,设计一个 NPDA 用来模拟 LR 解析过程。这个过程开始于一个空栈,将输入字符串中的符号转移到栈上,直到识别出某个产生式的右部。然后,再从栈中弹出这个右部,并将相应的左部变元压入栈。这个过程不断地重复两个动作之一:弹出栈上的某个右部,或将下一个输入符号移到栈上。如果被处理的字符串属于该语言,那么这个过程将结束在栈中仅有一个开始符号的时候。

LR 解析中将上下文无关文法转换为 NPDA 的算法

设上下文无关文法 $G = (V, T, S, P)$,构造能够进行 LR 解析的等价 NPDA $M = (Q, \Sigma, \Gamma, \delta, q_0, z, F)$。

M 的状态集中有三个状态 $Q = \{q_0, q_1, q_2\}$，初始状态为 q_0，且 $F = \{q_2\}$。此外，有 $\Sigma = T$，z 是栈开始符号，$\Gamma = V \cup T \cup \{z\}$。我们假定开始解析时栈中只有 z 这一个符号。

我们按照状态来定义 δ。初始状态 q_0 有两个目的。首先，q_0 要处理文法中每个产生式的归约。对于每个产生式 $A \to x_1 x_2 \cdots x_n \in P$，其中 $A \in V$ 且 x_i 是 V 或 T 中的一个符号，向 δ 中添加转移：

$$(q_0, A) \in \delta(q_0, \lambda, x_1 x_2 \cdots x_n)$$

这个转移在匹配一个产生式的右部后，会将其从栈顶弹出并替换为左部的变元。这个操作称为归约 (reduce)。

状态 q_0 的第二个目的是按出现顺序匹配输入字符串中的符号，并将它们转移到栈上。对于每个 $a \in T$ 和 $b \in \Gamma$ 增加以下转移：

$$(q_0, ab) \in \delta(q_0, a, b)$$

这个操作称为移进 (shift)。

还需要两个额外的 δ 转移。一个用来识别并弹出栈顶的 S，然后进入状态 q_1。另一个用来确保在移除 S 后栈是空的，然后进入状态 q_2 并最终接受字符串。向 δ 中添加以下两个转移：

$$(q_1, \lambda) \in \delta(q_0, \lambda, S)$$
$$\delta(q_1, \lambda, z) = \{(q_2, z)\}$$

例 17.1 给定上下文无关文法 $G = (V, T, S, P)$，其中 $V = \{S, A\}$，$T = \{a, b, c\}$，产生式 P 由下式组成：

$$S \to aSb \mid A$$
$$A \to bAa \mid c$$

根据该文法构造等价的模拟 LR 解析的 NPDA。

我们首先创建三个状态 $Q = \{q_0, q_1, q_2\}$，初始状态为 q_0，终止状态集为 $F = \{q_2\}$。

接下来，我们定义 δ。首先，为每个产生式添加一个转移，即

$$\delta(q_0, \lambda, aSb) = \{(q_0, S)\}$$
$$\delta(q_0, \lambda, A) = \{(q_0, S)\}$$
$$\delta(q_0, \lambda, bAa) = \{(q_0, A)\}$$
$$\delta(q_0, \lambda, c) = \{(q_0, A)\}$$

添加将输入符号转移至栈上的移进转移，对于所有的 $x \in T \cup V \cup \{z\}$，有

$$(q_0, ax) \in \delta(q_0, a, x)$$
$$(q_0, bx) \in \delta(q_0, b, x)$$
$$(q_0, cx) \in \delta(q_0, c, x)$$

添加最后两个转移规则。第一个识别并移除栈顶的开始符号 S。第二个验证所有符号都已经转移到栈上，并最终解析为 S。这些转移同时进入最终状态。那么，需要添加的两个转移分别为：

$$\delta(q_0, \lambda, S) = \{(q_1, \lambda)\}$$
$$\delta(q_1, \lambda, z) = \{(q_2, z)\}$$

通过该构造得到的 NPDA 如图 17.1 所示。

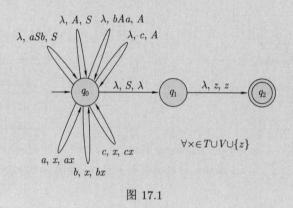

图 17.1

要使用上述算法构造的 NPDA 解析字符串，NPDA 会将符号从字符串移至栈中，并在适当的时候，弹出栈上的右部并替换为左部变元。然而，我们构造的 NPDA 是非确定的，当在移进或归约存在可选的时候，NPDA 并不会知道应该如何选择。我们在后文中构造的 LR(1) 解析算法利用字符串中称为前瞻的字符，使该算法成为确定性的。

例 17.2 根据例 17.1 中的上下文无关文法和用于 LR 解析的 NPDA，跟踪字符串 $abcab$ 的解析过程，并使用字符串中的一个前瞻符号来帮助选择是移进还是归约。

该文法为 $G = (V, T, S, P)$，其中 $V = \{S, A\}$，$T = \{a, b, c\}$，并且 P 由下式组成：

$$S \rightarrow aSb \mid A$$
$$A \rightarrow bAa \mid c$$

图 17.2a 展示了解析字符串 $abcab$ 的过程，显示了每一步中栈的内容、当前状态、当前的前瞻符号，以及接下来要执行的动作（s 表示移进，r 表示归约，acc 表示接受）。注意，trans 并不是 LR 的解析动作，而是向着接受状态进行转移的动作。

图 17.2b 展示了带有结束标记 $ 的字符串 $abcab$，并用箭头指示每步中当前的前瞻符号。现在给出跟踪的详细过程。第 1 步，栈上只有 z，字符串中第一个符号 a 是当前的前瞻。第 2 步，将前瞻 a 移进栈，并将前瞻改为下一个符号 b。第 3 步和第 4 步，将 b 和 c 移进栈，此时第四个符号 a 成为前瞻。栈顶出现了产生式的右部 c。第 5 步，通过弹出栈顶的 c 并将其替换为左部的 A 来归约。第 6 步，将 a 移进栈，并将前瞻改为 b。第 7 步，将栈顶的 bAa 归约为 A。第 8 步，将 A 归约为 S。第 9 步，将 b 移进栈，并将前瞻设置为 $。第 10 步，将 aSb 归约为 S。第 11 步，从栈中弹出 S 并移动到状态 q_1。第 12 步，从栈中弹出并重新压入 z、移动到状态 q_2 并接受该字符串。

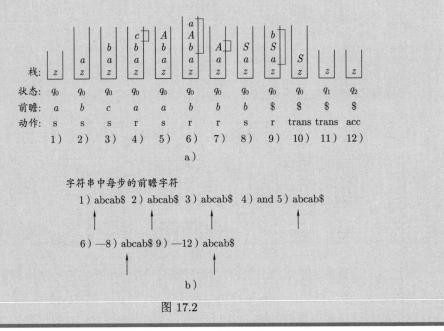

图 17.2

在例 17.2 中我们看到，有时必须决定是将一个符号移进栈还是通过某个右部来归约。在这个例子的第 5 步和第 7 步中，栈顶都是 A。但是第 5 步中我们决定将 a 移进栈，而第 7 步中用产生式 $S \to A$ 归约。决定选用哪个操作是由前瞻符号和栈上的符号共同决定的。第 5 步中，前瞻是 a 而栈顶是 bA。我们知道右部是 bAa，a 跟在 A 后面，所以选择移进。第 7 步中前瞻不同 (b)，栈顶也不同 (aA)。在这种情况下，有了产生式 $S \to A$ 和右部 aSb，使用产生式 $S \to A$ 来归约 A 更有意义。这给出了如何进行移位或归约选择的解释。为了能够更简单和更具体地做这个决定，我们继续深入研究 LR 解析。

练习题

1. 给定上下文无关文法 $G = (V, T, S, P)$，其中 $V = \{S, A, B\}$, $T = \{a, b, c, d\}$, P 由下式组成：

$$S \to ABd$$

$$A \to aA \mid c$$

$$B \to bbB \mid \lambda$$

(a) 构造实现 LR 解析的等价 NPDA。

(b) 使用构造的 NPDA 和一个前瞻符号解析字符串 acd。给出每一步的栈内容、NPDA 的当前状态和一个前瞻符号，并给出下一步的操作（移进用 s 表示，归约用 r 表示，接受用 acc 表示）。当没有操作适用时，用 t 表示状态转移。

(c) 使用构造的 NPDA 和一个前瞻符号解析字符串 $aacbbd$。给出每一步的栈内容、NPDA 的当前状态和一个前瞻符号，并给出下一步的操作（移进用 s 表示，归约用 r 表示，接受用 acc 表示）。当没有操作适用时，用 t 表示状态转移。

2. 给定上下文无关文法 $G = (V, T, S, P)$，其中 $V = \{S, C\}$，$T = \{a, b, c, d\}$，P 由下式组成：

$$S \to aSb \mid Ccd$$

$$C \to \lambda$$

(a) 构造实现 LR 解析的等价 NPDA。

(b) 使用构造的 NPDA 和一个前瞻符号解析字符串 $acdb$。给出每一步的栈内容、NPDA 的当前状态和一个前瞻符号，并给出下一步的操作（移进用 s 表示，归约用 r 表示，接受用 acc 表示）。当没有操作适用时，用 t 表示状态转移。

(c) 使用构造的 NPDA 和一个前瞻符号解析字符串 $aacdbb$。给出每一步的栈内容、NPDA 的当前状态和一个前瞻符号，并给出下一步的操作（移进用 s 表示，归约用 r 表示，接受用 acc 表示）。当没有操作适用时，用 t 表示状态转移。

3. 给定上下文无关文法 $G = (V, T, S, P)$，其中 $V = \{S, A, B\}$，$T = \{a, b, c\}$，P 由下式组成：

$$S \to aSb \mid cA$$

$$A \to cAb \mid Bb$$

$$B \to aBc \mid \lambda$$

(a) 构造实现 LR 解析的等价 NPDA。

(b) 使用构造的 NPDA 和一个前瞻符号解析字符串 $ccbb$。给出每一步的栈内容、NPDA 的当前状态和一个前瞻符号，并给出下一步的操作（移进用 s 表示，归约用 r 表示，接受用 acc 表示）。当没有操作适用时，用 t 表示状态转移。

(c) 使用构造的 NPDA 和一个前瞻符号解析字符串 $acacbb$。给出每一步的栈内容、NPDA 的当前状态和一个前瞻符号，并给出下一步的操作（移进用 s 表示，归约用 r 表示，接受用 acc 表示）。当没有操作适用时，用 t 表示状态转移。

4. 给定上下文无关文法 $G = (V, T, S, P)$，其中 $V = \{S, A, B\}$，$T = \{a, b, c, d\}$，P 由下式组成：

$$S \to ABc \mid dAcS$$

$$A \to aA \mid \lambda$$

$$B \to bBd \mid \lambda$$

(a) 构造实现 LR 解析的等价 NPDA。

(b) 使用构造的 NPDA 和一个前瞻符号解析字符串 $abdc$。给出每一步的栈内容、NPDA 的当前状态和一个前瞻符号，并给出下一步的操作（移进用 s 表示，归约用 r 表示，接受用 acc 表示）。当没有操作适用时，用 t 表示状态转移。

(c) 使用构造的 NPDA 和一个前瞻符号解析字符串 $dacbdc$。给出每一步的栈内容、NPDA 的当前状态和一个前瞻符号，并给出下一步的操作（移进用 s 表示，归约用 r 表示，接受用 acc 表示）。当没有操作适用时，用 t 表示状态转移。

17.2　项和闭包

在深入研究 LR 解析之前，我们给出两个定义。首先，我们需要知道栈顶何时会出现产生式的右部。属于右部的每个符号都是逐个被移进栈的，为了追踪右部的符号哪些已在栈中以及哪些不在，我们给右部添加一个标记，并将标记置于已在栈中的符号和尚未在栈中的符号之间。我们给出的第一个定义就是这种称为项 (item) 的带标记产生式。

> **定义 17.1**　给定上下文无关文法 $G = (V, T, S, P)$，对于任意产生式 $A \to w \in P$，其中 $A \in V$ 并且 $w \in (V \cup T)^*$，如果右部出现了标记 ($\cdot$)，该产生式就称为项 (item)，或称为带标记的产生式。

在 LR 解析中，项的标记 ($\cdot$) 用来指示哪些符号已在栈中以及哪些符号尚未在栈中。这个标记可以出现在产生式右部的任何位置，比如所有符号的最左侧、任意两个符号之间或所有符号的最右侧。位于标记左边的那些符号已在栈中，而标记右边的那些符号尚未在栈中。

> **例 17.3**　给定上下文无关文法 $G = (V, T, S, P)$ 的产生式 $S \to aABc$，其中 S, A, $B \in V$ 且 $a, c \in T$。这个产生式可能的项是什么？
> 由该产生式可以得到五个可能的项：
>
> $$S \to \cdot aABc$$
> $$S \to a \cdot ABc$$
> $$S \to aA \cdot Bc$$

$$S \rightarrow aAB \cdot c$$

$$S \rightarrow aABc \cdot$$

在第一个项中，右部的第一个符号是标记，这意味着右部中还没有任何符号在栈中。在第二个项中，标记出现在 a 和 ABc 之间，意味着 a 已在栈中而 ABc 还没有。最后一个项的标记在右部的最后，这意味着 $aABc$ 都已在栈中，那么此时产生式 $S \rightarrow aABc$ 就可以进行归约了。

第二个定义用来找到相关联的一组项。如果一个项的标记紧挨在某个变元的左侧，例如项 $S \rightarrow a \cdot ABc$ 中的变元 A，那么符号 A 尚未入栈而且是下一个要入栈的符号。那么变元 A 怎样才能到栈上呢？首先，A 需要右部中的所有符号都在栈顶，才可能最终归约为栈顶的 A。因此，对于所有 A 产生式，将标记置于这些 A 产生式右部的最左侧后得到的这些项，都与该项 $S \rightarrow a \cdot ABc$ 是相关的。所以，我们定义闭包这个概念来表示这些相关联的项。

定义 17.2 给定上下文无关文法 $G = (V, T, S, P)$，其中 $A \in V$，$v, w \in (V \cup T)^*$，$A \rightarrow wv \in P$，且 $A \rightarrow w \cdot v$ 是一个项。我们将包括该项自身以及与该项相关联的那些项组成的集合，称为这个项的闭包 (closure)。它是一个可以通过如下步骤计算得到的项集 (itemset)，记为 closure($A \rightarrow w \cdot v$) = itemset：

1. itemset = $\{A \rightarrow w \cdot v\}$。
2. 对 itemset 中的所有产生式重复以下步骤，直到不再增加新的项为止。

   如果 $A \rightarrow v \cdot Bw \in$ itemset，其中 $v, w \in (V \cup T)^*$，且 $A, B \in V$，那么对每个产生式 $B \rightarrow y \in P$，将项 $B \rightarrow \cdot y$ 添加到 itemset 中，这里 $y \in (V \cup T)^*$。

例 17.4 给定上下文无关文法 $G = (V, T, S, P)$，其中 $V = \{S, A\}$，$T = \{a, b, c\}$，P 由下式组成：

$$S \rightarrow aSb \mid A$$

$$A \rightarrow bAa \mid c$$

计算 closure($S \rightarrow a \cdot Sb$)。

我们首先将 itemset 设为 $\{S \rightarrow a \cdot Sb\}$。

因为标记紧挨着变元 S 的左侧，所以对于两个 S 产生式，将标记置于其右部的最左侧，然后放入项集：

$$\text{itemset} = \{S \rightarrow a \cdot Sb, S \rightarrow \cdot aSb, S \rightarrow \cdot A\}$$

又因为 $S \rightarrow \cdot A$ 中的标记紧挨 A 的左侧，所以对于两个 A 产生式，也要将标

> 记置于其右部的最左侧并放入项集：
>
> $$\text{itemset} = \{S \to a \cdot Sb,\, S \to \cdot aSb,\, S \to \cdot A,\, A \to \cdot bAa,\, A \to \cdot c\}$$
>
> 标记在终结符左侧的项不会给项集增加任何项，所以闭包计算完毕。

以下是关于闭包与 LR 解析之间的关系的一般思想。假设项中变元 S 的左侧有标记，比如 $S \to a \cdot Sb$。这意味着 a 已经在栈上，而 Sb 还没有在栈上。移进操作已将 a 入栈，但为了能将 S 放到栈上，必须首先归约一个 S 产生式。这意味着首先需要将 S 右部的所有符号放到栈上。因此，$\text{closure}(S \to a \cdot Sb)$ 要包括所有 S 的产生式，且将标记置于相应右部的最左侧。最终这些 S 项的某一个的右部会出现在栈上并归约为 S。此时，aSb 中的 S 位于栈顶，由此得到了一个新的项 $S \to aS \cdot b$。

练习题

1. 给定上下文无关文法 $G = (V, T, S, P)$，其中 $V = \{S, A, B\}$，$T = \{a, b, c, d\}$，P 由下式组成：

$$S \to ABc \mid dAcS$$

$$A \to aA \mid \lambda$$

$$B \to b \mid \lambda$$

(a) 计算产生式 $S \to ABc$ 所有项的项集。

(b) 计算产生式 $S \to dAcS$ 所有项的项集。

(c) 计算产生式 $A \to aA$ 所有项的项集。

(d) 计算产生式 $A \to \lambda$ 所有项的项集。

(e) 计算产生式 $B \to b$ 所有项的项集。

2. 给定上下文无关文法 $G = (V, T, S, P)$，其中 $V = \{S, A, B\}$，$T = \{a, b, c\}$，P 由下式组成：

$$S \to Ac \mid BBA$$

$$A \to a \mid \lambda$$

$$B \to bbBcc \mid \lambda$$

(a) 计算产生式 $S \to Ac$ 所有项的项集。

(b) 计算产生式 $S \to BBA$ 所有项的项集。

(c) 计算产生式 $A \to a$ 所有项的项集。

(d) 计算产生式 $B \to bbBcc$ 所有项的项集。

(e) 计算产生式 $B \to \lambda$ 所有项的项集。

3. 给定上下文无关文法 $G = (V, T, S, P)$，其中 $V = \{S, A, B\}$，$T = \{a, b, c, d\}$，P 由下式组成：

$$S \rightarrow ABc \mid dAcS$$

$$A \rightarrow aA \mid a$$

$$B \rightarrow Bb \mid b$$

(a) 计算 closure($A \rightarrow \cdot aA$)。

(b) 计算 closure($S \rightarrow \cdot dAcS$)。

(c) 计算 closure($S \rightarrow d \cdot AcS$)。

(d) 计算 closure($S \rightarrow A \cdot Bc$)。

(e) 计算 closure($S \rightarrow dAc \cdot S$)。

(f) 计算 closure($S \rightarrow \cdot ABc$)。

4. 给定上下文无关文法 $G = (V, T, S, P)$，其中 $V = \{S, A, B, C\}$，$T = \{a, b, c, d\}$，P 由下式组成：

$$S \rightarrow aSBb \mid CAb$$

$$A \rightarrow aA \mid CC$$

$$B \rightarrow Bbb \mid b$$

$$C \rightarrow Sc \mid dc$$

(a) 计算 closure($S \rightarrow \cdot aSBb$)。

(b) 计算 closure($S \rightarrow aS \cdot Bb$)。

(c) 计算 closure($S \rightarrow aSB \cdot b$)。

(d) 计算 closure($S \rightarrow a \cdot SBb$)。

(e) 计算 closure($S \rightarrow \cdot CAb$)。

(f) 计算 closure($S \rightarrow C \cdot Ab$)。

5. 给定上下文无关文法 $G = (V, T, S, P)$，其中 $V = \{S, A, B\}$，$T = \{a, b, c, d\}$，P 由下式组成：

$$S \rightarrow Ac \mid BBAd$$

$$A \rightarrow aA \mid Ba$$

$$B \rightarrow Scb \mid b$$

(a) 计算 closure($B \rightarrow S \cdot cb$)。

(b) 计算 closure($S \rightarrow \cdot Ac$)。

(c) 计算 closure($S \rightarrow A \cdot c$)。

(d) 计算 closure($S \rightarrow B \cdot BAd$)。

(e) 计算 closure($B \to \cdot Scb$)。

(f) 计算 closure($S \to BBA \cdot d$)。

6. 给定上下文无关文法 $G = (V, T, S, P)$，其中 $V = \{S, A, B, C, D\}$，$T = \{a, b, c, d\}$，P 由下式组成：

$$S \to BCD \mid CAb$$

$$A \to aA \mid a$$

$$B \to cBd \mid Sd$$

$$C \to Ccc \mid c$$

$$D \to Ad \mid Dd$$

(a) 计算 closure($B \to \cdot cBd$)。

(b) 计算 closure($S \to \cdot BCD$)。

(c) 计算 closure($S \to BC \cdot D$)。

(d) 计算 closure($A \to a \cdot A$)。

(e) 计算 closure($C \to \cdot Ccc$)。

(f) 计算 closure($D \to \cdot Dd$)。

17.3 DFA 建模 LR 解析栈

在 LR 解析中，为了选择下一步操作是移进还是归约，我们需要知道栈顶的多个符号何时会形成某个产生式的右部。然而，我们并不想查看栈顶符号以下的内容。相反，对于一个上下文无关文法，我们构造一个 DFA 来模拟可能出现在栈上的变元和终结符的所有组合。我们将 DFA 的状态与文法的项集相关联，用来表示此时哪些符号在栈上而哪些不在。然后当我们解析一个字符串时，我们同时通过 DFA 追踪它。DFA 的最终状态指示右部何时会出现在栈顶。

我们不希望开始符号出现在任何产生式的右部中，因为当推导出开始符号时我们希望能够停止解析。因此，我们对文法 G 进行一点修改，增加了一个新的唯一的开始符号 S'，并新增一个产生式 $S' \to S$。那么新的文法开始符号 S' 只会出现在这个新产生式中，因此不会出现在任何其他产生式的右部中。

建模 LR 解析的 DFA 的构造算法

设 $G = (V, T, S, P)$ 是一个上下文无关文法，由此构造文法 $G' = (V', T, S', P')$，其中 $V' = V \cup \{S'\}$，$P' = P \cup \{S' \to S\}$。

1. 创建一个名为 STATES 的空队列。

2. 计算 closure($S' \to \cdot S$)，并将其作为 DFA 的状态 0，即初始状态。

3. 将状态 0 放入队列 STATES。

4. 重复以下步骤直到 STATES 为空。

    (a) 从 STATES 中取出任意状态 p 进行处理。

    (b) 对于状态 p 中的每个项 $A \to v \cdot xw$，其中 $A \in V$，$v, w \in (V \cup T)^*$，x 属于 V 或 T。

        i. 创建一个新状态 s，并将它的项集置为 $\mathrm{closure}(A \to vx \cdot w)$。

        ii. 如果 s 的项集是唯一的（不同于其他任何状态的项集）：

            A. 在 DFA 中为 s 分配一个新的状态号。

            B. 添加转移 $\delta(p, x) = s$。

            C. 将 s 放入 STATES。

        iii. 如果 s 的项集与某个现有状态的项集相同：

            A. 设与状态 s 相同的那个状态为 r。

            B. 添加转换 $\delta(p, x) = r$。

            C. 丢弃状态 s。

5. 对于 DFA 中的每个状态 q，如果 q 中存在任何标记在右部最右侧的项，例如 $A \to w \cdot$，那么将 q 作为最终状态并添加到 F 中。

    此时，DFA 构造完成。

例 17.5　根据例 17.4 中给出的文法，构造对 LR 解析过程建模的 DFA。

我们增加新的开始符号 S' 和新的产生式 $S' \to S$，并且将所有产生式进行编号。

$$0) \quad S' \to S$$
$$1) \quad S \to aSb$$
$$2) \quad S \to A$$
$$3) \quad A \to bAa$$
$$4) \quad A \to c$$

我们首先创建初始状态 q_0，但称之为状态 0。为了计算初始状态的项集 itemset = closure$(S' \to \cdot S)$，我们首先设置的项集为 $\{S' \to \cdot S\}$。因为标记紧邻变元 S 的左侧，所以在项集中增加标记后的 S 产生式：

$$\text{itemset} = \{S' \to \cdot S, S \to \cdot aSb, S \to \cdot A\}$$

又因为 $S \to \cdot A$ 中标记紧邻变元 A 的左侧，所以我们把两个 A 的产生式包含在标记的右部之前：

$$\text{itemset} = \{S' \to \cdot S, S \to \cdot aSb, S \to \cdot A, A \to \cdot bAa, A \to \cdot c\}$$

这样就完成了对项集的计算，再将该集合标记为状态 0。状态 0 及其关联的项集如图 17.3 所示。

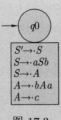

图 17.3

接下来扩展状态 0，其中的五个项都需要处理，因此需要从状态 0 创建五个转移。

1. 对于项 $S' \to \cdot S$，将标记移过 S 并创建项 $S' \to S\cdot$。计算该项的闭包未增加新的项，我们将得到的项集标记为状态 1，并增加从状态 0 到状态 1 且边为 S 的转移。

2. 对于项 $S \to \cdot aSb$，将标记移过 a 并创建项 $S \to a\cdot Sb$。计算该项的闭包，会增加两个 S 项 $S \to \cdot aSb$ 和 $S \to \cdot A$。因为标记紧邻 A 的左侧，还需要再包括 A 的项，即 $A \to \cdot bAa$ 和 $A \to \cdot c$。然后我们将得到的项集标记为状态 2，并增加从状态 0 到状态 2 且边为 a 的转移。

3. 对于项 $S \to \cdot A$，将标记移过 A 并创建项 $S \to A\cdot$。计算该项的闭包未增加新的项，我们将其标记为状态 3，并增加从状态 0 到状态 3 且边为 A 的转移。

4. 对于项 $A \to \cdot bAa$，将标记移过 b 并创建项 $A \to b\cdot Aa$。计算该项的闭包，会增加项 $A \to \cdot bAa$ 和 $A \to \cdot c$。我们将其标记为状态 4，并增加从状态 0 到状态 4 且边为 b 的转移。

5. 对于项 $A \to \cdot c$，将标记移过 c 并创建项 $A \to c\cdot$。计算该项的闭包未增加新的项，我们将其标记为状态 5，并增加从状态 0 到状态 5 且边为 c 的转移。

扩展后的状态 0 如图 17.4 所示。

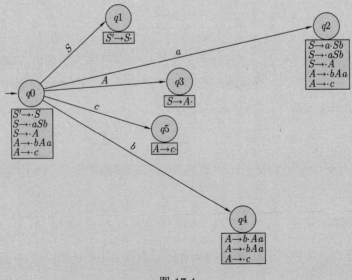

图 17.4

接下来寻找另一个可扩展的状态。状态 1、3 和 5 都是不可扩展的，因为它们唯一的项的标记都已在产生式末尾。而状态 2 是可扩展的，并且有五个转移。

1. 对于产生式 $S \to \cdot aSb$，将标记移过 a 并计算 $closure(S \to a \cdot Sb)$。计算完闭包，得到了与状态 2 中完全相同的五个项，因此不需要创建新状态，而是增加从状态 2 出发且边为 a 的转移。

2. 对于产生式 $A \to \cdot bAa$，将标记移过 b 并计算 $closure(A \to b \cdot Aa)$。计算完闭包，得到了与状态 4 完全相同的状态。增加从状态 2 到状态 4 且边为 b 的转移。

3. 对于产生式 $S \to a \cdot Sb$，将标记移到 S 上并计算 $closure(S \to aS \cdot b)$，闭包没增加新项。为此项集新增状态 6，并增加从状态 2 到状态 6 且边为 S 的转移。

4. 对于剩下的两个产生式，增加到现有状态的转移。分别为从状态 2 到状态 3 且边为 A 的转移，以及从状态 2 到状态 5 且边为 c 的转移。

接下来扩展状态 4，为它的三个项各增加一个转移。一个是从状态 4 到状态 4 且边为 b 的转移，一个是从状态 4 到状态 5 且边为 c 的转移，一个是从状态 4 到新的状态 7 且边为 A 的转移，其中状态 7 有一个项为 $A \to bA \cdot a$。扩展状态 6，增加了从状态 6 到新状态 8 且边为 b 的转移，其中状态 8 有一个项为 $S \to aSb \cdot$。扩展状态 7，增加了从状态 7 到新状态 9 且边为 a 的转移，其中状态 9 有一个项为 $A \to bAa \cdot$。

此时，没有需要扩展的状态了。因此，DFA 有十个状态，编号分别为 0~9。查看与每个状态相关联的项，如果存在标记在最右侧的任何项，都将其关联的状态设置为最终状态。我们已经注意到状态 1、3 和 5 是最终状态，再将状态 8 和 9 也设置为最终状态。最终结果的 DFA 如图 17.5 所示。

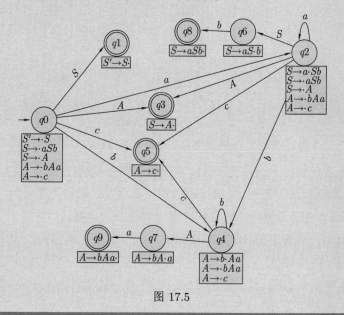

图 17.5

这里我们解释一下 LR(1) 分析算法的主要思想，以及如何遍历 DFA 并用栈来处理符号与产生式。从初始状态开始，反复地应用移进和归约两种操作，直到栈上出现开始符号。移进操作会在 DFA 中向前移动。对于输入字符串中的当前符号，算法按 DFA 中该符号的边进行转移，并将该符号压入解析栈。归约操作按右部符号在状态上回溯，再按左部变元移动到下一个状态。归约操作会应用在某个最终状态的项上，这个项的标记一定位于其右部的最右侧。如果右部有 n 个符号，就会沿着之前使我们到达这个最终状态的那 n 个转移回溯 n 个状态。然后再按该项左部变元对应的那个转移向前移动一个状态。为了知道在回溯中来自哪个状态，我们在遍历 DFA 时将状态号连同符号一起压入栈中。在归约时，将状态号与符号也一并从栈中弹出。例如，假设我们处在例 17.5 中那个 DFA 的状态 4。它有三个进入的转移，意味着可以从三个不同的状态（即状态 0、2 或 4）到达状态 4。那么需要将这些状态号也压入栈中，我们才能知道之前来自哪个状态。

例 17.6 根据例 17.5 中的文法和 DFA，追踪字符串 $abcab$ 遍历 DFA 的接受过程，并给出解析栈的内容。注意我们不再使用 NPDA，而是利用了一个栈。我们不使用栈的开始符号，而是假设这个栈可以判断它自己是否为空。

在图 17.6 中，我们给出了栈的内容、当前的状态、当前的前瞻符号和即将进行的操作（移进为 s，归约为 r，接受为 acc）。每当将前瞻符号压入栈时，我们将前瞻符号重置为下一个输入符号或者 $ （如果没有其他输入符号）。

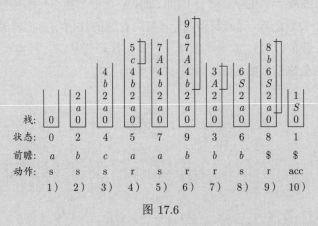

图 17.6

我们从状态 0 且栈上为 0 时开始。在步骤 1 中，处理前瞻符号 a，转移到状态 2 并在栈中压入 a，然后压入 2。在步骤 2 中，处理 b，转移到状态 4 并在栈中压入 b 和 4。在步骤 3 中，处理 c，转移到状态 5 并压入 c 和 5。

在步骤 4 中，状态 5 是 DFA 的最终状态。根据产生式 $A \to c$ 进行归约。这意味着我们要通过在 DFA 中 c 边上反向移动来回溯，弹出 5 和 c 并回到状态 4。然后我们从状态 4 出发，通过 A 转移处理左部变元 A，前往状态 7。然后我们将 A 和 7 压入栈。在步骤 5 中处理 a，转移到状态 9 并将 a 和 9 压入栈。

在步骤 6 中，状态 9 是关联产生式 $A \to bAa\cdot$ 的最终状态，所以根据这个产生式进行归约。图 17.7 中的虚线箭头显示了 DFA 上的回溯。在 DFA 中，我们经过 a 回到状态 7（箭头 1 所示），经过 A 回到状态 4（箭头 2 所示），经过 b 回到状态 2（箭头 3 所示）。在回溯时，会将 9，a，7，A，4 和 b 从栈中弹出。然后从状态 2 出发，通过 A 转移到状态 3（箭头 4 所示），并将 A 和 3 压入栈。

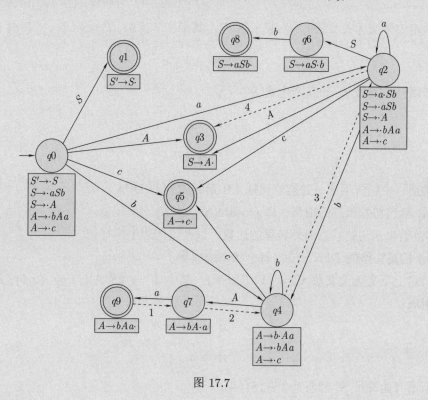

图 17.7

在步骤 7 中，状态 3 是关联产生式 $S \to A\cdot$ 的最终状态，所以根据这个产生式进行归约，这意味着我们经过 A 回到状态 2，并弹出 3 和 A。然后从状态 2，经过 S 转移到状态 6，并将 S 和 6 压入栈。在步骤 8 中，处理 b，移动到状态 8，并将 b 和 8 压入栈。

在步骤 9 中，状态 8 是关联产生式 $S \to aSb\cdot$ 的最终状态，所以根据这个产生式进行归约，这意味着我们会经过 b 回到状态 6，经过 S 回到状态 2，经过 a 回到状态 0。并依次将 8，b，6，S，2 和 a 从栈中弹出。然后从状态 0 出发，通过 S 转移到状态 1，并将 S 和 1 压入栈。

在步骤 10 中，状态 1 是关联产生式 $S' \to S\cdot$ 的最终状态，意味着我们将输入字符串 $abcab$ 归约为开始符号 S。注意当前的前瞻符号是 $\$$，意味着我们处理了所有输入符号。此时，接受字符串 $abcab$。

在例 17.6 中，所有最终状态都只有一个项，即一个可归约的产生式。有时候一个最终状态也可能包含多个项，但只有部分项的标记位于右部的最右侧。当发生这种情况时，需要判断是应该移进还是应该归约。可以用前瞻符号来做这个决定，但并不是在所有情况时都适用。在 17.6 节中，我们会给出这样的例子。

练习题

1. 给定上下文无关文法 $G = (V, T, S, P)$，其中 $V = \{S\}$，$T = \{a, b, c\}$，P 由下式组成：

$$S \to aSb \mid c$$

新增开始符号 S' 和新产生式 $S' \to S$。

$$S' \to S$$

$$S \to aSb \mid c$$

构造一个包含项集，并能够模拟 LR 解析过程的 DFA。

(a) 给出初始状态的项集，即 closure$(S' \to \cdot S)$。

(b) 给出从初始状态向外转移的边数，以及这些边上的标记。

(c) 构造完整的 DFA，给出每个状态的项集。

2. 给定上下文无关文法 $G = (V, T, S, P)$，其中 $V = \{S, A\}$，$T = \{a, b\}$，P 由下式组成：

$$S \to Sa \mid bA$$

$$A \to a$$

新增开始符号 S' 和新产生式 $S' \to S$。

$$S' \to S$$

$$S \to Sa \mid bA$$

$$A \to a$$

构造一个包含项集，并能够模拟 LR 解析过程的 DFA。

(a) 给出初始状态的项集，即 closure$(S' \to \cdot S)$。

(b) 给出从初始状态向外转移的边数，以及这些边上的标记。

(c) 构造完整的 DFA，给出每个状态的项集。

3. 给定上下文无关文法 $G = (V, T, S, P)$，其中 $V = \{S, A\}$，$T = \{a, b, c\}$，P 由下式组成：

$$S \to aS \mid cA$$

$$A \to aA \mid b$$

新增开始符号 S' 和新产生式 $S' \to S$。

$$S' \to S$$

$$S \to aS \mid cA$$

$$A \to aA \mid b$$

构造一个包含项集，并能够模拟 LR 解析过程的 DFA。

(a) 给出初始状态的项集，即 closure($S' \to \cdot S$)。

(b) 给出从初始状态向外转移的边数，以及这些边上的标记。

(c) 构造完整的 DFA，给出每个状态的项集。

4. 给定上下文无关文法 $G = (V, T, S, P)$，其中 $V = \{S, A\}$, $T = \{a, b, c\}$, P 由下式组成：

$$S \to bbS \mid aAa$$

$$A \to c$$

新增开始符号 S' 和新产生式 $S' \to S$。

$$S' \to S$$

$$S \to bbS \mid aAa$$

$$A \to c$$

构造一个包含项集，并能够模拟 LR 解析过程的 DFA。

(a) 给出初始状态的项集，即 closure($S' \to \cdot S$)。

(b) 给出从初始状态向外转移的边数，以及这些边上的标记。

(c) 构造完整的 DFA，给出每个状态的项集。

5. 给定上下文无关文法 $G = (V, T, S, P)$，其中 $V = \{S, B, C\}$, $T = \{a, b, c\}$, P 由下式组成：

$$S \to BCa$$

$$B \to bB \mid cC$$

$$C \to ca$$

新增开始符号 S' 和新产生式 $S' \to S$。

$$S' \to S$$

$$S \to BCa$$

$$B \to bB \mid cC$$

$$C \to ca$$

构造一个包含项集，并能够模拟 LR 解析过程的 DFA。

(a) 给出初始状态的项集，即 closure($S' \to \cdot S$)。

(b) 给出从初始状态向外转移的边数，以及这些边上的标记。

(c) 构造完整的 DFA，给出每个状态的项集。

6. 给定上下文无关文法 $G = (V, T, S, P)$，其中 $V = \{S, A\}$，$T = \{a, b, c\}$，P 由下式组成：

$$S \to abS \mid Ac$$

$$A \to b$$

新增开始符号 S' 和新产生式 $S' \to S$。

$$S' \to S$$

$$S \to abS \mid Ac$$

$$A \to b$$

下面是包含项集且能够模拟 LR 解析过程的 DFA。

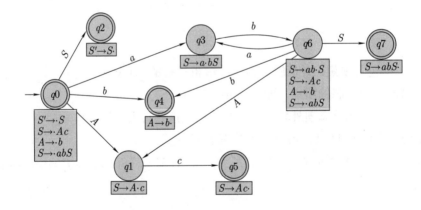

(a) 下图给出了跟踪 DFA 接受字符串 $abbc$ 的过程，给出了开始于 q_0 的栈内容、当前状态，以及当前的前瞻符号。字符串 $abbc$ 中的符号显示为 $a\ b\ b2\ c$，这样当有重复符号时，可以知道哪个是前瞻符号。

	1	2	3	4	5	6	7	8
						5		
						c		
				4	1	1	7	
				b	A	A	S	
			6	6	6	6	6	
			b	b	b	b	b	
		3	3	3	3	3	3	2
		a	a	a	a	a	a	S
栈:	0	0	0	0	0	0	0	0
状态:	0	3	6	4	1	5	7	2
前瞻:	a	b	b2	c	c	$	$	$
动作:								
步骤:	1	2	3	4	5	6	7	8

下一步要进行的操作是缺失的（s 表示移进，r 表示归约，acc 表示接受）。请给出每一步的操作。对于移进操作，解释将哪个符号移进栈；对于归约操作，解释正在用哪个产生式归约。

(b) 下图给出了跟踪 DFA 接受字符串 $ababbc$ 的过程，给出了开始于 q_0 的栈内容、当前状态，以及当前的前瞻符号。字符串 $ababbc$ 中的符号显示为 $a\ b\ a2\ b2\ b3\ c$，这样当有重复符号时，可以知道哪个是前瞻符号。

	1	2	3	4	5	6	7	8	9	10	11
								5			
								c			
						4	1	1	7		
						b	A	A	S		
					6	6	6	6	6		
					b	b	b	b	b		
				3	3	3	3	3	3	7	
				a	a	a	a	a	a	S	
			6	6	6	6	6	6	6	6	
			b	b	b	b	b	b	b	b	
		3	3	3	3	3	3	3	3	3	2
		a	a	a	a	a	a	a	a	a	S
栈:	0	0	0	0	0	0	0	0	0	0	0
状态:	0	3	6	3	6	4	1	5	7	7	2
前瞻:	a	b	a2	b2	b3	c	c	$	$	$	$
动作:											
步骤:	1	2	3	4	5	6	7	8	9	10	11

下一步要进行的操作是缺失的（s 表示移进，r 表示归约，acc 表示接受）。请给出每一步的操作。对于移进操作，解释将哪个符号移进栈；对于归约操作，解释正在用哪个产生式归约。

7. 给定上下文无关文法 $G = (V, T, S, P)$，其中 $V = \{S, A\}$，$T = \{a, b, c\}$，P 由下式

组成：

$$S \rightarrow ccA$$

$$A \rightarrow aA \mid b$$

新增开始符号 S' 和新产生式 $S' \rightarrow S$。

$$S' \rightarrow S$$

$$S \rightarrow ccA$$

$$A \rightarrow aA \mid b$$

下面是包含项集且能够模拟 LR 解析过程的 DFA。

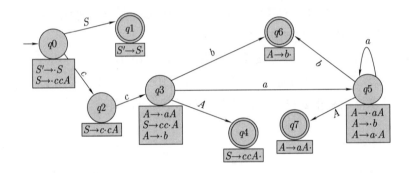

(a) 在处理某个字符串时，假设你已经达到了状态 q_6。在处理 $A \rightarrow b$ 的归约操作之后，你可能会处于哪些状态？给出到达那些状态的路径。

(b) 在处理某个字符串时，假设你已经达到了状态 q_4。在处理 $S \rightarrow ccA$ 的归约操作之后，你可能会处于哪些状态？给出到达那些状态的路径。

(c) 在处理某个字符串时，假设你已经达到了状态 q_7。在处理 $A \rightarrow aA$ 的归约操作之后，你可能会处于哪些状态？给出到达那些状态的路径。

(d) 通过 DFA 跟踪字符串 $ccaab$ 的接受过程，给出开始于 0 的栈内容、当前状态、当前的前瞻符号，以及下一个要处理的动作（移进 s，归约 r，或接受 acc）。

8. 给定上下文无关文法 $G = (V, T, S, P)$，其中 $V = \{S, A, B\}$，$T = \{a, b, c, d\}$，P 由下式组成：

$$S \rightarrow aSBd \mid d$$

$$A \rightarrow aaA \mid b$$

$$B \rightarrow AB \mid c$$

新增开始符号 S' 和新产生式 $S' \rightarrow S$。

$$S' \to S$$

$$S \to aSBd \mid d$$

$$A \to aaA \mid b$$

$$B \to AB \mid c$$

下面是包含项集且能够模拟 LR 解析过程的 DFA。

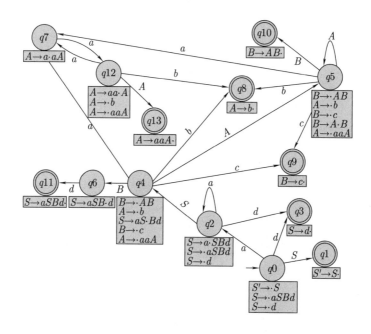

(a) 在处理某个字符串时，假设你已经达到了状态 q_9。在处理 $B \to c$ 的归约操作之后，你可能会处于哪些状态？给出到达那些状态的路径。

(b) 在处理某个字符串时，假设你已经达到了状态 q_{10}。在处理 $B \to AB$ 的归约操作之后，你可能会处于哪些状态？给出到达那些状态的路径。

(c) 在处理某个字符串时，假设你已经达到了状态 q_{13}。在处理 $A \to aaA$ 的归约操作之后，你可能会处于哪些状态？给出到达那些状态的路径。

(d) 在处理某个字符串时，假设你已经达到了状态 q_8。在处理 $A \to b$ 的归约操作之后，你可能会处于哪些状态？给出到达那些状态的路径。

(e) 在处理某个字符串时，假设你已经达到了状态 q_{11}。在处理 $S \to aSBd$ 的归约操作之后，你可能会处于哪些状态？给出到达那些状态的路径。

(f) 通过 DFA 跟踪字符串 $aadcdcd$ 的接受过程，给出开始于 0 的栈内容、当前状态、当前的前瞻符号，以及下一个要处理的动作（移进 s，归约 r，或接受 acc）。

9. 给定上下文无关文法 $G = (V, T, S, P)$，其中 $V = \{S, A, B, C\}$，$T = \{a, b, c, d\}$，P 由下式组成：

$$S \rightarrow SCa \mid d$$

$$A \rightarrow bB$$

$$B \rightarrow aB \mid c$$

$$C \rightarrow A$$

新增开始符号 S' 和新产生式 $S' \rightarrow S$。

$$S' \rightarrow S$$

$$S \rightarrow SCa \mid d$$

$$A \rightarrow bB$$

$$B \rightarrow aB \mid c$$

$$C \rightarrow A$$

下面是包含项集且能够模拟 LR 解析过程的 DFA。

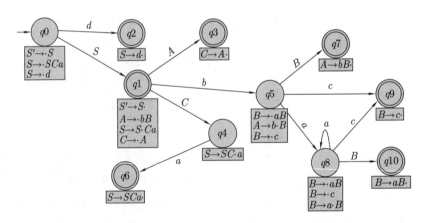

(a) 在处理某个字符串时，假设你已经达到了状态 q_3。在处理 $C \rightarrow A$ 的归约操作之后，你可能会处于哪些状态？给出到达那些状态的路径。

(b) 在处理某个字符串时，假设你已经达到了状态 q_{10}。在处理 $B \rightarrow aB$ 的归约操作之后，你可能会处于哪些状态？给出到达那些状态的路径。

(c) 在处理某个字符串时，假设你已经达到了状态 q_9。在处理 $B \rightarrow c$ 的归约操作之后，你可能会处于哪些状态？给出到达那些状态的路径。

(d) 在处理某个字符串时，假设你已经达到了状态 q_6。在处理 $S \rightarrow SCa$ 的归约操作之后，你可能会处于哪些状态？给出到达那些状态的路径。

(e) 通过 DFA 跟踪字符串 $dbaca$ 的接受过程，给出开始于 0 的栈内容、当前状态、当前的前瞻符号，以及下一个要处理的动作（移进 s，归约 r，或接受 acc）。

17.4　LR(1) 分析表

我们可以将 DFA 中的信息和一个前瞻符号存储在 LR(1) 分析表中，然后在解析字符串时使用。LR(1) 分析表与 LL 分析表有很大的不同。在 LR(1) 分析表中，每个 $a \in T \cup \{\$\} \cup V$ 都有一个相应的列标题。我们先后用终结符、$\$$ 和变元作为列标题，行标题则使用 DFA 的状态编号。表格的内容为以下五个操作之一：移进 (shift)、转到 (goto)、归约 (reduce)、接受 (accept) 或错误 (error)。

这些动作中有一个已经讨论过但尚未命名的动作，就是作为归约操作后半部分的转到 (goto) 操作。归约动作包括两个部分。在第一部分中，产生式的右部将从栈中弹出。在 DFA 中，这个动作是通过回溯状态来处理的，每个符号回溯一个状态。归约动作的第二部分是将产生式左部的变元压入栈中。在 DFA 中，这个动作是通过在 DFA 中前进，沿着边上的那个变元进行转移来处理的。表格中的转到动作就是应用于这个变元，给出了在 DFA 中前进时将要到达的那个状态。

17.4.1　LR(1) 的解析动作

1. 移进 (shift) 动作 (**s**N)：在终结符列，表示将该列对应的终结符移进栈，并转到行 N。
2. 转到 (goto) 动作 (**g**N)：在变元列，表示转到行 N。
3. 归约 (reduce) 动作 (**r**N)：在终结符列和 $\$$ 列，表示按编号为 N 的产生式进行归约。
4. 接受 (accept) 动作 (acc)：在 $\$$ 列，表示接受该字符串。
5. 表格中的空白项表示发生了错误 (error)，不接受输入字符串。

下面是从使用一个前瞻符号的 DFA 构造 LR(1) 分析表的算法。我们使用以下缩写：s 表示移进，g 表示转到，r 表示归约，acc 表示接受。任何的空白项都表示错误。

17.4.2　LR(1) 分析表算法

1. 对于每个状态 q，
    (a) 对每个从 q 到某状态 p 且标记为 x 的转移：
        i. 如果 $x \in T$，那么 $\text{LR}[q, x] = \text{s}\,p$。
        ii. 如果 $x \in V$，那么 $\text{LR}[q, x] = \text{g}\,p$。
    (b) 如果状态 q 是关联 $S' \to S\cdot$ 的最终状态，则 $\text{LR}[q, \$] = \text{acc}$。
    (c) 如果状态 q 是关联除 $S' \to S\cdot$ 之外的那些已标记完成产生式的最终状态，那么对于每个这样编号为 N 的已标记完成产生式 $A \to w\cdot$（不含 $S' \to S\cdot$），做如下操作：
        i. 对于 $\text{FOLLOW}(A)$ 中的每个 a，$\text{LR}[q, a] = \text{r}\,N$。
2. 所有的空白项都表示发生了错误。

下面解释一下关于 LR 表中这些操作的一些细节问题。对于终结符 x，$\mathrm{LR}[q, x] = \mathrm{s}p$ 的含义是当你处于状态 q 且 x 是前瞻符号时，先将 x 移进栈中再将 p 移进栈中，然后移动到 LR(1) 表中的行 p。

对于变元 x，$\mathrm{LR}[q, x] = \mathrm{g}p$ 的含义是算法正处在归约过程中，并刚刚从栈中弹出右部的那些符号（以及相应的状态编号）。算法要分别将 x 和 p 压入栈，然后移动到 LR(1) 表中的行 p。将变元压入栈不称为移进，因为移进意味着处理输入字符串中的一个符号。所以，我们称这个动作为转到。

$\mathrm{LR}[q, x] = \mathrm{r}N$ 的含义是按编号为 N 的产生式进行归约。归约是从栈中移除右部的符号以及相应的状态编号，所以要弹出两倍于右部符号数的栈元素。接下来归约执行一个转到动作，它将左部的变元符号和下一个状态编号压入栈中，并移动到该状态编号对应的行以完成归约。

例 17.7 根据例 17.4 的上下文无关文法，以及新增的开始符号和 S' 新增产生式 $S' \to S$，按以下方式对产生式进行编号：

$$0)\quad S' \to S$$
$$1)\quad S \to aSb$$
$$2)\quad S \to A$$
$$3)\quad A \to bAa$$
$$4)\quad A \to c$$

然后构造相应的 LR(1) 分析表。

我们在例 17.5 中为该文法构造了 DFA。现在我们使用这个 DFA 来构造 LR(1) 分析表。从状态 0 开始，它有五个向外的转移，要么是将前瞻符号移入栈中的操作，要么是在归约的最后一步将变元压入栈中的操作。

1. 对于从状态 0 到状态 2 的 a 转移，添加 $\mathrm{LR}[0, a] = \mathrm{s}2$。
2. 对于从状态 0 到状态 4 的 b 转移，添加 $\mathrm{LR}[0, b] = \mathrm{s}4$。
3. 对于从状态 0 到状态 5 的 c 转移，添加 $\mathrm{LR}[0, c] = \mathrm{s}5$。
4. 对于从状态 0 到状态 1 的 S 转移，添加 $\mathrm{LR}[0, S] = \mathrm{g}1$。
5. 对于从状态 0 到状态 3 的 A 转移，添加 $\mathrm{LR}[0, A] = \mathrm{g}3$。

考虑状态 1，具有项 $S' \to S\bullet$，所以添加 $\mathrm{LR}[1, \$] = \mathrm{acc}$。

考虑状态 2，有五个向外的转移。

1. 对于从状态 2 到状态 2 的 a 转移，添加 $\mathrm{LR}[2, a] = \mathrm{s}2$。
2. 对于从状态 2 到状态 4 的 b 转移，添加 $\mathrm{LR}[2, b] = \mathrm{s}4$。
3. 对于从状态 2 到状态 5 的 c 转移，添加 $\mathrm{LR}[2, c] = \mathrm{s}5$。
4. 对于从状态 2 到状态 6 的 S 转移，添加 $\mathrm{LR}[2, S] = \mathrm{g}6$。

5. 对于从状态 2 到状态 3 的 A 转移，添加 LR$[2, A]$ = g3。

考虑状态 3，具有项 $S \rightarrow A\cdot$，即产生式 2。FOLLOW(S) 为 $\{b, \$\}$。添加 LR$[3, b]$ = r2 和 LR$[3, \$]$ = r2。

考虑状态 4，有三个向外的转移。

1. 对于从状态 4 到状态 4 的 b 转移，添加 LR$[4, b]$ = s4。
2. 对于从状态 4 到状态 5 的 c 转移，添加 LR$[4, c]$ = s5。
3. 对于从状态 4 到状态 7 的 A 转移，添加 LR$[4, A]$ = g7。

考虑状态 5，具有项 $A \rightarrow c\cdot$，即产生式 4。FOLLOW(A) 为 $\{a, b, \$\}$。添加 LR$[5, a]$ = r4，LR$[5, b]$ = r4 和 LR$[5, \$]$ = r4。

考虑状态 6，有一个向外的转移。添加 LR$[6, b]$ = s8。

考虑状态 7，有一个向外的转移。添加 LR$[7, a]$ = s9。

考虑状态 8，具有项 $S \rightarrow aSb\cdot$，即产生式 1。FOLLOW(S) 为 $\{b, \$\}$。添加 LR$[8, b]$ = r1 和 LR$[8, \$]$ = r1。

考虑状态 9，具有项 $A \rightarrow bAa\cdot$，即产生式 3。FOLLOW(A) 是 $\{a, b, \$\}$。添加 LR$[9, a]$ = r3，LR$[9, b]$ = r3 和 LR$[9, \$]$ = r3。

完整的表如下，其中任何的空白项都表示错误。

	a	b	c	$\$$	S	A
0	s2	s4	s5		g1	g3
1				acc		
2	s2	s4	s5		g6	g3
3		r2		r2		
4		s4	s5			g7
5	r4	r4		r4		
6		s8				
7	s9					
8		r1		r1		
9	r3	r3		r3		

练习题

1. 给定上下文无关文法 $G = (V, T, S, P)$，其中 $V = \{S, A\}$，$T = \{a, b, c\}$，P 由下式组成：

$$S \rightarrow abS \mid Ac$$

$$A \rightarrow b$$

新增开始符号 S'、新的产生式 $S' \to S$ 并为产生式编号。

$$0) \quad S' \to S$$

$$1) \quad S \to abS$$

$$2) \quad S \to Ac$$

$$3) \quad A \to b$$

下面是用于 LR 解析的 DFA 及相应的项集。

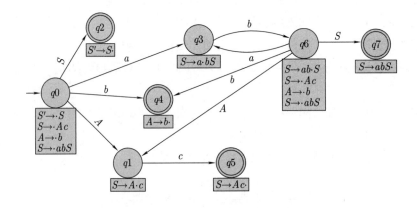

下面是已填入三行的部分 LR(1) 分析表。

	a	b	c	$\$$	S	A
0	s3	s4			g2	g1
1			s5			
2				acc		
3						
4						
5						
6						
7						

(a) 计算原文法所有变元 (S 和 A) 的 FIRST 集和 FOLLOW 集。

(b) 给出表中第 3 行的非空白项。

(c) 给出表中第 4 行的非空白项。

(d) 给出表中第 5 行的非空白项。

(e) 给出表中第 6 行的非空白项。

(f) 给出表中第 7 行的非空白项。

2. 给定上下文无关文法 $G = (V, T, S, P)$，其中 $V = \{S, A\}$，$T = \{a, b, c\}$，P 由下式

组成：

$$S \rightarrow ccA$$

$$A \rightarrow aA \mid b$$

新增开始符号 S'、新的产生式 $S' \rightarrow S$ 并为产生式编号。

0) $S' \rightarrow S$

1) $S \rightarrow ccA$

2) $A \rightarrow aA$

3) $A \rightarrow b$

下面是用于 LR 解析的 DFA 及相应的项集。

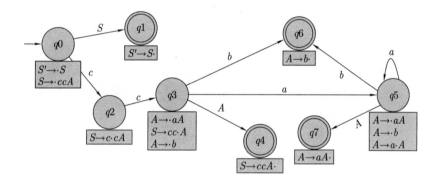

(a) 计算原文法所有变元 (S 和 A) 的 FIRST 集和 FOLLOW 集。

(b) 下面是 LR(1) 分析表的表头。

	a	b	c	$	S	A

创建该 LR(1) 分析表。

3. 给定上下文无关文法 $G = (V, T, S, P)$，其中 $V = \{S, A, B\}$，$T = \{a, b, c, d\}$，P 由下式组成：

$$S \rightarrow BaA \mid d$$

$$A \rightarrow aA \mid c$$

$$B \rightarrow bB \mid d$$

新增开始符号 S'、新的产生式 $S' \rightarrow S$ 并为产生式编号。

0) $S' \rightarrow S$

1) $S \rightarrow BaA$

2) $S \rightarrow d$

3) $A \rightarrow aA$

4) $A \rightarrow c$

5) $B \rightarrow bB$

6) $B \rightarrow d$

下面是用于 LR 解析的 DFA 及相应的项集。

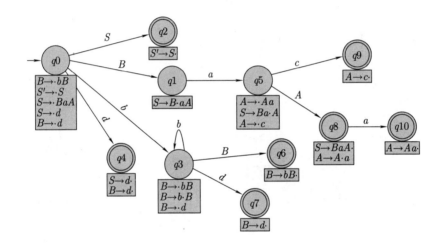

(a) 计算原文法所有变元 (S、A 和 B) 的 FIRST 集和 FOLLOW 集。

(b) 下面是 LR(1) 分析表的表头。

	a	b	c	d	$\$$	S	A	B

创建该 LR(1) 分析表。

4. 给定上下文无关文法 $G = (V, T, S, P)$，其中 $V = \{S, A, B\}$，$T = \{a, b, c\}$，P 由下式组成：

$$S \rightarrow SAb \mid c$$

$$A \rightarrow ABc \mid a$$

$$B \rightarrow b$$

新增开始符号 S'、新的产生式 $S' \rightarrow S$ 并为产生式编号。

$$0) \quad S' \rightarrow S$$

$$1) \quad S \rightarrow SAb$$

$$2) \quad S \rightarrow c$$

$$3) \quad A \rightarrow ABc$$

$$4) \quad A \rightarrow a$$

$$5) \quad B \rightarrow b$$

下面是用于 LR 解析的 DFA 及相应的项集。

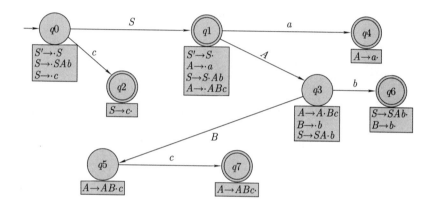

(a) 计算原文法所有变元 (S、A 和 B) 的 FIRST 集和 FOLLOW 集。

(b) 下面是 LR(1) 分析表的表头。

创建该 LR(1) 分析表。

5. 给定上下文无关文法 $G = (V, T, S, P)$，其中 $V = \{S, A, B, C\}$，$T = \{a, b, c, d\}$，P 由下式组成：

$$S \rightarrow SCa \mid d$$

$$A \rightarrow bB$$

$$B \rightarrow aB \mid c$$

$$C \rightarrow A$$

新增开始符号 S'、新的产生式 $S' \rightarrow S$ 并为产生式编号。

$$0) \quad S' \to S$$

$$1) \quad S \to SCa$$

$$2) \quad S \to d$$

$$3) \quad A \to bB$$

$$4) \quad B \to aB$$

$$5) \quad B \to c$$

$$6) \quad C \to A$$

下面是用于 LR 解析的 DFA 及相应的项集。

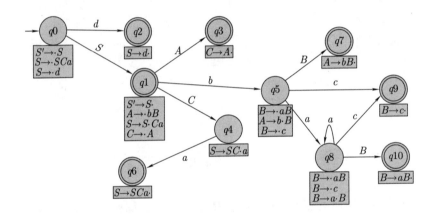

(a) 计算原文法所有变元 (S、A、B 和 C) 的 FIRST 集和 FOLLOW 集。

(b) 下面是 LR(1) 分析表的表头。

	a	b	c	d	$\$$	S	A	B	C

创建该 LR(1) 分析表。

17.5　LR(1) 解析算法

LR(1) 解析算法对字符串的解析使用有一个栈结构的 LR(1) 分析表。我们不使用栈开始符号，而是假设这个栈可以判断它自己是否为空。LR(1) 分析表中的条目可能包含多个部分，包括一个动作 (移位 s，归约 r，转到 g，接受 acc，错误 e)、一个状态、一个产生式的右部 (rhs)，以及一个产生式的左部 (lhs)。函数 get()，top()，pop() 和 push() 的定义已在 16.2 节中给出。

LR(1) 解析算法

state=0

push(state)

lookahead = get()

entry=LR[state, lookahead]

while entry.action == s or entry.action == r **do**:

    if entry.action == s **then**:

        push(lookahead)

        lookhead = get()

        state = entry.action

        push(state)

    else: // entry.action is r

        for size(entry.rhs)*2 **do**:

            pop()

        state = top()

        push(entry.lhs)

        entry = LR[state, entry.lhs]

        state = entry.state

        push(state)

    entry = LR[state, lookhead]

if entry.action == acc and lookahead == $ **then**:

    accept string

else:

    error

例 17.8 使用 LR(1) 解析算法以及例 17.7 的文法和 LR(1) 分析表来解析输入字符串 *abcab*。给出解析栈、当前状态、前瞻符号，以及下一步要执行的动作。

根据分析表，解析过程与图 17.6 的完全相同。我们不去遍历 DFA，而是在 LR(1) 分析表中查找下一步信息。从表的第 0 行开始，即 DFA 中的状态 0。将 0 压入栈，前瞻是 a。查找 LR[0, a] 得到值为 s2，即下一步操作是移进。这与图中的步骤 1 相同。

由 LR[0, a]，将 a 和 2 移进栈，获取下一个前瞻 (b)，并将状态改为 2。查找 LR[2, b] 得到值为 s4，即下一步操作是移进。如图中步骤 2 所示。

由 LR[2, b]，将 b 和 4 移进栈，获取下一个前瞻 (c)，并将状态改为 4。查找 LR[4, c] 得到值为 s5，即下一步操作是移进。如图中步骤 3 所示。

由 LR[4, c]，将 c 和 5 移进栈，获取下一个前瞻 (a)，并将状态改为 5。查找 LR[5, a] 得到值为 r4，即下一步操作是归约。如图中步骤 4 所示。

由 LR[5, a]，通过产生式 4 归约，即 $A \rightarrow c$。从栈中弹出 5 和 c (即右部长度 1 的两倍)，将状态设置为栈顶当前的状态 (4)，然后将 A 压入栈。查找 LR[4, A] 得到值为 g7，将 7 压入栈。查找 LR[7, a] 得到值为 s9，即下一步操作是移进。如图中步骤 5 所示。

由 LR[7, a]，将 a 和 9 移进栈，获取下一个前瞻 (b)，并将状态改为 9。查找 LR[9, b] 得到值为 r3，即下一步操作是归约。如图中步骤 6 所示。

由 LR[9, b]，通过产生式 3 归约，即 $A \rightarrow bAa$。弹出 9, a, 7, A, 4 和 b (即右部长度 3 的两倍)，将状态设置为栈顶当前的状态 (2)，然后将 A 压入栈。查找 LR[2, A] 得到值为 g3，将 3 压入栈。查找 LR[3, b] 得到值为 r2，即下一步操作是归约。如图中步骤 7 所示。

由 LR[3, b]，通过产生式 2 归约，即 $S \rightarrow A$。弹出 3 和 A (即右部长度 1 的两倍)，将状态设置为栈顶当前的状态 (2)，然后将 S 压入栈。查找 LR[2, S] 得到值为 g6，将 6 压入栈。查找 LR[6, b] 得到值为 s8，即下一步操作是移进。如图中步骤 8 所示。

由 LR[6, b]，将 b 和 8 移进栈，获取下一个前瞻 ($)，并将状态改为 8。查找 LR[8, $] 得到值为 r1，即下一步操作是归约。如图中步骤 9 所示。

由 LR[8, $]，通过产生式 1 归约，即 $S \rightarrow aSb$。从栈中弹出 8, b, 6, S, 2 和 a (即右部长度 3 的两倍)，将状态设置为栈顶的当前状态 (0)，然后将 S 压入栈。查找 LR[0, S] 得到值为 g1，将 1 压入栈。查找 LR[1, $] 得到值为 acc，即字符串被接受。如图中步骤 10 所示。

栈中的结果与图 17.6 中的解析相同。在最后一步中，字符串 abcab 被接受。

练习题

1. 给定上下文无关文法 $G = (V, T, S, P)$，其中 $V = \{S\}, T = \{a, b, c\}, P$ 由下式组成：

$$S \rightarrow aSb \mid c$$

新增开始符号 S'、新的产生式 $S' \rightarrow S$ 并为产生式编号。

0) $S' \rightarrow S$

1) $S \rightarrow aSb$

2)　$S \to c$

下面是该文法的 LR(1) 分析表。

	a	b	c	$\$$	S
0	s2		s3		g1
1				acc	
2	s2		s3		g4
3		r2		r2	
4		s5			
5		r1		r1	

使用这个 LR(1) 分析表追踪接受字符串 $aacbb$ 的解析过程，显示了开始于状态 0 的解析栈。解析过程中栈的内容和当前状态已给出。

请给出每一步中当前的前瞻符号和下一个处理动作（s 表示移进，r 表示归约，acc 表示接受）。

| 栈: | | | | | 5
b
3
c
2
a
2
a
0 | 4
S
2
a
2
a
0 | 4
S
2
a
2
a
0 | 2
S
2
a
0 | 5
b
4
S
2
a
0 | 1
S
0 |

实际排版如下：

	步1	步2	步3	步4	步5	步6	步7	步8	步9
					b(5)				
			c(3)	S(4)	S(4)		b(5)		
			a(2)	a(2)	a(2)	S(4)	S(4)		
		a(2)	a(2)	a(2)	a(2)	a(2)	a(2)	S(1)	
	a	a	a	a	a	a	a	S	
栈:	0	0	0	0	0	0	0	0	0
状态:	0	2	2	3	4	5	4	5	1
前瞻:									
动作:									
步骤:	1	2	3	4	5	6	7	8	9

2. 给定上下文无关文法 $G = (V, T, S, P)$, 其中 $V = \{S, A\}, T = \{a, b\}, P$ 由下式给出:

$$S \to Sa \mid bA$$
$$A \to a$$

新增开始符号 S'、新的产生式 $S' \to S$ 并为产生式编号。

0)　$S' \to S$

1)　$S \to Sa$

2)　$S \to bA$

3)　$A \to a$

下面是该文法的 LR(1) 分析表。

	a	b	$\$$	S	A
0		s2		g1	
1	s3		acc		
2	s5				g4
3	r1		r1		
4	r2		r2		
5	r3		r3		

使用这个 LR(1) 分析表追踪接受字符串 $baaa$ 的解析过程，给出开始于状态 0 的解析栈。请给出每一步中栈的内容、当前的前瞻符号和下一个处理动作 (s 表示移进，r 表示归约，acc 表示接受)。

3. 给定上下文无关文法 $G = (V, T, S, P)$，其中 $V = \{S, A\}$, $T = \{a, b, c\}$, P 由下式组成:

$$S \to bA$$

$$A \to ab \mid Aa \mid c$$

新增开始符号 S'、新的产生式 $S' \to S$ 并为产生式编号。

$$0)\ \ S' \to S$$

$$1)\ \ S \to bA$$

$$2)\ \ A \to ab$$

$$3)\ \ A \to Aa$$

$$4)\ \ A \to c$$

下面是该文法的 LR(1) 分析表。

	a	b	c	$\$$	S	A
0		s2			g1	
1				acc		
2	s4		s5			g3
3	s6			r1		
4		s7				
5	r4			r4		
6	r3			r3		
7	r2			r2		

(a) 使用这个 LR(1) 分析表追踪接受字符串 $baba$ 的解析过程，给出开始于状态 0

的解析栈。请给出每一步中栈的内容、当前的前瞻符号和下一个处理动作（s 表示移进，r 表示归约，acc 表示接受）。

(b) 使用这个 LR(1) 分析表追踪接受字符串 *bcaa* 的解析过程，给出开始于状态 0 的解析栈。请给出每一步中栈的内容、当前的前瞻符号和下一个处理动作（s 表示移进，r 表示归约，acc 表示接受）。

4. 给定上下文无关文法 $G = (V, T, S, P)$，其中 $V = \{S, A\}$，$T = \{a, b, c\}$，P 由下式组成：

$$S \to aS \mid cA$$

$$A \to aA \mid b$$

新增开始符号 S'、新的产生式 $S' \to S$ 并为产生式编号。

$$0) \quad S' \to S$$

$$1) \quad S \to aS$$

$$2) \quad S \to cA$$

$$3) \quad A \to aA$$

$$4) \quad A \to b$$

下面是该文法的 LR(1) 分析表。

	a	b	c	$\$$	S	A
0	s2		s3		g1	
1				acc		
2	s2		s3		g4	
3	s6	s7				g5
4				r1		
5				r2		
6	s6	s7				g8
7				r4		
8				r3		

(a) 使用这个 LR(1) 分析表追踪接受字符串 *acab* 的解析过程，给出开始于状态 0 的解析栈。请给出每一步中栈的内容、当前的前瞻符号和下一个处理动作（s 表示移进，r 表示归约，acc 表示接受）。

(b) 使用这个 LR(1) 分析表追踪接受字符串 *aacb* 的解析过程，给出开始于状态 0 的解析栈。请给出每一步中栈的内容、当前的前瞻符号和下一个处理动作（s 表示移进，r 表示归约，acc 表示接受）。

5. 给定上下文无关文法 $G = (V, T, S, P)$，其中 $V = \{S, A\}$, $T = \{a, b, c\}$, P 由下式组成：

$$S \to ScSc \mid bA$$

$$A \to Aa \mid b$$

新增开始符号 S'、新的产生式 $S' \to S$ 并为产生式编号。

　　0) $S' \to S$

　　1) $S \to ScSc$

　　2) $S \to bA$

　　3) $A \to Aa$

　　4) $A \to b$

下面是该文法的 LR(1) 分析表。

	a	b	c	$\$$	S	A
0		s2			g1	
1			s3	acc		
2		s5				g4
3		s2			g6	
4	s7		r2	r2		
5	r4		r4	r4		
6			s8			
7	r3		r3	r3		
8		s2	r1	r1	g6	

(a) 使用这个 LR(1) 分析表追踪接受字符串 $bbaa$ 的解析过程，给出开始于状态 0 的解析栈。请给出每一步中栈的内容、当前的前瞻符号和下一个处理动作（s 表示移进，r 表示归约，acc 表示接受）。

(b) 使用这个 LR(1) 分析表追踪接受字符串 $bbcbbac$ 的解析过程，给出开始于状态 0 的解析栈。请给出每一步中栈的内容、当前的前瞻符号和下一个处理动作（s 表示移进，r 表示归约，acc 表示接受）。

17.6　带有 λ-产生式的 LR(1) 解析

因为 λ-产生式右部的长度为 0，所以它的项只有一个。因此，λ-产生式的项标记 · 位于右部的末尾，并且总会产生归约操作。我们可以将规则 $A \to \lambda$ 显示为项 $A \to \lambda \cdot$ 或者不带 λ 的 $A \to \cdot$。DFA 中带有此项的任何状态都是最终状态。

例 17.9 给定上下文无关文法 $G = (V, T, S, P)$，其中 $V = \{S, A\}$ 和 $T = \{a, b\}$，P 如下所示，计算文法中变元的 FIRST 和 FOLLOW 集，并构造模拟 LR(1) 解析过程的 DFA。

$$S \to aA$$

$$A \to bbA$$

$$A \to \lambda$$

首先计算变元 S 和 A 的 FIRST 和 FOLLOW 集。

	FIRST	FOLLOW
S	a	$\$$
A	b, λ	$\$$

接下来，添加新的开始符号 S' 和新产生式 $S' \to S$，并为产生式编号。

$$0) S' \to S$$

$$1) S \to aA$$

$$2) A \to bbA$$

$$3) A \to \lambda$$

接下来构造模拟 LR 解析过程的 DFA。首先创建状态 0，项集为 closure $(S' \to \cdot S) = \{S' \to \cdot S, S \to \cdot aA\}$。因为标记紧邻 S 左侧，所以将 S 的产生式也包括进来，相应地将标记放在右部最左侧。将此状态记为 0。

接下来扩展状态 0，其中的两个项都需要处理，构造两个从状态 0 出发的转移。

1. 对于项 $S' \to \cdot S$，将标记移过 S，创建项 $S' \to S \cdot$，且 closure$(S' \to S \cdot) = \{S' \to S \cdot\}$，将此状态记为 1。添加从状态 0 到状态 1 的转移 S。

2. 对于项 $S \to \cdot aA$，将标记移过 a，创建项 $S \to a \cdot A$，且 closure$(S \to a \cdot A) = \{S \to a \cdot A, A \to \cdot bbA, A \to \lambda \cdot\}$，将此状态记为 2。添加从状态 0 到状态 2 的转移 a。

注意产生式 $A \to \lambda$ 只有一个项 $A \to \lambda \cdot$。任何含有这个项的状态都是最终状态。

接下来扩展状态 2，它有三个项。其中两个项的标记不在尾部，这会增加两个转移。

1. 对于项 $S \to a \cdot A$，将标记移过 A，创建项 $S \to aA \cdot$，且 closure$(S \to aA \cdot) = \{S \to aA \cdot\}$，将此状态记为 3。添加从状态 2 到状态 3 的转移 A。

2. 对于项 $A \to \cdot bbA$，将标记移过第一个 b，创建项 $A \to b \cdot bA$，且 closure($A \to b \cdot bA$) = $\{A \to b \cdot bA\}$，将此状态记为 4。添加从状态 2 到状态 4 的转移 b。

状态 3 不可扩展。接下来扩展状态 4，对于项 $A \to b \cdot bA$，将标记移过第二个 b，创建项 $A \to bb \cdot A$，且 closure($A \to bb \cdot A$) = $\{A \to bb \cdot A, A \to \cdot bbA, A \to \lambda \cdot\}$，将此状态记为 5。添加从状态 4 到状态 5 的转移 b。

接下来扩展状态 5，它有三个项。其中两个项的标记不在尾部，这会增加两个转移。

1. 对于项 $A \to bb \cdot A$，将标记移过 A，创建项 $A \to bbA \cdot$，且 closure($A \to bbA \cdot$) = $\{A \to bbA \cdot\}$，将此状态记为 6。添加从状态 5 到状态 6 的转移 A。

2. 对于项 $A \to \cdot bbA$，将标记移过第一个 b，创建项 $A \to b \cdot bA$，且 closure($A \to b \cdot bA$) = $\{A \to b \cdot bA\}$。此状态已存在，为状态 4。添加从状态 5 到状态 4 的转移 b。

状态 6 不可扩展。将状态 1、2、3、5 和 6 设置为最终状态。图 17.8 展示了这个 DFA 和相应的项集。

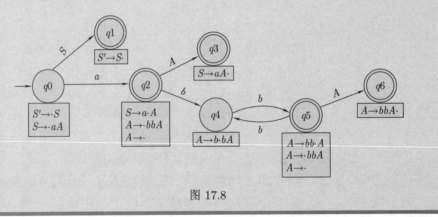

图 17.8

例 17.10　根据例 17.9 的上下文无关文法以及其中的 DFA，为该文法构造 LR(1) 分析表。

从状态 0 开始，它有两个向外的转移。

1. 对于从状态 0 到状态 2 的 a 转移，添加 LR$[0, a]$ = s2。

2. 对于从状态 0 到状态 1 的 S 转移，添加 LR$[0, S]$ = g1。

考虑状态 1，由项 $S' \to S \cdot$，添加 LR$[1, \$]$ = acc。

考虑状态 2，它有两个向外的转移，还有一个可归约的项。

1. 对于从状态 2 到状态 4 的 b 转移，添加 LR$[2, b]$ = s4。

2. 对于从状态 2 到状态 3 的 A 转移，添加 LR[2, A] = g3。

3. 项 A → λ· 为产生式 3，FOLLOW(A) 为 {$}，添加 LR[2, $] = r3。

考虑状态 3，项 S → aA· 为产生式 1，FOLLOW(S) 为 {$}，添加 LR[3, $] = r1。

考虑状态 4，对于从状态 4 到状态 5 的 b 转移，添加 LR[4, b] = s5。

考虑状态 5，有两个向外的转移，还有一个可归约的项。

1. 对于从状态 5 到状态 4 的 b 转移，添加 LR[5, b] = s4。

2. 对于从状态 5 到状态 6 的 A 转移，添加 LR[5, A] = g6。

3. 项 A → λ· 为产生式 3，FOLLOW(A) 为 {$}，添加 LR[5, $] = r3。

考虑状态 6，项 A → bbA· 为产生式 2，FOLLOW(A) 是 {$}，添加 LR[6, $] = r2。

根据 DFA 构造的相应 LR 分析表如下，其中所有的空白项都是错误。

	a	b	$	S	A
0	s2			g1	
1			acc		
2		s4	r3		g3
3			r1		
4		s5			
5		s4	r3		g6
6			r2		

例 17.11 根据例 17.10 的上下文无关文法及其 LR(1) 分析表，解析字符串 abbbb。给出解析栈、当前状态、前瞻符号以及下一步要执行的操作。

图 17.9 显示了解析字符串 abbbb 时栈的变化。步骤 1~5 在栈中移进了符号 a、b、b、b、b 和状态编号。此时的前瞻符号是 $。

在步骤 6 中，处于状态 5。LR[5, $] 为 r3，按 A → λ 归约。由于右部长度为 0，栈中无弹出符号。栈顶为状态 5。LR[5, A] 为 g6，分别将左部变元 A 和 6 压栈。注意，状态 5 中没有弹出栈的符号，所以没有回溯，但是有通过 A 继续向前转移到状态 6 的移动。

在步骤 7 中，LR[6, $] 为 r2，按产生式 A → bbA 归约。右部长度为 3，因此弹出栈上的 6 个符号。栈顶为状态 5。LR[5, A] 为 g6。将左部的 A 和 6 分别压栈。

在步骤 8 中，LR[6, $] 为 r2，为右部的 bbA 弹出栈上的 6 个符号。栈顶为状态 2。LR[2, A] 为 g3，将 A 和 3 分别压栈。

在步骤 9 中，LR[3, $] 为 r1，按产生式 S → aA 归约。为右部的 aA 弹出栈上的 4 个符号。栈顶为状态 0。LR[0, S] 为 g1，将 S 和 1 分别压栈。

在步骤 10 中，LR[1, $] 为接受。由于前瞻符号是 $，字符串 abbbb 被接受。

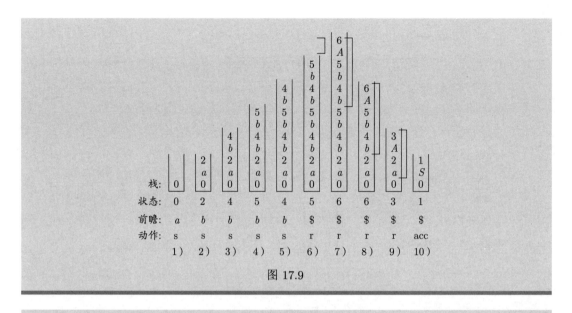

图 17.9

练习题

1. 给定上下文无关文法 $G = (V, T, S, P)$，其中 $V = \{S\}$, $T = \{a, b, c\}$, P 由下式组成：

$$S \to aSb \mid cS \mid \lambda$$

新增开始符号 S' 和新的产生式 $S' \to S$，

$$S' \to S$$

$$S \to aSb \mid cS \mid \lambda$$

考虑构造用于 LR 解析的 DFA 及相应的项集。

(a) 给出初始状态的项集，即 $\text{closure}(S' \to \cdot S)$。

(b) 给出从初始状态向外的转移数，以及这些转移的边上的标记。

(c) 构造完整的 DFA，以及每个状态的项集。

2. 给定上下文无关文法 $G = (V, T, S, P)$，其中 $V = \{S, A\}$, $T = \{a, b, c\}$, P 由下式组成：

$$S \to aSbA \mid c$$

$$A \to Ac \mid \lambda$$

新增开始符号 S' 和新的产生式 $S' \to S$，

$$S' \to S$$

$$S \to aSbA \mid c$$

$$A \to Ac \mid \lambda$$

考虑构造用于 LR 解析的 DFA 及相应的项集。(a) 给出初始状态的项集,即 closure($S' \to \cdot S$)。

(b) 给出从初始状态向外的转移数,以及这些转移的边上的标记。

(c) 构造完整的 DFA,以及每个状态的项集。

3. 给定上下文无关文法 $G = (V, T, S, P)$,其中 $V = \{S, A, B\}$,$T = \{a, b, c\}$,P 由下式组成:

$$S \to BS \mid \lambda$$

$$A \to a$$

$$B \to bBA \mid c$$

新增开始符号 S' 和新的产生式 $S' \to S$,

$$S' \to S$$

$$S \to BS \mid \lambda$$

$$A \to a$$

$$B \to bBA \mid c$$

考虑构造用于 LR 解析的 DFA 及相应的项集。

(a) 给出初始状态的项集, 即 closure($S' \to \cdot S$)。

(b) 给出从初始状态向外的转移数,以及这些转移的边上的标记。

(c) 构造完整的 DFA,以及每个状态的项集。

4. 给定上下文无关文法 $G = (V, T, S, P)$,其中 $V = \{S, A, B\}$,$T = \{a, b, c\}$,P 由下式组成:

$$S \to aS \mid Ab$$

$$A \to cB \mid \lambda$$

$$B \to a$$

新增开始符号 S' 和新的产生式 $S' \to S$,

0) $S' \to S$

1) $S \to aS$

2) $S \to Ab$

3) $A \to cB$

4) $A \to \lambda$

5) $B \to a$

下面是用于 LR 解析的 DFA 及相应的项集。

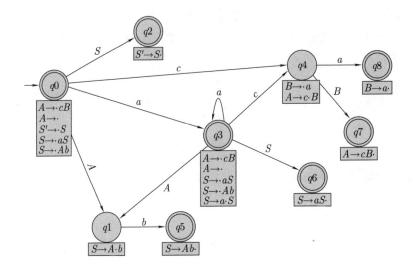

(a) 计算原文法所有变元 (S、A 和 B) 的 FIRST 集和 FOLLOW 集。

(b) 假设在处理某些字符串的时候，你已到达状态 q_7。在处理完对 $A \to cB$ 的归约时，你可能处于哪个最终状态？给出到达该状态的路径。

(c) 假设在处理某些字符串的时候，你已到达状态 q_3。在处理完对 $A \to \lambda$ 的归约时，你可能处于哪个最终状态？给出到达该状态的路径。

(d) 假设在处理某些字符串的时候，你已到达状态 q_6。在处理完对 $S \to aS$ 的归约时，你可能处于哪个最终状态？给出到达该状态的路径。

(e) 使用这个 LR(1) 分析表追踪接受字符串 ab 的解析过程，给出开始于状态 0 的解析栈。请给出每一步中栈的内容、当前的前瞻符号和下一个处理动作 (s 表示移进，r 表示归约，acc 表示接受)。

(f) 下面是 LR(1) 分析表的表头。

	a	b	c	$\$$	S	A	B

创建该 LR(1) 分析表。

5. 给定上下文无关文法 $G = (V, T, S, P)$，其中 $V = \{S, A, B\}$，$T = \{a, b, c\}$，P 由下式组成：

$$S \to ABc$$

$$A \to aA \mid \lambda$$

$$B \to bB \mid \lambda$$

新增开始符号 S' 和新的产生式 $S' \to S$，并为产生式编号。

$$0) \quad S' \to S$$

$$1) \quad S \to ABc$$

$$2) \quad A \to aA$$

$$3) \quad A \to \lambda$$

$$4) \quad B \to bB$$

$$5) \quad B \to \lambda$$

下面是用于 LR 解析的 DFA 及相应的项集。

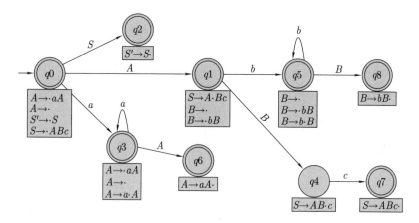

(a) 计算原文法所有变元 (S、A 和 B) 的 FIRST 集和 FOLLOW 集。

(b) 假设在处理某些字符串的时候，你已到达状态 q_1。在处理完对 $B \to \lambda$ 的归约时，你可能处于哪个最终状态？给出到达该状态的路径。

(c) 假设在处理某些字符串的时候，你已到达状态 q_3。在处理完对 $A \to \lambda$ 的归约时，你可能处于哪个最终状态？给出到达该状态的路径。

(d) 假设在处理某些字符串的时候，你已到达状态 q_6。在处理完对 $A \to aA$ 的归约时，你可能处于哪个最终状态？给出到达该状态的路径。

(e) 使用这个 LR(1) 分析表追踪接受字符串 abc 的解析过程，给出开始于状态 0 的解析栈。请给出每一步中栈的内容、当前的前瞻符号和下一个处理动作 (s 表示移进，r 表示归约，acc 表示接受)。

(f) 下面是 LR(1) 分析表的表头。

	a	b	c	\$	S	A	B

创建该 LR(1) 分析表。

6. 给定上下文无关文法 $G = (V, T, S, P)$，其中 $V = \{S, A, B\}$，$T = \{a, b, c\}$，P 由下式组成：

$$S \to cSa \mid BA$$

$$A \to \lambda$$

$$B \to Bb \mid \lambda$$

新增开始符号 S' 和新的产生式 $S' \to S$，并为产生式编号。

> 0) $S' \to S$
>
> 1) $S \to cSa$
>
> 2) $S \to BA$
>
> 3) $A \to \lambda$
>
> 4) $B \to Bb$
>
> 5) $B \to \lambda$

下面是用于 LR 解析的 DFA 及相应的项集。

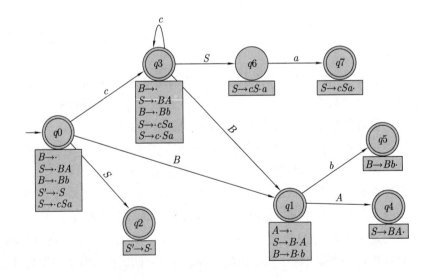

(a) 计算原文法所有变元 (S、A 和 B) 的 FIRST 集和 FOLLOW 集。

(b) 假设在处理某些字符串的时候，你已到达状态 q_4。在处理完对 $S \to BA$ 的归约时，你可能处于哪个最终状态？给出到达该状态的路径。

(c) 假设在处理某些字符串的时候，你已到达状态 q_1。在处理完对 $A \to \lambda$ 的归约时，你可能处于哪个最终状态？给出到达该状态的路径。

(d) 假设在处理某些字符串的时候，你已到达状态 q_7。在处理完对 $S \to cSa$ 的归约时，你可能处于哪个最终状态? 给出到达该状态的路径。

(e) 使用这个 LR(1) 分析表追踪接受字符串 cba 的解析过程，给出开始于状态 0 的解析栈。请给出每一步中栈的内容、当前的前瞻符号和下一个处理动作 (s 表示移进，r 表示归约，acc 表示接受)。

(f) 下面是 LR(1) 分析表的表头。

	a	b	c	\$	S	A	B

创建该 LR(1) 分析表。

7. 给定上下文无关文法 $G = (V, T, S, P)$，其中 $V = \{S\}$, $T = \{a, b, c\}$, P 由下式组成:

$$S \to aSb \mid cS \mid \lambda$$

新增开始符号 S' 和新的产生式 $S' \to S$，并为产生式编号。

$$0) \quad S' \to S$$

$$1) \quad S \to aSb$$

$$2) \quad S \to cS$$

$$3) \quad S \to \lambda$$

下面是该文法的 LR(1) 分析表。

	a	b	c	\$	S
0	s2	r3	s3	r3	g1
1				acc	
2	s2	r3	s3	r3	g4
3	s2	r3	s3	r3	g5
4		s6			
5		r2		r2	
6		r1		r1	

(a) 使用这个 LR(1) 分析表追踪接受字符串 acb 的解析过程，给出开始于状态 0 的解析栈。请给出每一步中栈的内容、当前的前瞻符号和下一个处理动作 (s 表示移进，r 表示归约，acc 表示接受)。

(b) 使用这个 LR(1) 分析表追踪接受字符串 $aacbb$ 的解析过程，给出开始于状态 0 的解析栈。请给出每一步中栈的内容、当前的前瞻符号和下一个处理动作 (s 表示移进，r 表示归约，acc 表示接受)。

8. 给定上下文无关文法 $G = (V, T, S, P)$，其中 $V = \{S, A\}$，$T = \{a, b\}$，P 由下式组成：

$$S \to aS \mid bAa$$

$$A \to bS \mid \lambda$$

新增开始符号 S' 和新的产生式 $S' \to S$，并为产生式编号。

$$0) \quad S' \to S$$

$$1) \quad S \to aS$$

$$2) \quad S \to bAa$$

$$3) \quad A \to bS$$

$$4) \quad A \to \lambda$$

下面是该文法的 LR(1) 分析表。

	a	b	$\$$	S	A
0	s2	s3		g1	
1			acc		
2	s2	s3		g4	
3	r4	s6			g5
4	r1		r1		
5	s7				
6	s2	s3		g8	
7	r2		r2		
8	r3				

(a) 使用这个 LR(1) 分析表追踪接受字符串 aba 的解析过程，给出开始于状态 0 的解析栈。请给出每一步中栈的内容、当前的前瞻符号和下一个处理动作 (s 表示移进，r 表示归约，acc 表示接受)。

(b) 使用这个 LR(1) 分析表追踪接受字符串 $bbabaa$ 的解析过程，给出开始于状态 0 的解析栈。请给出每一步中栈的内容、当前的前瞻符号和下一个处理动作 (s 表示移进，r 表示归约，acc 表示接受)。

17.7 LR(1) 解析冲突

给定上下文无关文法 G，如果能够构造出使用了一个前瞻的 LR(1) 分析表，并且结果表中的任何条目都没有发生冲突，那么 G 是一个 LR(1) 文法。如果文法不是 LR(1) 的，那么表中至少会有一个条目存在不止一个动作。

移进–归约错误的含义是：对于同一个前瞻符号，既存在移进操作也存在归约操作。例如，图 17.10a 中的 q_1 或 1 就处于这个状态。而对于项 $A \to c \cdot cA$，$LR[1, c]$ 中有移进操作。如果 $c \in FOLLOW(A)$，那么 $LR[1, c]$ 还可以通过项 $A \to c\cdot$ 归约，从而导致移进–归约冲突。

图 17.10

归约–归约错误的含义是：对于同一个前瞻字符，可以有两种不同的归约操作。例如，图 17.10b 中的 q_2 或 2 就处于这个状态。如果 $FOLLOW(S) \cap FOLLOW(A) \neq \varnothing$，那么对于某个 $FOLLOW(S) \cap FOLLOW(A)$ 中的 x，$LR[2, x]$ 可以通过项 $S \to ab\cdot$ 归约，也可以通过项 $A \to ab\cdot$ 归约，发生了归约–归约冲突。

还有其他版本的 LR 解析，如前瞻 LR（LALR）和规范 LR 等，它们可以识别更多的文法，但在构造分析表时也更为复杂。也有像 LR 解析生成器这样的工具，通过给出文法来自动构造 DFA 和 LR 分析表。也有许多其他自顶向下和自底向上的解析方法，想要了解更多有关解析方法的内容，请参阅 Aho、Sethi 和 Ullman（1986）。

练习题

1. 给定上下文无关文法 $G = (V, T, S, P)$，其中 $V = \{S, A\}$，$T = \{a, b, c\}$，P 由下式组成：

$$S \to aS \mid Ac$$

$$A \to aA \mid b$$

新增开始符号 S' 和新的产生式 $S' \to S$，并为产生式编号。

0) $S' \to S$

1) $S \to aS$

2) $S \to Ac$

3) $A \to aA$

4) $A \to b$

下面是用于 LR 解析的 DFA 及相应的项集。

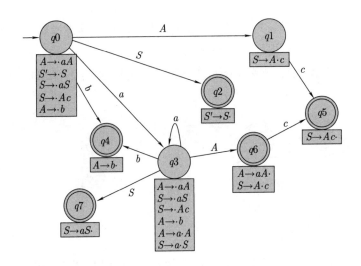

(a) 计算原文法所有变元 (S 和 A) 的 FIRST 集和 FOLLOW 集。

(b) 该文法不是 LR(1) 文法。下面是 LR(1) 分析表的表头。

	a	b	c	$	S	A

计算 LR(1) 分析表的第 6 行，并解释为什么该文法不是 LR(1) 文法。

2. 给定上下文无关文法 $G = (V, T, S, P)$，其中 $V = \{S\}$，$T = \{a, b\}$，P 由下式组成：

$$S \rightarrow aSb \mid bSa \mid \lambda$$

新增开始符号 S' 和新的产生式 $S' \rightarrow S$，并为产生式编号。

0) $S' \rightarrow S$

1) $S \rightarrow aSb$

2) $S \rightarrow bSa$

3) $S \rightarrow \lambda$

下面是用于 LR 解析的 DFA 及相应的项集。

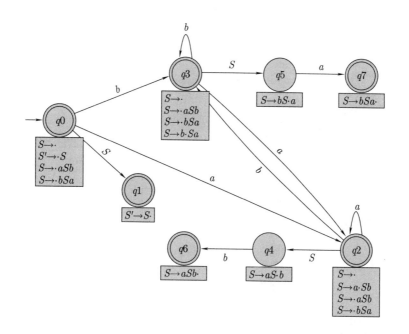

(a) 计算原文法所有变元 (S) 的 FIRST 集和 FOLLOW 集。

(b) 该文法不是 LR(1) 文法。下面是 LR(1) 分析表的表头。

计算 LR(1) 分析表的第 0 行，并解释为什么该文法不是 LR(1) 文法。

3. 给定上下文无关文法 $G = (V, T, S, P)$，其中 $V = \{S, A, B\}$，$T = \{a, b\}$，P 由下式组成：

$$S \to aS \mid AB$$

$$A \to aA \mid \lambda$$

$$B \to b$$

新增开始符号 S' 和新的产生式 $S' \to S$，并为产生式编号。

0) $S' \to S$

1) $S \to aS$

2) $S \to AB$

3) $A \to aA$

4) $A \to \lambda$

5) $B \to b$

下面是用于 LR 解析的 DFA 及相应的项集。

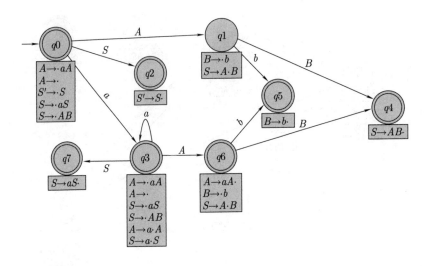

(a) 计算原文法所有变元 (S、A 和 B) 的 FIRST 集和 FOLLOW 集。

(b) 该文法不是 LR(1) 文法。下面是 LR(1) 分析表的表头。

		a	b	$\$$	S	A	B

计算 LR(1) 分析表的第 6 行，并解释为什么该文法不是 LR(1) 文法。

4. 给定上下文无关文法 $G = (V, T, S, P)$，其中 $V = \{S, A, B\}$, $T = \{a, b, c\}$, P 由下式组成：

$$S \rightarrow Bc \mid Ac$$

$$A \rightarrow ab$$

$$B \rightarrow ab$$

新增开始符号 S' 和新的产生式 $S' \rightarrow S$，并为产生式编号。

0) $S' \rightarrow S$

1) $S \rightarrow Bc$

2) $S \rightarrow Ac$

3) $A \rightarrow ab$

4) $B \rightarrow ab$

下面是用于 LR 解析的 DFA 及相应的项集。

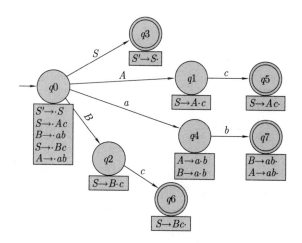

(a) 计算原文法所有变元 (S、A 和 B) 的 FIRST 集和 FOLLOW 集。

(b) 该文法不是 LR(1) 文法。下面是 LR(1) 分析表的表头。

	a	b	c	$	S	A	B

计算 LR(1) 分析表的第 7 行, 并解释为什么该文法不是 LR(1) 文法。

有穷状态转换器

有穷自动机在形式语言研究中处于非常重要的核心地位，但是在诸如数字电路设计等一些其他领域中，转换器 (transducer) 更重要一些。虽然我们不会深入地研究这一主题，但可以概括地介绍一下其中的主要思想。有关这一主题的完整知识以及许多在实际应用中的例子，可以参阅文献 Kohavi 和 Jha (2010)。

A.1　总体框架

有穷状态转换器 (Finite-State Transducer, FST) 与有穷接受器有许多共同之处。有穷状态转换器具有一个有穷的内部状态集 Q，并在离散的时间框架内运转，状态到状态间的转移发生在 t_n 和 t_{n+1} 两个时刻之间。与有穷状态转换器相关联的有一个只读一次的输入文件，该文件中放置着由输入字母表 Σ 中的符号组成的字符串，同时它还具有一种输出的机制，可以根据给定的输入产生输出字母表 Γ 上的一个字符串。我们假定在每个时间片内，消耗一个输入符号，同时会产生（也称为打印）一个输出符号。

由于有穷状态转换器只将一个特定的字符串翻译为另一个字符串，所以我们可以把它看作函数的一种实现方式。如果 M 是一个有穷状态转换器，设 M 代表的函数为 F_M，因此

$$F_M : D \to R$$

其中 D 是 Σ^* 的子集，R 是 Γ^* 的子集。在大部分内容中，我们都假定 $D = \Sigma^*$。

将有穷状态转换器解释为函数意味着它是确定性的，即由输入唯一地确定其输出。在语言理论中非确定性是一个重要的内容，但在有穷状态转换器的研究中它并没有显著的作用。

由一个输入符号产生另一个输出符号的这种规则，似乎意味着对于映射 F_M 来说，字符串的长度是保持不变的，即

$$|F_M(w)| = |w|$$

但其实并非表面看上去的那样。例如，我们总是可以在 Γ 中包含空串 λ，使得

$$|F_M(w)| < |w|$$

成为可能。还有其他方法可以使其克服长度不变的限制。

有几种类型的有穷状态转换器已经被广泛地研究。它们之间的主要区别在于输出是如何产生的。

A.2 Mealy 机

在 Mealy 机 (米利机) 中, 每次转移产生的输出取决于转移前的内部状态和转移中所使用的输入符号, 因此我们也可以认为它是在转移的过程中产生的输出。

> **定义 A.1** Mealy 机 M 的定义为六元组
>
> $$M = (Q, \Sigma, \Gamma, \delta, \theta, q_0)$$
>
> 其中
>
> Q 是内部状态有穷集。
>
> Σ 是输入字母表。
>
> Γ 是输出字母表。
>
> $\delta : Q \times \Sigma \to Q$ 是转移函数。
>
> $\theta : Q \times \Sigma \to \Gamma$ 是输出函数。
>
> $q_0 \in Q$ 是 M 的初始状态。
>
> 机器开始于状态 q_0, 此时所有输入都在等待被处理。如果在时间 t_n 时 Mealy 机处于状态 q_i, 当前输入为 a 且有 $\delta(q_i, a) = q_j$ 和 $\theta(q_i, a) = b$, 那么该装置将进入状态 q_j 并产生输出 b。我们假定整个处理过程会在输入结束时停止。注意, 转换器中不存在最终状态。

与有穷接受器类似, 转移图是非常有用的工具。实际上, 唯一的区别是此时表示转移的边上的标记为 a/b, 其中 a 是当前输入符号, b 是转移产生的输出。

> **例 A.1** $Q = \{q_0, q_1\}$, $\Sigma = \{0, 1\}$ 和 $\Gamma = \{a, b, c\}$ 的有穷状态转换器, 其初始状态为 q_0, 且有以下的转移函数和输出函数:
>
> $$\delta(q_0, 0) = q_1, \quad \delta(q_0, 1) = q_0$$
> $$\delta(q_1, 0) = q_0, \quad \delta(q_1, 1) = q_1$$
> $$\theta(q_0, 0) = a, \quad \theta(q_0, 1) = c$$
> $$\theta(q_1, 0) = b, \quad \theta(q_1, 1) = a$$
>
> 其转移图如图 A.1 所示。这个 Mealy 机在给定输入串 1010 时会输出 $caab$。
>
>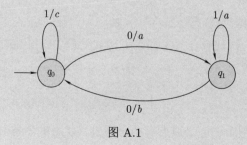
>
> 图 A.1

例 A.2　构造 Mealy 机 M，使其接受由 0 和 1 组成的输入字符串。在输入中出现第一个 1 之前，它一直输出 0，在输入第一个 1 之后，切换到输出 1。然后持续打印 1，直到遇到下一个 1，输出再恢复为 0。它会持续在每次遇到 1 时都交替它的输出。例如，$F_M(0010010) = 0011100$。这个有穷状态转换器是一个简单的触发电路模型。解决方案如图 A.2 所示。

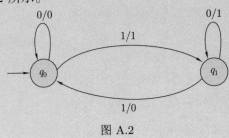

图 A.2

A.3　Moore 机

Moore 机 (摩尔机) 与 Mealy 机的不同之处在于其产生输出的方式。在 Moore 机中，每个状态都与输出字母表中的一个符号相关联。每次进入一个状态时，都会打印这个关联的符号作为输出。只有在发生迁移的时候，才会产生输出。因此，在开始时不会打印与初始状态相关联的符号，但如果在之后的阶段再次进入初始状态，则会打印这个符号。

定义 A.2　Moore 机 M 的定义为六元组

$$M = (Q, \Sigma, \Gamma, \delta, \theta, q_0)$$

其中
　　Q 是内部状态有穷集。
　　Σ 是输入字母表。
　　Γ 是输出字母表。
　　$\delta : Q \times \Sigma \to Q$ 是转移函数。
　　$\theta : Q \to \Gamma$ 是输出函数。
　　$q_0 \in Q$ 是 M 的初始状态。
机器开始于状态 q_0，此时所有输入都在等待被处理。如果在时间 t_n 时 Moore 机处于状态 q_i，当前输入为 a 且有 $\delta(q_i, a) = q_j$ 和 $\theta(q_j) = b$，那么该装置将进入状态 q_j 并产生输出 b。

在 Moore 机的转移图中，每个顶点有两个标签：状态的名称和与该状态相关联的输出符号。

例 A.3 对于例 A.2 中的问题，使用 Moore 机的解决方案如图 A.3 所示。

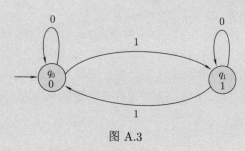

图 A.3

例 A.4 在例 1.17 中，我们构造了将两个二进制正整数相加的转换器。如图 1.9 所示，实际上构造的是一个两状态的 Mealy 机。对于这个问题，构造 Moore 机也很容易，但此时为了跟踪进位和输出符号，我们需要四个状态。解决方案如图 A.4 所示。

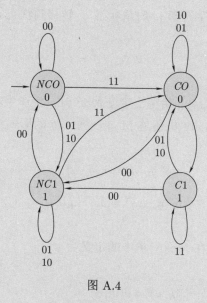

图 A.4

A.4 Moore 机和 Mealy 机的等价性

上一节的例子展示了 Moore 机和 Mealy 机之间的区别，但也暗示了通过其中一种类型机器解决的问题，也可以通过另一种解决。在这个意义上，这两种类型的转换器可能是等价的。

定义 A.3 如果两个有穷状态转换器 M 和 N 实现了相同的功能，即它们有相同的定义域，且对于定义域内所有的 w，都有

$$F_M(w) = F_N(w)$$

那么称 M 和 N 是等价的。

定义 A.4 设有穷状态转换器的两个类别分别为 C_1 和 C_2，如果对于其中一类的每个有穷状态转换器 M，在另一类中都存在等价的有穷状态转换器 N，而且反之亦然，那么称 C_1 和 C_2 是等价的。

我们现在给出 Mealy 机和 Moore 机这两种类别的等价性。为此，我们需要引入 扩展的转移函数 δ^* 和 扩展的输出函数 θ^*。表达式

$$\delta^*(q_i, w) = q_j$$

表示有穷状态转换器在处理字符串 w 时从状态 q_i 转移到状态 q_j。同样，

$$\theta^*(q_i, w) = v$$

表示有穷状态转换器从状态 q_i 开始在给定输入 w 时，会产生输出 v。对于所有 $a \in \Sigma$ 和所有 $w \in \Sigma^+$，不论对于 Mealy 机还是 Moore 机，δ^* 的形式定义都是

$$\delta^*(q_i, a) = \delta(q_i, a)$$

$$\delta^*(q_i, wa) = \delta(\delta^*(q_i, w), a)$$

但是对于扩展的输出函数，在 Mealy 机中的定义为

$$\theta^*(q_i, a) = \theta(q_i, a)$$

$$\theta^*(q_i, wa) = \theta^*(q_i, w)\theta(\delta^*(q_i, w), a)$$

在 Moore 机中的定义为

$$\theta^*(q_i, a) = \theta(\delta(q_i, a))$$

$$\theta^*(q_i, wa) = \theta^*(q_i, w)\theta(\delta^*(q_i, wa))$$

我们可以直接将 Moore 机转换为等价的 Mealy 机。两个机器的状态可以是相同的，然后将 Moore 机要打印的符号分配给 Mealy 机中到达该状态的转移上即可。

例 A.5 图 A.5a 中的 Moore 机与图 A.5b 中的 Mealy 机是等价的。

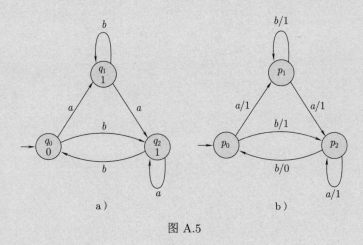

图 A.5

定理 A.1 对于每个 Moore 机，都存在与其等价的 Mealy 机。

证明 设 Moore 机 $M = (Q, \Sigma, \Gamma, \delta_M, \theta_M, q_0)$，然后我们构造 Mealy 机 $N = (Q, \Sigma, \Gamma, \delta_N, \theta_N, q_0)$，其中

$$\delta_N = \delta_M$$

并且

$$\theta_N(q_i, a) = \theta_M(\delta_M(q_i, a))$$

从直觉上，M 与 N 的等价性是清晰的。两台机器对相同的给定输入会通过相同的状态来响应。M 在进入一个状态时会打印一个符号，而 N 在转移到该状态的时刻打印相同的符号。使用简单的归纳法可以得到更为明确的证明，我们将其留给读者。 ■

将 Mealy 机转换为等价的 Moore 机要稍微复杂一些，因为此时 Moore 机的状态必须携带两方面信息：相应 Mealy 机的内部状态和 Mealy 机转移到该状态时产生的输出符号。在我们的构造中，对于 Mealy 机的每个状态 q_i，我们创建了 Moore 机的 $|\Gamma|$ 个状态，标记为 q_{ia} $(a \in \Gamma)$。Moore 机状态的输出函数则是 $\theta(q_{ja}) = a$。当 Mealy 机的状态变更为 q_j 并打印 a 时，Moore 机则进入状态 q_{ja} 而且也打印 a。

例 A.6 图 A.6a 中的 Mealy 机与图 A.6b 中的 Moore 机是等价的。

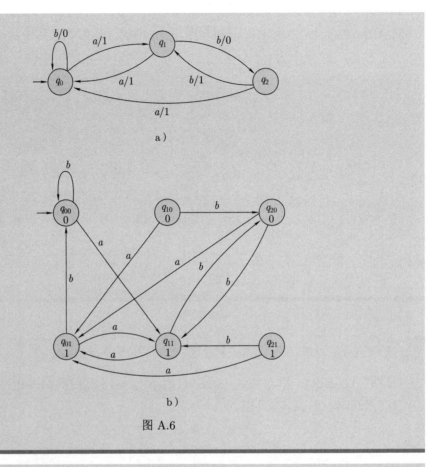

图 A.6

定理 A.2 对于每个 Mealy 机 N，都存在等价的 Moore 机 M。

证明 设 Mealy 机 $N = (Q_N, \Sigma, \Gamma, \delta_N, \theta_N, q_0)$，其中 $Q_N = \{q_1, q_2, \cdots, q_n\}$。我们按如下步骤构造 Moore 机 $M = (Q_M, \Sigma, \Gamma, \delta_M, \theta_M, q_{0r})$：对于所有 $i = 1, 2, \cdots, n$ 以及所有 $a \in \Gamma$，创建 M 的状态和输出函数

$$q_{ia} \in Q_M$$

和

$$\theta_M(q_{ia}) = a$$

对于每个转移规则

$$\delta_N(q_i, a) = q_j$$

和相应的输出函数

$$\theta_N(q_i, a) = b$$

我们对所有的 $c \in \Gamma$，引入 $|\Gamma|$ 条规则

$$\delta_M(q_{ic}, a) = q_{jb}$$

由于在第一次迁移之前不会打印起始状态符号，M 的初始状态可以是 q_{0r} $(r \in \Gamma)$ 中的任何一个。这样就完成了构造。

为了证明 N 和 M 是等价的，我们首先证明如果

$$\delta_N^*(q_0, w) = q_k \tag{A.1}$$

那么存在 $c \in \Gamma$ 使得

$$\delta_M^*(q_{0r}, w) = q_{kc} \tag{A.2}$$

该命题及其逆命题可以通过对 w 长度的归纳来证明。

接下来考虑

$$\theta_N^*(q_0, wa) = \theta_N^*(q_0, w)\theta_N(\delta_N^*(q_0, w), a) \tag{A.3}$$

并假设 $\delta_N^*(q_0, w) = q_k$，$\delta_N(q_k, a) = q_l$ 和 $\theta_N(q_k, a) = b$。那么

$$\theta_N(\delta_N^*(q_0, w), a) = b$$

根据式 (A.2) 和

$$\delta_M(q_{kc}, a) = q_{lb}$$

可以得出

$$\theta_M^*(q_{0r}, wa) = \theta_M^*(q_{0r}, w)\theta_M(q_{lb})$$
$$= \theta_M^*(q_{0r}, w)b$$

现在回到式 (A.3)，

$$\theta_N^*(q_0, wa) = \theta_N^*(q_0, w)\theta_N(\delta_N^*(q_0, w), a)$$
$$= \theta_N^*(q_0, w)b.$$

如果我们此时进行归纳假设，对所有 $|w| \leqslant m$ 和任何 $r \in \Gamma$，有

$$\theta_N^*(q_0, w) = \theta_M^*(q_{0r}, w) \tag{A.4}$$

那么就有

$$\theta_N^*(q_0, wa) = \theta_M^*(q_{0r}, w)b$$
$$= \theta_M(q_{0r}, wa)$$

因此式 (A.4) 对于所有 m 都成立。

将这两个构造结合起来，我们就得到了基础的等价结果。 ∎

定理 A.3 Mealy 机类与 Moore 机类是等价的。

A.5 Mealy 机的最小化

对于给定的函数 $\Sigma^* \to \Gamma^*$，存在许多等价的有穷状态转换器，它们在内部状态的数量上会有所不同。出于实际原因，找到最小的那个有穷状态转换器通常比较重要，所谓最小的有穷状态转换器就是具有内部状态数最少的机器。

最小化 Mealy 机的第一步是移除那些在任何计算中都不起作用的状态，因为它们无法从初始状态到达。当不存在不可达的状态时，有穷状态转换器也被称为连通的 (connected)。但是 Mealy 机可以是连通但仍不是最小的，参见例 A.7。

例 A.7　图 A.7a 中的 Mealy 机是连通的，但很明显状态 q_1 和 q_2 的功能是相同的，可以将它们结合起来给出如图 A.7b 中的机器。

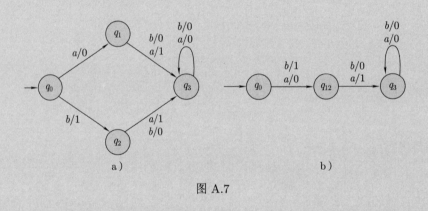

图 A.7

定义 A.5　设 Mealy 机 $M = (Q, \Sigma, \Gamma, \delta, \theta, q_0)$，对于它的两个状态 q_i 和 q_j，当且仅当对于所有 $w \in \Sigma^*$，有

$$\theta^*(q_i, w) = \theta^*(q_j, w)$$

那么称这两个状态是等价的 (equivalent)。不等价的状态则称为可区分的 (distinguishable)。

定义 A.6　如果两个状态 q_i 和 q_j 对于所有 $|w| \leqslant k$，都满足

$$\theta^*(q_i, w) = \theta^*(q_j, w)$$

那么称这两个状态是 k-等价的。如果存在 $|w| \leqslant k$，使得 $\theta^*(w, q_i) \neq \theta^*(w, q_j)$，那么称这两个状态是 k-可区分的。

定理 A.4

(a) 如果存在 $a \in \Sigma$，使得

$$\theta(q_i, a) \neq \theta(q_j, a)$$

Mealy 机的两个状态 q_i 和 q_j 是 1-可区分的。

(b) 如果两个状态是 $(k-1)$-可区分的，或者存在 $a \in \Sigma$ 以及 $(k-1)$-可区分的状态 q_r 和 q_s，满足

$$\delta(q_i, a) = q_r$$
$$\delta(q_j, a) = q_s$$

那么这两个状态是 k-可区分的。

证明 由定义可以直接证明 (a) 部分，也可以直接证明如果状态间是 $(k-1)$-可区分的，那么也是 k-可区分的。对于 (b) 部分，我们知道存在 $|w| \leqslant k-1$，使得

$$\theta^*(q_r, w) \neq \theta^*(q_s, w)$$

此时有

$$\theta^*(q_i, aw) = \theta(q_i, a)\theta^*(q_r, w)$$

以及

$$\theta^*(q_j, aw) = \theta(q_j, a)\theta^*(q_s, w)$$

因此定理得证。∎

定理 A.5 设 Mealy 机 $M_1 = (Q, \Sigma, \Gamma, \delta, \theta, q_0)$，其中所有状态都是可区分的。那么 M_1 是最小的且是唯一的（对状态重命名之后）。

证明 假设存在状态少于 M_1 的等价机器 M_2。如果 M_2 的状态少于 M_1，根据鸽巢原理，M_2 中至少会有一个状态结合了 M_1 中几个状态的功能。具体地，必然存在两个字符串，二者在 M_1 中会到达不同的状态，但在 M_2 中会到达相同的状态。那么 M_2 可能会有什么样的结构呢？

为了说明，假设 M_1 有如图 A.8 所示的部分结构，我们尝试合并 M_2 的 q_1 状态和 q_2 状态。为了保持等价性，M_2 的部分结构必然如图 A.9 所示。但是由于在 M_1 中 q_1 和 q_2 是可区分的，一定会有某个 w 使得

$$\theta^*(q_1, w) \neq \theta^*(q_2, w)$$

因此 M_1 的输入字符串 aw 和 bw 必然会有不同的输出。但在 M_2 中，它们显然会打印相同的内容。这种矛盾意味着，在这种程度上，两台机器一定是相同的。由于这种推理可以扩展到两台机器的任何部分，因此定理得证。∎

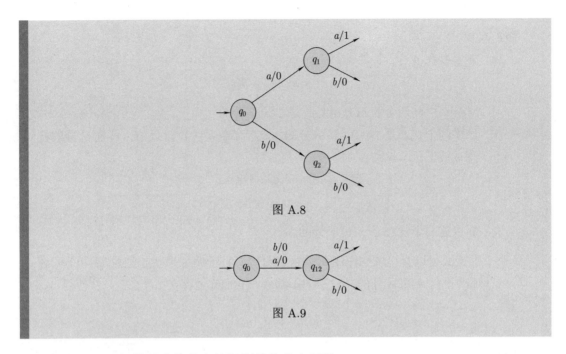

图 A.8

图 A.9

因此 Mealy 机的最小化首先从识别等价状态开始。

A.5.1 划分算法

1. 对于状态集 $Q = \{q_1, q_2, \cdots, q_n\}$，找出所有与 q_0 1-等价的状态，并将 Q 划分为两个集合 $\{q_0, q_i, \ldots, q_j\}$ 和 $\{q_k, \ldots, q_l\}$。其中，第一个集合包含所有与 q_0 1-等价的状态，第二个集合包含所有与 q_0 1-可区分的状态。接着，对状态 $q_1, q_2, \cdots, q_n$ 重复这一过程。去除重复的集合后，我们就得到了基于 1-等价的一个划分。

2. 对于同一个等价类中的每对状态 q_i 和 q_j，确定是否存在定理 A.4 中描述的转移，以发现是否存在状态 q_r 和 q_s 分属不同的等价类。如果存在，则创建新的等价类来将其分开。再检查所有状态对，并找到它们各自适当的等价类。

3. 重复步骤 2，直到不再创建新的等价类。

在这个程序结束时，状态集 Q 会被划分为等价类 $E_1, E_2, \cdots, E_q$，且每个类内的所有成员之间在定义 A.5 的意义上都是等价的。

要证明这个程序是正确的，需要解决几个问题。首先，在第 k 次经过步骤 2 后，现有等价类中的所有元素都是 $(k+1)$-等价的。这一点可以利用定理 A.4 的 (b) 部分来归纳证明。

其次，要保证这个程序会终止。这一点很明显，因为每次经过步骤 2 时都会至少创建一个新的等价类，而最多只会有 $|Q|$ 个这样的类。

最后，我们要证明当程序停止时，已经实现了完全的等价划分。这可以从定理 A.4 的 (b) 部分中得到。对于一对 (q_i, q_j)，如果是 k-可区分的，那么必然存在 $(k-1)$-可区分的状态 q_r 和 q_s。如果不存在这样的状态，就不可能存在通过更长字符串可区分的状态。因此，等价划分必然是完全的。

A.5.2　最小化 Mealy 机的构造

设我们要将机器 $M = (Q, \Sigma, \Gamma, \delta, \theta, q_0)$ 构造为最小的等价机器 $P = (Q_P, \Sigma, \Gamma, \delta_P, \theta_P, E_P)$，其中 $Q_P = \{E_1, E_2, \cdots, E_m\}$。首先，我们使用划分程序找到等价类 $E_1, E_2, \cdots, E_m$，并为 P 创建标记为 $E_1, E_2, \cdots, E_m$ 的状态。然后，从 E_r 中选取元素 q_i，从 E_s 中选取元素 q_j。如果 $\delta(q_i, a) = q_j$ 且 $\theta(q_i, a) = b$，那么定义 P 的转移函数为

$$\delta_P(E_r, a) = E_s$$

输出为

$$\theta_P(E_r, a) = b$$

如果 M 的初始状态是 q_0，那么 P 的初始状态将是包含 q_0 的等价类 E_p。可以很容易地证明 P 是 M 的最小等价机器。定理 A.5 还表明，最小 Mealy 机在简单地重命名状态后是唯一的。

例 A.8　考虑图 A.10 中的 Mealy 机。划分算法的第 1 步会得到等价划分 $\{q_0, q_4\}$，$\{q_1, q_2\}$，$\{q_3\}$。在第 2 步中我们发现 $\delta(q_0, a) = q_1$，$\delta(q_4, a) = q_3$。由于 q_1 和 q_3 是可区分的，因此 q_0 和 q_4 也是可区分的，则新划分为

$$E_1 = \{q_0\}, \ E_2 = \{q_1, q_2\}, \ E_3 = \{q_3\}, \ E_4 = \{q_4\}$$

当再次经过第 2 步时没有进一步细化等价类，因此划分已完成。据此可得，我们构造出了图 A.11 中的最小 Mealy 机。

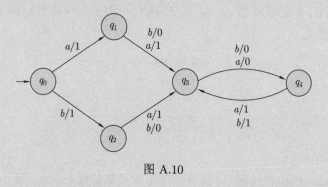

图 A.10

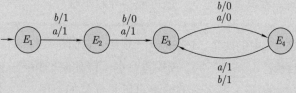

图 A.11

A.6　Moore 机的最小化

Moore 机的最小化过程与 Mealy 机的最小化有相同的模式，但也存在一些差别。虽然定义 A.5 和 A.6 也适用于 Moore 机，但需要修改定理 A.4。

定理 A.6

(a) 如果 Moore 机的两个状态 q_i 和 q_j 满足

$$\theta(q_i) \neq \theta(q_j)$$

那么它们是 0-可区分的。

(b) 如果这两个状态是 $(k-1)$-可区分的，或者存在 $a \in \Sigma$，使得 $\delta(q_i, a) = q_r$ 且 $\delta(q_j, a) = q_s$，其中 q_r 和 q_s 是 $(k-1)$-可区分的，那么这两个状态是 k-可区分的。

证明　此处的论证过程与定理 A.4 中的基本相同。∎

对于 Moore 机最小化，我们首先使用 Mealy 机划分程序将状态集划分为等价类，并用于最小化的过程。

A.6.1　最小化 Moore 机的构造

设我们要将 Moore 机 $M = (Q, \Sigma, \Gamma, \delta, \theta, q_0)$ 构造为最小的等价机器。首先，我们使用划分程序确定等价类 $E_1, E_2, \cdots, E_m$，并为最小化的机器 P 创建标记为 $E_1, E_2, \cdots, E_m$ 的状态。然后，从 E_r 中选取元素 q_i，从 E_s 中选取元素 q_j。如果 $\delta(q_i, a) = q_j$ 且 $\theta(q_j) = b$，那么 P 的转移函数为

$$\delta_P(E_r, a) = E_s$$

输出为

$$\theta_P(E_s) = b$$

这会得到最小的 Moore 机。

在最小化 Moore 机构造过程中，会有一个不太严重的复杂情况。最小化过程会令 $\theta(q_0)$ 为关联 q_0 的等价状态。在某些情况下，这可能会导致不唯一。

例 A.9　观察图 A.12 中的两个 Moore 机。显然，它们是等价的，同时也是最小的。但是由于两个初始状态的输出不同，仅仅重命名不能使它们相同。这个困难在于，如果不会再次进入初始状态，那么它的输出可以是任意的。但这是一个可以被忽略的小问题。

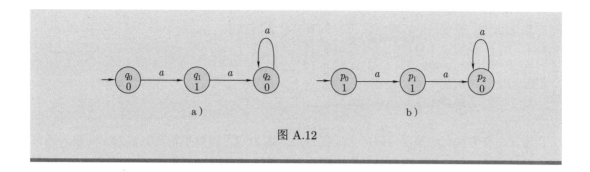

图 A.12

A.7 有穷状态转换器的限制

Mealy 机和 Moore 机都是有穷状态自动机,所以我们有理由怀疑它们的能力也是有限的,如同有穷接受器的能力有限一样。要探索它们的局限性,我们需要类似于正则语言泵引理的工具。

定理 A.7 设 $M = (Q, \Sigma, \Gamma, \delta, \theta, q_0)$ 是一个 Mealy 机。那么存在状态 $q_i \in Q$ 和 $w \in \Sigma^+$,使得

$$\delta^*(q_i, w) = q_i$$

证明 因为 $|Q|$ 是有穷的,但 w 的长度可以是任意的,所以由鸽巢原理可证明该命题。■

例 A.10 考虑函数 $F : a^* \to \{a, b\}*$,其定义为

$$F(a^{2n}) = a^n b^n$$
$$F(a^{2n+1}) = a^n b^{n+1}$$

是否存在实现该函数的 Mealy 机? 快速尝试几次,就能发现答案是否定的。

如果存在这样一个有 m 个状态的机器,我们可以选取输入 $w = a^{2m}$。在处理这个字符串的前半部分时,根据定理 A.7,机器会不得不进入一个循环,在这个循环中,输入 a 会产生输出 a。要脱离该循环,就需要一个不同于 a 的输入。但由于没有其他输入,机器将继续打印 a,因此不能表示该函数。这个矛盾表明这样的机器是不存在的。

从这个例子得到的结论并不会令人惊讶,因为它试图将一个正则的集合翻译为一个非正则的集合。实际上,有穷状态转换器与有穷接受器之间的结构相似性也暗示了正则语言和有穷状态转换器的输出之间的联系。

定义 A.7 设 M 是实现函数 F_M 的有穷状态转换器，而 L 是任意语言。那么

$$T_M(L) = \{F_M(w) : w \in L\}$$

是 L 的 M-翻译（M-translation）。

现在，有穷状态转换器可以产生任何输出，因为它可以简单地复制输入，而输入通常是不受限制的。但是如果输入是一个正则语言，那么输出也是正则语言。

定理 A.8 设 $M = (Q, \Sigma, \Gamma, \delta_M, \theta_M, q_0)$ 是一个 Mealy 机，且 L 是一个正则语言。那么 $T_M(L)$ 也是正则的。

证明 如果 L 是正则的，那么存在一个确定的有穷自动机 $N = (P, \Sigma, \delta_N, p_0, F)$，使得 $L = L(N)$。对于 M 和 N，我们构造一个有穷接受器（可能是非确定的）$H = (Q_H, \Sigma, \delta_H, q_H, F_H)$，如下所示：

$$Q_M = \{q_{ij} : p_i \in P, q_j \in Q\}$$

如果有 $\delta_N(p_i, a) = p_k$，$\delta_M(q_j, a) = q_l$，和 $\theta_M(q_j, a) = b$，那么

$$\delta_H(q_{ij}, b) = q_{kl} \tag{A.5}$$

H 的初始状态将是 q_{00}，最终状态集将是

$$F_H = \{q_{ij} : p_i \in F, q_j \in Q\}$$

那么，$T_H(L)$ 是正则的。

为了支持这个说法，首先注意如果 $\delta_N^*(p_i, w) = p_k$ 并且 $\delta_M^*(q_j, w) = q_l$，那么

$$\delta_H^*(q_{ij}, \theta_M^*(q_{ij}, w)) = q_{kl}$$

这可以直接通过归纳得到。因此，如果 $\delta_N(p_0, w) \in F$，那么

$$\delta_H(q_{00}, \theta_M^*(q_{qq}, w)) \in F_H$$

以及如果 $w \in L$，那么 $F_M(w) \in L(H)$。

为了完成论证，我们还必须证明如果字符串 v 被 H 接受，那么必然有 $w \in L$，使得 $v = F_M(w)$。现在假设我们构造了另一个与 H 相同的 DFA H'，除了式 (A.5) 被替换为

$$\delta_{H'}(q_{ij}, a) = q_{kl}$$

那么 N 和 H' 是等价的，且当且仅当字符串 $w \in L$ 时，H' 会接受 w。现在如果 $v \in L(H)$，那么在 H 的转移图中有一条从 q_{00} 到最终状态且标记为 v 的路径。但是在 H' 中同样的路径被标记为 w，所以 $v = F_M(w)$。因此 $w \in L$。 ∎

实用工具JFLAP

本书的一个基本前提是，对于难以捉摸的抽象概念的理解，最好的方式是说明性的例子和具有挑战性的习题，因此解决问题是我们的核心主题。解决困难的问题通常需要两个有显著差异的步骤。首先，我们必须理解这个问题，判断要应用哪些定理和结果，以及如何整合来得到解决方案。这往往是最困难的部分，通常需要一定的洞察力和创造力。其次，一旦我们对解决的过程有了清晰的理解，就还需要一些用来得到具体的结果的常规步骤。在我们的学习中，这涉及实际构造出自动机或文法，并检验它们的正确性。这一步可能不那么具有挑战性，相对乏味且比较容易出错。在这部分中，利用软件来实现的机械方式会非常有用。根据我的经验，JFLAP 在这方面做得非常好。

JFLAP 是基于本书中一些概念构建的交互式工具。它是由杜克大学的 Susan Rodger 教授和她的学生创建的。多年以来，已在许多大学成功地使用。JFLAP 可以在 jflap.org 免费获取，还附带一些在线教程。一些与 JFLAP 相关的材料收集在 JPAK 中，可以通过 go.jblearning.com/LinzJPAK 线上访问。JPAK 为你提供了关于 JFLAP 的简要介绍、如何获取，以及如何使用。它还包含许多练习示例，这些示例展示了 JFLAP 的强大功能和一个有用的函数库。

JFLAP 在很多方面都很有用。对于学生来说，JFLAP 提供了一种可以看到抽象概念在实践中如何实现的方式。可以看到难以实现的构造，比如将确定的有穷自动机转换为正则表达式，使原本可能难以理解的东西变得生动起来。诸如非确定性之类的非直观概念通过一种实用的方式进行说明。JFLAP 也是一个节省大量时间的工具。构造、测试和修改自动机和文法的工作，只需传统的纸笔方式所用时间的一小部分。由于可以轻松地进行大量测试，它还会提高最终作品的质量。

教师也可以从 JFLAP 中获益。通过电子方式的提交和批量评分节省大量工作，同时提高了评价的准确性和公平性。那些有指导意义但因为涉及很多烦琐工作而被避开的一些习题，现在变得容易实现。一个这样的例子就是将右线性文法转换为等价的左线性文法。使用图灵机的任务是出了名的烦琐且容易出错，但有了 JFLAP，许多更具挑战性的任务也变得合理。JPAK 中有大量这种练习。最后，由于 JPAK 包含了书中许多示例的 JFLAP 实现，因此可以在课堂上动态演示这些示例。

JFLAP 的使用一目了然，学习使用它几乎不费力气。我们强烈推荐学生和教师都充分利用它。

练习题选解

第 1 章

1.1 节

5. 假设 $x \in S - T$。那么 $x \in S$ 且 $x \notin T$，所以 $x \in S$ 且 $x \in \overline{T}$，也就是 $x \in S \cap \overline{T}$。所以 $S - T \subseteq S \cap \overline{T}$。相反，如果 $\in S \cap \overline{T}$，那么 $x \in S$ 且 $x \notin T$，意味着 $x \in S - T$，也就是 $S \cap \overline{T} \subseteq S - T$。因此 $S - T = S \cap \overline{T}$。

6. 对于式 (1.2)，假设 $x \in \overline{S_1 \cup S_2}$。那么 $x \notin S_1 \cup S_2$，意味着 x 不在 S_1 或 S_2 中，也就是 $x \in \overline{S_1} \cap \overline{S_2}$。因此 $\overline{S_1 \cup S_2} \subseteq \overline{S_1} \cap \overline{S_2}$。相反，如果 $x \in \overline{S_1} \cap \overline{S_2}$，那么 x 不在 S_1 中，也不在 S_2 中，也就是 $x \in \overline{S_1 \cup S_2}$。所以 $\overline{S_1} \cap \overline{S_2} \subseteq \overline{S_1 \cup S_2}$。因此，$\overline{S_1 \cup S_2} = \overline{S_1} \cap \overline{S_2}$。

12. (a) 自反性：由于 $|S_1| = |S_2|$，因此自反性成立。

    (b) 对称性：如果 $|S_1| = |S_2|$，那么 $|S_2| = |S_1|$，因此对称性成立。

    (c) 传递性：由于 $|S_1| = |S_3| = |S_2|$，传递性成立，所以是等价关系。

20. 三个等价类分别是：$E_0 = \{6, 9, 24\}$，$E_1 = \{1, 4, 25, 31, 37\}$ 和 $E_2 = \{2, 5, 23\}$。

26. 通常的算术运算不适用。例如，取 $x = n^3$ 和 $y = \frac{1}{n^2}$，那么由定义可知 $x = O(n^4)$，$y = O(n^2)$。然而，$x/y = n^5$。

30. 通常的算术运算不适用于数量级表示，也就是 $O(n^2) - O(n^2)$ 不一定等于 0。例如，该问题中，如果 $g(n) = n^2$，那么 $f(n) - g(n) = n^2 + n = O(n^2)$。

39. (a) 对于 $n = 1$，$f(n) < 2(2^n)$ 成立。假设 $f(k) < 2(2^k)$ 对于 $k = 1, 2, \cdots, n, n+1$ 成立，那么

$$f(n+2) = f(n+1) + f(n) < 2\left(2^{n+1}\right) + 2\left(2^n\right) < 2^{n+2} + 2^{n+1} < 2\left(2^{n+2}\right)$$

    (b) 对于 $n = 1$，$f(n) > 1.5^n/10$ 成立。假设对于 $k = 1, 2, \cdots, n, n+1$ 成立，那么

$$f(n+2) = f(n+1) + f(n) > 1.5^{n+1}/10 + 1.5^n/10$$

$$= 1.5^{n+1}\left(1 + \frac{1}{1.5}\right)/10 > 1.5^{n+1}(1 + 0.5)/10 = 1.5^{n+2}/10$$

41. 假设 $2 - \sqrt{2}$ 是有理数，那么

$$2 - \sqrt{2} = \frac{n}{m}$$

其中 n 和 m 是没有公因子的整数。等价地，我们有

$$\sqrt{2} = 2 - \frac{n}{m} = \frac{2m - n}{m}$$

这意味着 $\sqrt{2}$ 是有理数。然而，我们已经知道 $\sqrt{2}$ 不是有理数，所以 $2 - \sqrt{2}$ 一定是无理数。

43. (a) 为真。如果 a 是有理数，b 是无理数，但 $c = a + b$ 是有理数，那么 $b = c - a$ 一定是有理数，这与前提矛盾。

(b) 为假。例如，$a = 2 + \sqrt{2}$ 和 $b = 2 - \sqrt{2}$ 都是正无理数，但 $a + b = 4$ 是有理数。

(c) 为真。如果 $a \neq 0$ 是有理数，$b \neq 0$ 是无理数，但 $c = ab$ 是有理数，那么 $b = c/a$ 一定是有理数。

1.2 节

2. 对于 $n = 1$，$|u^1| = |u|$。假设 $|u^k| = k|u|$ 对于任何 $k = 1, 2, \cdots, n$ 都成立，那么

$$|u^{n+1}| = |u^n u| = |u^n| + |u| = n|u| + |u| = (n+1)|u|$$

6. $\overline{L} = \{\lambda, a, b, ab, ba\} \cup \{w \in \{a, b\}^+ : |w| \geqslant 3\}$

8. 不存在这样的语言，因为 $\lambda \notin \overline{L^*}$ 但 $\lambda \in (\overline{L})^*$。

11. (a) 为真。假设 $w \in (L_1 \cup L_2)^R$，那么 $w^R \in (L_1 \cup L_2)$，因此 $w^R \in L_1$ 或 $w^R \in L_2$，且 $w \in (L_1^R \cup L_2^R)$。因此 $(L_1 \cup L_2)^R \subseteq (L_1^R \cup L_2^R)$。类似地，可以证明 $(L_1^R \cup L_2^R) \subseteq (L_1 \cup L_2)^R$，因此 $(L_1 \cup L_2)^R = (L_1^R \cup L_2^R)$。

13.

$$S \rightarrow aaaaA$$

$$A \rightarrow aAa \mid \lambda$$

14. (a)

$$S \rightarrow AaAaA$$

$$A \rightarrow bA \mid \lambda$$

(f) 首先生成一对 b，然后在任意地方增加任意数量的 a。

$$S \rightarrow SbSbS \mid A \mid \lambda$$

$$A \rightarrow aA \mid \lambda$$

17. (a) 首先生成任意数量 a，再增加等数量的 a 和 b。

$$S_1 \rightarrow A_1 B_1$$

$$A_1 \rightarrow aA_1 \mid a$$

$$B_1 \rightarrow aB_1 b \mid \lambda$$

(f) 对于 $L_1 \cup L_2$, 使用

$$S \to S_1 \mid S_2$$

其中 S_1 和 S_2 分别是 (a) 和 (b) 的文法。

18. (a) 可以通过将此问题分为两个来简化它，$|w|\bmod 3 = 1$ 和 $|w|\bmod 3 = 2$。

$$S \to S_1 \mid S_2$$

$$S_1 \to aaaS_1 \mid a$$

$$S_2 \to aaaS_2 \mid aa$$

21. 我们可以通过对 a 的数量进行归纳来证明，例 1.14 中语法的所有句型都可以导出为

$$S \Rightarrow aAb \Rightarrow a^2Ab^2 \Rightarrow a^3Ab^3 \overset{*}{\Rightarrow} a^nAb^n$$

其中 $n = 1, 2, \cdots$。这样做是因为我们只能使用产生式 $A \to aAb$ 来导出句型。为了得到一个句子，我们应用产生式 $A \to \lambda$ 来得到字符串 $a^n b^n$。因此，文法对于 $n \geqslant 1$ 生成 $a^n b^n$ 形式的字符串。由于产生式 $S \to \lambda$ 在文法中，所以 λ 在语言中。因此，文法生成例 1.14 中的语言 $L(G)$。

24. 第一个文法可以推导 $S \Rightarrow SS \overset{*}{\Rightarrow} aa$，但第二个文法不能推导该字符串。因此不等价。

1.3 节

1.
$$密码 \to \Omega\,字母\,\Omega\,数字\,\Omega \mid \Omega\,数字\,\Omega\,字母\,\Omega$$

$$字母 \to a \mid b \mid \cdots \mid z$$

$$数字 \to 0 \mid 1 \mid 2 \mid 3 \mid 4 \mid 5 \mid 6 \mid 7 \mid 8 \mid 9$$

$$\Omega \to 字母\,\Omega \mid 数字\,\Omega \mid \lambda$$

4. 下面给出了接受所有 C 语言中整数的自动机。

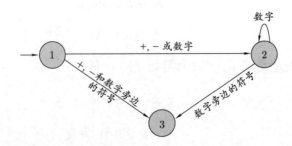

状态 2 代表接受器的"是"状态。

9. 这个自动机需要记住输入一个时间段。记忆可以通过给状态贴上相应的信息来实现。状态的标签稍后将作为输出产生。

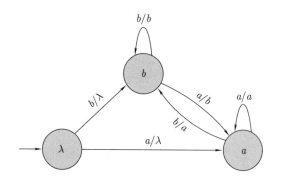

10. (a) 类似于练习题 9，这个自动机需要记住两个时间段的输入。因此，我们用两个符号来标记状态。以下是解决这个问题的自动机。

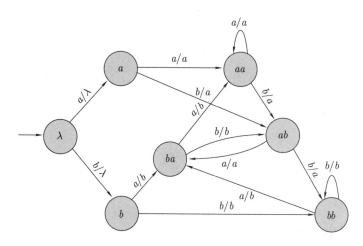

(b) 对于一个 n 单元延迟传输器，我们需要记住 n 个时间段的输入。我们用记忆的方式来标记状态，使用 $a_1 a_2 \cdots a_n$，其中 $a_i \in \Sigma$。因为在每个位置上都有 $|\Sigma|$ 种选择，所以至少需要有 $|\Sigma|^n$ 个状态。

第 2 章

2.1 节

2.

$$\delta(\lambda, 1) = \lambda, \qquad \delta(\lambda, 0) = 0$$

$$\delta(0, 1) = \lambda, \qquad \delta(0, 0) = 00$$

$$\delta(00, 0) = 00, \qquad \delta(00, 1) = 001$$

$$\delta(001, 0) = 001, \qquad \delta(001, 1) = 001$$

3. (c)

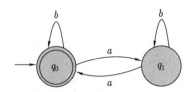

4. (a)

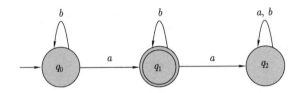

7. (a) 使用标记为 $|w|\bmod 3$ 的状态。

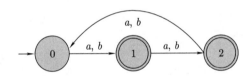

8. (a) 使用适当的字母 a 和 b 来标记状态。

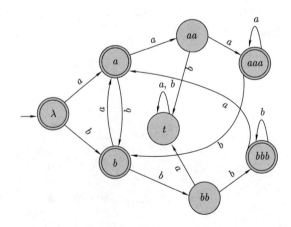

11. (b)

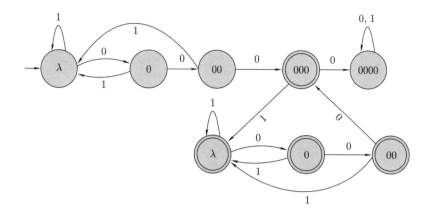

(c) 我们需要记住最左边的符号，并且每当遇到不同的符号时，将 DFA 置于最终状态。

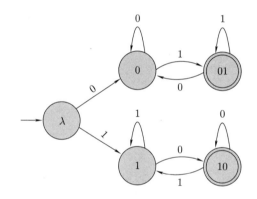

12. 关键是使用部分二进制字符串的值（mod 5）来标记状态，并通过以下方式处理下一个字符：

$$(2n+1)\mathrm{mod}5 = (2n\,\mathrm{mod}5 + 1)\mathrm{mod}5$$

由此得如下解。

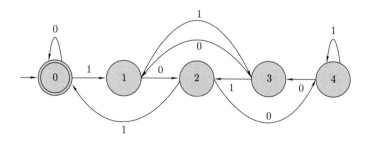

16. 由于 3 和 5 的最小公倍数是 15，我们需要 15 个状态来构建这样的 DFA。

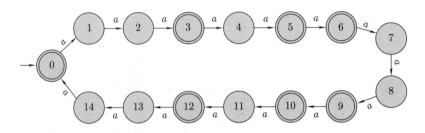

19. 问题在于如果 λ 属于该语言，那么初始状态必须同时也是最终状态。但我们不能只将其设置为非最终状态，因为其他输入可能会达到这个状态。为了解决这个问题，我们通过创建一个新的初始状态 p_0 以及新的转移

$$\delta(p_0, a) = q_j$$

来替换原始 DFA 中的

$$\delta(q_0, a) = q_j$$

其中 a 是所有初始状态向外的转移。这个构造的过程如下图所示。

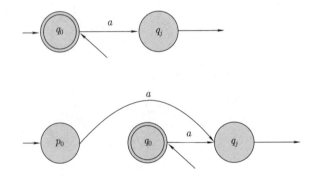

22. $L^3 = \{a^n b a^m b a^p b : n, m, p \geqslant 0\}$，接受 L^3 的 DFA 由下图给出：

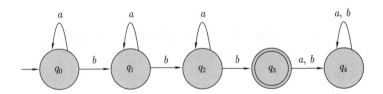

2.2 节

3. 图 2.8 中的 NFA 接受语言 $\{a^n : n = 3$ 或 n 为偶数$\}$。该语言的 DFA 如下：

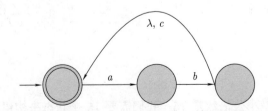

6. $\delta^*(q_0, a) = \{q_0, q_1, q_2\}$ 和 $\delta^*(q_1, \lambda) = \{q_0, q_1, q_2\}$

9.

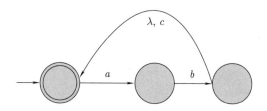

13. 只有 01001 和 000 两个字符串会被接受。

15. 在 NFA 接受 a^3 之后，添加两个状态，并增加两条标记为 a 的新边。

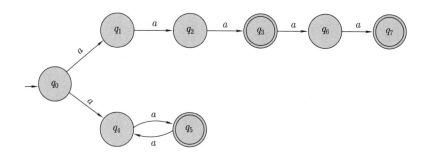

17. 从下面的图中删除 λ 边。

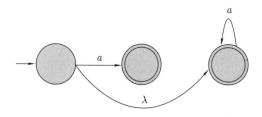

19. 引入一个新的初始状态 p_0。然后添加一个转移

$$\delta(p_0, \lambda) = Q_0$$

接下来，从 Q_0 中删除初始状态属性。很容易看出，新的 NFA 与原始 NFA 是等价的。

22. 引入一个非接受的陷阱状态，并将所有未定义的转移指向这个新状态。

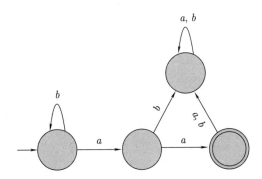

2.3 节

1.

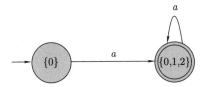

对于更直接的答案，请注意该语言是 $\{a^n : n > 1\}$.

3.

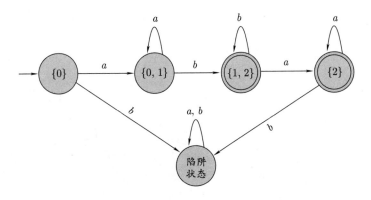

7. 成立。由定义 $w \in L$ 当且仅当 $\delta^*(q_0, w) \cap F \neq \varnothing$ 可知。相应地，$\delta^*(q_0, w) \cap F = \varnothing$，那么 $w \in \overline{F}$。

10.

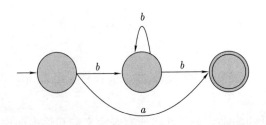

12. 引入单一的初始状态，并通过 λ-转换与先前的初始状态连接起来。然后将其转回为 DFA，而定理 2.2 的构造会保留单一的初始状态。

16. 关键是使用一个 DFA 来表示语言 L，并对其进行修改，以便它记住它已经读取了偶数个还是奇数个符号。可以通过将状态数量翻倍，并在标签中添加 O 或 E 来实现。例如，如果 DFA 的一部分为：

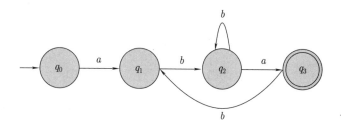

那么它的等价形式为

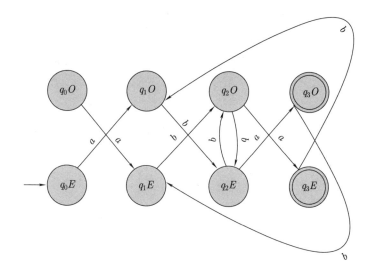

现在，再将从 E 状态到 O 状态的每个转移都替换为 λ-转移。

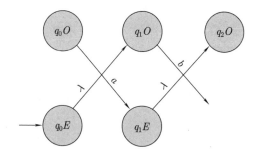

通过几个一些例子就会让你确信，如果原始的 DFA 接受 $a_1a_2a_3a_4$，那么新自动机

会接受 $\lambda a_2 \lambda a_4 \cdots$，因此它接受的是 even($L$)。

2.4 节

1. 使用标记过程 (mark procedure)，我们生成等价类 $\{q_0, q_1\}$，$\{q_2\}$，$\{q_3\}$。然后化简过程 (reduce procedure) 给出：

$$\hat{\delta}(01, a) = 2, \qquad \hat{\delta}(01, b) = 2$$

$$\hat{\delta}(2, a) = 3, \qquad \hat{\delta}(2, b) = 3$$

$$\hat{\delta}(3, a) = 3, \qquad \hat{\delta}(3, b) = 01$$

3. (a) 下图表示一个五状态的 DFA，很容易看出这个 DFA 接受语言 $L = \{a^n b^m : n \geqslant 2, m \geqslant 1\}$。

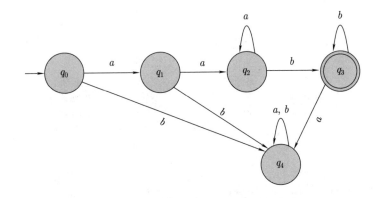

我们可以宣称它是一个最小的 DFA。因为 $q_3 \in F$ 且 $q_4 \notin F$，所以 q_3 和 q_4 是可区分的。接下来，$\delta(q_4, b) = q_4 \notin F$ 且 $\delta(q_2, b) = q_3 \in F$，所以 q_2 和 q_4 是可区分的。类似地，$\delta^*(q_0, ab) = q_4 \notin F$ 且 $\delta^*(q_1, ab) = q_3 \in F$，所以 q_0 和 q_1 是可区分的。继续推理，我们可以得出所有的五个状态都是互相可区分的。因此，这个 DFA 是最小的。

6. 这是正确的。我们采用反证法，假设 $\widehat{M}$ 不是最小的。那么我们可以构造一个更小的 DFA $\tilde{M}$ 来接受 $\tilde{L}$。在 $\tilde{M}$ 中，对最终状态集取补，得到 $\overline{L}$ 的 DFA。但这个 DFA 比 M 要小，与 M 是最小的假设相矛盾。

9. 假设 q_b 和 q_c 是不可区分的。由于 q_a 和 q_b 是不可区分的，而不可区分是一个等价关系，如练习题 7 所示，所以 q_a 和 q_c 也一定是不可区分的。这与假设相矛盾。

第 3 章

3.1 节

3.

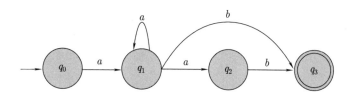

5. 可以，因为 $((0+1)(0+1)^*)^*$ 表示 0 和 1 组成的任何字符串。

7. 正则表达式为 $aaaa^*(bb)^*b$。

9. (a) 将其分为 $m = 0, 1, 2, 3, 4$ 的情况。生成三个或更多的 a，紧跟着所需数量的 b。

   L_1 的正则表达式如下：$aaaa^*(\lambda + b + bb + bbb + bbbb)$。

16. 枚举所有 $|v| = 2$ 的情况，得到

$$aa(a+b)^*aa + ab(a+b)^*ab + ba(a+b)^*ba + bb(a+b)^*bb$$

19. (a) 正则表达式为 $(b+c)^*a(b+c)^*a(b+c)^*$。

26. $(rd)^*$ 的图示为：

3.2 节

2.

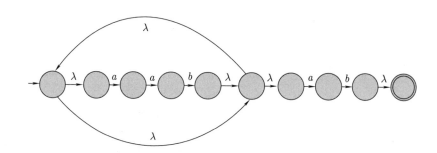

5. 可以从第一原则出发解决这个问题，而不必经过从正则表达式到 NFA 的构建过程。后者当然也可以，但会得到一个更复杂的答案。

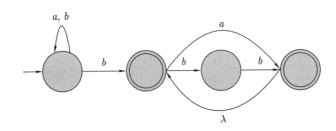

6. (a)

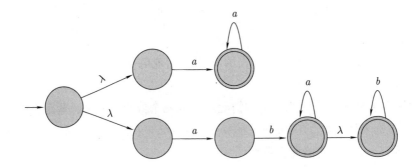

7. (a)

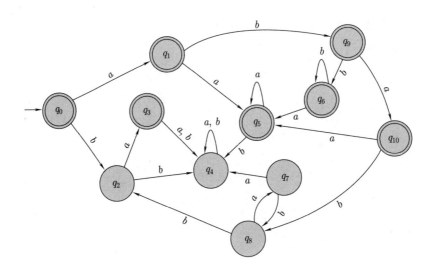

10. (a) 去掉中间节点得到

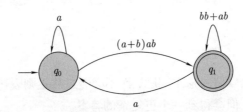

(b) 由式 (3.1)，接受的语言为 $L(r)$，其中

$$r = a^*(a+b)ab(bb+ab+aa^*(a+b)ab)^*$$

15. (a) 将顶点标记为 EE 表示偶数个 a 和偶数个 b，标记为 OE 表示偶数个 a 和奇数个 b，以此类推。然后我们得到广义转换图。

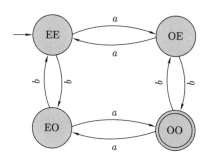

3.3 节

1.

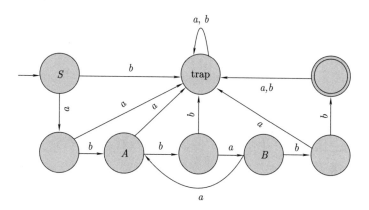

4. 练习题 1 中的语言是 $L = \{abba(aba)^*bb\}$。可以按相反于正则表达式的顺序来构建一个左线性文法。

$$S \to Abb$$

$$A \to Aaba \mid B$$

$$B \to abba$$

6. 构造 $L(aaab^*ab)$ 的文法很容易，然后再对这个语言求闭包，只需要一些小修改即可。

$$S \to aaaA \mid \lambda$$

$$A \to bA \mid B$$

$$B \to ab \mid abS$$

8. 可以通过归纳法证明，如果 w 是由 G 生成的句型，那么 w^R 也可以通过 $\widehat{G}$ 在相同数量的步骤内生成。

因为 w 是通过左线性推导得到的，它必然形如 $w = Aw_1$，其中 $A \in V, w_1 \in T^*$。根据归纳假设，$w^R = w_1^R A$ 可以通过 $\widehat{G}$ 推导出来。如果现在应用 $a \to Bv$，那么

$$w \Rightarrow Bvw_1$$

但 $\widehat{G}$ 包含规则 $A \to v^R B$，因此我们可以用推导

$$w^R \to w_1^R v^R B$$

$$= (Bvw_1)^R$$

完成归纳步骤。

12. 首先构造一个带有助记状态名的 NFA。然后使用定理 3.4 中的构造方法。答案如下：

$$EE \to aOE \mid bEO$$

$$OE \to aEE \mid bOO \mid \lambda$$

$$OO \to bEO$$

$$EO \to bOO \mid \lambda$$

14. (b) 使用助记状态名来表示 a 和 b 的偶数–奇数对，可以得到一个 DFA 的解。然后再从 DFA 得到文法。

$$EE \to aOE \mid bEO \mid \lambda$$

$$OE \to aEE \mid bOO$$

$$EO \to aOO \mid bEE$$

$$OO \to aEO \mid bOE$$

15. 对于右线性文法中的每个具有多个终结符的规则，依次用变元和新规则替代终结符。例如，对于规则

$$A \to a_1 a_2 B$$

引入变元 C 和新的产生式：

$$A \to a_1 C$$

$$C \to a_2 B$$

第 4 章

4.1 节

2. $(L_1 \cup L_2)^* L_2$ 的一个正则表达式为

$$((ab^*aa) + (a^*bba^*))^* (a^*bba^*)$$

4. 根据德摩根定律，$L_1 \cap L_2 = \overline{\overline{L_1} \cup \overline{L_2}}$。因此，如果语言族在补集和并集下封闭，那么 $L_1 \cap L_2$ 一定属于这个语言族。

9. 通过归纳法。根据定理 4.1，我们知道两个正则语言的并集也是一个正则语言。现在假设对于任何 $k \leqslant n-1$，

$$\bigcup_{i=\{1,2,\cdots,k\}} L_i$$

是正则语言。那么，

$$L_U = \bigcup_{i=\{1,2,\cdots,n\}} L_i = \left(\bigcup_{i=\{1,2,\cdots,n-1\}} L_i \right) \cup L_n$$

就是两个正则语言的并集。因此 L_U 是一个正则语言。

对于正则语言的交集的类似论证也表明 L_I 是一个正则语言。因此，正则语言在有限次交运算下是封闭的。

11. 注意

$$\mathrm{nor}\,(L_1, L_2) = \overline{L_1 \cup L_2}$$

然后，可以由封闭性在交集和补集下成立而得出。

16. 答案是肯定的。可以通过从集合恒等式出发得出，即

$$L_2 = ((L_1 \cup L_2) \cap \overline{L_1}) \cup (L_1 \cap L_2)$$

关键观察是，由于 L_1 是有穷的，所以对于所有的 L_2，$L_1 \cap L_2$ 都是有穷的，因此是正则的。其余部分则很容易根据已知的并集和补集封闭性得出。

17. 如果 r 是语言 L 的正则表达式，s 是 Σ 的正则表达式，那么 rss 是语言 L_1 的正则表达式，因而 L_1 是正则的。

20. 使用 $L_1 = \Sigma^*$。然后，对于任何 L_2，$L_1 \cup L_2 = \Sigma^*$，这是正则的。那么所给的命题暗示任何 L_2 都是正则的[⊖]。

22. 我们可以使用以下构造方法。找到所有状态 P，使得从初始顶点到 P 中的某个元素以及从该元素到最终状态存在路径。然后将 P 中的每个元素都设置为最终状态。

⊖　显然不可能任何 L_2 都是正则的。——译者注

27. 假设 $G_1 = (V_1, T, S_1, P_1)$ 和 $G_2 = (V_2, T, S_2, P_2)$。不失一般性，我们可以假设 V_1 和 V_2 是不相交的。合并这两个文法并且：

(a) 让 S 成为新的初始符号，并添加产生式 $S \to S_1 | S_2$。

(b) 在 P_1 中，将形如 $A \to x$ 的产生式替换为 $A \to x S_2$，其中 $A \in V_1$ 且 $x \in T^*$。

(c) 在 P_1 中，将形如 $A \to x$ 的产生式替换为 $A \to x S_1$，$S_1 \to \lambda$，其中 $A \in V_1$，$x \in T^*$。

4.2 节

1. 使用 L 的 DFA M，交换初始状态和最终状态，反转所有边，得到 L^R 的 DFA $\widehat{M}$。由定理 4.5，我们可以检查 $w \in L^R$，或等价地 $w^R \in L$。

4. 既然 $L_1 - L_2$ 是正则的，由定理 4.5 可知，存在这样的算法。

7. 构造 DFA，那么 $\lambda \in L$ 当且仅当 $q_0 \in F$。

10. 因为 L^* 和 L 都是正则的，由定理 4.7 可知，存在算法判断正则语言间的等价性。

13. 如果 L 中不存在偶数长度的字符串，那么

$$L\left((aa + ab + ba + bb)^*\right) \cap L = \varnothing$$

因此，由定理 4.6，结果得证。

17. 构造 $L(G_1)$ 的 DFA M_1，和 $L(G_2)$ 的 DFA M_2。然后使用定理 3.1 中的构造方法，得到 $L = L(G_1) \cup L(G_2)$ 的 NFA。检查 L 与 Σ^* 的等价性。

4.3 节

1. 假设 L 是正则的，给定 m，然后我们选择 $w = a^m b c^m$，属于 L。现在，因为 $|xy|$ 不能大于 m，对于某个 $k \geqslant 1$，很明显 $y = a^k$ 是唯一可能的选择。然后抽吸的字符串是

$$w_i = a^{m+(i-1)k} b c^m \in L$$

其中，所有 $i = 0, 1, \cdots$。但是 $w_2 = a^{m+k} b c^m \notin L$。这个矛盾表明 L 不是一个正则语言。

3. 使用正则语言的同态封闭性。取

$$h(a) = a, \quad h(b) = a, \quad h(c) = c, \quad h(d) = c$$

然后

$$h(L) = \left\{ a^{n+k} c^{n+k} : n + k > 0 \right\}$$

$$= \left\{ a^i c^i : i > 0 \right\}$$

根据例 4.7 中的论证，$h(L)$ 是非正则的。因此 L 也是非正则的。

5. (a) 假设 L 是正则的，给定 m，然后我们选择 $w = a^m b^m c^{2m}$，属于 L。现在，因为 $|xy|$ 不能大于 m，对于某个 $k \geqslant 1$，很明显 $y = a^k$ 是唯一可能的选择。因此根据泵引理，

$$w_i = a^{m+(i-1)k} b^m c^{2m} \in L$$

对于所有 $i = 0, 1, \cdots$。但是 $w_0 = a^{m-k} b^m c^{2m} \notin L$，因为 $m - k + m < 2m$。因此 L 是非正则的。

(f) 假设 L 是非正则的，给定 m，然后我们选择 $w = a^m b a^m b$，属于 L。字符串 y 必须是 a^k，然后抽吸的字符串将是

$$w_i = a^{m+(i-1)k} b a^m b \in L$$

其中 $i = 0, 1, \cdots$。但是 $w_0 = a^{m-k} b a^m b \notin L$。因此 L 是非正则的。

6. (a) 假设 L 是正则的，给定 m。令 p 是大于等于 m 的最小质数。然后我们选择 $w = a^p$，属于 L。字符串 y 必须是 a^k，然后抽吸的字符串将是

$$w_i = a^{p+(i-1)k} \in L$$

其中 $i = 0, 1, \cdots$。但是 $w_{p+1} = a^{p+pk} = a^{p(1+k)} \notin L$。因此 L 是非正则的。

7. (a) 由于

$$L = \{a^n b^n : n \geqslant 1\} \cup \{a^n b^m : n \geqslant 1, m \geqslant 1\}$$
$$= \{a^n b^m : n \geqslant 1, m \geqslant 1\}$$

它显然是正则的。

12. 假设 L 是正则的，给定 m。我们选择 $w = a^{m!}$，它属于 L。字符串 y 必须是 a^k，对于某个 $1 \leqslant k \leqslant m$，抽吸的字符串将是

$$w_i = a^{(m!)+(i-1)k} \in L$$

其中 $i = 0, 1, \cdots$。但是 $w_2 = a^{m!+k} \notin L$，因为 $m! + k \leqslant m! + m < (m+1)!$。因此 L 是非正则的。

18. (a) 这个语言是正则的。最容易看出这一点的方法是将问题分为几种情况，比如 $l = 0$，$k = 0$，$n > 5$，对于这些情况可以轻松构造正则表达式。

(e) 这个语言是非正则的。假设给定 m，我们选择 $w = a^m b^{m+1}$。因此，对于某个 $1 \leqslant k \leqslant m$，我们的对手只能选择 $y = a^k$。抽吸的字符串是 $w_i = a^{m+(i-1)k} b^{m+1}$。例如，$w_3 = a^{m+2k} b^{m+1}$ 违反了所需的条件，因为 $m + 1 < m + 2k$。

24. 取 $L_i = \{a^i b^i\}$，$i = 0, 1, \cdots$。对于每个 i，L_i 都是有限的，因此是正则的，但所有语言的并集是非正则语言 $L = \{a^n b^n : n \geqslant 0\}$。

第 5 章

5.1 节

1. (b) $S \to aAb$, $A \to aaAbb \mid \lambda$

2. 推导树为

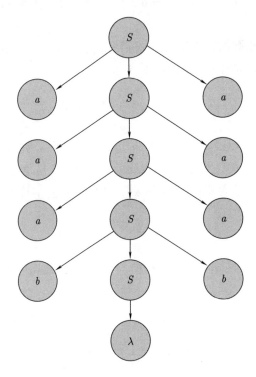

9. (a) $S \to aSb|A|B$, $A \to \lambda|a|aa|aaa$, $B \to bB|b$

   (e) 分为两部分：$n_a(w) > n_b(w)$ 和 $n_b(w) > n_a(w)$。对于第一部分，生成相等数量的 a 和 b，然后添加更多的 a。对于第二部分，添加更多的 b，以使 $n_b(w) > n_a(w)$。

$$S \to A \mid B$$
$$A \to EaE \mid EaA$$
$$B \to EbE \mid EbB$$
$$E \to EE|aEb|bEa \mid \lambda$$

10. 文法生成的语言可以通过递归方式描述为：

$$L = \{w : w = aub \text{ 或 } w = bua \text{ 其中 } u \in L, \lambda \in L\}$$

12. (a) 我们将问题分成两部分：$L_1 = \{a^n b^m c^k : n = m\}$ 和 $L_2 = \{a^n b^m c^k : m \leqslant k\}$。然后使用文法 $S \to S_1|S_2$，其中 S_1 推导出 L_1，S_2 推导出 L_2。以下是一个文法示

例:

$$S \to S_1C \mid AS_2$$

$$S_1 \to aS_1b \mid \lambda$$

$$S_2 \to bS_2c \mid C$$

$$A \to aA \mid \lambda$$

$$C \to cC \mid \lambda$$

(e)

$$S \to aSc|B, \quad B \to bBcc|\lambda$$

15.

$$S \to aSb \mid S_1$$

$$S_1 \to aS_1a \mid bS_1b \mid \lambda$$

16. (a) 如果 S 推导出 L, 那么 $S_2 \to SS$ 推导出 L^2。

26. 文法有四个变元 $\{S, V, R, T\}$, 终结符为

$$T = \{a, b, A, B, C, \to\}$$

产生式为

$$S \to V \to R$$

$$R \to TR \mid \lambda$$

$$V \to A|B|C$$

$$T \to a|b|A|B|C \mid \lambda$$

5.2 节

2. 对于任何属于文法 G 的字符串 w, 其中 G 是一个简单文法, 很明显存在唯一的左推导选择。因此, 每个简单文法都是无歧义的。

4.

$$S \to aS_1, \quad S_1 \to aAB, \quad A \to aAB \mid b, \quad B \to b$$

8. 以下是字符串 $w = aaab$ 的两个左推导:

$$S \Rightarrow aaaB \Rightarrow aaab$$

$$S \Rightarrow AB \Rightarrow AaB \Rightarrow AaaB \Rightarrow aaaB \Rightarrow aaab$$

13. 从正则语言的 DFA 中，我们可以通过定理 3.4 的方法获得一个正则文法。这个文法是一个简单文法，除了 $q_f \rightarrow \lambda$ 这个规则。但是这个规则不会引入任何歧义。由于 DFA 没有选择，所以在应用产生式时也从不会有选择。

15. 可能。例如，$S \rightarrow aS_1|ab$，$S_1 \rightarrow b$。语言 $L(ab)$ 是有限的，因此是正则的。但是 $S \Rightarrow ab$ 和 $S \Rightarrow aS_1 \Rightarrow ab$ 是两个不同的推导，用于生成 ab。

17. 字符串 $abab$ 可以通过以下两种方式推导出来：

$$S \Rightarrow aSbS \Rightarrow abS \Rightarrow abaSbS \Rightarrow ababS \Rightarrow abab$$

或者

$$S \Rightarrow aSbS \Rightarrow abSaSbS \Rightarrow abaSbS \Rightarrow ababS \Rightarrow abab$$

因此，这个文法是有歧义的。

第 6 章

6.1 节

2. 如果我们消除变元 B，就会得到第二个文法。

6. 首先，我们确定可以导出终结符字符串的变元集合。因为只有 S 是这样的变元，所以可以移除 A 和 B，然后得到以下文法：

$$S \rightarrow aS \mid \lambda$$

这个文法生成 $L(a^*)$。

7. 首先，我们注意到除了 C 以外的每个变元都可以导出终结符字符串。因此，文法变成了以下形式：

$$S \rightarrow a|aA|B$$

$$A \rightarrow aB \mid \lambda$$

$$B \rightarrow Aa$$

$$D \rightarrow ddd$$

接下来，我们想要消除从初始变元无法到达的变元。显然，D 是无用的，所以我们将其从产生式列表中移除。得到的文法没有无用的产生式。

$$S \rightarrow a|aA|B$$

$$A \rightarrow aB \mid \lambda$$

$$B \rightarrow Aa$$

10. 唯一的可空变元是 A，因此去除 λ-产生式得到

$$S \to aA|a|aBB$$

$$A \to aaA \mid aa$$

$$B \to bC \mid bbC$$

$$C \to B$$

$C \to B$ 是唯一的单一产生式，去除它得到

$$S \to aA|a|aBB$$

$$A \to aaA \mid aa$$

$$B \to bC \mid bbC$$

$$C \to bC \mid bbC$$

最后，B 和 C 都是无用的，因此我们得到

$$S \to aA \mid a$$

$$A \to aaA \mid aa$$

这个文法生成的语言是 $L((aa)^*a)$。

17. 一个例子是

$$S \to aA$$

$$A \to BB$$

$$B \to aBb \mid \lambda$$

当删除 λ-产生式后得到

$$S \to aA \mid a$$

$$A \to BB \mid B$$

$$B \to aBb \mid ab$$

21. 这种相对简单的替代可以通过一个直接的论证来证明。证明第一个文法可导出的每个字符串也可以由第二个文法导出，反之亦然。

25. 这是一个困难的问题，因为很难直观地理解结果。可以通过展示由一种文法生成的关键句型也可以由另一种文法生成来完成证明。其中的一个重要步骤是证明，如果

$$A \overset{*}{\Rightarrow} Ax_k \cdots x_j x_i \Rightarrow y_r x_k \ldots x_j x_i$$

那么使用修改后的文法，我们可以得到推导

$$A \Rightarrow y_r Z \Rightarrow \cdots \overset{*}{\Rightarrow} y_r x_k \cdots x_j x_i$$

这实际上是一个重要的结果，涉及从文法中去除某些左递归产生式，并且在讨论将文法转换为格雷巴赫范式的一般算法时是必需的。

6.2 节

3. 首先消除单一产生式 $S \to aSaaA|abA|bb$，$A \to abA|bb$。然后应用定理 6.6。

$$S \to V_a D_1 \,|V_a E_1|\, V_b V_b$$

$$D_1 \to SD_2$$

$$D_2 \to V_a D_3$$

$$D_3 \to V_a A$$

$$E_1 \to V_b A$$

$$A \to V_a E_1 \mid V_b V_b$$

$$V_a \to a$$

$$V_b \to b$$

7. 这是变元的依赖关系图。

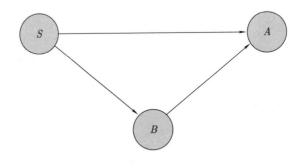

8. 引入一个新的变元 V_1，并使用以下产生式：

$$V_1 \to a_2 \cdots a_n B b_1 b_2 \cdots b_m$$

以及

$$A \to a_1 V_1$$

继续这个过程，引入 V_2，并使用以下产生式：

$$V_2 \to a_3 \cdots a_n B b_1 b_2 \cdots b_m$$

以此类推，直到左侧不再有终结符。然后使用类似的过程来消除右侧的终结符。

10. 引入新的变元 $V_a \to a$ 和 $V_b \to b$，我们立即得到格雷巴赫范式。

$$S \to aSV_b \,|\, bSV_a \,|\, a \,|\, b \,|\, aV_b$$

$$V_a \to a$$

$$V_b \to b$$

13. 在文法中去除单一产生式 $A \to B$ 后，我们得到新的产生式规则 $A \to aaA \,|\, bAb$。接下来，将新的产生式代入 S，得到一个等价的文法：

$$S \to aaABb \,|\, bAbBb \,|\, a \,|\, b$$

$$A \to aaA \,|\, bAb$$

$$B \to bAb$$

通过引入产生式 V_a 和 V_b，我们可以将这个文法转换为格雷巴赫范式。

$$S \to aV_aABV_b \,|\, bAV_bBV_b \,|\, a \,|\, b$$

$$A \to aV_aA \,|\, bAV_b$$

$$B \to bAV_b$$

$$V_a \to a$$

$$V_b \to b$$

6.3 节

4. 首先将文法转换为乔姆斯基范式：

$$S \to AC \,|\, b$$

$$C \to SB$$

$$B \to b$$

$$A \to a$$

然后，我们可以使用转换后的文法计算字符串 $aaabbbb$ 的 V_{ij}。

$$V_{11} = V_{22} = V_{33} = \{A\}, \quad V_{44} = V_{55} = V_{66} = V_{77} = \{S, B\}$$

$$V_{12} = V_{23} = V_{34} = \varnothing, \quad V_{45} = V_{56} = V_{67} = \{C\}$$

$$V_{13} = V_{24} = V_{46} = V_{57} = \varnothing, \quad V_{35} = \{S\}$$

$$V_{14} = V_{25} = V_{47} = \varnothing, \quad V_{36} = \{C\}$$

$$V_{15} = V_{37} = \varnothing, \quad V_{26} = \{S\}$$

$$V_{16} = \varnothing, \quad V_{27} = \{C\}$$

$$V_{17} = \{S\}$$

因为 $S \in V_{17}$，字符串 $aaabbbb$ 属于该文法生成的语言。

第 7 章

7.1 节

3. (c) 令新的 PDA 的初始状态为 p_0，q 和 q' 分别表示 (a) 和 (b) 的初始状态。然后我们设置

$$\delta(p_0, \lambda, z) = \{(q_0, z), (q'_0, z)\}$$

4. 不需要状态 q_1。用 q_0 替代 q_1 的所有出现位置。主要的难点在于令人信服地论证这个替代是有效的。

6. (a)

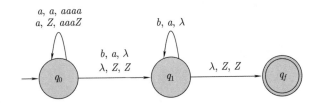

(d) 从栈中初始的 z 开始。当输入符号是 a 时，在栈上放置一个标记 a，当输入是 b 时，消耗一个标记 a。当栈中的所有 a 都被消耗完且输入是 b 时，在栈上放置一个标记 b。在输入变成 c 之后，消除栈上的一个标记。如果在输入完成时，栈上只剩下 z，那么字符串将被接受。

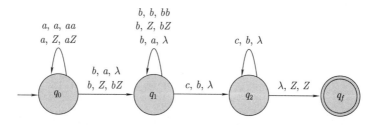

8. 乍一看，这个问题似乎很简单：将 w_1 放入栈中，然后在检测到与 w_2 不匹配时进入最终陷阱状态。但如果两个子字符串的长度不相等 (比如，如果 $w_2 = w_1^R v$)，那么这种方法是不完整的。解决这个问题的一种方法是将问题进行非确定性拆分，分为 $w_1 = w_2$ 和 $w_1 \neq w_2$ 两种情况。

18. 在这里，我们使用内部状态来记住要放入栈中的符号。例如，将

$$\delta(q_i, a, b) = \{(q_j, cde)\}$$

替换为

$$\delta(q_i, a, b) = \{(q_{jc}, de)\}$$

$$\delta(q_{jc}, \lambda, d) = \{(q_j, cd)\}$$

由于 δ 只能有有限数量的元素，而且每个元素只能向栈中添加有限的信息，因此这种构造可以对任何 PDA 进行。

7.2 节

2. 将该文法转换为格雷巴赫范式

$$S \to aSSSA \mid \lambda$$

$$A \to aB$$

$$B \to b$$

根据定理 7.1 的构造，我们得到的解为

$$\delta(q_0, \lambda, z) = \{(q_1, Sz)\}$$

$$\delta(q_1, a, S) = \{(q_1, SSSA)\}$$

$$\delta(q_1, a, A) = \{(q_1, B)\}$$

$$\delta(q_1, \lambda, S) = \{(q_1, \lambda)\}$$

$$\delta(q_1, b, B) = \{(q_1, \lambda)\}$$

$$\delta(q_1, \lambda, z) = \{(q_f, z)\}$$

其中 $F = \{q_f\}$。

4. 对于字符串 $aabb$，该 NPDA 执行迁移

$$(q_0, aabb, z) \vdash (q_1, aabb, Sz) \vdash (q_1, abb, SAz) \vdash (q_1, bb, Az)$$

$$\vdash (q_1, b, Bz) \vdash (q_1, \lambda, z) \vdash (q_2, \lambda, \lambda)$$

因为 q_2 是最终状态，该 PDA 接受字符串 $aabb$。类似地，对于字符串 $aaabbbb$，有

$$(q_0, aaabbbb, z) \vdash (q_1, aaabbbb, Sz) \vdash (q_1, aabbbb, SAz) \vdash (q_1, abbbb, SAAz)$$

$$\vdash (q_1, bbbb, AAz) \vdash (q_1, bbb, BAz) \vdash (q_1, bb, Az)$$

$$\vdash (q_1, b, Bz) \vdash (q_1, \lambda, z) \vdash (q_2, \lambda, \lambda)$$

因此 $aaabbbb$ 也被该 PDA 接受。

6. 首先将文法转换为格雷巴赫范式，得到 $S \rightarrow aSSS$, $S \rightarrow bA$, $A \rightarrow a$。然后按照定理 7.1 的构造方法进行操作。

$$\delta(q_0, \lambda, z) = \{(q_1, Sz)\}$$

$$\delta(q_1, a, S) = \{(q_1, SSS)\}$$

$$\delta(q_1, b, S) = \{(q_1, A)\}$$

$$\delta(q_1, a, A) = \{(q_1, \lambda)\}$$

$$\delta(q_1, \lambda, z) = \{(q_f, z)\}$$

9. 根据定理 7.2，给定任何 NPDA，我们可以构造一个等价的上下文无关文法。然后，使用定理 7.1，我们可以从那个文法构造一个等价的三状态 NPDA。

13. 必须至少由一个 a 开始。之后，$\delta(q_0, a, A) = \{(q_0, A)\}$ 简单地读取 a，而不改变栈的内容。最后，当遇到第一个 b 时，PDA 进入状态 q_1，从那里它只能进行一个 λ-转换到最终状态。因此，一个字符串将被接受，当且仅当它由一个或多个 a 后跟一个单独的 b 组成。

14. 从示例 7.8 中的文法中，我们找到一个推导

$$(q_0 z a_2) \Rightarrow a(q_0 A q_3)(q_3 z q_2)$$

$$\Rightarrow aa(q_3 z a_2)$$

$$\Rightarrow aa(q_0 A q_3)(q_3 z q_2)$$

$$\Rightarrow aaa(q_0 A q_3)(q_3 z q_2)$$

$$\overset{*}{\Rightarrow} aa^*(q_0 A q_3)(q_3 z q_2)$$

$$\Rightarrow aa^* (q_3 z q_2)$$

$$\Rightarrow aa^* (q_0 A q_1) (q_1 z q_2)$$

$$\Rightarrow aa^* (q_1 z q_2)$$

$$\Rightarrow aa^* b$$

19. 关键在于终结符在很大程度上可以视为变元。例如，如果

$$A \rightarrow abBBc$$

那么 PDA 必须具有转换

$$(q_1, bBBc) \in \delta (q_1, a, A)$$

和

$$(q_1, BB) \in \delta (q_1, b, b)$$

其中 $a, b, c \in T \cup \{\lambda\}$。

7.3 节

2. 对示例 7.4 进行直接修改。当输入为 a 时，放入两个标记；当输入为 b 时，只移除一个标记。解决方案如下：

$$\delta (q_0, a, z) = \{(q_1, AAz)\}$$

$$\delta (q_1, a, A) = \{(q_1, AAA)\}$$

$$\delta (q_1, b, A) = \{(q_2, \lambda)\}$$

$$\delta (q_2, b, A) = \{(q_2, \lambda)\}$$

$$\delta (q_2, \lambda, z) = \{(q_0, z)\}$$

其中 $F = \{q_0\}$。

4. 这个 DPDA 在读取前缀 $a^n b^{n+3}$ 后进入最终状态。如果后面跟着更多的 b，它将保持在这个状态，并且接受任何 $m > n + 3$ 的 $a^n b^m$。以下是完整的解决方案。

$$\delta (q_0, \lambda, z) = \{(q_1, AAz)\}$$

$$\delta (q_1, a, A) = \{(q_1, AA)\}$$

$$\delta (q_1, b, A) = \{(q_2, \lambda)\}$$

$$\delta (q_2, b, A) = \{(q_2, \lambda)\}$$

$$\delta(q_2, b, z) = \{(q_3, z)\}$$

$$\delta(q_3, b, z) = \{(q_3, z)\}$$

其中 $F = \{q_3\}$。

6. 乍一看，这个语言可能看起来是一个非确定性语言，因为前缀 a 需要两种不同类型的后缀。然而，这个语言是确定性的，因为我们可以构造一个 DPDA。这个 DPDA 在第一个输入符号为 a 时进入最终状态。如果后面跟着更多符号，它会离开这个状态，然后接受 $a^n b^n$。一个完整的解决方案如下：

$$\delta(q_0, a, z) = \{(q_3, Az)\}$$

$$\delta(q_3, a, A) = \{(q_1, AA)\}$$

$$\delta(q_1, a, A) = \{(q_1, AA)\}$$

$$\delta(q_1, b, A) = \{(q_2, \lambda)\}$$

$$\delta(q_2, b, A) = \{(q_2, \lambda)\}$$

$$\delta(q_2, \lambda, z) = \{(q_3, z)\}$$

$$\delta(q_3, b, A) = \{(q_2, \lambda)\}$$

其中 $F = \{q_3\}$。

9. 直观地说，如果我们在字符串的开头就知道我们想要哪种情况，我们可以检查 $n = m$ 或者 $m = k$。但我们无法以确定的方式做出这个决定。

11. 解决方法很直接。将 a 和 b 放入栈中。c 信号从保存切换到匹配，所以一切都可以以确定的方式完成。

17. 令 $L_1 = \{a^n b^n : n \geqslant 0\}$，$L_2 = \{a^n b^{2n} c : n \geqslant 0\}$。显然，$L_1 \cup L_2$ 是非确定的。但其反转是 $\{b^n a^n\} \cup \{cb^{2n} a^n\}$，通过查看第一个符号可以以确定的方式识别。

7.4 节

1. (c) 我们可以将属于 L 的字符串重写为如下形式：

$$a^n b^{n+2} c^m = a^n b^n b^2 c^2 c^{m-2} = a^n b^n b^2 c^2 c^k$$

其中 $n \geqslant 1$，$k \geqslant 1$。可以通过以下方式获得 L 的文法。

$$S \to ABC$$

$$A \to aAb \mid ab$$

$$B \to bbcc$$

$$C \to cC \mid c$$

我们声明这个文法是 LL(2) 的。首先，初始产生式必须是 $S \to ABC$。对于 $a^n b^n$ 的部分，如果前瞻是 aa，那么我们必须使用 $A \to aAb$；如果是 ab，那么我们只能使用 $A \to \lambda$。对于剩下的部分，不会有产生式的选择，所以这个文法是 LL(2) 的。

3. 考虑字符串 $aabb$ 和 $aabbbbaa$。在第一种情况下，推导必须以 $S \Rightarrow aSb$ 开始，而在第二种情况下，$S \Rightarrow SS$ 是必要的第一步。但如果我们只看前四个符号，我们无法确定哪种情况适用。因此，这个文法不是 LL(4) 的。由于可以构造类似的例子来说明对于任意长的字符串都不是 LL(k) 的，所以这个文法对于任何 k 都不是 LL(k) 的。

第 8 章

8.1 节

2. 给定 m，我们选择 $w = a^m c^m b^m$，它属于 L。对手现在有几种选择。如果他选择 vxy 只包含 b、a 或 c，那么显然对于某个 $i \geqslant 1$，被抽吸的字符串 w_i 将不属于 L。因此，对手选择 $v = a^k$，$y = c^l$。然后被抽吸的字符串是 $w_i = a^{m+(i-1)k} c^{m+(i-1)l} b^m$。然而，如果 $l \neq 0$，则 $n_c(w_2) = m + l > m = n_b(w_0)$，所以 w_2 不属于 L。另一方面，如果 $l = 0$，则被抽吸的字符串 $n_a(w_0) = m - k \neq m = n_b(w_0)$，所以 w_0 不属于 L。类似地，如果对手选择 vxy 包含 c 和 b，他也无法获胜。因此，泵引理失败，L 不是上下文无关的。

6. 给定 m，我们选择 $w = a^m b^{2m}$，它属于 L，对手唯一的选择是 $v = a^k$，$y = b^l$。被抽吸的字符串是 $w_i = a^{m+(i-1)k} b^{2m+(i-1)l}$。我们声明 w_0 和 w_2 不能同时属于 L，因此泵引理失败，L 不是上下文无关的。为了证明这一点，让我们假设 w_0 和 w_2 都属于 L，那么我们一定有

$$2^{m-k} = 2^m - l$$

和

$$2^{m+k} = 2^m + l$$

现在将上述两个方程相乘，我们得到

$$2^{m-k} 2^{m+k} = (2^m - l)(2^m + l)$$

即

$$2^{2m} = 2^{2m} - l^2$$

由于 $l = 0$ 意味着 $k = 0$，而这又意味着 $|vy| = 0$，得出矛盾。

7. 给定 m，我们选择 $w = a^m b^m c^{m^2}$，它属于 L。很容易看出，对手令人困扰的只有选择 $v = b^k$，$y = c^l$，其中 $k \neq 0$，$l \neq 0$。然后被抽吸的字符串是 $w_i =$

$a^m b^{m+(i-1)k} c^{m^2+(i-1)l}$。然而，对于 $w_0 = a^m b^{m-k} c^{m^2-l}$，我们有

$$m(m-k) = m^2 - mk < m^2 - l$$

因为 $l \leqslant m$ 且 $k \geqslant 1$。所以 w_0 不属于 L，因此 L 不是上下文无关的。

8. (a) 这个语言是上下文无关的。一个适用于它的文法如下：

$$S \rightarrow aSb \mid S_1$$

$$S_1 \rightarrow aS_1a \mid bS_1b \mid \lambda$$

(d) 该语言是上下文无关语言，NPDA 如下

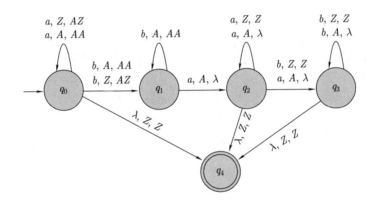

(f) 该语言不是上下文无关语言。可以对 $w = a^m b^m c^m$ 应用泵引理，再去检查 v 和 y 的各种选择。

11. 这个语言是上下文无关的，具有以下文法：

$$S \rightarrow S_1 S_1$$

$$S_1 \rightarrow aS_1b \mid \lambda$$

接下来我们要确定这个语言是不是线性的。给定 m，我们选择 $w = a^m b^m a^m b^m$，它属于 L。显然，无论 vxy 如何分解，它都必须具有 $v = a^k$，$y = b^l$ 的形式。然后被抽吸的字符串是 $w_i = a^{m+(i-1)k} b^m a^m b^{m+(i-1)l}$，其中 $1 \leqslant k+l \leqslant m$。对于 $w_0 = a^{m-k} b^m a^m b^{m-l} \notin L$。因此，$L$ 是上下文无关的，但不是线性的。

8.2 节

3. 对于每个 $a \in T$，将其替换为 $h(a)$。新的一组产生式给出了一个上下文无关文法 $\widehat{G}$。简单的归纳表明 $L(\widehat{G}) = h(L)$。

7. 这些论证类似于定理 8.5。考虑 $\Sigma^* - L = \overline{L}$。如果上下文无关语言在差运算下封闭，那么 $\overline{L}$ 总是上下文无关的，这与已有的结果相矛盾。

为了证明这个封闭性结果对于 L_2 正则同样成立，注意正则语言在补集下是封闭的。L_2 是正则的，所以 $(\overline{L_2})$ 也是正则的。因此，根据定理 8.5，$L_1 - L_2 = L_1 \cap (\overline{L_2})$ 是上下文无关的。

9. 给定两个线性文法 $G_1 = (V_1, T, S_1, P_1)$ 和 $G_2 = (V_2, T, S_2, P_2)$，其中 $V_1 \cap V_2 = \varnothing$，构造结合的文法

$$\widehat{G} = (V_1 \cup V_2, T, S, P_1 \cup P_2 \cup S \to S_1 \mid S_2)$$

那么，$\widehat{G}$ 是线性的且 $L(\widehat{G}) = L(G_1) \cup L(G_2)$。为了证明线性语言在串联运算下不封闭，取线性语言 $L = \{a^n b^n : n \geqslant 1\}$ 作为例子。可以通过应用泵引理来证明语言 L^2 不是线性的。

15. 语言 $L_1 = \{a^n b^n c^m\}$ 和 $L_2 = \{a^n b^m c^m\}$ 都是有歧义的。但它们的交集 $\{a^n b^n c^n\}$ 不是上下文无关的。

21. $\lambda \in L(G)$ 当且仅当 S 是可空的。

23. 让 L_1 是给定的上下文无关语言，$L_2 = \{w \in \varSigma^* : |w|$ 是偶数$\}$。由于 L_2 是正则的，根据定理 8.5，$L = L_1 \cap L_2$ 是上下文无关的。因此，根据定理 8.6，存在一个算法来确定 L 是否为空。这意味着存在一个算法来确定 L_1 是否包含任何偶数长度的字符串。

第 9 章

9.1 节

1. 接受语言 L 的图灵机是

$$\delta(q_0, a) = (q_1, a, R)$$

$$\delta(q_1, a) = (q_2, a, R)$$

$$\delta(q_2, a) = (q_3, a, R)$$

$$\delta(q_3, a) = (q_3, a, R)$$

$$\delta(q_3, b) = (q_4, b, R)$$

$$\delta(q_3, \square) = (q_5, \square, L)$$

$$\delta(q_4, b) = (q_4, b, R)$$

$$\delta(q_4, \square) = (q_5, \square, L)$$

其中 $F = \{q_5\}$。

4. 在这两种情况下，图灵机都会在非最终状态 q_3 中停止。即时描述是

$$q_0aba \vdash xq_1ba \vdash q_2xya \vdash xq_0ya$$

和

$$q_0aaabbbb \overset{*}{\vdash} xaaq_2ybbb \overset{*}{\vdash} xxxq_2yyyb \overset{*}{\vdash} xxxq_0yyyb \overset{*}{\vdash} xxxyyyq_3b$$

8. (b) 带有 $F = \{q_2\}$ 的转移图是

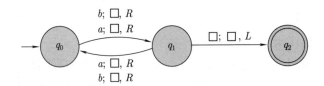

(f) 带有 $F = \{q_6\}$ 的转移图是

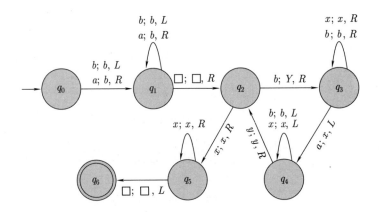

10. 为了解决这个问题，我们进行以下过程：

(a) 将每个 0 替换为 x，将每个 1 替换为 y。

(b) 找到 w 中最左边不是 z 的符号，并通过进入相应的内部状态来记住它，然后将其替换为 z。

(c) 向左移动到第一个空格单元，并根据记住的符号关联的内部状态创建一个 0 或 1。

(d) 重复步骤 2 和步骤 3，直到没有更多的 x 和 y。

解决方案的图灵机有点复杂。

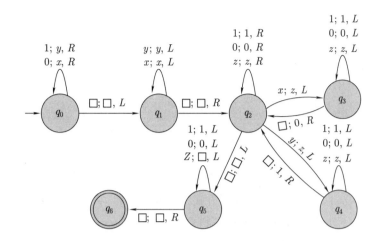

12. 使用一进制表示法来表示 w，解决这个问题的图灵机是：

$$\delta(q_0, 1) = (q_1, \square, R)$$

$$\delta(q_0, \square) = (q_4, \square, L)$$

$$\delta(q_1, 1) = (q_2, \square, R)$$

$$\delta(q_1, \square) = (q_4, \square, L)$$

$$\delta(q_2, 1) = (q_3, 1, L)$$

$$\delta(q_2, \square) = (q_4, \square, L)$$

$$\delta(q_3, \square) = (q_4, \square, R)$$

其中 $F = \{q_4\}$。

13. (a) 使用示例 9.10 中的构造方法来复制 x，然后在结果字符串中添加一个符号 1。该图灵机具有以下转移函数。

$$\delta(q_0, 1) = (q_0, x, R)$$

$$\delta(q_0, \square) = (q_1, \square, L)$$

$$\delta(q_1, 1) = (q_1, 1, L)$$

$$\delta(q_1, x) = (q_2, 1, R)$$

$$\delta(q_2, 1) = (q_2, 1, R)$$

$$\delta(q_2, \square) = (q_1, 1, L)$$

$$\delta(q_1, \square) = (q_3, 1, L)$$

$$\delta(q_3, \square) = (q_4, \square, R)$$

其中 $F = \{q_4\}$。

9.2 节

2. 假设我们使用符号 s 来表示减号。例如，$s111 = -3$。另外，假设我们对一进制减法 $x - y$ 的输入表示为 $0w(x)sw(y)0$，那么下面的减法器的构造大纲用于执行计算：

$$q_00w(x)sw(y)0 \quad \overset{*}{\vdash} \ q_f(w(x) - w(y)) \qquad \text{如果 } x \geqslant y$$
$$\overset{*}{\vdash} \ q_fs(w(y) - w(x)) \qquad \text{如果 } x < y$$

其中 $F = \{q_f\}$。然后可以按以下方式执行减法：

(i) 重复以下步骤，直到 x 或 y 不再包含 1。对于 $w(x)$ 中的每个 1，找到 $w(y)$ 中相应的 1，然后分别将这两个 1 替换为标记 z。

(ii) 如果 $w(y)$ 不再包含 1，移除 s 和所有的 z，以获得计算结果，否则只需移除所有的 z，以获得（负）结果。

3. (a) 我们可以将这台机器看作由两个主要部分组成：一个仅将输入加一的“加一器”和一个用于将两个数字相乘的“乘法器”。从结构上看，它们以一种简单的方式组合在一起。

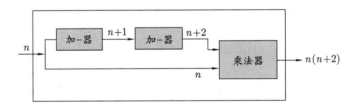

5. (a) 定义宏：

$$3 \text{ split}：将 \ w_1w_2w_3 \ 转换为 \ w_1xw_2xw_3$$
$$\text{reverse}-\text{compare}：将 \ w \ 与 \ w^R \ 进行比较$$

那么图灵机可构造为

步骤 1：输入 3split

步骤 2：reverse $-$ compare w 与 w^R，然后是 reverse $-$ compare w^R 与 w

仅当两个步骤都成功时接受输入。

第 10 章

10.1 节

2. 离线图灵机是一种具有转移函数的图灵机：

$$\delta : Q \times \Sigma \times \Gamma \rightarrow Q \times \Gamma \times \{L, R\}$$

例如

$$\delta\left(q_i, a, b\right) = \left(q_j, c, L\right)$$

表示转移规则仅当机器处于状态 q_i 时才能应用，并且输入文件的只读头看到一个 a，而带的读写头看到一个 b。输入文件上的符号 b 将被替换为 c，然后读写头将向左移动。此时，输入文件的只读头向右移动，控制单元将其状态更改为 q_j。

对于标准图灵机的模拟，模拟机的带分为两部分，一部分用于输入文件，另一部分用于工作带。在任何特定步骤中，图灵机找到输入部分，记住那里的符号并将其擦除，然后返回工作部分。

5. 图灵机具有转移函数

$$\widehat{\delta} : Q \times \Gamma \to Q \times \Gamma \times I \times \{L, R\}$$

其中 $I = \{1, 2, \cdots\}$。

例如，转移 $\widehat{\delta}(q_i, a) = (q_j, b, 5, R)$ 可以由标准图灵机以如下方式模拟

$$\widehat{\delta}\left(q_i, a\right) = \left(q_{iR_1}, b, R\right)$$

$$\widehat{\delta}\left(q_{iR_1}, c\right) = \left(q_{iR_2}, c, R\right)$$

$$\vdots$$

$$\widehat{\delta}\left(q_{iR_4}, c\right) = \left(q_j, c, R\right)$$

其中 $c \in \Sigma$。

10. 机器具有转移函数

$$\widehat{\delta} : Q \times \Gamma \times \Gamma \times \Gamma \to Q \times \Gamma \times \{L, R\}$$

例如，$\widehat{\delta}(q_i, b, a, c) = (q_j, d, R)$ 表示机器处于状态 q_i。读写头在带上看到一个符号 a，它的左边有一个 b，右边有一个 c。然后，符号 a 将被替换为 d，读写头将向右移动。此时，控制单元将其状态更改为 q_j。

转移 $\widehat{\delta}(q_i, (b, a, c)) = (q_j, d, R)$ 可以由标准图灵机以如下方式模拟

$$\delta\left(q_i, a\right) = \left(q_{iL}, a, L\right)$$

$$\delta\left(q_{iL}, b\right) = \left(q_{iR}, b, R\right)$$

$$\delta\left(q_{iR}, a\right) = \left(q_{iR}, a, R\right)$$

$$\delta\left(q_{iR}, c\right) = \left(q_{ic}, c, L\right)$$

$$\delta\left(q_{ic}, a\right) = \left(q_j, d, R\right)$$

10.2 节

1. (c) 关键是将输入分成两个等长的部分。将第一部分保留在第 1 条带上，将第二部
分移到第 2 条带上。然后，我们可以逐个符号比较两条带上的内容，而不是像标准
图灵机那样来回移动。

　　我们从第 1 条带上最左边的符号开始，如果是 a，则标记为 A，如果是 b，则
标记为 B。然后，以相反的顺序将最右边的符号移动到第 2 条带上，并将其替换为
空白符。在第 1 条带上重复这个过程，标记最左边未标记的符号，然后将最右边的
符号移到第 2 条带上并替换为空白符。当这个过程成功完成且带 1 上没有未标记
的符号时，我们将输入字符串分成两个等长的子字符串。

　　这个想法很简单，但实现起来可能有点烦琐。下面是一个 $F = \{q_7\}$ 的图灵机。

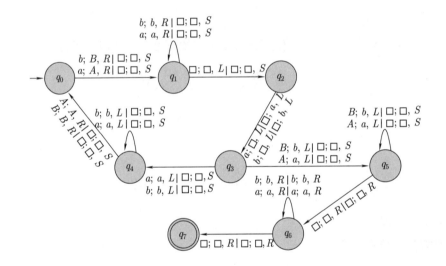

2. 多带离线图灵机是一种具有单个只读输入文件头和 n 条带 (每条带都有一个读写
头) 的机器。其转移函数具有以下形式：

$$\delta : Q \times \Sigma \times \Gamma^n \to Q \times \Gamma^n \times \{L, R\}^n$$

例如，如果 $n = 2$，那么转移

$$\delta(q_i, a, b, c) = (q_j, d, e, R, L)$$

表示转移规则只有在机器处于状态 q_i 时才能应用。输入文件的只读头看到一个 a，
第 1 条带的读写头看到一个 b，第 2 条带的读写头看到一个 c。然后，第 1 条带上
的符号 b 将被替换为 d，并且其读写头向右移动。同时，第 2 条带上的符号 c 将被
重写为 e，并且其读写头将向左移动。最后，只读头向右移动，然后控制单元将其
状态更改为 q_j。

使用带上具有 $n+1$ 个轨道的标准机器来模拟多带离线机器与 $(n+1)$-带图灵机的模拟相同，唯一的例外是与只读头对应的第一个轨道将始终向右移动，不会在任何状态下更改其内容。

有关多带图灵机的模拟描述在本节开头给出。

第 11 章

11.1 节

2. 两个可数集合的并集仍然是可数的，而所有可递归可枚举语言的集合也是可数的。如果所有不可递归可枚举语言的集合是可数的，那么所有语言的集合将是可数的。但事实并非如此。

4. 使用图 11.1 中的模式列出 w_{ij}，其中 w_{ij} 是 L^j 中的第 i 个单词。这可以行得通，因为每个 L^j 都是可枚举的。

11. 上下文无关语言是递归的，因此根据定理 11.4，它的补集也是递归的。但请注意，补集不一定是上下文无关的。

16. 如果 $S_2 - S_1$ 是有限集合，那么它是可数的。这意味着 $S_2 = (S_2 - S_1) \cup S_1$ 必须是可数的。但这是不可能的，因为已知 S_2 不可数。因此，S_2 必须包含无限多个不属于 S_1 的元素。

19. 由于每个正有理数都可以用两个整数表示，根据图 10.1 中显示的枚举过程，我们知道正有理数的集合是可数的。非正有理数的集合也是可数的。因此，有理数的集合是可数的。如果所有无理数的集合都是可数的，那么它与有理数的并集也将是可数的。

11.2 节

1. 典型的推导为

$$S \Rightarrow S_1 B \Rightarrow a S_1 b B \overset{*}{\Rightarrow} a^n S_1 b^n B \Rightarrow a^{n-1} a S_1 b b^{n-1} B$$

$$\Rightarrow a^{n-1} a a b^{n-1} B \Rightarrow a^{n+1} b^{n-2} b B$$

$$\overset{*}{\Rightarrow} a^{n+1} b^{n-2} b^{2m} b B \Rightarrow a^{n+1} b^{n-1} b^{2m}$$

由此，不难猜测 $L(M) = \{a^{n+1} b^{n-1} b^{2m} : n \geqslant 1, m \geqslant 0\}$。

4. 形式地，文法可以表示为 $G = (V, T, S, P)$，其中 $S \subseteq (V \cup T)^+$ 且

$$L(G) = \left\{ x \in T^* : s \overset{*}{\Rightarrow}_G x \text{ for any } s \in S \right\}$$

定义 11.3 中的无限制文法与此扩展是等价的，因为对于任何给定的无限制文法，我们总是能够添加起始规则 $S_0 \rightarrow s_i$，其中 $s_i \in S$。

7. 为了获得这种形式的无限制文法，当 $|u| > |v|$ 时，在右侧插入虚拟变元。例如，

$$AB \to C$$

可以被替换为

$$AB \to CD$$

$$D \to \lambda$$

等价性论证是很直接的。

11.3 节

2. (a) 上下文无关文法为

$$S \to aaAbbc \mid aab$$

$$Ab \to bA$$

$$Ac \to Bcc$$

$$bB \to Bb$$

$$aB \to aaAb$$

$$aA \to aa$$

3. (a) 通过使用以要创建的终端符号为下标的变元，可以使解决方案更直观。作为参考的一个答案是：

$$S \to SV_aV_bV_c \mid V_aV_bV_c$$

$$V_aV_b \to V_bV_a,$$

$$V_aV_c \to V_cV_a$$

$$V_bV_a \to V_aV_b$$

$$V_bV_c \to V_cV_b$$

$$V_cV_a \to V_aV_c$$

$$V_cV_b \to V_bV_c$$

$$V_a \to a$$

$$V_b \to b$$

$$V_c \to c$$

第 12 章

12.1 节

2. 机器 M 首先保存其输入，然后用 w 替换它，然后像 M 一样继续执行。如果 (M, w) 停机，那么 $\widehat{M}$ 检查其原始输入，并且只有当原始输入长度为偶数时才接受它。

3. 给定 M 和 w，修改 M 以获得 $\widehat{M}$，只有在写入一个特殊符号 (比如一个引入的符号 #) 时才停机。我们可以通过更改 M 的停机格局来做到这一点，使得每个停机格局都写入 #，然后停止。因此，如果 M 停机，那么 $\widehat{M}$ 写入 #，反之亦然。因此，如果我们有一个算法，告诉我们是否曾经写入了指定的符号 a，我们可以将其应用于 $\widehat{M}$，并令 $a = \#$。这将解决停机问题。

9. 是的，这是可判定的。DPDA 进入无限循环的唯一方法是通过 λ-转换。我们可以找出是否存在一系列 λ-转换，它们最终产生相同的状态和堆栈顶部，并且不减少堆栈的长度。如果没有这样的序列，那么 DPDA 必定会停机。如果存在这样的序列，确定开始该序列的格局是否可达。由于对于任何给定的 w，我们只需要分析有限数量的移动，因此这总是可以完成的。

12.2 节

4. 假设我们有一个算法来判断是否 $L(M_1) \subseteq L(M_2)$。然后，我们可以构建一个机器 M_2，使得 $L(M_2) = \varnothing$，然后应用该算法。那么当且仅当 $L(M_1) \subseteq L(M_2)$ 时，$L(M_1) = \varnothing$。但这与定理 12.3 相矛盾，因为我们可以从任何给定的文法 G 构建 M_1。

7. 如果我们取 $L(G_2) = \Sigma^*$，问题就变成了定理 12.3 的问题，因此是不可判定的。

9. 再次使用类似定理 12.4 和示例 12.4 中的论证，但涉及一些步骤，使问题稍微复杂一些。

   (i) 从停机问题 (M, w) 开始。

   (ii) 给定任何具有 $L(G_2) \neq \varnothing$ 的 G_2，生成一些 $v \in L(G_2)$。这总是可以做到的，因为 G_2 是正则的。

   (iii) 像在定理 12.4 中一样，修改 M 以得到 $\widehat{M}$，以便如果 (M, w) 停机，则 $\widehat{M}$ 接受 v。

   (iv) 从 $\widehat{M}$ 生成 G_1，使得 $L(\widehat{M}) = L(G_1)$。

现在，如果 (M, w) 停机，那么 $\widehat{M}$ 接受 v，且 $L(G_1) \cap L(G_2) \neq \varnothing$。如果 (M, w) 不停机，那么 $\widehat{M}$ 什么也不接受，因此 $L(G_1) \cap L(G_2) = \varnothing$。这个构造可以用于任何 G_2，因此不存在任何使问题可判定的 G_2。

12.3 节

2. 一个 PC 解是 $w_3w_4w_1 = v_3v_4v_1$。没有 MPC 解，因为一个字符串将具有前缀 001，而另一个字符串将具有前缀 01。

6. (a) 该问题是不可判定的。如果它是可判定的，那么我们将有一个用于判定原始 MPC 问题的算法。给定 $w_1, w_2, \cdots, w_n$，我们形成 $w_1^R, w_2^R, \cdots, w_n^R$ 并使用假设的算法。由于 $w_1w_i \cdots w_k = (w_k^R \cdots w_i^R w_1^R)^R$，原始的 MPC 问题当且仅当新的 MPC 问题有解时才有解。

12.5 节

2. • **在标准机器上**。找到字符串的中间点，然后来回匹配符号。这两个步骤都需要 $O(n^2)$ 的迁移。

   • **在双带确定性机器上**。统计符号的数量。如果计数是以一进制表示法完成的，这是一个 $O(n)$ 的操作。接下来，在第二条带上写入第一半。这也是一个 $O(n)$ 的操作。最后，可以在 $O(n)$ 的迁移中进行比较。

   • **在单带非确定性机器上**。你可以在一步内非确定性地猜测字符串的中间点。但是匹配仍然需要 $O(n^2)$ 的迁移。

   • **在双带非确定性机器上**。非确定性地猜测字符串的中间点，然后像双带确定性机器一样继续。总共需要的工作量是 $O(n)$。

第 13 章

13.1 节

2. 使用示例 13.3 中的 subtr 函数，我们得到解决方案

$$\text{greater}(x, y) = \text{subtr}(1, \text{subtr}(1, \text{subtr}(x, y)))$$

4. 使用示例 13.2 中的 mult 函数和示例 13.3 中的 subtr，我们得到解决方案

$$\text{equals}(x, y) = \text{mult}(\text{subtr}(1, \text{subtr}(x, y)), \text{subtr}(1, \text{subtr}(y, x)))$$

8. 这个函数可以被定义为

$$f(0) = 1$$

$$f(n + 1) = \text{mult}(2, f(n))$$

12. (a) 直接根据 Ackermann 函数的定义推导得到

$$A(1,y) = A(0, A(1, y-1))$$
$$= A(1, y-1) + 1$$
$$= A(1, y-2) + 2$$
$$\vdots$$
$$= A(1,0) + y$$
$$= y + 2$$

13.2 节

1. (a) λ, ab, $aababb$, $aaababbaababbb$

8. 从公理中推导出的前几个句子如下：

$$ab, a(ab)^2, a\left(a(ab)^2\right)^2, a\left(a\left(a(ab)^2\right)^2\right)^2, \cdots$$

因此，语言为

$$L = \{ab\} \cup L_1$$

其中

$$L_1 = \left\{ \left(a_n \left(a_{n-1} \cdots \left(a_1(ab)^{k_1}\right) \cdots\right)^{k_{n-1}}\right)^{k_n} : k_i = 2, a_i = a, i \leqslant n = 1, 2, \cdots \right\}$$

13.3 节

1.

$$P_1 : S \to S_1 S_2 cc$$
$$P_2 : S_1 \to a S_1, \quad S_2 \to b S_2$$
$$P_3 : S_1 \to \lambda, \quad S_2 \to \lambda$$

6. 这里的解决方案让人想起了上下文相关文法中使用信使的方法。

$$ab \to x$$
$$xb \to bx$$
$$xc \to \lambda$$

第 14 章

14.1 节

3. 在排序中, 算法的选择是重要的。简单的方法 (如冒泡排序) 具有时间复杂度 $O(n^2)$。而最有效的排序算法具有时间复杂度 $O(n \log n)$。

14.2 节

4. $(x_1 \vee x_3) \wedge (x_2 \vee x_3)$

7. 如果一个格局增长, 那么带上的信息必须移动。假设需要进行右移。移动到带的右端, 并将活动区域中的每个符号向右移动一个单元。这需要 $O(nk^n)$ 个迁移。如果 k^n 个格局中的每一个在单个迁移中都增长, 那么完整的过程需要 $O(n^3 k^{2n})$ 个迁移, 由于这被 $O(k^{3n})$ 支配, 定理的结论不受影响。

14.3 节

4. 这是定理 14.4 的直接结果。

14.5 节

3. 一种说法可以是 "非确定地选择 V_i 作为第一个顶点, V_j 作为第二个顶点, 以此类推"。但这并不正确。虽然非确定性暗示了一种选择, 但每次移动的选择都是从有限数量的选项中进行的。由于 V_i 中的 i 是任意大的, 我们不能这样做。更好的方法是:

   (i) 创建一个以一进制表示法表示的数字列表 $1, 2, \cdots, n$。列表的长度为 $O(n^2)$, 因此可以在 $O(n^2)$ 的时间内完成。

   (ii) 扫描列表并非确定地选择一个数字。如果选择了一个数字, 将其添加到排列中并从列表中删除。

   (iii) 重复步骤 (ii) n 次。

   因此, 整个过程可以在 $O(n^3)$ 的时间内完成。

14.6 节

5. 取 HAMPATH 图并将其补充完整。将现有的边权重设置为 0, 将新的边权重设置为 1。应用 TSP 算法, 其中 $k = 0$。如果存在解, 那么就存在一个哈密尔顿路径。

第 15 章

15.1 节

1. (a)

if is keyword

count is identifier or variable name

< is less than operator

10 is integer

5. (a) 这可以推导出

<program> → begin <sequence> end

begin <line> <sequence> end

begin <line> <line> <sequence> end

begin <line> <line> <line> end

begin <variable> = <integer> <line> <line> end

begin B = <integer> <line> <line> end

begin B = 1<line> <line> end

begin B = 1 add <integer> to <variable> <line> end

begin B = 1 add 2 to <variable> <line> end

begin B = 1 add 2 to B < line > end

begin B = 1 add 2 to B print <variable> end

begin B = 1 add 2 to B print B end

15.2 节

2. (a)

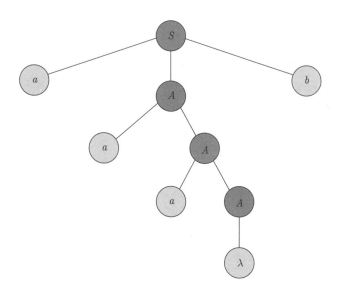

(b) $S \Rightarrow aAb \Rightarrow aaAb \Rightarrow aaaAb \Rightarrow aaab$

5. (a)

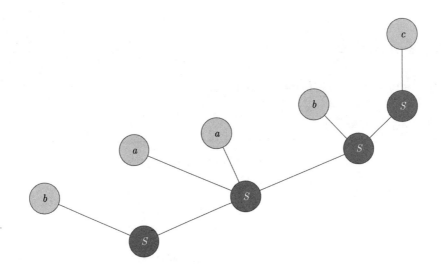

(b) $S \to bS \to baaS \to baabS \to baabc$

15.3 节

2.

(a) $\mathrm{FIRST}(A) = \{a, \lambda\}$

(b) $\mathrm{FIRST}(S) = \{a\}$

(c) $\mathrm{FIRST}(aaAbb) = \{a\}$

(d) $\mathrm{FIRST}(Ab) = \{a, b\}$

15.4 节

3. (a) b 属于来自 aSb 的 $\mathrm{FOLLOW}(S)$。$\mathrm{FOLLOW}(s) = \{b, \$\}$。

(b) c 属于来自 BAc 的 $\mathrm{FOLLOW}(A)$。$\mathrm{FOLLOW}(A) = \{c\}$。

(c) b 属于来自 bBb 的 $\mathrm{FOLLOW}(B)$。由 BAc，$\mathrm{FIRST}(Ac)$ 是 $\{a, b\}$，因此 a 和 b 都属于 $\mathrm{FOLLOW}(B)$。$\mathrm{FOLLOW}(B) = \{a, b\}$。

第 16 章

16.1 节

2. (a)

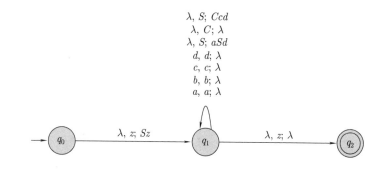

(b)

	C			
		c	c	
	S	d	d	d

栈:	z	z	z	z	z	z	z
状态:	q_0	q_1	q_1	q_1	q_1	q_1	q_2
前瞻:	c	c	c	c	d	$\$$	$\$$
步骤:	1	2	3	4	5	6	7

在步骤 1 中，我们将 S 推入栈中。在步骤 2 中，我们从栈中移除 S 并用 Ccd 替换它。在步骤 3 中，我们将 C 替换为 λ。在步骤 4 中，我们弹出栈上的 c 并获得下一个前瞻符号 d。在步骤 5 中，我们弹出栈上的 d 并获得下一个前瞻符号 $\$$。在步骤 6 中，我们转移到状态 q_2。现在我们接受了这个字符串。

16.2 节

1. (a)

	FIRST	FOLLOW
S	a, c	$\$$
A	a, c	b, d
B	b, λ	d

(b)

	a	b	c	d	$\$$
S	ABd		ABd		
A	aA		c		
B		bbB		λ	

16.3 节

3. (a)

	FIRST	FOLLOW
S	a, b	$
A	c, λ	$a, b, d, $
B	a, b	$a, b, d, $

(b)

		b		a					
		B	B	B	A	A			
		d	d	d	d	d	d		
栈:	S	A	A	A	A	A	A	A	
前瞻:	b	b	b	b	a	a	d	d	$	$
步骤:	1	2	3	4	5	6	7	8	9	10

在步骤 1 中，栈是空的，我们将 S 推入栈中。在步骤 2 中，我们从栈中弹出 S 并用 BdA 替换它。在步骤 3 中，我们将 B 替换为 bB。在步骤 4 中，我们弹出栈上的 b 并获得下一个前瞻符号 a。在步骤 5 中，我们将 B 替换为 aA。在步骤 6 中，我们弹出栈上的 a 并获得下一个前瞻符号 d。在步骤 7 中，我们将 A 替换为 λ。在步骤 8 中，我们弹出栈上的 d 并获得下一个前瞻符号 $。在步骤 9 中，我们将 A 替换为 λ。这导致栈为空并接受这个字符串。

16.4 节

2. (a)

	FIRST	FOLLOW
S	a, b, λ	$
A	a, λ	$b, $
B	b, λ	$a, $
C	d	$a, b, $

(b)

	a	b	c	d	$
S	$AbCS, BA$	$AbCS, BA$			BA
A	aA	λ			λ
B	λ	bcB			λ
C				d	

(c) LL(1) 表格中有两个条目包含多个产生式。LL$[S, a]$ 包含 $AbCS$ 和 BA。FIRST $(AbCS) = \{a, b\}$ 且 FIRST$(BA) = \{a, b, \lambda\}$。当 S 位于栈顶而 a 是前瞻符号时，可以应用任意 S 产生式。这会导致冲突，因为我们不知道应该使用哪个 S 产生式。我

们需要多于一个前瞻符号来决定使用哪个产生式。如果表格中至少有一个冲突，那么文法就不是 LL(1) 文法。

5. 对于每个变元，我们确定应用哪个规则所需的最大前瞻数量。然后 k 是所有变元中所需的最大前瞻数量。

　　　对于 A，有两条规则。字符串以 a 开头或不以 a 开头。对于 A，k 是 1。

　　　对于 B，有两条规则，它们都以不同的终结符开头。对于 B，k 是 1。

　　　对于 S，有两条规则。第一条产生式推导出 $a(bb)^*acc$。第二条产生式推导出 $(a)^*ad$。以相同方式开头的最长公共字符串是第一条产生式的 $aacc$ 和第二条产生式的 aad。它们在第三个符号处不同，因此 $k = 3$。

　　　因此，这个文法是 LL(3)。

第 17 章

17.1 节

1. (a)

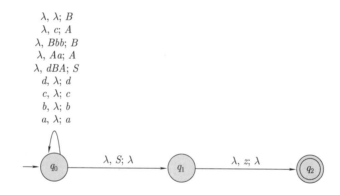

(b)

	c	A	d B	B					
	a	a	a	A	A	A	S		
栈:	z	z	z	z	z	z	z	z	z	z
状态:	q_0	q_0	q_0	q_0	q_0	q_0	q_0	q_0	q_1	q_2
前瞻:	a	c	d	d	d	d	\$	\$	\$	\$
操作:	s	s	r	r	r	s	r	t	t	acc
步骤:	1	2	3	4	5	6	7	8	9	10

从步骤 1 开始，栈上只有 z，并且以字符串的第一个符号 a 作为前瞻符号。将前瞻符号 a 移到栈上，如步骤 2 所示，将前瞻符号更改为下一个符号 c。将 c 移到栈上，如步骤 3 所示，并将前瞻符号更改为 d。产生式的右部 c 位于栈顶部。如步骤 4 所示，通过弹出栈上的 c 并将其替换为其左部 A 来进行归约。产生式的右部 aA 位

于栈顶部。如步骤 5 所示，通过弹出栈上的 aA 并将其替换为其左部 A 来进行归约。对于 $B \to \lambda$，通过不弹出任何内容并将左部 B 推到栈上 (如步骤 6 所示) 进行归约。将 d 移到栈上，如步骤 7 所示，并将前瞻符号更改为 $。产生式的右部 ABd 位于栈顶部。如步骤 8 所示，通过弹出栈上的 ABd 并将其替换为其左部 S 来进行归约。弹出栈上的 S 并移动到状态 q_1，如步骤 9 所示。当 z 在栈上时，移动到状态 q_2 并接受字符串。

17.2 节

2. (a)

$$S \to \cdot Ac$$

$$S \to A \cdot c$$

$$S \to Ac \cdot$$

(b)

$$S \to \cdot BBA$$

$$S \to B \cdot BA$$

$$S \to BB \cdot A$$

$$S \to BBA \cdot$$

4. (a) itemset$=\{S \to \cdot aSBa\}$

因为 $\cdot$ 在终结符 a 之前，无须增加项。

closure$(S \to \cdot aSBb) = \{S \to \cdot aSBb\}$

(b) itemset$=\{S \to aS \cdot Bb\}$

因为 $\cdot$ 在 B 之前，增加所有 B 项。

itemset$=\{S \to aS \cdot Bb, B \to \cdot Bbb, B \to \cdot b\}$

这些新项中，$\cdot$ 在 B 的左边，我们已经添加了。而 $\cdot$ 在终端 b 的左边，我们不需要添加新的项。

closure$(S \to aS \cdot Bb) = \{S \to aS \cdot Bb, B \to \cdot Bbb, B \to \cdot b\}$

17.3 节

2. (a) itemset$=\{S' \to \cdot S, S \to \cdot Sa, S \to \cdot bA\}$

(b) 有两条向外的边 S 和 a。

(c)

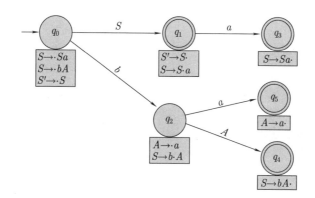

7. (a) 可以处于两种状态之一。

可以通过回溯到状态 q_5 然后在 A 上向前移动到状态 q_7 来处于状态 q_7。

可以通过回溯到状态 q_3 然后在 A 上向前移动到状态 q_4 来处于状态 q_4。

(b) 可以通过回溯到状态 q_3，然后回溯到状态 q_2，再回溯到状态 q_0，然后在 S 上向前移动到状态 q_1 来处于状态 q_1。

(d) 字符串 $ccaab$ 中的符号被列为 $c\ c2\ a\ a2\ b$，因此当有重复的符号时，可以确定我们指的是哪个符号作为前瞻符号。

								6	7
								b	A
					5	5	5	7	
					a	a	a	A	
				5	5	5	5	5	4
				a	a	a	a	a	A
			3	3	3	3	3	3	3
			c	c	c	c	c	c	c
		2	2	2	2	2	2	2	1
		c	c	c	c	c	c	c	S
栈:	0	0	0	0	0	0	0	0	0
状态:	0	2	3	5	5	6	7	7	4	1
前瞻:	c	$c2$	a	$a2$	b	$\$$	$\$$	$\$$	$\$$	$\$$
动作:	s	s	s	s	s	r	r	r	r	acc
步骤:	1	2	3	4	5	6	7	8	9	10

17.4 节

1. (a)

	FIRST	FOLLOW
S	a, b	$\$$
A	b	c

(b) LR[3,b] = s6

(c) LR[4,c] = r3

17.5 节

3. (a) 字符串 $baba$ 中的符号被列为 b a $b2$ $a2$，因此当有重复的符号时，你可以确定我们指的是哪个符号作为前瞻符号。

					7		6	
					b		a	
			4	4	3	3	3	
			a	a	A	A	A	
		2	2	2	2	2	2	1
		b	b	b	b	b	b	S
栈:	0	0	0	0	0	0	0	0
状态:	0	2	4	7	7	6	3	1
前瞻:	b	a	$b2$	$a2$	$a2$	$	$	$
动作:	s	s	s	r	s	r	r	acc
步骤:	1	2	3	4	5	6	7	8

17.6 节

3. (a) itemset=$\{S' \to \cdot S, S \to \cdot BS, S \to \lambda \cdot, B \to \cdot bBA, B \to \cdot C\}$

(b) 有四条向外的边 S,B, c 和 a。

(c)

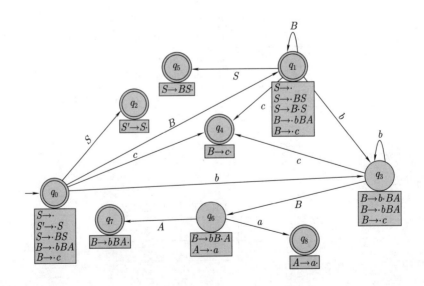

5. (a)

	FIRST	FOLLOW
S	a, b, c	$\$$
A	a, λ	b, c
B	b, λ	c

(b) 通过回溯空值 λ 并保持在状态 q_1，然后在 B 上向前移动到状态 q_4。

17.7 节

1. (a)

	FIRST	FOLLOW
S	a, b	$\$$
A	a, b	c

(b)

	a	b	c	$\$$	S	A
6			$s5\ r3$			

对于 c，存在移进–归约冲突。

参考文献

[1] A. V. Aho, R. Sethi, and J. D. Ullman. 1986. *Compilers Principles, Techniques and Tools.* Boston, Mass.: Addison Wesley.

[2] P. J. Denning, J. B. Dennis, and J. E. Qualitz. 1978. *Machines, Languages, and Computation.* Englewood Cliffs, N.J.: Prentice Hall.

[3] M. R. Garey and D. Johnson. 1979. *Computers and Intractability.* New York: Freeman.

[4] M. A. Harrison. 1978. *Introduction to Formal Language Theory.* Reading, Mass.: Addison-Wesley.

[5] J. E. Hopcroft and J. D. Ullman. 1979. *Introduction to Automata Theory, Languages and Computation.* Reading, Mass.: Addison-Wesley.

[6] R. Hunter. 1981. *The Design and Construction of Compilers.* Chichester, New York: John Wiley.

[7] R. Johnsonbaugh. 1996. *Discrete Mathematics.* Fourth Ed. New York: Macmillan.

[8] Z. Kohavi and N. K. Jha. 2010. *Switching and Finite Automata Theory.* Third Edition. New York: Cambridge University Press.

[9] C. H. Papadimitriou. 1994. *Computational Complexity.* Reading, Mass.: Addison-Wesley.

[10] D. A. Patterson and J. L. Hennessy. 2013. *Computer Organization and Design: The Hardware/Software Interface.* Fifth Ed. Burlington, Mass.: Morgan Kaufman.

[11] G. E. Revesz. 1983. *Introduction to Formal Languages.* New York: McGraw-Hill.

[12] A. Salomaa. 1973. *Formal Languages.* New York: Academic Press.

[13] A. Salomaa. 1985. "Computations and Automata," in *Encyclopedia of Mathematics and Its Applications.* Cambridge: Cambridge University Press.

计算理论导引（原书第3版）

作者：Michael Sipser　译者：段磊 等　书号：978-7-111-49971-8　定价：69.00元

　　本书由计算理论领域的知名权威Michael Sipser所撰写。他以独特的视角，系统地介绍了计算理论的三项主要内容：自动机与语言、可计算性理论和计算复杂性理论。绝大部分内容是基本的，同时对可计算性和计算复杂性理论中的某些高级内容进行了重点介绍。

　　作者以清新的笔触、生动的语言给出了宽泛的数学原理，而没有拘泥于某些低层次的细节。在证明之前，均有"证明思路"，帮助读者理解数学形式下蕴涵的概念。同样，对于算法描述，均以直观的文字而非伪代码给出，从而将注意力集中于算法本身，而不是某些模型。

　　新版根据多年来使用本书的教师和学生的建议进行了改进，并用一节的篇幅对确定型上下文无关语言进行了直观而不失严谨的介绍。此外，对练习和问题进行了全面更新，每章末均有习题选答。

推荐阅读

自动机理论、语言和计算导论（原书第3版·典藏版）

作者：John E. Hopcroft 等 译者：孙家骕 等 书号：978-7-111-70429-4 定价：119.00元

　　本书是关于形式语言、自动机理论和计算复杂性方面的经典教材，是三位理论计算大师的巅峰之作。书中涵盖了有穷自动机、正则表达式与语言、正则语言的性质、上下文无关文法及上下文无关语言、下推自动机、图灵机、不可判定性以及难解问题等内容。

　　本书已被世界许多著名大学选为计算机理论课程的教材或教学参考书，适合作为高校计算机专业高年级本科生及研究生的教材，还可供从事理论计算工作的研究人员参考。